机械制造工程学

王　杰　李方信　肖素梅　编著

北京邮电大学出版社
·北京·

内 容 简 介

本书是为适应机械设计制造及其自动化专业教学体系改革的需要而编写的专业核心教材。内容涉及金属切削原理、金属切削机床及常用刀具、机械制造工艺及机床夹具设计等。

全书共分九章。第一至四章讲述金属切削的基本理论，提高零件表面加工质量和生产率的途径；第五章介绍金属切削机床的工作原理、保障精度的措施以及与机床相配的常用刀具；第六至八章包括机械加工精度、加工工艺及装配方法；第九章为夹具工作原理和设计方法。此外，每章还配有思考题与习题。

本书可作为高等院校机械类专业的教材，也可作为从事机械制造工作的工程技术人员的参考用书。

图书在版编目(CIP)数据

机械制造工程学 / 王杰，李方信，肖素梅编著. --北京：北京邮电大学出版社，2003(2024.7 重印)
ISBN 978-7-5635-0654-5

Ⅰ.机…　Ⅱ.①王…②李…③肖…　Ⅲ.机械制造工艺—高等学校—教材　Ⅳ.TH16

中国版本图书馆 CIP 数据核字(2003)第 119825 号

书　　名：机械制造工程学
作　　者：王　杰　李方信　肖素梅
出版发行：北京邮电大学出版社
社　　址：北京市海淀区西土城路 10 号(邮编：100876)
发 行 部：电话：010-62282185　传真：010-62283578
E-mail：publish@bupt.edu.cn
经　　销：各地新华书店
印　　刷：河北虎彩印刷有限公司
开　　本：787 mm×1092 mm　1/16
印　　张：18.75
字　　数：474 千字
版　　次：2004 年 2 月第 1 版　2024 年 7 月第 19 次印刷

ISBN 978-7-5635-0654-5　　定　价：36.00 元

· 如有印装质量问题，请与北京邮电大学出版社发行部联系 ·

前　言

机械制造业是一个国家技术进步和社会发展的支柱产业之一，无论是传统产业，还是新兴产业，都离不开各种各样的机械装备。而加快产品上市时间 T(Time to Market)，提高产品质量 Q(Quality)，降低成本 C(Cost)，加强服务 S(Service)是制造业追求的永恒主题。随着现代科学技术的进步，特别是微电子技术、计算机技术、信息技术等与机械制造技术的深度结合，机械制造工业的面貌发生了很大的变化。数控机床、加工中心、柔性制造系统、集成制造系统、虚拟制造、敏捷制造等不断出现的新的先进制造技术和新的先进生产模式，增强了企业的生产能力和市场适应性，产品结构走向多样化，产品性能大幅度提高，机械制造业呈现出激烈的国际性竞争的高速发展势态。

随着面向 21 世纪教学内容改革的深入，为满足机械类专业课程调整、合并的需求，根据编者多年的教学实践经验，参考《金属切削原理及刀具设计》、《金属切削机床概论》、《机械制造工艺学》和《机床夹具设计》等专业课程的教学大纲编写成此书。其目的就是在压缩传统专业课学时的情况下，保障学生掌握必要的专业理论知识和综合实践能力，为进一步学习先进制造技术并与之融会贯通打下基础，使学生建立与现代制造工业发展相适应的系统的知识体系。

本书以机械制造工程基础原理为主线，以改善 T、Q、C、S 为目标，突出重点讨论的对象——工艺系统，内容涉及金属切削原理、金属切削机床及常用刀具、机械制造工艺及机床夹具设计等方面的内容。全书共分九章。第一至四章讲述金属切削的基本理论，主要解决如何高效地从被加工材料上去除相应的金属余量，获得所需要的零件精度和表面加工质量的问题。第五章介绍金属切削机床的工作原理，主要解决获得零件形状和精度所需的成形方法和运动以及与之相配的常用刀具，重点突出机床的共性，简述不同机床的特性。第六至九章包括机械加工精度、加工工艺及装配方法、夹具工作原理和设计方法，重点解决合理规划工艺路线和工序设计(含夹具设计)的问题。

本书由四川大学和西南科技大学联合编写，既可作为高等院校机械类专业的教材使用，也可供从事机械制造工作的工程技术人员参考。其中四川大学王杰教授负责第六、七、八章的编写和全书的统稿工作；李方信副教授负责第一、二、三、四章的编写工作；西南科技大学肖素梅副教授负责第五和九章的编写工作。四川大学的赵武副教授参加了第二、九章，袁冰参加了第七、八章；西南科技大学的姜兵参加了第六章的编写工作。

在本教材的规划和编写过程中，四川大学的刘荣忠教授对教材大纲和编写方法提出了许多宝贵的意见和建议，并对有关章节进行了审阅。此外，参加本书编写和文字处理的还有王玫、袁洁、李昌革、罗红波、田大庆、姜迎春等老师，王奇亮、廖应华、黄睿在绘图方面做了许多工作，在此一并致以衷心的感谢。

诚恳希望读者对本书中的错误和不足之处提出批评指正。

编　者

2003 年 12 月

目　　录

第一章　金属切削加工中的基本定义

金属切削加工是指在金属切削机床上，使用金属切削刀具相对于工件作适当的运动，由金属切削刀具切除工件上预留的余量，从而形成零件所需要的尺寸精度、形状精度及表面质量的过程。

金属切削加工的种类很多，有车削、铣削、刨削、钻削、磨削、拉削等，如图 1-1 所示。

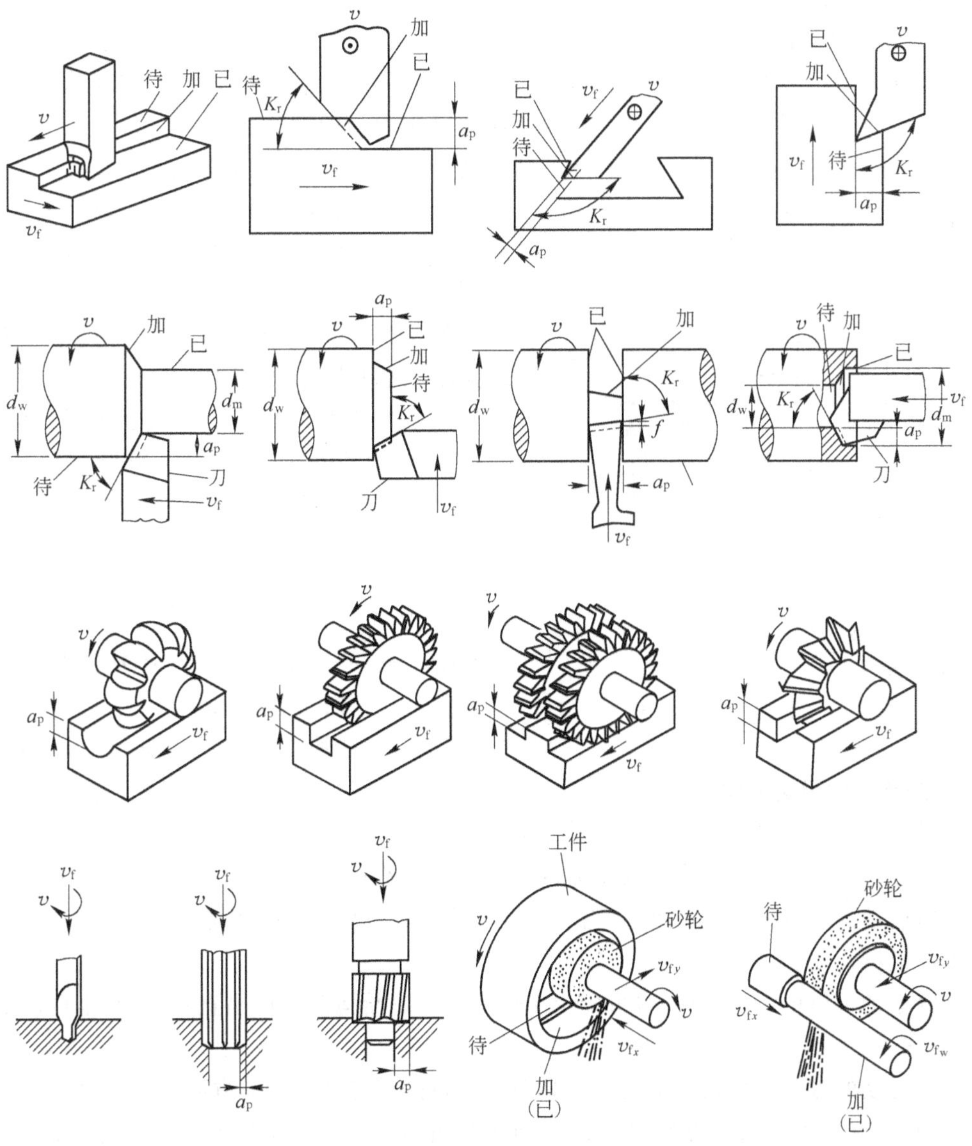

图 1-1　各种切削加工的切削运动和加工表面

虽然加工种类很多，但是它们的基本切削原理是相同的，可以通过各种不同的切削运动与各种不同的刀刃形状的组合形成所需要的各种不同形状的工件表面。

由于其他多齿刀具都是由车刀演化而来的，所以本章以外圆车刀车削外圆为例，重点阐明切削运动、刀具几何角度、切削层参数的基本定义以及进给量和刀具安装对刀具工作角度的影响。

1.1 切削运动及切削用量

1.1.1 切削运动

要进行切削加工，金属切削机床除了提供足够的动力之外，还必须为形成工件表面提供两种最主要的相对运动，即主运动和进给运动。

1. 主运动及切削速度

主运动是刀具和工件之间产生的最主要的相对运动，它是刀具切削刃及其毗邻的刀面切入工件材料，使切削层金属转变成切屑，从而形成新鲜表面的运动。

主运动的特点是：速度高；消耗机床的功率最大；唯一，即各种加工方法都只有一个主运动。

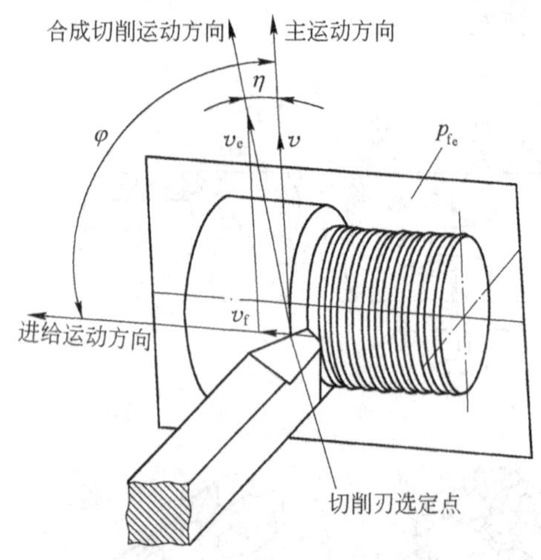

图 1-2　刀具和工件的运动

主运动可以由刀具完成，也可以由工件完成；主运动可以是直线运动，也可以是旋转运动，如图 1-1 所示。

主运动的方向为切削刃上选定点相对于工件的瞬时主运动方向，如图 1-2 所示。

主运动速度 v：当其为直线运动时，其速度 v 以 m/s 或 m/min 表示；当其为旋转运动时，其速度 v 为刀具或工件最大直径处的线速度，计算公式如下：

$$v=\frac{\pi d_w n}{1\,000} \quad \text{m/s 或 m/min} \qquad (1\text{-}1)$$

式中：d_w——完成主运动的刀具或者工件的最大直径(单位：mm)；

n——主运动的转速(单位：r/s 或r/min)。

2. 进给运动及进给量

由机床或人力提供的，使主运动能够继续切除工件上多余金属以形成工件表面所需的运动称为进给运动。

进给运动的特点是：速度低；消耗的机床功率少；一般不唯一，即各种切削加工可以有一个或多个进给运动。

进给运动可以由刀具完成，也可以由工件完成。进给运动可以是直线运动，也可以是旋转运动，如图 1-1 所示。

进给运动的方向为切削刃上选定点相对于工件的瞬时进给运动方向，如图 1-2 所示。

• 进给运动速度 v_f：切削刃上选定点相对于工件的瞬时进给运动速度，以 mm/s 或 mm/min表示，如图 1-2 所示。

• 进给量 f：刀具或工件的主运动每转一转，或一个双行程，工件和刀具在进给运动方向上的相对位移量，以 mm/r 或 mm/d・str（毫米/双行程）表示。

• 每齿进给量 f_z：多齿刀具每转一齿，工件和刀具在进给运动方向上的相对位移量，以 mm/z 表示。

以上三种表示进给运动速度的方法之间，存在以下关系：

$$v_f = f \cdot n = f_z \cdot z \cdot n \quad \text{mm/s(或 mm/min)} \tag{1-2}$$

• 合成运动速度 v_e：切削刃上选定点的切削速度 v 和进给速度 v_f 的矢量和，如图 1-2 所示。

1.1.2　切削深度

切削过程中，通常会在工件上形成三个表面。

（1）待加工表面：工件上即将被切除的表面称为待加工表面，如图 1-3 所示。

（2）已加工表面：工件上刀具切削后形成的新鲜表面称为已加工表面，如图 1-3 所示。

（3）加工表面（过渡表面）：工件上刀具正在切削的表面称为加工表面，它是待加工表面与已加工表面之间的过渡表面，如图 1-3 所示。

切削深度是指已加工表面和待加工表面之间的垂直距离，以 a_p 表示，单位为 mm，如图 1-3 所示。其他加工方法的切削深度如图 1-1 所示。

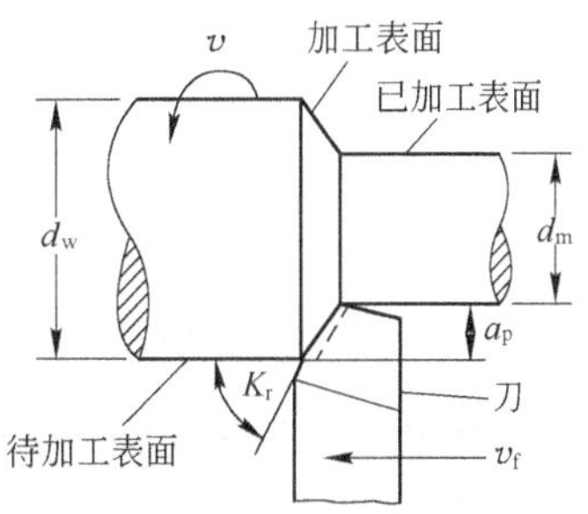

图 1-3　工件的加工表面及切削深度

在车削加工中，v、f、a_p 统称为切削用量三要素。切削用量三要素直接影响切削力的大小、切削温度的高低、刀具磨损和刀具耐用度，同时还对生产率、加工成本和加工质量有很大的影响。其他加工方法的切削速度 v、进给量 f、切削深度 a_p，如图 1-1 所示。

1.2　刀具几何角度

1.2.1　刀具切削部分的刀面和刀刃

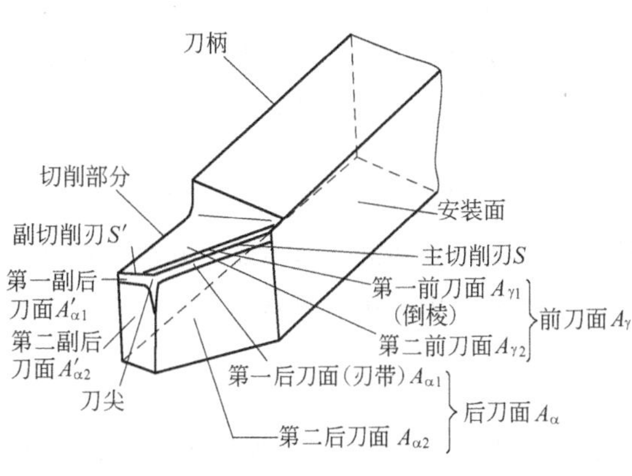

图 1-4　外圆车刀切削部分的刀面和刀刃

如图 1-4 所示的外圆车刀，其切削部分有下述表面和刀刃。

• 前刀面 A_γ：金属切削过程中，切屑流出的表面称为前刀面。如果前刀面是由几个相互倾斜的表面组成，则可以由切削刃开始依次把它们称为第一前刀面 $A_{\gamma1}$、第二前刀面 $A_{\gamma2}$ 等。

• 主后刀面 A_α：金属切削过程中，刀具上与工件加工表面相对的表面称为主后刀面。如果主后刀面由几个表面组成，从主切削刃开始，依次把它们称为第一主后刀面 $A_{\alpha1}$、第二主后刀面 $A_{\alpha2}$ 等。

• 副后刀面 A'_{α}：金属切削过程中，刀具上与已加工表面相对的表面称为副后刀面。如果副后刀面由几个表面组成，从副切削刃开始，依次把它们称为第一副后刀面 $A'_{\alpha1}$、第二副后刀面 $A'_{\alpha2}$ 等。

• 主切削刃 S：前刀面与主后刀面的交线称为主切削刃 S。它完成主要的金属切除工作，以形成加工表面。

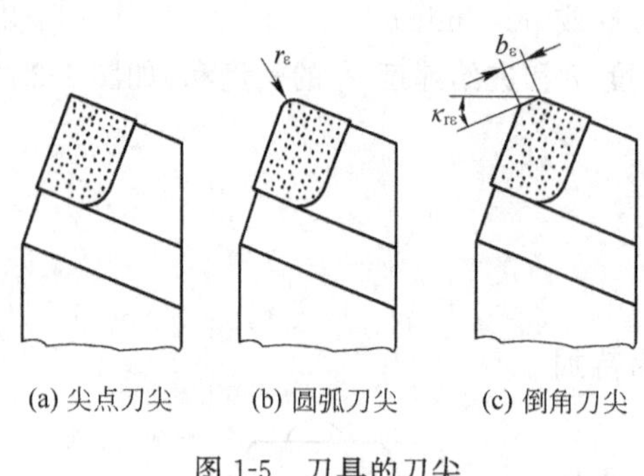

(a) 尖点刀尖　(b) 圆弧刀尖　(c) 倒角刀尖

图 1-5　刀具的刀尖

• 副切削刃 S'：前刀面与副后刀面的交线称为副切削刃 S'。它协同主切削刃完成金属切除工作，最终形成已加工表面。

• 刀尖：主、副切削刃之间的过渡部分称为刀尖。它有三种：尖点刀尖，如图 1-5(a)所示，尖点刀尖由主、副切削刃相交形成；圆弧刀尖，如图 1-5(b)所示，圆弧刀尖的刀尖圆弧半径用 r_{ε} 表示；倒角刀尖，如图 1-5(c)所示，倒角刀尖的倒角刃也称为直线过渡刃，其参数有倒角刃(直线过渡刃)长度 b_{ε}、倒角刃偏角(过渡刃偏角) $\kappa_{r\varepsilon}$。

1.2.2　确定刀具几何角度的参考平面及参考系

1. 确定刀具几何角度的参数平面

刀具要从工件上切下金属，就必须具有一定的角度，正是由这些角度才决定了刀具切削部分各表面和刀刃的空间位置。要确定刀具角度的大小，必须有参考平面和参考系。刀具切削角度的参数平面有基面和切削平面两种，其定义如下：

• 基面 P_{re}：过切削刃上选定点，垂直于该点合成速度 v_e 的平面称为基面。

• 切削平面 P_{se}：过切削刃上选定点，切于加工表面的平面称为切削平面。切削平面也可以认为是由刀刃上选定点的切线和该点的合成速度矢量 $\mathbf{v}_e$ 构成的平面。刀刃上同一点的基面 P_{re} 与切削平面 P_{se} 互相垂直。若刀刃为曲线，由于刀刃上各点的切削平面和基面不同，因而刀刃上各点的几何角度不相等。

2. 刀具的标注角度参考系

刀具标注角度是指刀具制造、刃磨、测量时的几何角度，也就是刀具工作图中标注的几何角度。在确定刀具标注角度时，应有以下两点假设：

• 假定运动条件：假定进给运动速度 $v_f=0$，此时刀刃上选定点的切削速度 v 与合成速度 v_e 重合。该选定点的基面用 P_r 表示，它垂直于切削速度 v 。切于主切削刃且垂直于基面的平面为该选定点的切削平面，用 P_s 表示。同理，副切削刃上选定点也有切削平面，用 P'_s 表示。

• 假定安装条件：假定刀具安装底面或轴线与参考平面 P_r 或 P_s 平行或垂直。

不考虑运动条件和安装条件时的刀具几何角度参考系称为静止参考系。在静止参考系中确定的刀具几何角度称为刀具的标注角度。在静止参考系中确定刀具几何角度的参考平面除基面 P_r 和切削平面 P_s 外，还有以下辅助平面：

(1) 主剖面 P_o(正交平面)

过主切削刃上选定点，同时垂直于基面 P_r 和切削平面 P_s 的平面称为该选定点的主剖面。由 P_r、P_s、P_o 构成的刀具标注角度参考系称为主剖面参考系，如图 1-6(a)所示。显然，切削刃

上同一点的 P_r、P_s、P_o 互相垂直。同理，副切削刃上选定点也有主剖面，用P_o'表示。

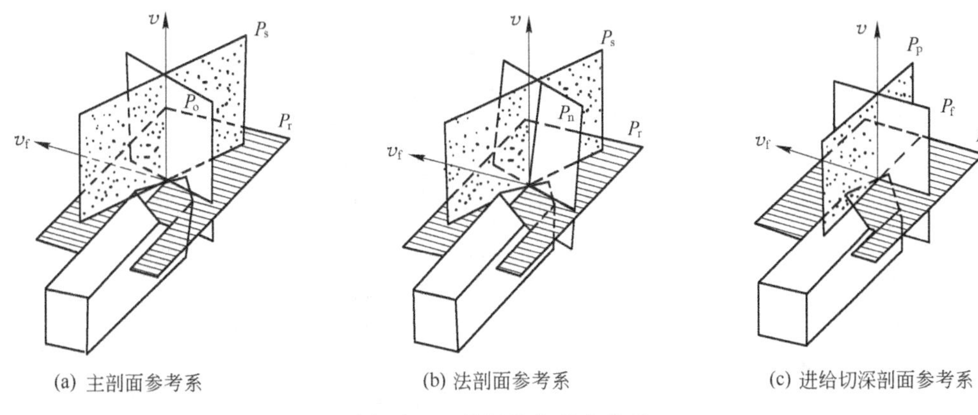

(a) 主剖面参考系　(b) 法剖面参考系　(c) 进给切深剖面参考系

图 1-6 刀具标注角度参考系

(2) 法剖面 P_n

过主切削刃上选定点，垂直于主切削刃的平面称为该选定点的法剖面。由 P_r、P_s、P_n 构成的参考系称为法剖面参考系，如图 1-6(b)所示。很显然，刀刃上同一点的法剖面 P_n 不垂直于该点的基面 P_r。

(3) 进给剖面 P_f

过主切削刃上选定点，平行于进给运动方向且垂直于该选定点基面 P_r 的平面称为进给剖面，如图 1-6(c)所示。

(4) 切深剖面 P_p

过主切削刃上选定点，垂直于进给运动方向且垂直于该选定点基面 P_r 的平面称为切深剖面，如图 1-6(c)所示。由 P_r、P_f、P_p 构成的参考系称为进给切深剖面参考系，如图 1-6(c)所示。显然，切削刃上同一点的 P_r、P_f、P_p 互相垂直。

1.2.3 刀具标注角度

在刀具标注角度参考系中确定的刀具角度称为刀具标注角度。刀具制造、刃磨、测量时必须具有六个基本标注角度，这六个基本标注角度确定了主、副切削刃，前刀面，主、副后刀面在空间的位置。它们的定义如下。

确定主切削刃位置的标注角度：

(1) 主偏角 κ_r：它是主切削刃在基面上的投影与进给运动方向的夹角，在基面内测量，如图 1-7 所示。

(2) 刃倾角 λ_s：它是在切削平面内，主切削刃与基面之间的夹角，在切削平面内测量。刀尖为主切削刃上最低点时，刃倾角 λ_s 为负；刀尖为主切削刃上最高点时，刃倾角 λ_s 为正，如图 1-7 所示。

确定前刀面、主后刀面位置的标注角度：

(3) 前角 γ_o：它是过主切削刃上选定点的主剖面内，前刀面与基面之间的夹角，在主剖面内测量。前刀面高于基面时，前角为负；前刀面低于基面时，前角为正，如图 1-7 所示。

(4) 主后角 α_o：它是过主切削刃上选定点的主剖面内，主后刀面与切削平面之间的夹角，在主剖面内测量，如图 1-7 所示。

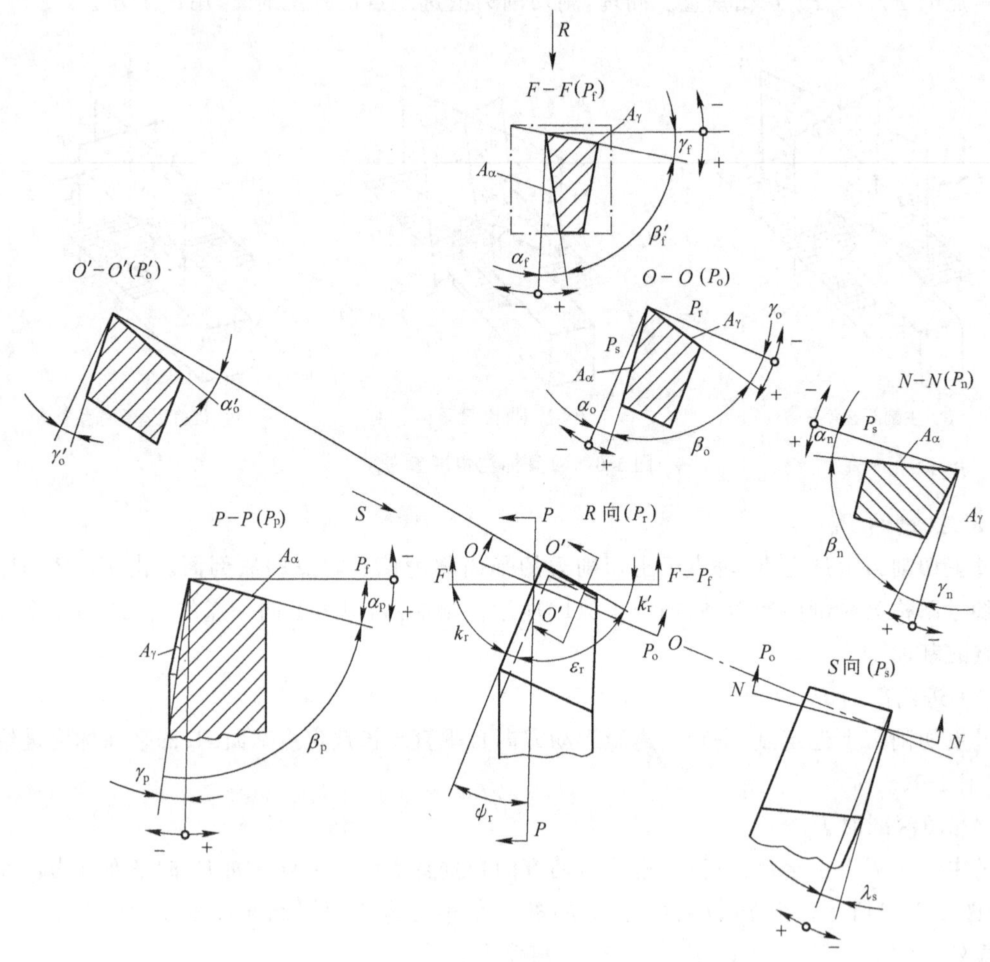

图 1-7　车刀的标注角度

确定副切削刃位置的标注角度：

(5) 副偏角 κ'_r：它是副切削刃在基面上的投影与进给运动反方向之间的夹角，在基面内测量，如图 1-7 所示。确定副刀刃位置的标注角度还有副刀刃的刃倾角 λ'_s，但它不是基本标注角度，可以通过计算得到，所以称它为派生角度。

确定副后刀面位置的标注角度：

(6) 副后角 α'_o：它是过副切削刃上选定点的副刀刃主剖面 P'_o 内，副后刀面与副切削刃的切削平面之间的夹角，在副切削刃的主剖面内测量，如图 1-7 所示。

除上述六个基本标注角度之外，还有以下派生角度，它们的名称和计算公式如表 1-1 所示。

表 1-1　车刀的派生角度

法剖面内的前角 γ_n	$\tan\gamma_n=\dfrac{\tan\gamma_o}{\cos\lambda_s}$
法剖面内的后角 α_n	$\cot\alpha_n=\cot\alpha_o\cos\lambda_s$
进给剖面内的前角 γ_f	$\tan\gamma_f=\tan\gamma_o\sin\kappa_r-\tan\lambda_s\cos\kappa_r$

续表

进给剖面内的后角 α_f	$\cot\alpha_f=\cot\alpha_o\sin\kappa_r-\tan\lambda_s\cos\kappa_r$
切深剖面内的前角 γ_p	$\tan\gamma_p=\tan\gamma_o\cos\kappa_r+\tan\lambda_s\sin\kappa_r$
切深剖面内的后角 α_p	$\cot\alpha_p=\cot\alpha_o\cos\kappa_r+\tan\lambda_s\sin\kappa_r$
副切削刃前角 γ'_o	$\tan\gamma'_o=-\tan\gamma_o\cos\varepsilon_r+\tan\lambda_s\sin\varepsilon_r$
副切削刃倾角 λ'_s	$\tan\lambda'_s=\tan\gamma_o\sin\varepsilon_r+\tan\lambda_s\cos\varepsilon_r$
刀尖角 ε_r	$\varepsilon_r=180°-(\kappa_r+\kappa'_r)$
楔　　角 β_0	$\beta_0=90°-(\gamma_o+\alpha_o)$

1.2.4 刀具的工作角度

刀具的工作角度是指刀具在工作状态下的几何角度，它受进给量和刀具安装条件的影响。下面就进给运动和刀具的安装条件对刀具工作角度的影响分别加以讨论。

1. 横向进给运动对刀具工作角度的影响

切断和切槽时，进给运动是横向进给的，如图 1-8 所示。当不考虑进给运动时，车刀刀刃上选定点的工件表面是一个圆。切削平面 P_s 是过 O 点切于此圆的平面，基面 P_r 是过 O 点垂直于切削平面 P_s 的平面，P_r 与刀杆底面平行，γ_o 和 α_o 为主剖面内的标注前角和后角。当考虑进给运动之后，刀刃上任意点 O 的运动轨迹为一条阿基米德曲线，切削平面改为过 O 点切于阿基米德曲线的平面 P_{se}，基面则为过 O 点且垂直于切削平面 P_{se} 的平面 P_{re}，P_{re} 不平行于刀杆底面。由图 1-8 可知，P_{re} 和 P_{se} 相对于 P_r 和 P_s 倾斜了一个角度 μ，但工作主剖面 P_{oe} 不变。此时的工作前角 γ_{oe} 和工作后角 α_{oe} 分别为

$$\gamma_{oe}=\gamma_o+\mu$$
$$\alpha_{oe}=\alpha_o-\mu$$
$$\tan\mu=\frac{f}{\pi d} \tag{1-3}$$

式中：f——工件每转一转时刀具的横向进给量；

d——刀刃上选定点在横向进给时相对于工件中心所处的直径，在切削过程中它不断减小。

由上式可知，刀刃愈接近中心，d 值愈小，μ 值愈大，γ_{oe} 愈大，α_{oe} 愈小，因此横向进给的刀具不宜选过大的进给量 f，而且应适当增大后角 α_o。

2. 纵向进给运动对刀具工作角度的影响

一般外圆车削时，由于纵向进给量 f 较小，f 对工作角度的影响很小，可以忽略不计。但是在车削螺纹，尤其是车削多头螺纹时，纵向进给量 f 很大，且 f 对刀具工作角度的影响很大，所以不能忽略 f 对工作角度的影响。

如图 1-9 所示为纵向进给车螺纹，在主切削刃上选定点的进给剖面内，有

$$\gamma_{fe}=\gamma_f+\mu_f$$
$$\alpha_{fe}=\alpha_f-\mu_f$$
$$\tan\mu_f=\frac{f}{\pi d_w} \tag{1-4}$$

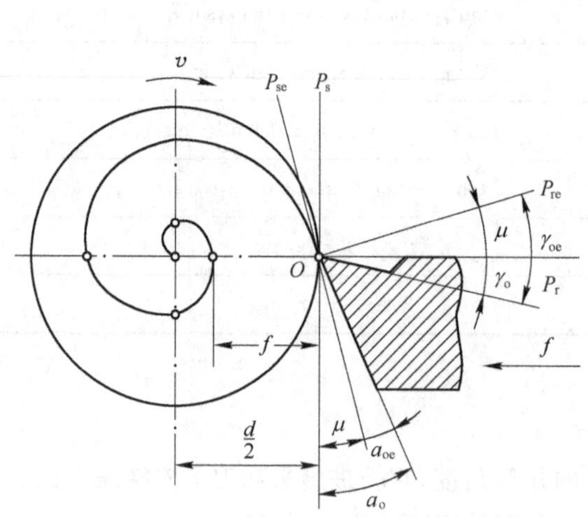

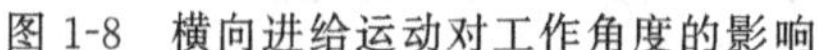

图 1-8　横向进给运动对工作角度的影响

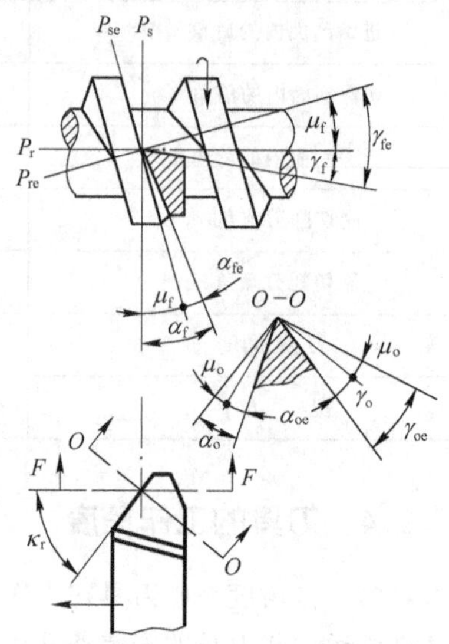

图 1-9　纵向进给运动对工作角度的影响

式中：f——车刀的纵向进给量，车削单头螺纹时，f 等于工件的螺距；车削多头螺纹时，f 等于工件的螺纹导程；

d_w——工件直径或螺纹外径。

在主剖面内，有

$$\gamma_{oe}=\gamma_o+\mu_o$$

$$\alpha_{oe}=\alpha_o-\mu_o$$

$$\tan\mu_o=\tan\mu_f\sin\kappa_r=\frac{f}{\pi d_w}\sin\kappa_r \tag{1-5}$$

由上式可知：纵向进给车螺纹时，应适当增大后角 α_o，适当减小前角 γ_o。

3. 刀尖安装高度对刀具工作角度的影响

如图 1-10 所示，车外圆时假定车刀的刃倾角 $\lambda_s=0$，则当刀尖装得高于工件中心时，主切削刃上选定点的切削平面为 P_{se}，它切于工件加工表面；基面为 P_{re} 保持与 P_{se} 垂直，因而在切深剖面 P_p 内，刀具工作前角为 γ_{pe}，工作后角为 α_{pe}。

由图 1-10 可知：

$$\gamma_{pe}=\gamma_p+\theta_p$$

$$\alpha_{pe}=\alpha_p-\theta_p$$

$$\tan\theta_p=\frac{h}{\sqrt{\left(\frac{d_w}{2}\right)^2-h^2}} \tag{1-6}$$

式中：h——刀尖高于工件中心的数值；

d_w——工件直径（单位：mm）。

在主剖面，有

$$\gamma_{oe}=\gamma_o+\theta$$

$$\alpha_{oe}=\alpha_o-\theta$$

$$\tan\theta=\tan\theta_p\cos\kappa_r \tag{1-7}$$

式中：θ——主剖面内工作角度变化值。

如果刀尖低于工件中心，则上述工作角度的变化情况恰好相反。镗内孔时，刀尖安装高低对工作角度的影响与车外圆恰好相反。

4. 刀杆中心线与进给运动方向不垂直时对刀具工作角度的影响

如图 1-11 所示，刀杆中心线安装得与进给运动方向垂直时，车刀的标注主偏角为 κ_r，副偏角为 κ_r'；当刀杆中心线不垂直于进给方向时，工作主偏角为 κ_{re}，工作副偏角为 κ_{re}'。

由图可知：

$$\left.\begin{aligned}\kappa_{re}&=\kappa_r\pm G\\ \kappa_{re}'&=\kappa_r'\mp G\end{aligned}\right\} \tag{1-8}$$

式中："＋"或"－"号由刀杆偏斜方向决定，G 为刀杆中心线的垂线与进给方向的夹角。

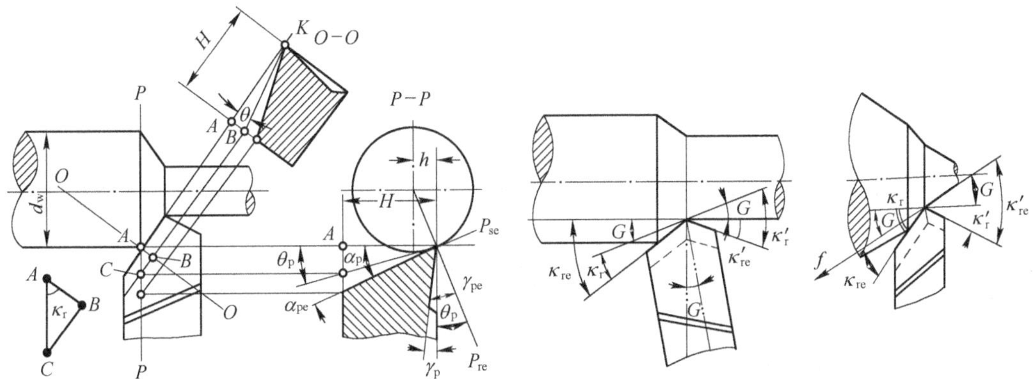

图 1-10　刀尖安装高低对工作角度的影响　　　　图 1-11　刀杆中心线不垂直于进给方向

1.3　切削层参数

ISO 标准规定，切削层是由刀具切削部分的一个单一动作所切除的工件材料，如车削时，工件每转一转，切削表面（过渡表面）被切除的材料层。它的度量参数有切削层公称横切面积 $A_D(A_C)$，切削层公称切削宽度 $b_D(a_w)$ 和切削层公称切削厚度 $h_D(a_c)$。此外，还有切削刃基点 D、切削层尺寸平面 P_D。它们的定义如下：

- 切削刃基点 D：如图 1-12(a)所示，它是作用主切削刃（即主刀刃）上的待定参考点，用以确定切削刃截形和切削层尺寸等基本几何参数的点，通常把它定义在主切削刃的中点。
- 切削层尺寸平面 P_D：它是过切削刃基点 D，并垂直于该点主运动方向的平面。
- 切削层公称切削宽度 $b_D(a_w)$：它是在进给瞬间，作用主切削刃截形上两个极点之间的距离，在切削层尺寸平面内测量，如图 1-12(a)所示。当 $r_\varepsilon=0$，$\lambda_s=0$ 时，$b_D=\dfrac{a_p}{\sin\kappa_r}$；当 $\kappa_r=90°$时，$b_D=a_p$。
- 切削层公称切削厚度 $h_D(a_c)$：它是在同一瞬间，过作用主切削刃上基点的切削层尺寸平面 P_D 内垂直于过渡表面的切削层尺寸，如图 1-12(b)所示。当 $r_\varepsilon=0$，$\lambda_s=0$ 时，$h_D=$

$f \cdot \sin \kappa_r$；当 $\kappa_r = 90°$时，$h_D = f$ 。

• 切削层公称横切面积 A_D：如图 1-12(a)所示，它是在给定瞬间，切削层在切削层尺寸平面内的实际横切面积。$A_D = b_D \cdot h_D = f \cdot a_p$。

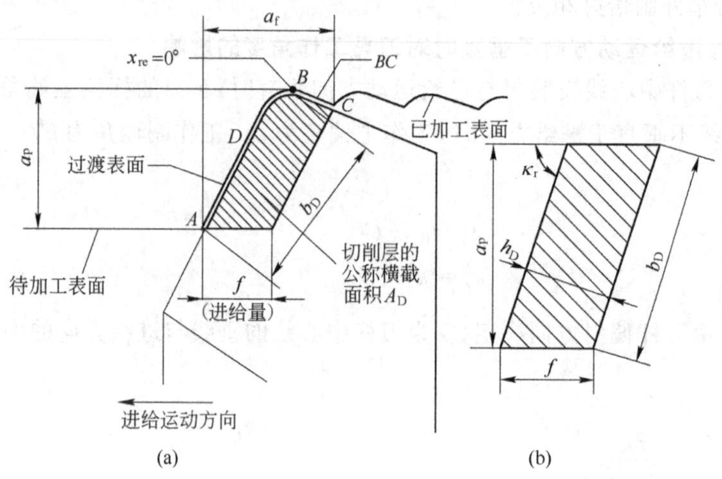

图 1-12　车削时的切削层尺寸

ADB＝作用主切削刃截形；ADBC＝作用切削刃截形的长度；BC＝作用副切削刃截形

思考题与习题

1. 何谓切削用量三要素？它们是怎样定义的？

2. 刀具标注角度参考系有几种？它们是由什么参考平面构成的？试给这些参考平面定义？

3. 试述刀具标注角度的定义。一把平前刀面外圆车刀必须具备哪几个基本标注角度？这些标注角度是怎样定义的？它们分别在哪个参考平面内测量？

4. 试述判定车刀前角 γ_o、后角 α_o 和刃倾角 λ_s 正负号的规则。

5. 试述刀具标注角度与工作角度的区别。为什么横向进给时，进给量不能过大？

6. 曲线主切削刃上各点的标注角度是否相同，为什么？

7. 已知外圆车刀 $\gamma_o = 15°$，$\alpha_o = 8°$，$\alpha'_o = 6°$，$\kappa_r = 90°$，$\kappa'_r = 15°$，$\lambda_s = -5°$，$r_\varepsilon = 0.5$ mm，刀杆横截面的尺寸为 20×25，画出该外圆车刀的工作图，在工作图中标出所给几何参数。

第二章　切屑形成过程及加工表面质量

研究切屑形成过程对于保证加工质量、降低制造成本、提高生产率有着十分重要的意义。因为切削过程中的各种物理现象，如切削力、切削热、刀具磨损和加工质量都以切屑形成过程为基础，而生产中的许多问题如积屑瘤、鳞刺、振动、卷屑与断屑也与切屑形成有关。本章重点讨论三个变形区的形成过程及其特征；影响已加工表面粗糙度的主要因素；切屑类型及卷屑和断屑机理。此外，还将简介砂轮特性和磨削过程。

2.1　切削形成过程

2.1.1　第一变形区的变形及其特征

1. 变形过程

当刀具与工件开始接触的瞬间，切削刃和前刀面在接触处挤压切削层金属，使切削层金属产生应力和弹性形变。随着切削过程的继续进行，切削刃和前刀面对切削层金属的挤压作用加强，应力和变形逐渐增大，当应力达到材料的屈服强度时，切削层金属开始沿最大剪应力方向滑移，产生塑性变形。图 2-1 中所示的 *OA* 代表“始滑移面”或“始剪切面”。以切削层的点 *P* 为例，当点 *P* 到达位置 1 时，由于 *OA* 面上的剪应力达到材料的屈服强度，则点 1 在向前移动的同时，也沿 *OA* 方向滑移，其合成运动使点 1 流动到点 2，$2'-2$ 就是它的剪切滑移量。随着切削过程的继续进行，剪应力逐渐增大，滑移量也逐渐增大，也就是点 *P* 向 1、2、3、4 各点移动时，其剪应力和滑移量将不断增大，当移动到点 4 时，切削层金属流动方向与前刀面平行，不再剪切滑移而转变成切屑。图中 *OM* 为“终滑移面”或“终剪切面”，始滑移面 *OA* 和终滑移面 *OM* 之间的变形区称为第一变形区，如图 2-1 所示。

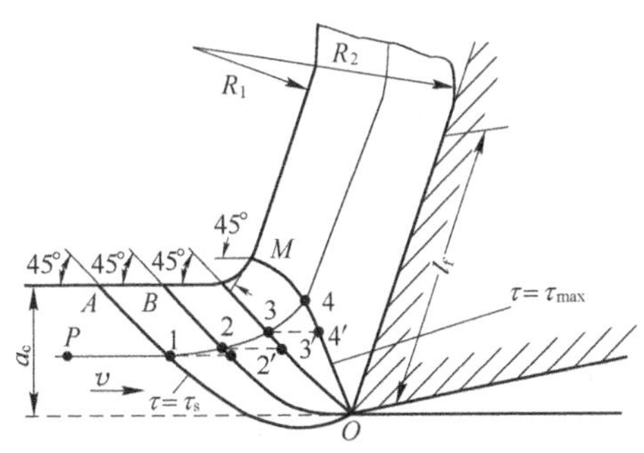

图 2-1　第一变形区的剪切滑移

实验证明，第一变形区的厚度随切削速度的增大而变薄。在一般切削速度下第一变形区的厚度仅为 0.02～0.2 mm。因此可以近似地用一个平面 *OM* 表示第一变形区，如图 2-2 所示。*OM* 与切削速度方向的夹角称为剪切角，用 ϕ 表示，如图 2-2 表示。

2. 第一变形区的变形特征

（1）切削层金属产生沿滑移面的剪切变形，其变形会深入到切削层以下，如图 2-1 所示。

（2）切削层金属经剪切滑移变成切屑后产生了加工硬化，即切屑的硬度大于工件材料基体的硬度。

（3）切削层金属经剪切滑移后晶格扭曲，晶粒拉长，即金属组织纤维化，如图 2-3 所示。

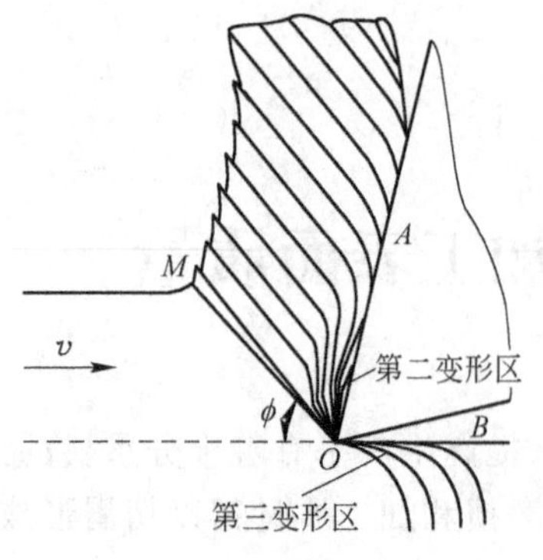

图 2-2 剪切面与第二、第三变形区

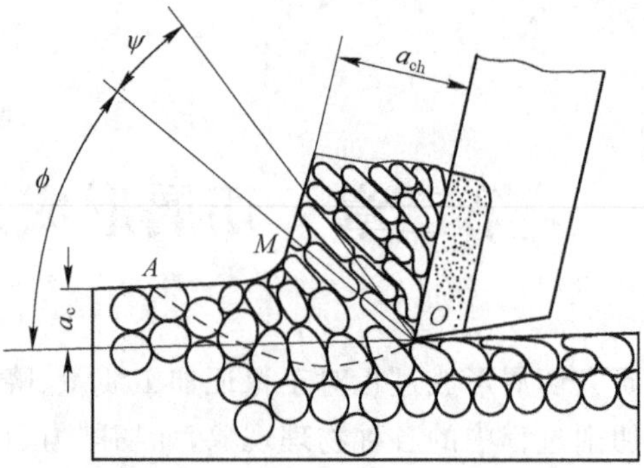

图 2-3 滑移与晶粒的伸长

(4) 切屑厚度 a_{ch} 变厚，a_{ch} 大于切削层厚度 a_c，剪切变形越大，切屑厚度 a_{ch} 越厚。

(5) 切削塑性金属时，切屑背面呈锯齿形，如图 2-2 所示。

3. 切屑变形程度的表示方法

(1) 用变形系数 ξ 表示切屑变形程度

这是一种最常用的度量切屑变形程度的方法。其中包括两种方法。

① 切屑厚度变形系数 ξ_a：

$$\xi_a = \frac{a_{ch}}{a_c} \tag{2-1}$$

② 切屑长度变形系数 ξ_l：

$$\xi_l = \frac{L_c}{L_{ch}} \tag{2-2}$$

式中：L_c——切削层长度(单位:mm)；

L_{ch}——切屑长度(单位:mm)，可用铜丝测量。

由图 2-4 可知，切削层金属变成切屑后，其厚度增大，长度减小，因而 ξ_a 和 ξ_l 的数值都大于 1，切屑宽度和切削层宽度差异很小。切削前后的体积不变，故有

$$\xi_a = \xi_l = \xi \tag{2-3}$$

上述两种表示切屑变形程度的方法中，ξ_l 用得最多，因为 L_c 和 L_{ch} 便于测量。

(2) 用剪切角 ϕ 表示切屑变形程度

实践证明，剪切角的大小与切削力的大小有直接关系。对于同一种金属材料，用同样的刀具，相同大小的切削层，当切削速度高时，剪切角 ϕ 大，剪切面积小，如图 2-5 所示。切削力小，说明切屑变形小。相反，当角 ϕ 小时，切削力大，说明切屑变形大。

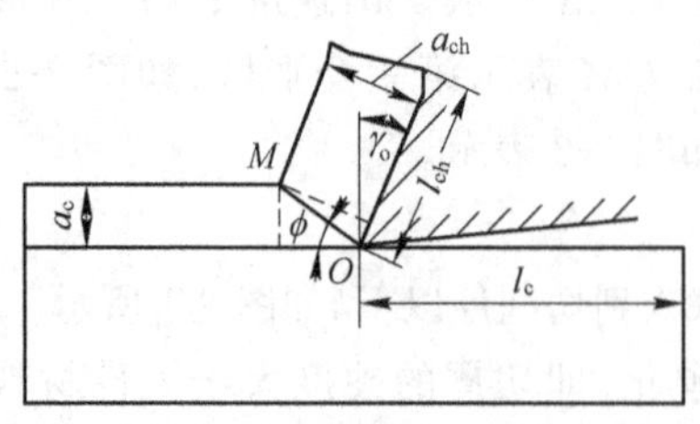

图 2-4 变形系数的求法

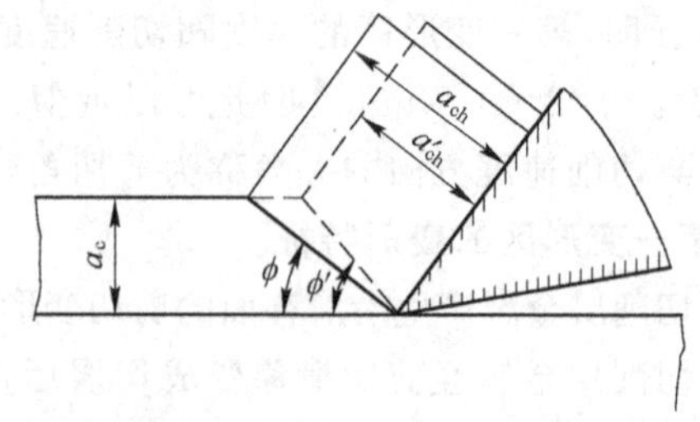

图 2-5 剪切角 ϕ 与剪切面积的关系

这种方法可以反映切削过程变形的实质，但缺点是角 ϕ 的测量较繁（必须金相磨片），而且也不易测量准确，所以很少用此法表示切屑变形程度。

（3）用相对滑移 ε 表示切屑变形程度

如图 2-6 所示，当平行四边形 $OHNM$ 发生变形后，其相对滑移为 ε，

$$\varepsilon=\frac{\Delta s}{\Delta y}=\frac{NP}{MK}=\frac{NK+KP}{MK}=\cot\phi+\tan(\phi-\gamma_o)=\frac{\cos\gamma_o}{\sin\phi\cos(\phi-\gamma_o)} \tag{2-4}$$

由上式可知，相对滑移大小与剪切角 ϕ 和前角 γ_o 有关，ϕ 和 γ_o 越大，相对滑移越小，切屑变形越小。剪切角 ϕ'、相对滑移 ε 和变形系数 ξ 存在以下关系：

$$\xi=\frac{\xi^2-2\xi\sin\gamma_o+1}{\xi\cos\gamma_o} \tag{2-5}$$

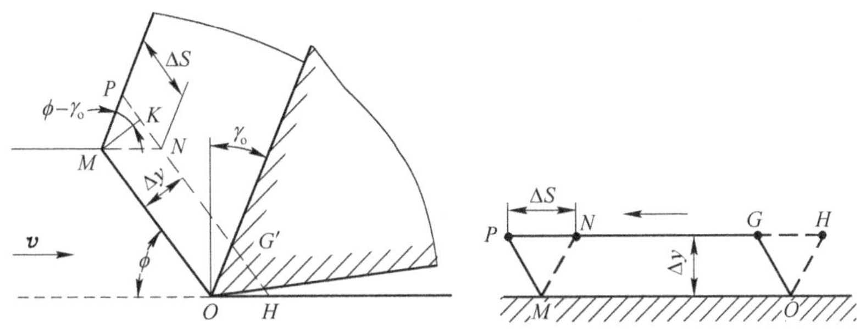

图 2-6　用相对滑移 ε 表示剪切变形

实际切削过程很复杂，不仅有剪切变形，还有前刀面对切屑的强烈挤压和摩擦，这称为第二变形区，如图 2-2 所示。因此，用这些简单的方法已经不能反映全部变形实质。例如，$\xi=1$，$a_{ch}=a_c$ 似乎表示切屑没有变形，但实际上存在相对滑移，所以式(2-3)表示的变形系数只有当 $\xi>1.5$ 时，ξ 与 ε 才基本正确。

2.1.2　第二变形区的变形及其特征

1. 变形过程及特征

切削塑性金属时，切屑从前刀面上流出时受前刀面的挤压和摩擦，在靠近前刀面处形成第二变形区，如图 2-2 所示。

第二变形区的变形特征是：

（1）切屑底层靠近前刀面处流速减慢，甚至滞留在前刀面上，形成滞留层，使切屑产生内摩擦。

（2）切屑底层流经前刀面时产生的摩擦热使切屑与前刀面的接触处温度进一步升高，达到几百度甚至上千度。

（3）切屑底层因摩擦变形而纤维化，底层长度增加，切屑发生向上弯曲，与前刀面的接触面积减小。

2. 作用在切屑上的力

直角自由切削时，以切屑作为隔离体，作用在切屑上的力有：前刀面作用在切屑上的法向力 F_n 和摩擦力 F_f；剪切面上的正压力 F_{ns} 和剪切力 F_s，如图 2-7 所示。这两对力的合力应相互平衡。如果将所有力都画在切削刃的前方，可得到图 2-8 所示的各力关系。在图 2-8 中，F_r 是 F_n 和 F_f 的合力，也是 F_{ns} 和 F_s 的合力；β 是 F_n 和 F_r 的夹角，称为摩擦角。可将 F_r 分解为 F_z 和 F_y，其中 F_z 为切削运动方向的分力，F_y 为和切削运动方向垂直的分力。以 a_c 表示切削

厚度，以 a_w 表示切削宽度，A_c 表示切削面积，A_s 表示剪切面的面积 $\left(A_s=\frac{A_c}{\sin\phi}\right)$，$\tau$ 表示剪切面上的剪应力，由图 2-8 可知，上述各力之间存在以下关系：

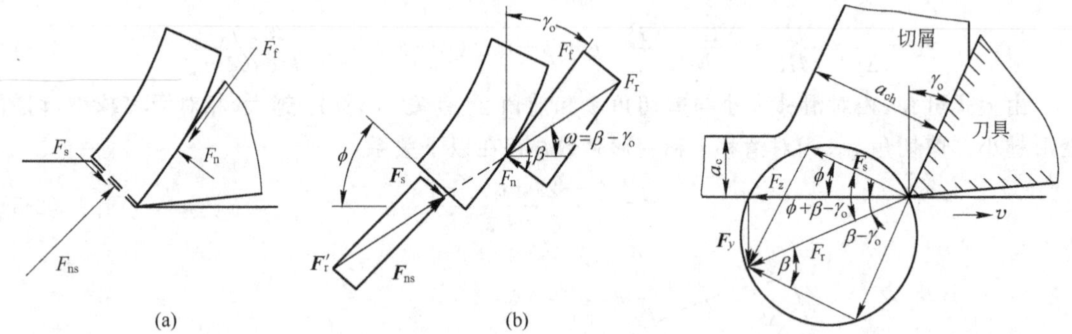

图 2-7　作用在切屑上的力　　　　图 2-8　直角自由切削时力与角度的关系

$$F_s=\tau\cdot A_s=\frac{\tau A_c}{\sin\phi}=F_r\cos(\phi+\beta-\gamma_o) \tag{2-6}$$

$$F_r=\frac{F_s}{\cos(\phi+\beta-\gamma_o)}=\frac{\tau A_c}{\sin\phi\cos(\phi+\beta-\gamma_o)} \tag{2-7}$$

$$F_z=F_r\cos(\beta-\gamma_o)=\frac{\tau A_c\cos(\beta-\gamma_o)}{\sin\phi\ \cos(\phi+\beta-\gamma_o)} \tag{2-8}$$

$$F_y=F_r\sin(\beta-\gamma_o)=\frac{\tau A_c\sin(\beta-\gamma_o)}{\sin\phi\ \cos(\phi+\beta-\gamma_o)} \tag{2-9}$$

式(2-8)、(2-9)说明摩擦角 β 对切削分力 F_z 和 F_y 的影响。如果用测力仪测出 F_z 和 F_y 的值而暂时忽略后刀面的作用力，则可用下式求得摩擦角 β：

$$\frac{F_y}{F_z}=\frac{\sin(\beta-\gamma_o)}{\cos(\beta-\gamma_o)}=\tan(\beta-\gamma_o) \tag{2-10}$$

$\tan\beta$ 等于前刀面上的平均摩擦系数 μ，这就是测量摩擦系数 μ 的方法。

3. 剪切角 ϕ 与前刀面上摩擦角 β 的关系

由图 2-7、2-8 可知，F_r 是 F_n 和 F_f 的合力，它作用在主应力方向上，F_s 在最大剪应力方向上。由材料力学知识可知，F_r 与 F_s 之间的夹角应为 $\frac{\pi}{4}$。由图 2-8 可知，F_r 与 F_s 之间的夹角应为 $\phi+\beta-\gamma_o$，故有

$$\phi+\beta-\gamma_o=\frac{\pi}{4}\text{或者 }\phi=\frac{\pi}{4}-(\beta-\gamma_o)=\frac{\pi}{4}-\omega \tag{2-11}$$

这是李和谢弗(Lee and Shaffer)根据直线滑移场理论推导的近似剪切角公式。式中，$\beta-\gamma_o$ 表示 F_r 与切削速度方向的夹角，称为作用角，用 ω 表示。由式(2-11)可知：

(1) γ_o 增大，角 ϕ 随之增大，切屑变形减小。

(2) β 增大，角 ϕ 随之减小，切屑变形增大。

实验结果与公式(2-11)的计算结果在定性上是一致的，但是在定量上有出入。

4. 前刀面上的摩擦

切削塑性金属时，由于切屑与前刀面之间的压力很大，可达 2～3 GPa（2 000～

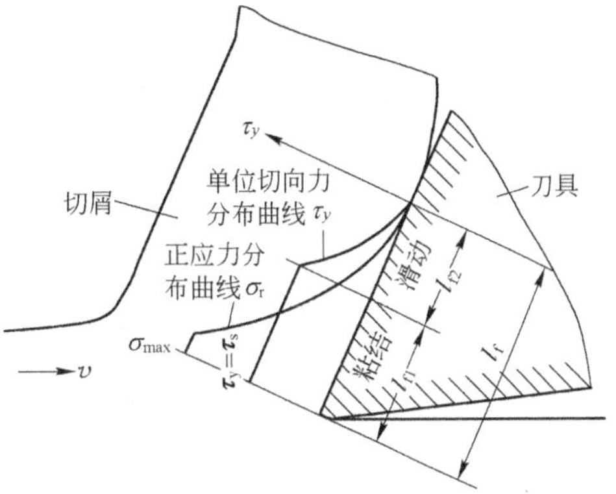

3 000 N/mm^2)，再加上几百度的高温，可以使切屑底部与前刀面发生粘结。在有粘结的情况下，切屑与前刀面之间就不是一般的外摩擦，而是切屑底层和刀具上的粘结层与其上层的金属之间的内摩擦。这实际上就是金属内部的剪切滑移，它与材料的流动应力特性以及粘结面积的大小有关，其摩擦规律与外摩擦不同。外摩擦系数的大小与正压力 F_n 和摩擦力 F_f 有关，而与接触面积无关。图 2-9 表示刀—屑接触面有粘结时的摩擦情况。

图 2-9　切屑与前刀面摩擦示意图

刀—屑接触面分两个区：

(1) 粘结部分为内摩擦区，这部分的单位切向力 τ_y 等于工件材料的剪切屈服强度 τ_s。

(2) 粘结部分之外为外摩擦区，该处的单位切向力 τ_y 逐渐减小到零。如果以 τ_y/σ_y 表示摩擦系数，则前刀面上各点的摩擦系数是变化的。令 μ 代表前刀面上的平均摩擦系数，按内摩擦规律得

$$\mu=\frac{F_f}{F_n}\approx\frac{\tau_s A_{f1}}{\sigma_{av}A_{f1}}=\frac{\tau_s}{\sigma_{av}} \tag{2-12}$$

式中：A_{f1}——内摩擦部分的接触面积；

σ_{av}——内摩擦部分的平均正应力，σ_{av} 随工件材料的硬度、切削速度、切削宽度、刀具前角而变化，其变化范围很大；

τ_s——工件材料的剪切屈服强度，它随切削温度的升高而略有下降。

由式(2-12)可知，μ 值是一个变数，外摩擦系数为常数，这也说明内摩擦的摩擦规律与外摩擦不同。

影响前刀面摩擦系数的主要因素有以下 4 个。

(1) 工件材料对摩擦系数的影响：工件材料的强度越大，硬度越高，则摩擦系数略有降低。因为材料的强度大、硬度高，当切削速度不变时，切削温度高，故摩擦系数 μ 下降。

(2) 切削厚度对摩擦系数的影响：切削厚度增大时，正压力 F_n 增大，σ_{av} 随之增大，故 μ 也略有下降，如图 2-10 所示。

(3) 切削速度对摩擦系数的影响：切削速度 v 对摩擦系数 μ 的影响如图 2-11 所示。切削速度在某一速度以下(约 30 m/min)，切削速度升高，摩擦系数随之增大。因为切削速度很低时，切削温度低，前刀面与切屑底层不易粘结，随着切削速度的升高，切削温度随之升高，粘结增大，μ 增大，当切削速度升高超过上述值后，切削温度进一步升高，使工件材料的塑性增加，流动应力减小，故摩擦系数下降。

(4) 刀具前角对摩擦系数的影响：前角愈大，μ 值愈大，如图 2-12 所示。因为前角增大，将使 σ_{av} 减小，工件材料的剪切屈服强度 τ_s 与 σ_{av} 的比值增大，故摩擦系数 μ 增大。

5. 积屑瘤的形成及对切削过程的影响

切削塑性金属时，常在主切削刃附近的前刀面上粘着一块剖面有时呈三角状的硬块，它的硬度很高，通常是工件材料的 2～3 倍，当处于比较稳定时能代替刀刃进行切削。这块“冷焊”在前刀面上的金属层称为积屑瘤。积屑瘤剖面的金相磨片如图 2-13 所示。

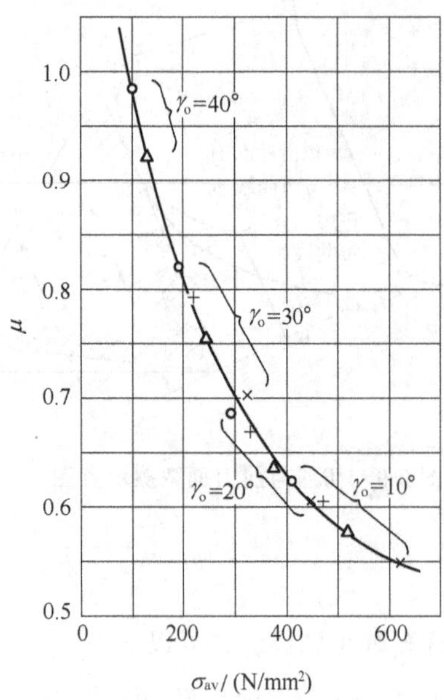

图 2-10　切削厚度对前刀面摩擦系数的影响

工件材料：40 钢；　刀具材料：高速钢；

切削用量：a_c=0.149 mm，a_w=5 mm；

刀具前角：γ_o=10°、20°、30°、40°；

切削厚度：曲线上o号，a_c=0.05 mm，+号，a_c=0.1 mm，△号，a_c=0.2 mm，×号，a_c=0.4 mm

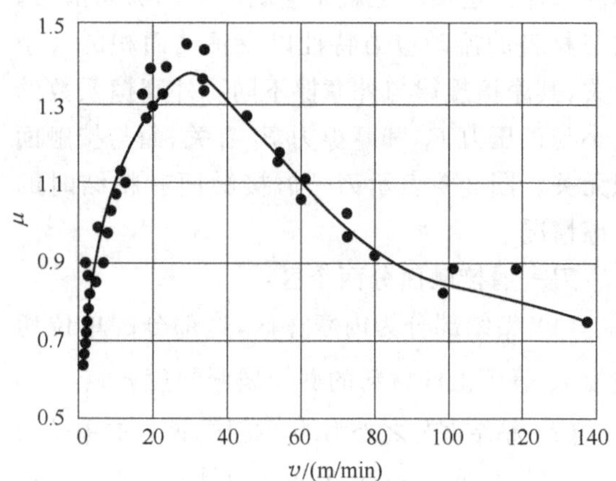

图 2-11　切削速度对前刀面摩擦系数的影响

工件材料：30Cr；

刀具材料：18-4-1 高速钢；

切削用量：a_c=0.149 mm，a_w=5 mm；

刀具前角：γ_o=30°

由图 2-13 可知：这个三角状金属经过强烈的塑性变形而纤维化，顶部与切屑相连，底部在取样时已脱离前刀面，三角体的前端与尾部均有裂缝。积屑瘤的形状及大小随切削条件不同而变化。

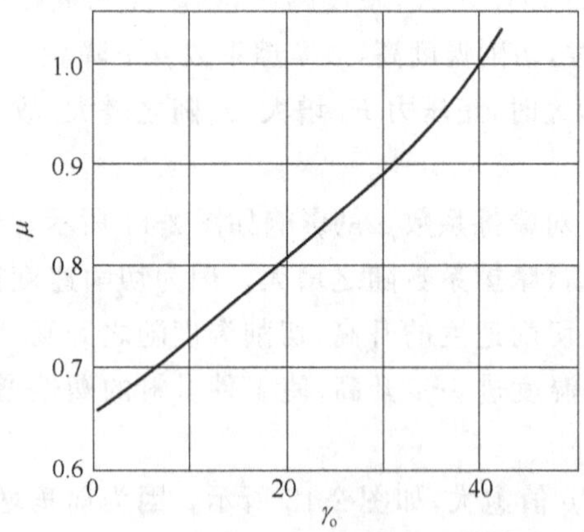

图 2-12　刀具前角对摩擦系数的影响

工件材料：30 Cr；

切削用量：a_c=014 mm，a_w=5 mm，v=80 m/min

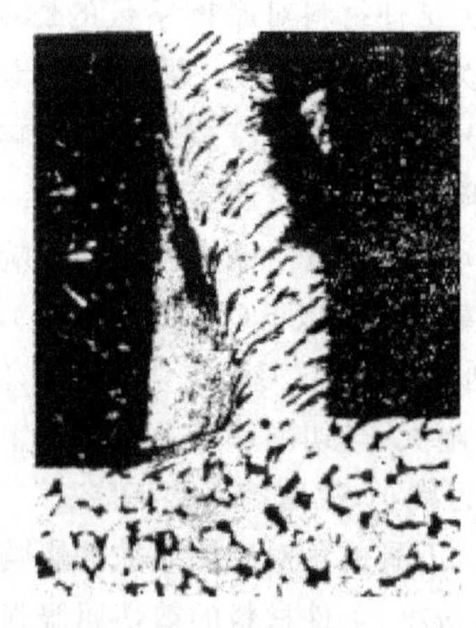

图 2-13　积屑瘤

(1) 积屑瘤产生的原因

切屑对前刀面接触处的摩擦，使前刀面十分洁净，当两者接触达到一定温度，同时压力又较高时，就会产生粘结现象，也称“冷焊”。这时切屑从粘结在前刀面的底层上流过，形成内摩擦。如果温度、压力适当，底面上的金属因内摩擦变形也会发生加工硬化而被阻滞在底层，粘结成一体。这样，粘结层逐渐增大，直到该处的温度与压力不足以造成粘附为止。

(2) 积屑瘤产生的条件

① 塑性材料的加工硬化：塑性材料加工硬化倾向愈强，愈易产生积屑瘤。

② 切削温度的影响：切削用量三要素中，切削速度对切削温度的影响最大，所以切削温度对积屑瘤高度 H_b 的影响实质上反映的是切削速度对积屑瘤高度 H_b 的影响，如图 2-14 所示。在低速区Ⅰ内，切削温度很低，切屑底层不会与前刀面产生粘结，因而不产生积屑瘤。在中速区Ⅱ内，切削温度随切削速度的升高而升高，切屑底层与前刀面产生粘结，积屑瘤的高度 H_b 随切削速度的升高而增大，切削碳素钢时，大约在 300～350°C，积屑瘤的高度达到最大。在Ⅲ区内，随着切削速度的升高，切削温度继续升高，积屑瘤高度 H_b 将随着切削速度的升高而逐渐减小。在Ⅳ区，切削速度很高，切削温度也很高，不产生积屑瘤，切削碳素钢时切削温度达到 500°C 以上，积屑瘤趋于消失。

(3) 积屑瘤对切削过程的影响

① 实际前角增大：积屑瘤粘附在前刀面上较典型的情况如图 2-15 所示。它增大了刀具的实际前角，可以减小切削力，对切削过程起着积极作用。积屑瘤高度 H_b 愈大，实际前角 γ_b 愈大。

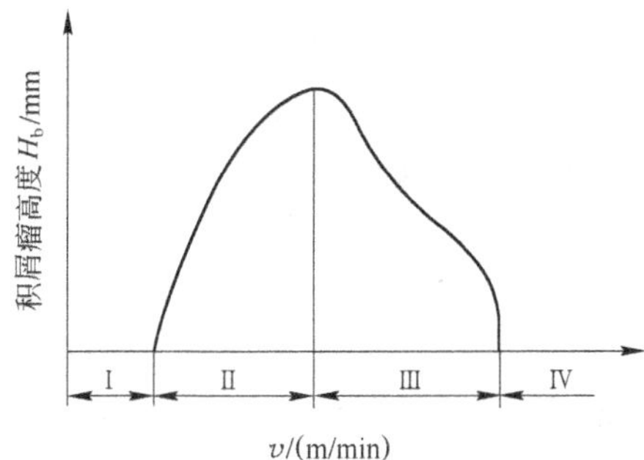

图 2-14　积屑瘤高度与切削速度之间的关系

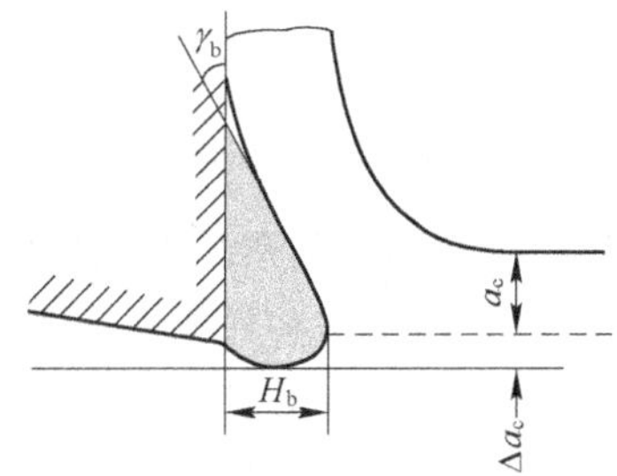

图 2-15　积屑瘤前角 γ_b 和伸出量 Δa_c

② 增大了切削厚度：如图 2-15 所示，积屑瘤使切削厚度增大了 Δa_c。因为切削过程中除积屑瘤底部较稳定外，顶部不断形成和脱落，呈周期性变化，所以 Δa_c 的值也是变化的，这就会引起切削力波动，从而有可能引起振动。

③ 使加工表面粗糙度增大：积屑瘤顶部很不稳定，其形状不规则，在加工表面产生宽度和深度不同的沟纹，使加工表面的粗糙度增大，脱落时一部分附在切屑底部被切屑带走，另一部分也可能嵌在加工表面上形成硬质点。

④ 对刀具耐用度的影响：积屑瘤粘附在前刀面上，相对稳定时，可以代替刀刃切削，起到减小刀具磨损，提高刀具耐用度的作用；不稳定时，积屑瘤的脱落，可使刀具产生粘结磨损。

(4) 防止积屑瘤的措施

① 降低切削速度，使切削温度较低，可使切屑底层不与前刀面粘结。

② 高速切削，使切削温度高于积屑瘤消失的温度。例如，高速精车塑性金属既可避免积屑瘤产生，又可提高生产效率。

③ 采用润滑性能良好的切削液，减小前刀面与切屑底层的摩擦，降低切削温度，可防止积

屑瘤的产生。

④ 增大刀具前角，可减小刀—屑接触区的压力，防止积屑瘤的生成。

⑤ 提高工件材料的硬度，减小加工硬化，可避免积屑瘤的产生，这可以通过对工件材料正火或调质来实现。

2.1.3 第三变形区的变形及已加工表面质量

1. 已加工表面的形成过程

已加工表面的形成过程如图 2-16 所示。当切削层金属以切削速度 v 逐渐接近刀刃并进行切削时，便发生压缩与剪切变形，最终沿剪切面 OM 方向产生剪切滑移变成切屑。但由于刀刃圆弧 OB（其圆弧半径 r_β 称为钝圆半径）的作用，整个切削层金属厚度 a_c 中，将有一层金属 Δa_c 无法沿 OM 方向滑移，而是从刀刃圆弧部分 O 点以下挤压过去，即切削层金属在 O 点处被分成两部分，O 点以上部分成为切屑沿前刀面流出，O 点以下部分经过刀刃圆弧 OB 的挤压而留在已加工表面上。O 点以下部分金属经过刀刃上的圆弧 B 点之后又受到后刀面磨损带宽度 VB 的挤压和摩擦，这种剧烈的挤压和摩擦使已加工表面的金属受到剪切应力。在此之后，由于里层金属开始弹性恢复，假设弹性恢复高度为 Δh，则已加工表面在刀具后刀面的 CD 长度内继续与后刀面摩擦。综上所述，刀刃圆弧 OB、后刀面磨损带宽度 VB 和 CD 三部分对工件已加工表面金属的挤压和摩擦便构成了第三变形区。

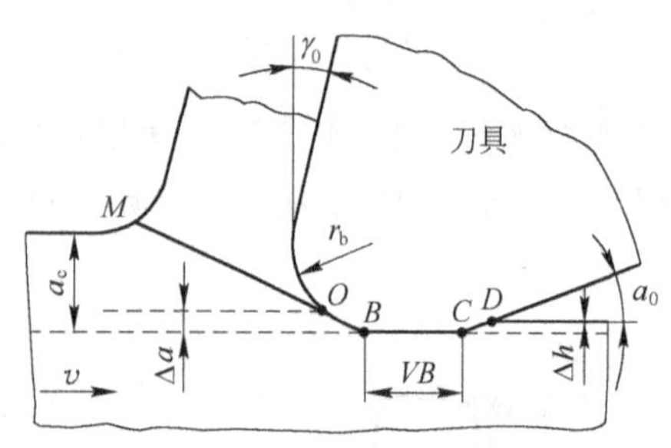

图 2-16 已加工表面的形成过程

如果将三个变形区联系起来，如图 2-17(a)所示。当切削层金属进入第一变形区时，晶粒被压缩而变长，因剪切滑移而倾斜。当切削层金属逐渐接近刀刃时，晶粒变得更长，形成了包围刀刃的纤维层，最终在 O 点断裂。一部分金属变成切屑沿前刀面流出，另一部分受刀刃圆弧、后刀面磨损带宽度和弹性恢复部分的挤压和摩擦而留在已加工表面上，因此，已加工表面层金属的晶粒被拉得更细更长，其纤维方向平行于已加工表面。已加工表面层的金属经多次挤压和摩擦，其组织与基体材料组织的性质不同，所以称这层金属为加工变质层，如图2-17(b)所示。

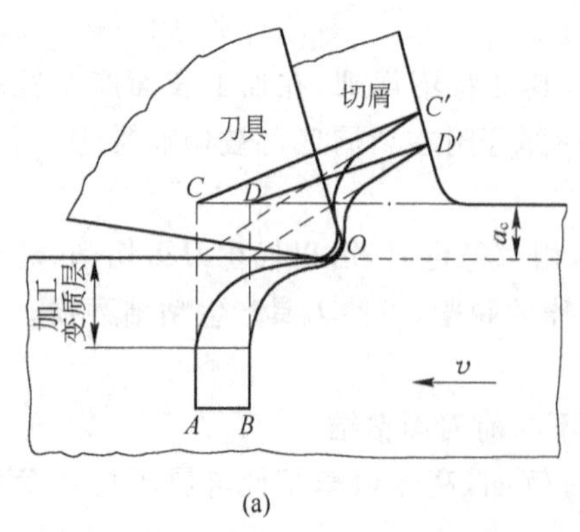

(a)

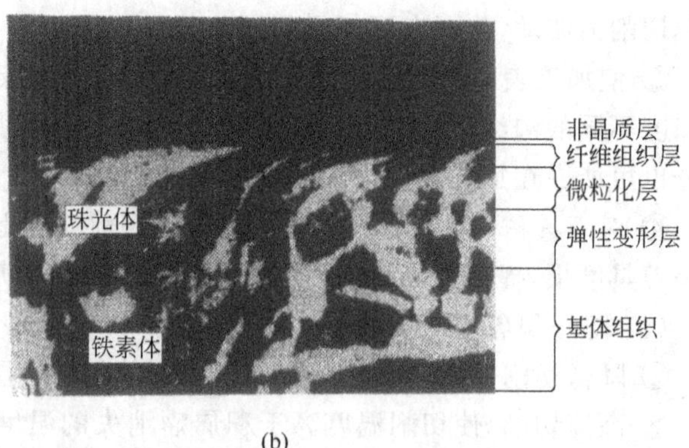

(b)

图 2-17 加工变质层

2. 已加工表面质量

已加工表面质量也称为表面完整性，它包括两个方面的内容：

(1) 表面几何学方面：主要指零件表面由刀刃或磨具留下的痕迹，加工工艺不同，痕迹的深浅、粗细不同。这种微观几何形状称为表面粗糙度，其值用 R_a 或 R_z 表示。

(2) 表层材质的变化：零件加工后在一定深度内的表层金属的晶粒组织发生变化，形成非晶质层和纤维组织层，即所谓加工变质层。

零件表层材质特性的表达方式有塑性变形、硬度变化、微裂纹、残余应力、热损伤区化学性质及特性的变化等多种。

1) 表面粗糙度

如前所述，已加工表面粗糙度是指已加工表面的微观不平度。

(1) 表面粗糙度对零件使用性能的影响

① 减小了连接表面的接触面积，接触表面有相对运动时容易磨损，降低了连接表面的接触刚度。

② 影响液压元件的密封性。

③ 受交变载荷的零件容易产生应力集中，降低了抗疲劳强度的能力。

④ 在表面粗糙度的凹谷处容易储存有害介质，使零件容易被腐蚀。

表面粗糙度的类型有纵向粗糙度和横向粗糙度两种。纵向粗糙度指沿切削速度方向的粗糙度，如振纹等。横向粗糙度指进给运动方向的粗糙度，主要由进给量、刀具的主偏角、刀尖的圆弧半径引起，其值约为纵向粗糙度的 2～3 倍。

(2) 产生表面粗糙度的原因

① 由几何因素引起的表面粗糙度，其值由残留面积高度决定。

② 由切削过程中的不稳定因素引起的粗糙度，如积屑瘤、鳞刺、切削过程中的变形、刀具边界磨损、刀刃与工件之间的相互位置变动等。

① 残留面积

车外圆，当 $r_\varepsilon \neq 0$ 时，由图 2-18 (a)所示的几何关系得

$$(r_\varepsilon - R_{\max})^2 = r_\varepsilon^2 - \frac{f^2}{4}$$

因为 $R_{\max} \ll r_\varepsilon$，略去高阶无穷小 $R_{\max}^2$，上式简化为

$$R_{\max} = \frac{f^2}{8r_\varepsilon^2} \tag{2-13}$$

由式(2-13)可知：减小进给量 f 可减小残留面积的最大高度 $R_{\max}$，所以精加工时宜用很小的进给量 f，增大刀尖圆弧半径 r_ε 同样能减小残留面积的最大高度 $R_{\max}$。但是，r_ε 增大后，径向分力 F_y 增大，工艺系统刚性不足时容易引起振动，使已加工表面产生振纹。

车外圆，当 $r_\varepsilon = 0$ 时，由图 2-18 (b)所示的几何关系得

$$R_{\max} = \frac{f}{\cot\kappa_r + \cot\kappa_r'} \tag{2-14}$$

由式(2-14)可知：减小进给量 f、κ_r 和 κ_r' 都可减小残留面积的最大高度 $R_{\max}$。但 κ_r 减小后，径向分力 F_y 增大，工艺系统刚性不足时容易引起振动，使已加工表面产生振纹，故生产中常常通过减小 κ_r' 来减小 $R_{\max}$，甚至取 $\kappa_r'=0$ 的修光刃(如第四章图 4-14 所示)。修光刃长度 b_ε

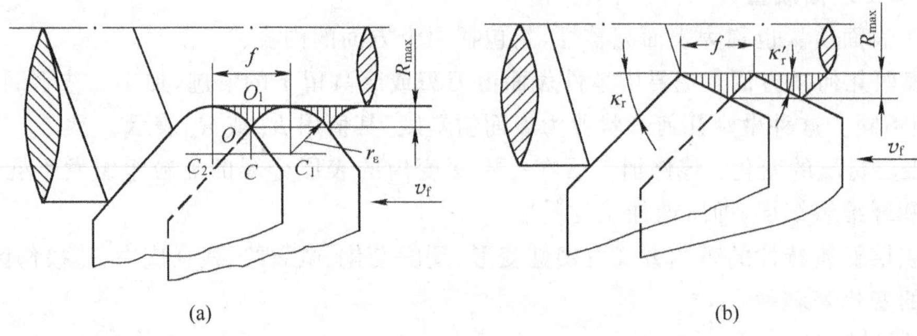

图 2-18　车削时的残留面积高度

必须大于 f。

实际得到的粗糙度比计算的 R_{max} 大，只有在高速切削塑性金属材料时，两者才比较接近。这是因为实际粗糙度还受到积屑瘤、鳞刺、切屑形态变化、振动、刀刃不直度等因素的影响，但理论计算是构成已加工表面粗糙度中的主要部分。

ⅱ 积屑瘤对表面粗糙度的影响

积屑瘤对表面粗糙度的影响前已述及，此处不再赘述。

ⅲ 鳞刺对表面粗糙度的影响

鳞刺是已加工表面出现的鳞片状毛刺。在较低及中等切削速度下用高速钢、硬质合金或陶瓷刀具切削低碳钢、中碳钢、不锈钢、紫铜等塑性材料时，无论是车削，还是刨削、插齿、拉削、攻丝等都会出现鳞刺，如图 2-19 和 2-20 所示。鳞刺的形成分为四个阶段：Ⅰ为抹拭阶段，Ⅱ为导裂阶段，Ⅲ为层积阶段，Ⅳ为切成阶段，如图 2-21 所示。

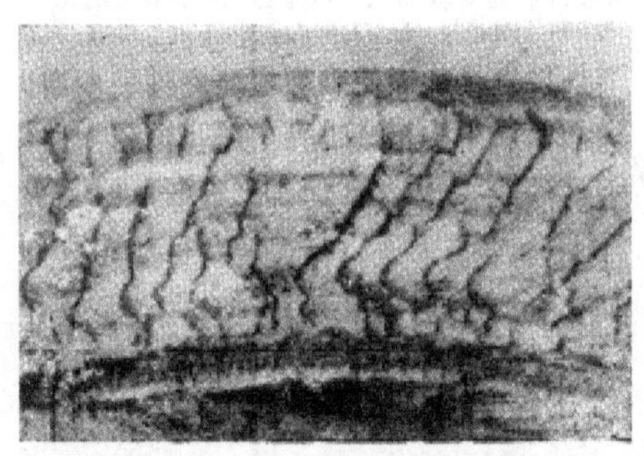

图 2-19　加工丝杠时产生的鳞刺

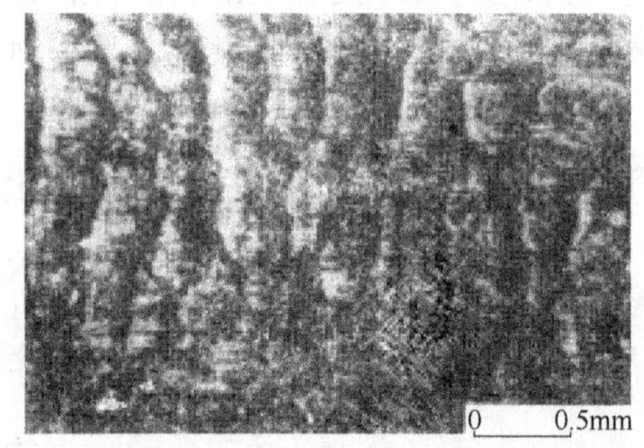

图 2-20　圆孔拉刀拉削 40 Cr 时的鳞刺

抑止鳞刺的措施：

• 减小切削厚度 a_c，以减小切屑作用在前刀面上的压力。

• 采用润滑性能良好的切削液，减小切屑与前刀面的摩擦，降低切削速度，使切削温度降低，以保持切削液的润滑作用。

• 采用硬质合金刀具高速切削。

• 当切削速度的提高受到限制时可采用加热切削，以降低工件材料的硬度。

ⅳ 切削过程中的变形对表面粗糙度的影响

在形成挤裂切屑和单元切屑时，由于第一变形区的变形要深入到切削层以下，从而在已加工表面形成波浪形，如图 2-22(a)所示；加工铸铁时在已加工表面形成麻坑，如图 2-22(b)所

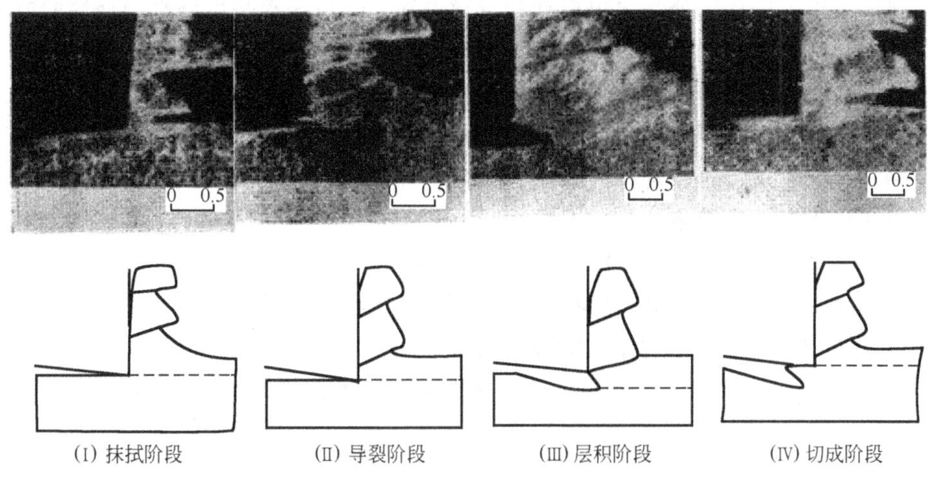

图 2-21　鳞刺形成的四个阶段

示；加工塑性材料时，在主、副后刀面的强烈挤压作用下，在切削刃的两端出现隆起，从而影响了已加工表面粗糙度，如图 2-22(c)所示。

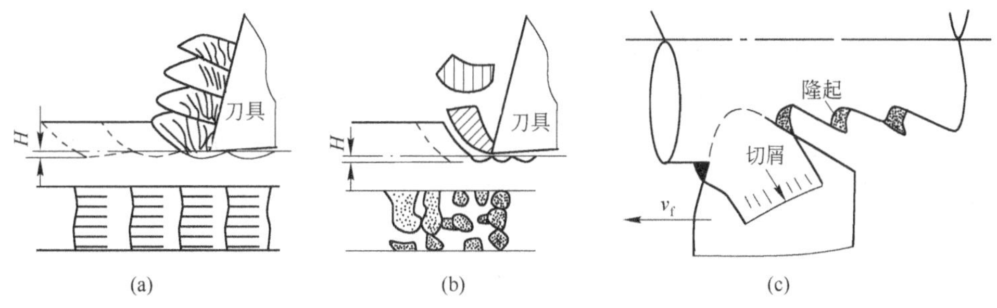

图 2-22　切削过程中的变形对加工表面粗糙度的影响

ⓥ 刀具边界磨损对已加工表面粗糙度的影响

刀具副后刀面磨损后会在工件已加工表面形成锯齿形凸出部分，使已加工表面粗糙度增大，如图 2-23 所示。

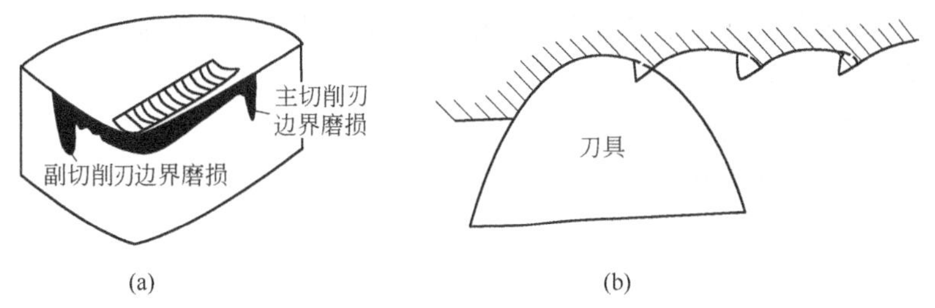

图 2-23　刀具磨损对已加工表面粗糙度的影响

ⓥⓘ 切削过程中的振动对表面粗糙度的影响

切削过程中，工艺系统可能发生振动，使已加工表面产生振纹，影响已加工表面粗糙度，甚至损坏刀具。

切削过程中的振动可分为强迫振动和自激振动。强迫振动是由外来周期性的或非周期性的激振力引起的振动。其特点是工件表面振痕的频率等于外来激振力的频率。

自激振动是在没有外来周期性或非周期性的激振力的条件下产生的振动。激振力是切削过程自身激发的,如积屑瘤的产生和消失等。自激振动的特点是自激振动的频率等于系统的固有频率,振动频率很高,通常称为颤振。

减小或消除振动的措施:

• 提高工艺系统中机床、夹具、刀具、工件的刚度。

• 对高速回转的零件进行动、静平衡,降低往复运动部件的速度。

• 提高机床传动件的制造精度和装配精度。

• 合理选择切削用量。在条件允许的情况下适当增大进给量和切削速度,既可抑制振动又可提高生产率。

• 合理选择刀具几何参数。例如,采用 $\kappa_r=93°$ 的外圆车刀;在后刀面上磨消振棱(如第四章图 4-11 所示);适当减小后角,增大阻尼。

• 采用减振措施。例如,采用阻尼减振器、摩擦减振器防止振动。

总之,产生振动的原因很多,很复杂,必须根据振动原因,采取有针对性的防治措施,防止切削过程中的振动。

2) 加工硬化

(1) 加工硬化对零件使用性能的影响

① 有助于提高零件的耐磨性,但容易出现微裂纹,影响零件的疲劳强度。

② 给后继工序加工带来困难,加剧刀具的磨损,降低刀具的耐用度。

(2) 加工硬化产生的原因

① 第一变形区的变形会深入到切削层以下,如图 2-1 所示。

② 刀刃圆弧的挤压,刀具后刀面磨损带宽度的挤压和摩擦,产生附加塑性变形。

③ 里层金属的弹性恢复使已加工表面与刀具的后刀面继续产生挤压和摩擦,已加工表面经上述多次挤压和摩擦后产生强烈的塑性变形,晶格扭曲,晶粒拉长,晶粒破碎而强化,硬度显著提高。

此外,当切削温度低于相变温度时,在切削温度的作用下表层金属产生弱化,硬度降低;当切削温度高于相变温度时,破碎的晶粒会再结晶。因此,已加工表面的硬度就是这种同时进行的强化、弱化、相变综合作用的结果。当塑性变形占优势时,已加工表面产生加工硬化;当切削温度起主要作用时,还需要视相变情况而论,例如,磨削淬火钢时若引起退火,表层产生软化,若充分冷却会形成二次淬火而硬化。

(3) 表示加工硬化的方法

① 用硬化程度表示加工硬化

$$N=\frac{H-H_o}{H_o}\times 100\% \tag{2-15}$$

式中:N——硬化程度,一般可达 120%～200%;

H——加工硬化后的硬度;

H_o——工件基体材料的硬度。

② 用硬化层深度 h_d 表示加工硬化,h_d 一般可达几十到几百微米。研究表明,硬化程度 N

愈大，硬化层深度 h_d 愈大。

3）残余应力

残余应力指在没有外力作用的情况下，在物体内部为保持平衡而留下的应力。残余应力有残余拉应力 $+\sigma$ 和残余压应力 $-\sigma$ 之分，而且它们成对出现。物体内、外层残余应力符号相反。

(1) 残余应力对零件使用性能的影响

① 使加工后的零件变形，影响零件的形状精度。

② 容易产生微裂纹，影响受交变载荷的零件的抗疲劳强度能力。

(2) 残余应力产生的原因

① 机械应力引起的塑性变形使工件产生残余应力

已加工表面形成时，在刀刃圆弧、磨损带宽度的强烈挤压和摩擦作用下，表层金属产生强烈的塑性变形，而里层产生弹性变形。已加工表面形成后，因刀具的作用力消失，里层金属产生弹性恢复，但受到表层金属的限制，因而在表层产生残余应力。如果里层产生的是压缩弹性变形，则表层产生残余拉应力，里层产生残余压应力；如果里层产生的是拉伸弹性变形，则表层产生残余压应力，里层产生残余拉应力。

② 由热应力引起的塑性变形使工件产生残余应力

切削加工时，由于刀刃圆弧、磨损带宽度的强烈挤压和摩擦以及弹性恢复使已加工表面温度升高而膨胀；切削后冷却时，表层收缩，但受到里层金属的阻碍，因而表面层产生残余拉应力，里层产生残余压应力，使用切削液更是如此。

③ 相变引起的体积变化使工件产生残余应力

高速切削时，刀—工摩擦面的温度可达 600～800℃，表层金属可能发生相变（亚共析钢的相变温度为 723℃）而形成奥氏体，冷却后又转变成马氏体。由于马氏体的体积比奥氏体大，因而表层金属产生膨胀，但受到里层金属的阻碍，于是表层产生残余压应力，里层产生残余拉应力。磨淬火钢时，若表层金属发生退火，则马氏体转变成屈氏体或索氏体，因而表层体积缩小而收缩，但受到里层金属的阻碍，于是表层产生残余拉应力，里层产生残余压应力。

必须指出，已加工表面产生的残余应力是上述三种残余应力合成的结果。残余应力的大小和符号由起主导作用的因素决定，可能是残余拉应力，也可能是残余压应力。已加工表面不仅沿切削速度方向产生残余应力，沿进给方向也会产生残余应力，最外层 $\sigma_v > \sigma_f$。切削碳素钢时，往往表层产生残余拉应力，里层产生残余压应力，其值可达 80～110 kgf/mm^2，残余应力的深度达 0.4～0.5 mm。

2.2 切屑类型及形状控制

2.2.1 切屑类型

由于工件材料的性质不同，切削条件不同，金属在切削过程中的变形就不同，因而产生的切屑类型多种多样，归纳起来主要有以下几种：

1. 带状切屑

如图 2-24(a)所示，以较高的切削速度 v、较小的切削厚度 a_c、较大的刀具前角 γ_o 切削塑性金属时，切屑呈连续带状，其底部与前刀面接触处很光滑，背面呈毛茸状。形成带状切屑的切削过程平稳，切削力波动小，加工表面粗糙度小，但容易缠绕在机床夹头或刀架上影响工作，甚至伤人，且不便于清除。

2. **挤裂切屑**

如图 2-24(b)所示，当以较低的切削速度 v、较大的切削厚度 a_c、较小的刀具前角 γ_o 加工塑性金属时，第一变形区较宽，剪切滑移大，局部地方达到工件材料的断裂强度，切屑外表面呈锯齿状，内部有时有裂纹。

3. **单元切屑**

如图 2-24(c)所示，当以很低的切削速度 v、较大的切削厚度 a_c、很小的刀具前角 γ_o 加工塑性金属时，剪切面的裂纹将扩大到整个剪切面，形成梯形单元切屑。形成单元切屑时的切削力波动很大，生产中很少见到这种切屑。

切屑的类型随切削条件的变化而变化。在挤裂切屑的基础上进一步提高切削速度 v，减小切削厚度 a_c，增大刀具前角 γ_o，则可形成带状切屑；在挤裂切屑的基础上进一步降低切削速度 v，增大切削厚度 a_c，减小刀具前角 γ_o，则形成单元切屑。

4. **崩碎切屑**

以较大的切削厚度 a_c 加工铸铁等脆性材料时，因脆性金属材料的抗拉强度低，在刀具前刀面的强烈挤压作用下，应力超过抗拉强度极限，容易形成如图 2-24(d)所示的崩碎切屑。

形成崩碎切屑时，切削力波动大，切削过程不平稳，有振动。使用脆性较大的刀具材料、正前角 γ_o 的刀具切削时，因切削力作用在刀刃附近，容易使刀具崩刃。为防止崩刃，粗加工应采用负前角和负刃倾角。由于第一变形区要深入到切削层以下，所以切削脆性金属时会在已加工表面形成麻坑，表面粗糙度大。

避免形成崩碎切屑的方法是：减小切削厚度 a_c，提高切削速度 v，使切削温度升高，降低工件材料的脆性，增大其塑性，以形成针状或片状切屑。

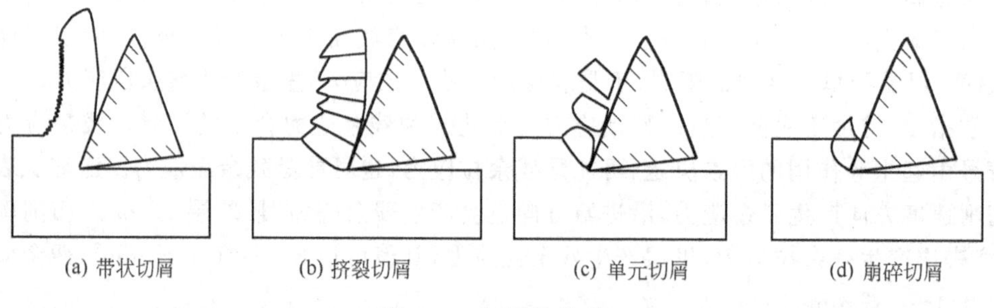

(a) 带状切屑　(b) 挤裂切屑　(c) 单元切屑　(d) 崩碎切屑

图 2-24　切屑的类型

2.2.2　切屑形状及控制

在实际生产中，除上述切屑类型外，加工塑性金属时，通过选择合适的切削用量和刀具几何参数还可以得到如图 2-25 所示的切屑形状。图 2-25 所示的 C 型切屑虽然便于消除，但形成 C 型切屑的折断频率很高，影响切削过程的平稳性。图 2-25 所示的宝塔屑、长紧卷屑、发条屑不仅切削过程平稳，而且又便于清除，所以它们是自动线、自动机床上最理想的切屑形状。精车时，如果切削用量、刀具几何参数合理可获得如图 2-25 所示螺卷屑。

实践证明，必须首先研究切屑卷曲和折断的基本原理，才能为获得理想的切屑形状奠定坚实的基础。

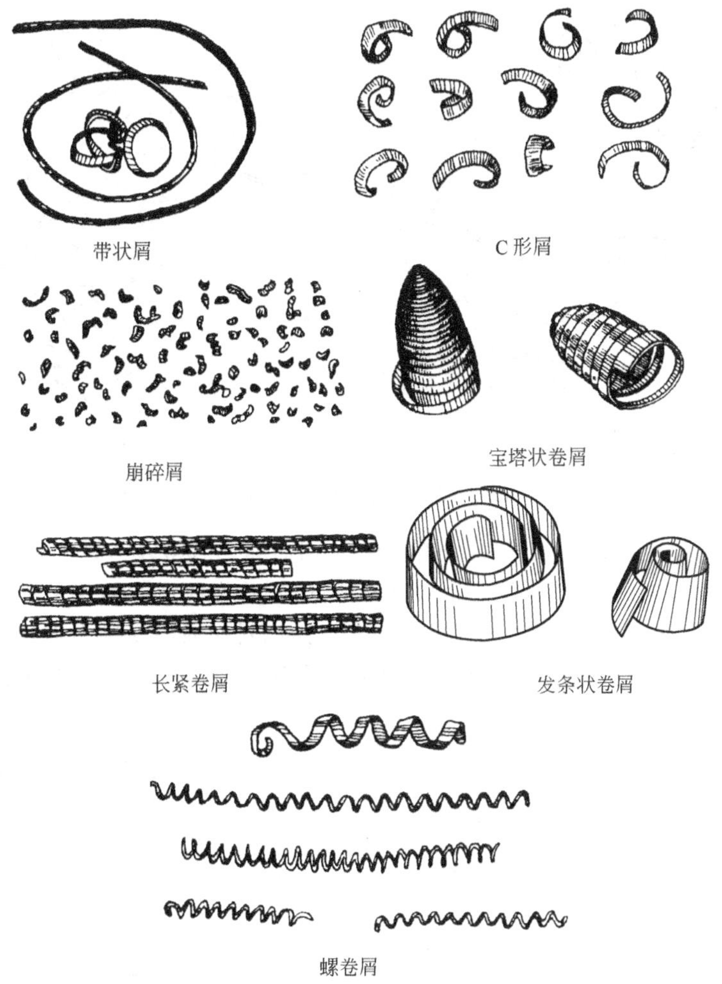

图 2-25　切屑的各种形状

1. 切屑形状的形成过程

研究表明，带状切屑的形成过程可分为三个阶段：①基本变形阶段；②卷曲变形阶段；③附加变形和折断阶段。

(1) 基本变形

所谓基本变形是指切削层金属与刀具切削刃开始接触到变成切屑而脱离工件材料的过程中切屑产生的变形。基本变形使切屑产生的应变称为基本应变，用 ε_0 表示。若基本应变 ε_0 小于工件材料的极限应变 ε_b，则形成带状切屑；若 $\varepsilon_0 > \varepsilon_b$，则形成单元切屑。

(2) 卷曲变形

当使用带刃倾角 λ_s 的刀具加工塑性金属时，切屑从前刀面上流出的方向与主切削刃的法线方向形成一个流屑角 Ψ_λ，如图 2-26(b)所示。Ψ_λ 的大小除与刃倾角 λ_s 有关外，还与前刀面上的摩擦系数 μ 有关，但 λ_s 对 Ψ_λ 的影响最大，所以 $\Psi_\lambda \approx \lambda_s$。切屑的卷曲方式有以下几种：

① 向上卷曲

切屑在切屑厚度方向上的卷曲称为向上卷曲，又称为 A 向卷曲，如图 2-26(a)所示。形成 A 向卷曲的看法有两种：第一种看法认为，在第一变形区，剪切面为一向上弯曲的曲面，切屑底

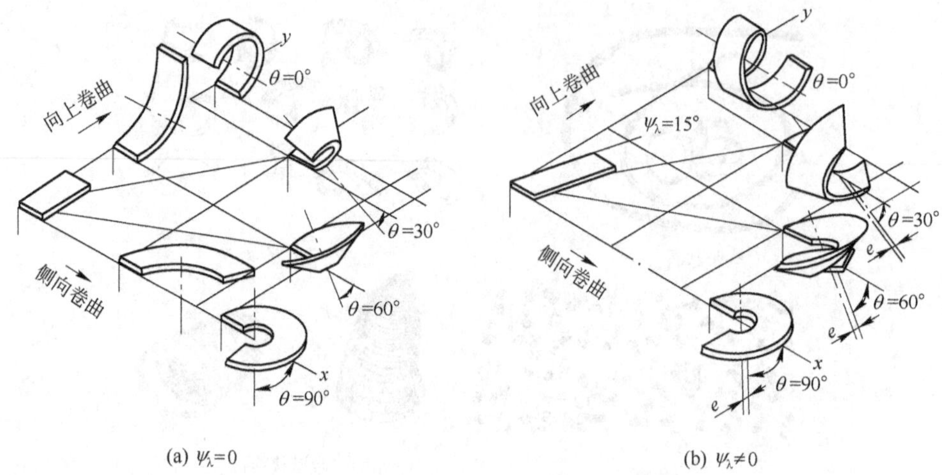

图 2-26　切屑兼有 A、B 向卷曲

层的剪切角 ϕ_A 大于上层的剪切角 ϕ_B，剪切角大，切屑变形程度小，流出速度快，及 $v_{CA}>v_{CB}$，因而切屑向上卷曲，如图 2-27 所示。第二种看法认为，剪切面上的剪切力 F_s 和剪切面的法向力 F_{ns} 的合力 F_r' 与前刀面对切屑的正压力 F_n 和前刀面对切屑的摩擦力 F_f 的合力 F_r 不共线，形成一个弯曲力矩，迫使切屑向上卷曲，其卷曲半径用 r_u 表示，如图 2-28 所示。

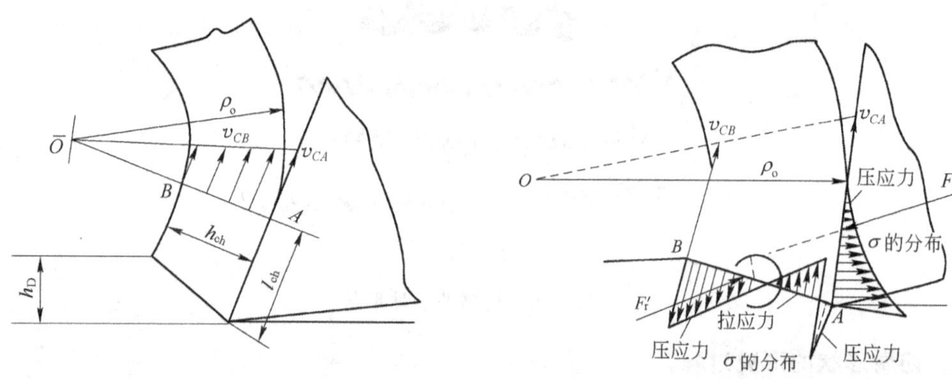

图 2-27　切屑的 A 向卷曲　　　图 2-28　剪切面的弯曲力矩引起的切屑弯曲

② 侧向卷曲

侧向卷曲指在切屑宽度方向上的卷曲，又称 B 向卷曲，如图 2-26 所示。产生侧向卷曲的原因是切屑宽度方向的流速差。引起切屑宽度方向流速差的原因有两个：一个是被切削工件上不同直径处的线速度不等，造成切屑流速不等。另一个原因是刀具刃倾角的影响，$\lambda_s \neq 0$ 时，刀刃各点的剪切角 ϕ 不等，切屑变形程度不同，因而切屑流出速度不等。B 向卷曲半径用 r_s 表示。

③ A 向和 B 向兼有的锥形卷曲

如图 2-26(a)、(b)所示，切屑卷成锥形，其锥角 θ 为切屑底面的切平面与切屑卷曲轴线的夹角。切削过程中，由于工件材料、刀具几何参数、切削用量不同，则切屑卷曲形状及运动轨迹不同。影响切屑基本卷曲形状的参数有：切屑卷曲半径 R_c、卷曲锥角 θ、螺距 P_c。R_c 越小，卷曲变形越大，卷曲应变 ε_c 越大，切屑容易折断。

2. 切屑的附加变形及折断

切屑在形成过程中产生基本变形和基本应变 ε_0，卷曲时产生卷曲变形和卷曲应变 ε_c，在流出过程中不断旋转和甩动，同时可能受到刀具、工件和机床的阻碍产生附加变形和附加应变 ε'。当切屑某一断面的最大剪应变达到材料断裂极限应变 ε_b 时，切屑便折断，即切屑折断的条件是：$\varepsilon_{max}=\varepsilon_0+\varepsilon_c+\varepsilon'\geqslant\varepsilon_b$。

3. 控制切屑的方法

（1）控制切屑的基本变形

如前所述，选择较大的前角 γ_o，较高的切削速度 v，较小的进给量 f，以控制切屑的基本变形使其形成带状切屑。若减小 γ_o，增大进给量 f，降低 v，将使 ε_0 增大，有可能形成挤裂切屑或梯形单元切屑，但 γ_o 增大将使切削力增大。

（2）控制切屑运动轨迹和卷曲半径 R_c 及螺距 P_c

此方法是在前刀面上制造各种形状的断屑槽或断屑台，增大切屑流出时的附加变形，达到断屑目的。

断屑槽的基本形状有：A 型、Y 型、K 型、V 型、O 型、P 型，如图 2-29 所示。本节重点讨论 A 型、K 型、Y 型。

断屑槽的断面形状有如图 2-30 所示的三种。

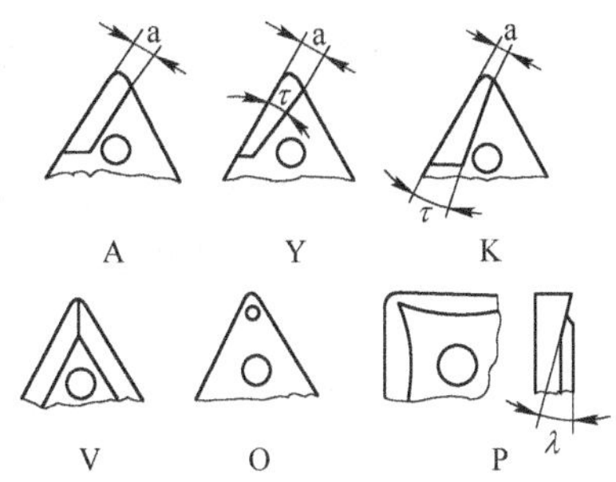

图 2-29　断屑槽基本槽形

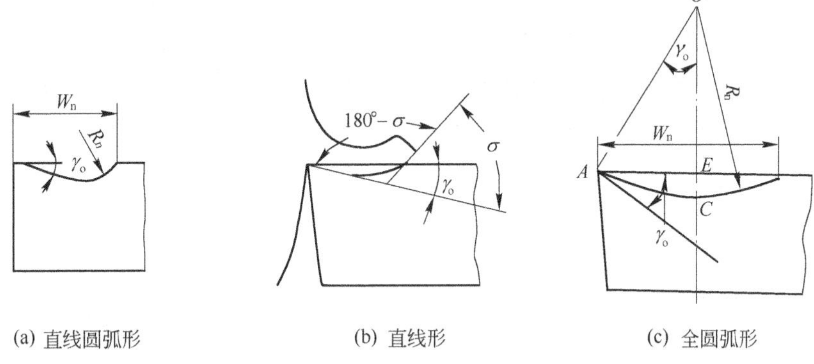

(a) 直线圆弧形　(b) 直线形　(c) 全圆弧形

图 2-30　断屑槽的基本形状

① 直线圆弧形：直线圆弧形断屑槽由一段直线和一段圆弧连接而成，直线部分形成刀具的前刀面。其基本参数有槽宽 W_n，前角 γ_o，槽底圆弧半径 R_n。R_n 小，切屑卷曲半径小，切屑变形大，易于折断，$R_n=(0.4\sim0.7)W_n$。

② 直线形：直线形断屑槽由两段直线相交而成。其参数有槽底角 $180°-\sigma$，σ 称为断屑台楔角。槽底角小，切屑卷曲半径小，变形大，易折断。

③ 全圆弧形：全圆弧形断屑槽由圆弧构成。其参数有圆弧半径 R_n，前角 γ_o，槽宽 W_n，三者之间存在下列关系：$\sin\gamma_o=\dfrac{W_n}{2R_n}$。$W_n$ 小，切屑卷曲半径小，切屑易折断。但是 W_n 太小时，切屑变形很大，容易产生小块飞溅切屑；W_n 太大时不能保证切屑有效的卷曲和折断。

A 型断屑槽：A 型断屑槽称为平行式断屑槽，槽的前后等宽、等深，如图 2-31 所示。加工塑性金属，可通过调整 a_p、f 的大小而形成如图 2-32(b)所示的 C 形切屑。或者如图 2-33 所示的发条屑。

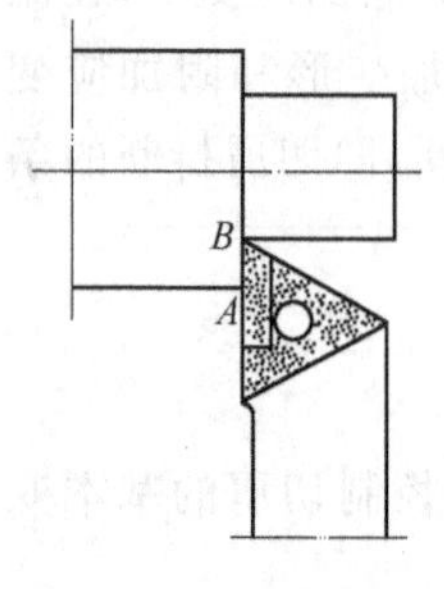

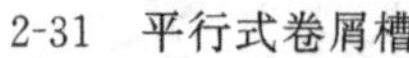
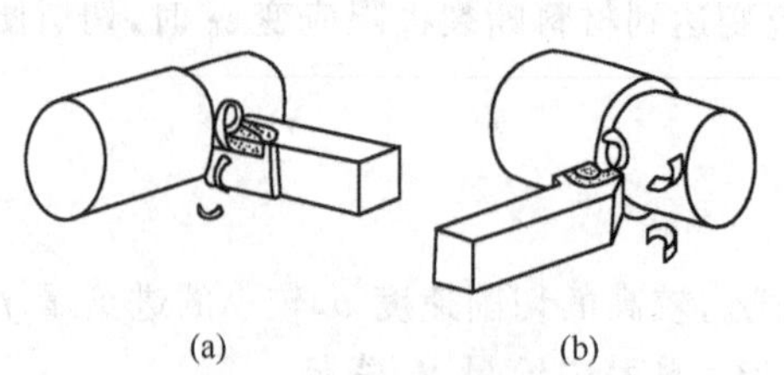

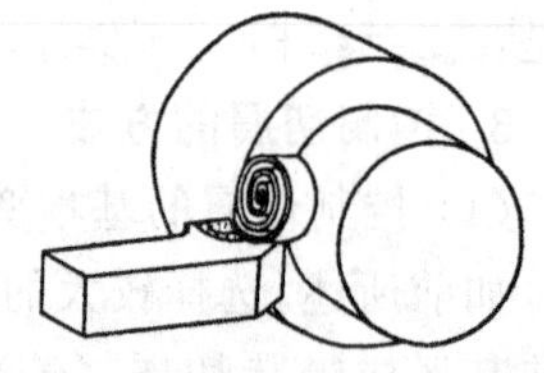

2-31 平行式卷屑槽　　图 2-32 C 形屑的形成过程　　2-33 大切深时的发条状切屑

K 型断屑槽：K 型断屑槽又称为内斜式断屑槽，如图 2-34 所示。这种断屑槽在工件外表面 A 点处较宽、较深，在刀尖 B 点处较窄、较浅，所以切屑先在 B 点处卷成小卷，而在 A 点处则晚一些卷成大卷，切屑多成 150～500 mm 长的长紧切屑，靠自重甩断。其优点是切削过程平稳，清除方便。为了形成长紧切屑，内斜角可选 $\tau=9°\sim12°$，槽底圆弧半径 $R_n=(0.8\sim1.0)D$，D 为刀尖处的槽宽，$\lambda_s=+3°\sim+5°$，$a_p>3$ mm。内斜式断屑槽得到长紧切屑的断屑范围较窄。

Y 型断屑槽：Y 型断屑槽又称为外斜式断屑槽。这种槽前宽后窄，前深后浅，如图 2-35 所示。加工塑性金属时，在工件外表面 A 点处切削速度高，刀尖 B 点处，切削速度低，A 点处的切屑流动速度高而槽窄，所以最先卷曲，且卷曲半径小。B 点处切屑流动速度低而槽宽，卷曲最晚，且卷曲半径大，切屑卷曲碰到刀具后刀面折断成 C 型切屑，如图 2-32(a)所示。形成 C 型切屑的条件是：切中碳钢 τ 为 8°～10°，切合金钢 τ 为 10°～15°。

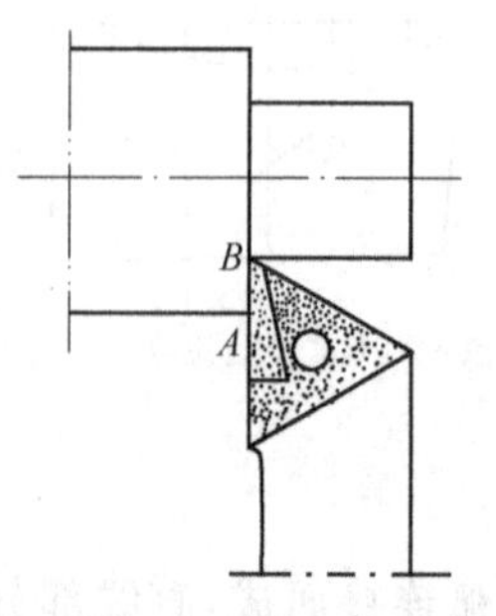

图 2-34 内斜式卷屑槽

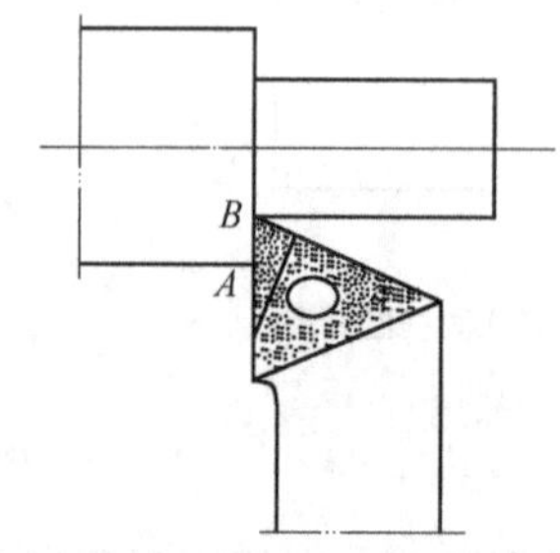

图 2-35 外斜式卷屑槽

2.3 砂轮特性及磨削过程

随着现代机械制造业的迅速发展，各种高强度和难切削加工材料的广泛应用，以及零件制造精度和表面质量的高要求，磨削加工获得了广泛的应用和非常迅猛的发展。这是任何其他机械加工方法所难以比拟的。目前，在工业发达的国家中，磨床占机床总数的 30%～40%，在轴承工业中则多达 60%左右。磨削加工精度为 5～6 级，表面粗糙度可小至 0.2～0.04 μm。要磨削必须有磨具，常用的磨具有砂轮、砂瓦、油石、砂带等。这些磨具的磨粒就是一个单刃刀具，所以磨具实质是多刃刀具。本节重点讨论常用砂轮的特性选择和磨削过程中的三个阶段。

2.3.1　砂轮的特性和砂轮选择

砂轮是一种用结合剂把磨粒粘结起来经压坯、干燥、焙烧及车整而成，具有很多气孔，而用磨粒进行切削的工具，砂轮的结构如图 2-36 所示。砂轮特性主要由磨粒、粒度、结合剂、硬度、组织及形状尺寸等因素决定。

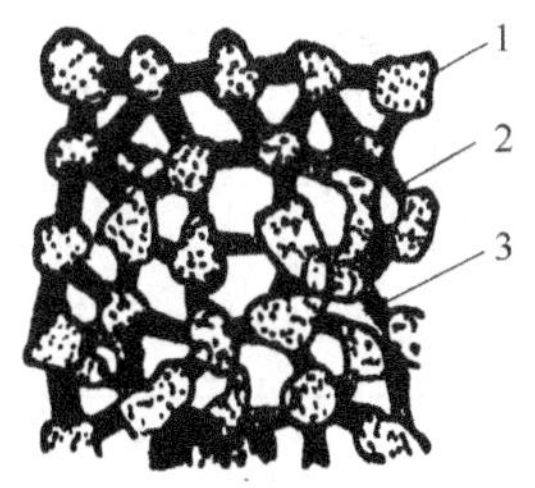

图 2-36　砂轮的结构

1—磨粒；2—结合剂；3—气孔

1. 磨料

磨料分为天然磨料和人造磨料。天然磨料为金刚砂、天然刚玉、金刚石等。天然金刚石价格昂贵，其他天然磨料杂质较多，性质随产地而异，质地较不均匀，故主要使用人造磨料制造砂轮。

目前，生产中所用磨料有五个系，它们是：刚玉系、碳化硅系、碳化硼系、金刚石系及立方氮化硼系。其中以刚玉系（Al_2O_3）及碳化硅（SiC）磨料应用最多。碳化硅磨粒比氧化铝磨粒坚硬，但抗弯强度比氧化铝磨粒差得多。磨削硬铸铁等类材料时，碳化硅磨粒的磨削效率比氧化铝磨粒高；但当磨削强度较高的钢材时，碳化硅磨粒比氧化铝磨粒易于磨钝。一般认为，磨削各类钢包括不锈钢及高强度钢、退了火的可锻铸铁和硬青铜，可选用氧化铝类砂轮；磨铸铁、黄铜、软青铜、铝、硬质合金，可选用碳化硅砂轮。

各系列磨料的名称、代号、成分、显微硬度、极限抗弯强度、颜色、特性及应用范围见表2-1。

表 2-1　几种常用磨料的物理力学性能及应用范围

系　别	名称及代号*	主要成分	显微硬度 HV	极限抗弯强度/GPa	磨料颜色	特　性	应用范围
刚玉类	棕刚玉 GZ或A	$Al_2O_3>95\%$ $SiO_2<2\%$ $Fe_2O_3<1\%$	1 800～2 200	0.367 7	棕褐	韧性好，硬度高，价格便宜	磨削碳钢、合金钢、可锻铸铁、硬青铜等
	白刚玉 GB，WA	$Al_2O_3>98.5\%$ $SiO_2<1.2\%$ $Fe_2O_3<0.15\%$	2 200～2 400	0.599	白	比棕刚玉硬而脆，棱角锋利，价格较高	磨削淬硬钢、高速钢；超精磨，齿轮和螺纹磨削
	单晶刚玉 GD，SA	$Al_2O_3>98\%$	2 000～2 400		白或浅黄	比白刚玉硬而韧	磨削不锈钢、高钒高速钢等强度高、韧性大的材料
	铬刚玉 GG，PA	$Al_2O_3>97.5\%$ $Cr_2O_3\approx 1.5\%\sim 2\%$	2 200～2 280		玫瑰红或紫红	硬度与白刚玉较近似，但韧性好，磨削效率高，砂轮损耗少	磨削淬硬钢、高速钢；高精度、小粗糙度磨削
碳化硅系	黑碳化硅 TH，C	$SiC>98.5\%$ $C<0.2\%$ $Fe_2O_3\leqslant 0.6\%$	3 100～3 280	0.155	黑	硬度比白刚玉高，性脆而锋利，导热性和导电性良好	磨削铸铁、黄铜、铝及非金属材料
	绿碳化硅 TL，GC	$SiC>99\%$ $C<0.2\%$ $Fe_2O_3\leqslant 0.2\%$	3 200～3 400	0.155	绿	比黑碳化硅硬而脆，导热性和导电性良好	磨削硬质合金、宝石、陶瓷、玻璃等材料

续表

系　别	名称及代号*	主要成分	显微硬度 HV	极限抗弯强度 /GPa	磨料颜色	特　性	应用范围
碳化硼 碳硅硼	碳化硼 TP,BC	B_4C=96%左右	4 000～5 000		黑	硬度比绿碳化硅高,耐磨性好	研磨和抛光硬质合金、拉丝模、宝石和玉石等
	碳硅硼 TGP	B>36% Si>27% C>25%	5 700～6 200		灰黑	硬度比绿碳化硅高	研磨硬质合金、半导体、人造宝石、玉石和陶瓷等
金刚石系	金刚石 人造 JR 天然 JT	石墨碳的同素异形体	10 060～11 000	0.33～3.38	无色透明或淡黄、黄绿、黑	硬度高,比天然金刚石脆	磨削硬脆材料、硬质合金、宝石、光学玻璃、半导体;切割石材以及做地质石油转头等
立方氮化硼 JLD(简称 CBN)		以六方氮化硼为原料,使用金属触媒剂,在高温高压下合成	7 300～10 000	1.155	黑或淡白	硬度仅次于金刚石,耐磨性好,磨削热量小	磨削耐热合金,高钼、高钒、高钴高速钢等;还可做立方氮化硼车刀

* 前者为老标准,后者为新标准规定的代号。

2. 粒度

磨料的粒度表示磨料颗粒尺寸的大小。颗粒尺寸大于 40 μm 的磨料,用机械筛分法确定粒度号数,其粒度号数值就是该种颗粒通过筛孔一英寸(25.4 mm)长度上的孔数,因此,粒度号数越大颗粒越细。颗粒尺寸小于 40 μm 的磨料用显微镜分析法测量,其粒度号数即为该颗粒最大尺寸的微米数。磨料粒度号数及颗粒尺寸如表 2-2 所示。

表 2-2　磨料的粒度号数及颗粒尺寸

组　别	粒度号数	颗粒尺寸	组　别	粒度号数	颗粒尺寸
磨　粒	8 10 12 14 16 20 24 30 36 46 60 70 80	3 150～2 500 2 500～2 000 2 000～1 600 1 600～1 250 1 250～1 000 1 000～800 800～630 630～500 500～400 400～315 315～250 250～200 200～160	微　粉	W40 W28 W20 W14 W10 W7 W5	40～28 28～20 20～14 14～10 10～7 7～5 5～3.5
磨　粉	100 120 150 180 240 280	160～125 125～100 100～80 80～63 63～50 50～40	超细微粉	W3.5 W2.5 W1.5 W1 W0.5	3.5～2.5 2.5～1.5 1.5～1.0 1.0～0.5 0.5～更细

砂轮粒度的选择原则：

(1) 精磨时，应选用磨料粒度号数较大，或颗粒尺寸较小的砂轮，以减小已加工表面粗糙度。

(2) 粗磨时，应选用磨料粒度号数较小，或颗粒尺寸较粗的砂轮，以提高磨削生产率。例如，粗磨一般用粒度号数为 12# ～16#，磨一般工件和刀具用 46# ～100#，螺纹磨、精磨、珩磨用 120# ～280#，超精磨用 W28～W5。

(3) 砂轮速度高时，或砂轮与工件接触面积较大时，选用颗粒较粗的砂轮，以减少参加同时磨削的磨粒数，以免发热过多而引起工件表面烧伤。

(4) 磨削软而韧的金属时，用颗粒较粗的砂轮，以免砂轮过早堵塞；磨削脆而硬的金属时，选用颗粒较细的砂轮，以增加同时参加磨削的磨粒数，提高生产率。

各种粒度磨粒的使用范围如表 2-3 所示。

表 2-3　各种粒度磨料的使用范围

粒　度	使　用　范　围
12# ～16#	粗磨、荒磨毛坯
20# ～36#	粗磨、打磨铸件和钢锭的毛刺，切断钢坯等
36# ～60#	内外圆磨、平面磨、无心磨、工具磨等粗磨
60# ～80#	内外圆磨、平面磨、无心磨、工具磨等半精磨和精磨
100# ～240#	精磨、半精磨、珩磨、成形磨、工具刃磨等
240# ～W20	精磨、超精磨、珩磨、螺纹磨等
W20～W10	精磨、超精磨、镜面磨等
W7～更细	超精磨、镜面磨、制作研磨膏用于研磨、抛光等

3. 结合剂

结合剂的作用是将磨粒粘结起来，使砂轮具有一定强度、气孔、硬度和抗腐蚀、抗潮湿的性能，国产砂轮的结合剂有以下四种：

(1) 陶瓷结合剂(Vitrified material)：代号 V。此种结合剂是由粘土、长石、滑石、硼玻璃、硅石等材料配制而成。烧结温度为 1 240～1 280°C。它的特点是：粘结强度高，刚性好，耐热性和耐腐蚀性好，不怕潮湿，气孔率大，能很好地保持砂轮的廓形，磨削生产率高，是最常用的一种结合剂。在日本 90%以上的磨具使用陶瓷结合剂。其缺点是：性脆，韧性及弹性较差，不宜制造切断砂轮。普通陶瓷结合剂砂轮允许使用的极限速度为 35 m/s。

(2) 树脂结合剂(Bakelite)：代号 B。此种结合剂多采用酚醛树脂或环氧树脂。其特点是：①强度高，弹性好。使用极限速度为 45 m/s，多用于切断，开槽，也用于制造荒磨砂轮、立轴平面磨砂轮等。②耐热性差，磨削温度为 200～300°C 时，结合能力显著下降，致使磨粒容易脱落。用于磨避免烧伤的薄壁件、磨刀具以及超精磨和抛光。③气孔率小，易堵塞。④磨损快，易失去砂轮廓形。⑤耐腐蚀性差。

人造树脂与碱性物质易起化学作用，所以切削液含碱量不宜超过 1.5%。砂轮存放较久也会变质，一般规定从出厂之日算起，存放时间为一年。

(3) 橡胶结合剂(Rubber)：代号为 R。此种结合剂多采用人造橡胶。与树脂结合剂相比更具有弹性和强度，气孔小，具有很好的抛光性能，可制造 0.1 mm 厚度的薄砂轮。允许使用的极限速度为 65 m/s。多用于制造无心磨导轮，切断、开槽、抛光等砂轮。耐热性差，磨削温度为 150～165℃时就软化，砂轮耐用度低。遇油易变形，不宜用油性冷却液。

(4) 金属结合剂：代号 M。常用的结合剂是青铜，用于制造金刚石砂轮。其特点是：砂轮型面保持能力强，抗张强度高，有一定韧性，但自砺性差。主要用于粗磨，精磨硬质合金，磨削与切断光学玻璃、宝石、陶瓷、花岗石、半导体等。

4. 砂轮的硬度

砂轮的硬度指砂轮工作表面的磨粒在磨削力作用下自砂轮表面脱落的难易程度。它反映了磨粒与粘结剂的粘结强度而与磨粒本身硬度无关。砂轮硬度低，表示磨粒容易脱落；砂轮硬度高，表示磨粒难脱落。砂轮的硬度等级及代号如表 2-4 所示。

表 2-4 砂轮的硬度等级名称及代号

名 称	超 软	软 1	软 2	软 3	中软 1	中软 2	中 1
代号*	D、E、F(CR)	G(R_1)	H(R_2)	J(R_3)	K(ZR_1)	L(ZR_2)	M(Z_1)
名 称	中 2	中硬 1	中硬 2	中硬 3	硬 1	硬 2	硬 3
代号*	N(Z_2)	P(ZY_1)	Q(ZY_2)	R(ZY_3)	S(Y_1)	T(Y_2)	Y(CY)

* 括号内为旧标准代号。

砂轮硬度的选择原则：

(1) 工件材料越硬，应选择越软的砂轮。这是因为硬材料易使磨粒磨损，需用较软的砂轮以使磨钝的磨粒及时脱落。同时，软砂轮气孔较多，较大，容屑性能好。但是磨削有色金属(铝、黄铜、青铜等)、橡胶、树脂等软材料也选较软的砂轮，这样可使磨损的磨粒容易脱落，以免砂轮表面被磨屑堵塞。

(2) 砂轮与工件接触面积大时，应选用软砂轮，使磨粒脱落快些，以免工件因磨屑堵塞砂轮表面而引起工件表面烧伤。内圆磨和端面平磨时，砂轮硬度应比外圆磨砂轮硬度低。磨薄壁件及导热性差的工件时，砂轮硬度应选得低些。

(3) 半精磨的砂轮硬度应比粗磨的砂轮硬度低，以免工件发热烧伤。精磨和成形磨时，为了使砂轮廓形保持较长时间，以减少修砂轮的次数，应选硬度较高的砂轮。

(4) 树脂结合剂砂轮由于耐热性差，磨粒容易脱落，其硬度应比陶瓷结合剂砂轮高 1～2 级。

(5) 砂轮的气孔率较低时，为了防止砂轮堵塞，应选用较软的砂轮。

机械加工中，常用软 2(H)至中 2(N)的砂轮，荒磨钢锭及铸件时可用中硬 2(Q)的砂轮。

5. 砂轮的组织

砂轮的组织反映了磨粒、结合剂、气孔三者之间的比例关系。磨粒在砂轮总体积中所占的比例越大，砂轮组织越紧密，气孔越小；反之，磨粒所占的比例越小，则组织越疏松，气孔越大。

砂轮组织的级别分为紧密、中等、疏松三大类别，细分为 15 级，如表 2-5 所示。

表 2-5 砂轮的组织级别

类 别	紧				中				松						
组 织 级 别	0	1	2	3	4	5	6	7	8	9	10	11	12	13	14
磨料占砂轮体积/%	62	60	58	56	54	52	50	48	46	44	42	40	38	36	34

紧密组织的砂轮适用于重压力下的磨削。在成形磨和精密磨削时，紧密组织的砂轮能保

持砂轮的成形性,并可获得较小的粗糙度。

中等组织的砂轮适用于一般磨削加工,如磨削淬火钢及刀具等。

疏松组织的砂轮不易堵塞,适用于平面磨、内圆磨等接触面积较大的磨削,以及磨热敏性强的材料或薄工件。磨软材料宜用10号以上的疏松组织,大气孔砂轮相当于10~14号组织,适合磨热敏性材料(如磁钢、钨银合金等)、薄壁件、软金属(如铝)等,也可用于磨削非金属软材料。

6. **砂轮的形状、用途及选择**

砂轮的几个主要类型、形状、代号及主要用途如表2-6所示。

表2-6　常用砂轮形状、代号及用途

砂轮名称	代　号	断面简图	基本用途
平行砂轮	P	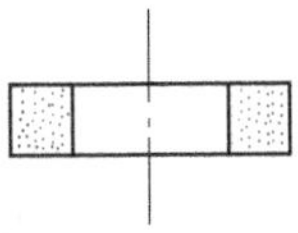	根据不同尺寸,分别用于外圆磨、内圆磨、平面磨、无心磨、工具磨、螺纹磨和砂轮机上
双斜边一号砂轮	PSX_1	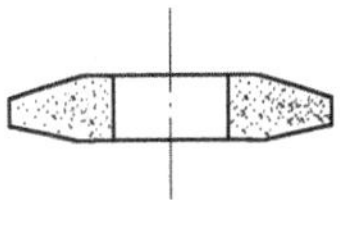	主要用于磨齿轮齿面和单线螺纹
双面凹砂轮	PSA	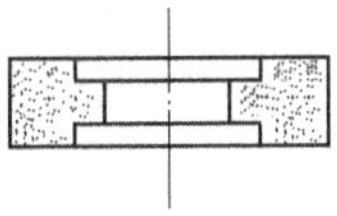	主要用于外圆磨削和刃磨刀具,还用于作无心磨的磨轮和导轮
薄片砂轮	PB	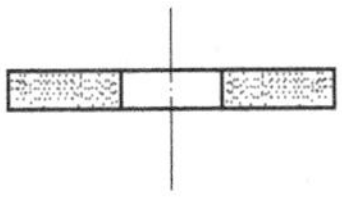	主要用于切断和开槽等
筒形砂轮	N	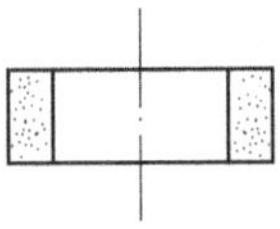	用于立式平面磨床上
杯形砂轮	B	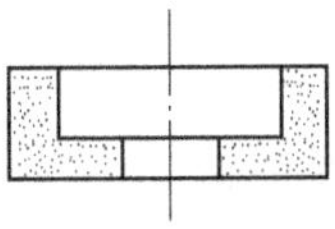	主要用其端面刃磨刀具,也可用其圆周磨平面和内孔
碗形砂轮	BW	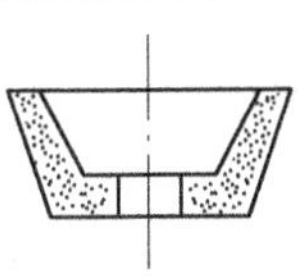	通常用于刃磨刀具,也可用于导轨磨上磨机床导轨
碟形一号砂轮	D_1	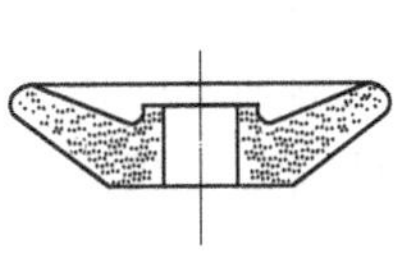	适于磨铣刀、铰刀、拉刀等,大尺寸的一般用于磨齿轮的齿面

一般在砂轮的端面上都有标志和允许使用的极限速度。例如：A 60 S V 6 P 300×30×75。

2.3.2 磨削过程

1. 砂轮表面形貌图

单颗磨粒的顶角多为 90°～120°，每颗磨粒有一个也可能有多个切削刃，切削刃的钝圆半径为 r_β，如图 2-37 所示。磨粒在砂轮中的位置分布和取向是随机的，其前角多为 $\gamma_0=-70°\sim-89°$。令 xOy 坐标平面与砂轮最外层工作表面接触，则砂轮磨粒及切削刃在 $Oxyz$ 坐标系中的分布如图 2-38 所示。

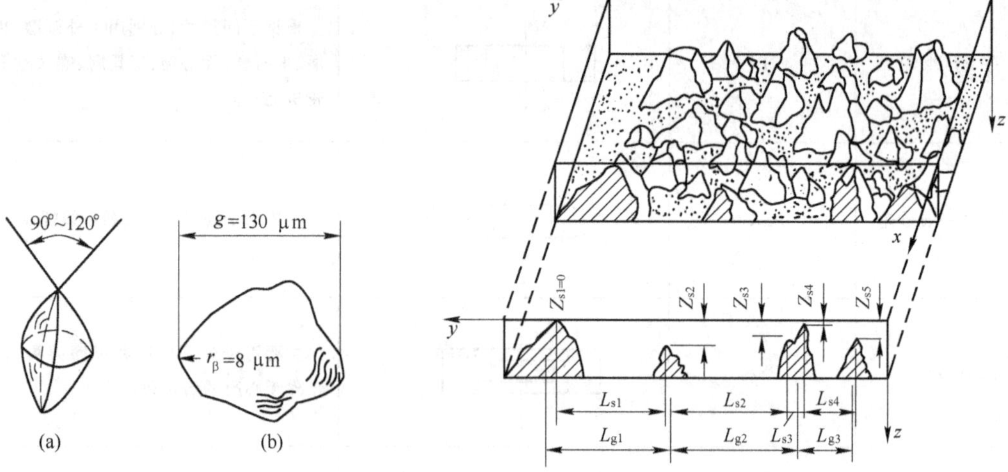

图 2-37　磨粒的形状

图 2-38　砂轮工作表面层磨粒切削刃空间图

在图 2-38 中，平行于 yOz 坐标面所截取的磨粒的切削刃轮廓图称为砂轮工作表面形貌图。图中 L_{g1}，L_{g2}，…表示在该切面内各磨粒中线间的距离；L_{s1}，L_{s2}，…表示在截面内各切削刃之间的距离；Z_{s1}，Z_{s2}，…表示各切削刃尖端离砂轮表层顶部平面的距离。

2. 磨削过程

如前所述，由于磨粒具有很大的负前角和较大的刀刃钝圆半径 r_β，同时磨削时磨粒的切削速度很高，因此磨削过程与一般切削过程有较大差异。如图 2-39 所示，磨削过程可分为以下三个阶段：

（1）第Ⅰ阶段——弹性变形阶段或滑擦阶段

在这一阶段中，由于刀刃钝圆半径 r_β 的影响，磨粒未能切入工件，而在工件表面产生滑擦（滑动和摩擦），使工件表层产生热应力。此外，由磨粒的负前角产生较大的径向分力 F_y，磨床系统在力 F_y 的作用下产生弹性变形。

（2）第Ⅱ阶段——弹性和塑性变形阶段或刻画阶段

当磨粒逐渐切入工件时，部分工件材料向磨粒两旁隆起，如图 2-40 所示。但磨粒前刀面上未有切屑流出，这时除了磨粒与工件之间的相互摩擦外，更主要的是工件材料的内摩擦。在这一阶段，磨削力增大，磨削温度升高，工件表面不仅产生热应力，而且有弹、塑性变形所产生的变形应力。

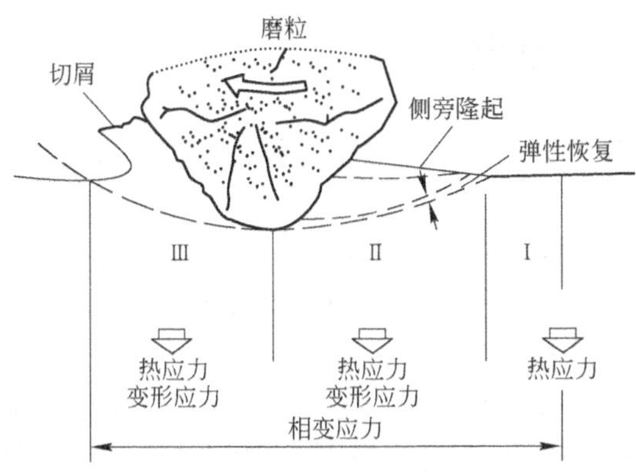

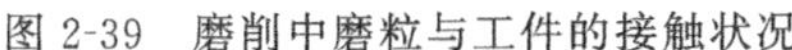

图 2-39　磨削中磨粒与工件的接触状况

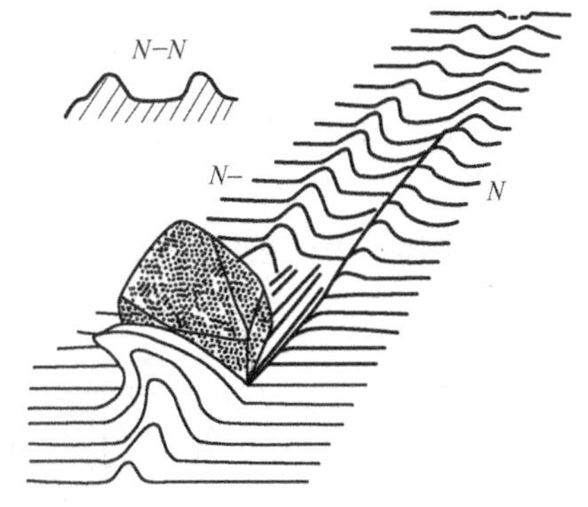

图 2-40　磨粒两旁产生的隆起

(3) 第Ⅲ阶段——切屑形成阶段

此时磨粒切入一定深度，切屑开始形成，并沿磨粒的前刀面上流出，如图 2-39 所示。这时磨削温度已达到一定高度，工件表层既产生热应力也产生变形应力。

在磨削过程的三个阶段中，工件表层材料除了产生热应力之外，也可能由于相变而产生相变应力。仔细观察磨粒切下来的切屑可以看到有带状切屑、节状切屑和熔化后烧尽了的灰烬，如图 2-41 所示。图 2-41 中的蝌蚪形切屑是由于高的磨削温度作用，切屑的一端熔化而形成的。磨削时看到的火花是磨屑离开工件后氧化燃烧的现象。

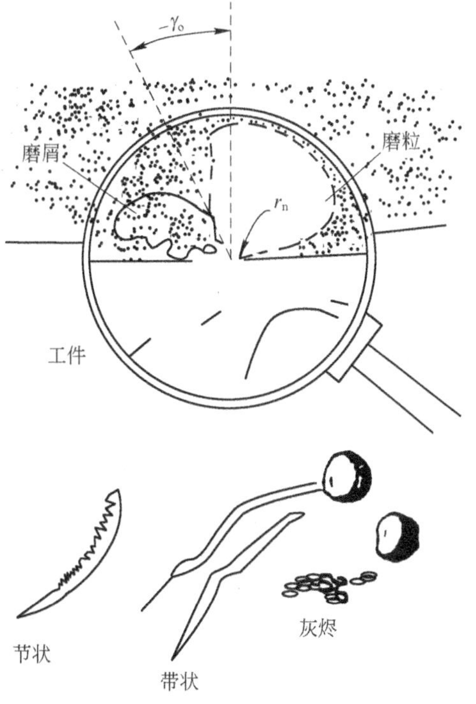

图 2-41　磨屑的形成

思考题与习题

1. 金属切削过程的本质是什么？切削过程中的三个变形区是怎样划分的？各变形区有何特征？

2. 影响加工表面粗糙度的因素有哪些？如何减小表面粗糙度？

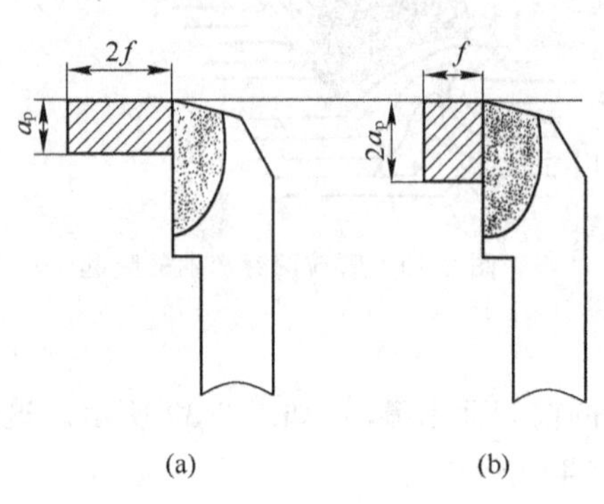

题图 2-1 习题 4 用图

3. 影响切屑变形的因素有哪些？它们是怎样影响切屑变形的？

4. 试判断题图 2-1(a)、(b)两种切削方式哪种平均变形大，哪种切削力大，为什么？切削条件：$\kappa_r=90°$，$r_\varepsilon=0.5$ mm，$a_p=1$ mm，$f=1$ mm/r。

5. 砂轮的特性有哪些？砂轮的硬度是否就是磨料的硬度？如何选择砂轮？

6. 切屑类型有哪几种？各种类型切屑的形成条件是什么？切屑形状有哪几种？切削塑性金属时，为了使切屑容易折断可采用哪些措施？

第三章　切削过程中的物理现象及影响因素

金属切削过程中会产生各种物理现象，如切削力、磨削力、切削热、刀具磨损等。这些物理现象直接影响着金属切削的生产率和已加工表面质量。本章重点讨论以下内容：

- 切削力、磨削力的来源；切削力、磨削力的合成及分解；切削力、磨削力及功率的计算；影响切削力、磨削力的因素；
- 切削热、磨削热的产生和传出；影响切削温度和磨削温度的因素；磨削烧伤；
- 刀具磨损原因，磨钝标准，影响刀具耐用度的主要因素。

3.1　切　削　力

切削过程中，切削力直接决定着切削热的产生，并影响刀具磨损和刀具耐用度、加工精度和已加工表面质量；生产中，切削力又是计算切削功率、选择切削用量、控制切削状态，以及设计和使用机床、刀具、夹具的必要依据。因此，研究影响切削力的因素和计算切削力的方法对生产实际有着十分重要的意义。

3.1.1　切削力的来源

金属切削时，刀具切入工件使切削层金属转变成切屑所需要的力称为切削力。切削力的来源有两个方面：

(1) 如图 3-1 所示，在刀具作用下，切削层金属、切屑和工件已加工表面都要发生弹性变形和塑性变形，切屑、工件分别产生了作用于刀具前、后刀面上的法向力 $F_{n\gamma}$和 $F_{n\alpha}$。

(2) 如图 3-1 所示，切屑沿前刀面流出要与前刀面发生摩擦，产生了作用于刀具前刀面上的摩擦力 $F_{f\gamma}$；刀具后刀面与工件加工表面之间的相对运动，产生了作用于刀具后刀面上的摩擦力 $F_{f\alpha}$。

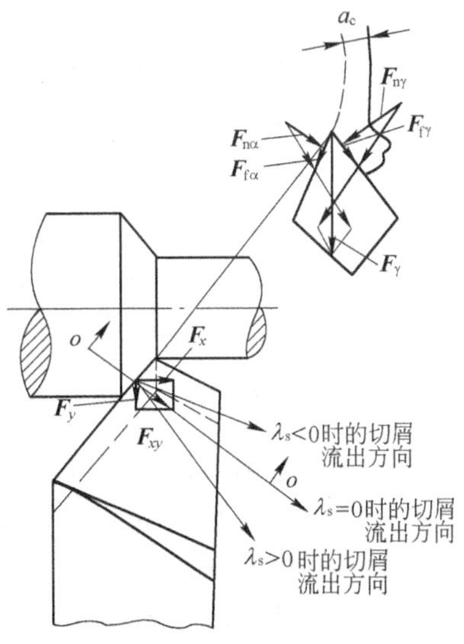

图 3-1　作用在刀具上的力

3.1.2　切削力的合成、分解及切削功率

1. 作用在刀具上的力的合成

如图 3-1 所示，将作用在刀具前刀面上的法向力 $F_{n\gamma}$和摩擦力 $F_{f\gamma}$合成为F_γ，即 $F_{n\gamma}+F_{f\gamma}=F_\gamma$；将作用在刀具后刀面上的法向力 $F_{n\alpha}$和摩擦力 $F_{f\alpha}$合成为 F_α，即 $F_{n\alpha}+F_{f\alpha}=F_\alpha$；再将 F_γ 和 F_α 合成为 F_r，即 $F_\gamma+F_\alpha=F_r$。当 $\lambda_s=0$ 时，F_r 作用在刀具主剖面内；当 $\lambda_s\neq0$ 时，F_r 作用在切屑流方向的剖面内，如图 3-1 所示。

2. 切削力的分解

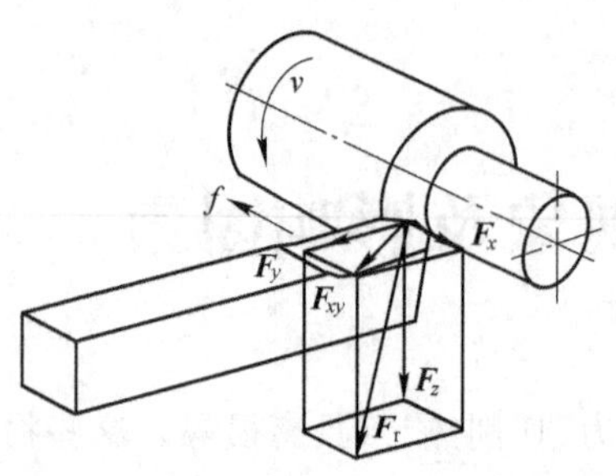

图 3-2 切削合力和分力

车削时，可以将图 3-1 所示的合力 F_r 沿其作用线移至刀刃。为了便于测量和使用可将 F_r 分解为 F_{xy} 和 F_z，即 $F_r = F_{xy} + F_z$；再将 F_{xy} 分解为 F_x 和 F_y，即 $F_{xy} = F_x + F_y$，如图 3-2 所示。由图 3-2 可知

$$F_r = \sqrt{F_{xy}^2 + F_z^2} = \sqrt{F_x^2 + F_y^2 + F_z^2} \tag{3-1}$$

式中：F_z（国家标准为 F_c）——主切削力或切向力。它切于加工表面，并垂直于基面 P_r，是校验车刀刀杆强度、刚度、刀片强度的依据，也是设计机床、确定机床功率所必需的。

F_x（国家标准为 F_f）——进给力或轴向力，在基面内，其方向平行于工件轴线。它是设计走刀机构强度和计算进给功率所必需的。

F_y（国家标准为 F_p）——切深抗力或径向力，在基面内，并垂直于工件轴线。它是用来确定与工件加工精度有关的挠度，是计算机床零件和校验刀杆装夹刚度所必需的力，也是使工件在切削过程中产生振动的力。

由图 3-2 还可知

$$F_x = F_{xy}\sin\kappa_r, \quad F_y = F_{xy}\cos\kappa_r \tag{3-2}$$

根据试验：当 $\kappa_r = 45°$、$\lambda_s = 0$、$\gamma_0 = 150°$ 时，F_x 和 F_y 有以下近似关系：

$$F_y = (0.4 \sim 0.5)\,F_z, \quad F_x = (0.3 \sim 0.4)\,F_z, \quad F_r = (1.12 \sim 1.18)\,F_z$$

随着刀具材料、车刀几何参数、切削用量、工件材料和车刀磨损等情况的不同，F_z、F_x、F_y 之间的比例在较大范围内变化。

3. 切削功率

功率是力和力作用方向上速度的乘积。切削功率是各分力消耗的功率总和。车外圆时，F_z 方向的运动速度就是切削速度 v；F_y 方向的运动速度为零；F_x 方向的运动速度是进给速度 v_f，因此，切削功率可按下式计算：

$$P_m = \left(F_z v + \frac{F_x \cdot v_f}{1\,000}\right) \times 10^{-3} = \left(F_z v + \frac{F_x n_w f}{1\,000}\right) \times 10^{-3}\ \text{kW} \tag{3-3}$$

式中：F_z——主切削力（单位为 N）；

v——切削速度（单位为 m/s）；

F_x——进给力（单位为 N）；

n_w——工件转速（单位为 r/s）。

由于 F_x 远小于 F_z，而 F_x 方向的运动速度 v_f 又很小，因此，F_x 消耗的功率很小，可以忽略不计。因此，切削功率可用下面简化公式计算：

$$P_m = F_z v \times 10^{-3}\ \text{kW} \tag{3-4}$$

根据切削功率选择机床电动机，还要考虑机床的传功效率。机床电动机的功率应当是：

$$P_E \geqslant \frac{P_m}{\eta_m} \tag{3-5}$$

式中：η_m——机床的传功效率，一般取 $\eta_m = 0.75 \sim 0.85$。

3.1.3 计算切削力的经验公式

切削力的经验公式是通过大量实验，将由测力仪测得的切削力数据采用数学方法处理后得到的。目前生产中采用的切削力经验公式有指数公式和单位切削力公式。

1. 计算切削力的指数公式

用指数公式计算切削力在金属切削中应用很广泛。常用的指数公式如下：

$$\left.\begin{aligned} F_z &= C_{F_z} \cdot a_p^{x_{F_z}} f^{y_{F_z}} \cdot v^{n_{F_z}} \cdot K_{F_z} \\ F_y &= C_{F_y} \cdot a_p^{x_{F_y}} \cdot f^{y_{F_y}} \cdot v^{n_{F_y}} \cdot K_{F_y} \\ F_x &= C_{F_x} \cdot a_p^{x_{F_x}} \cdot f^{y_{F_x}} \cdot v^{n_{F_x}} \cdot K_{F_x} \end{aligned}\right\} \tag{3-6}$$

式中：C_{F_z}、C_{F_y}、C_{F_x}——决定于被切削金属和切削条件的系数，如表 3-1 所示；

x_{F_z}、y_{F_z}、n_{F_z}、x_{F_y}、y_{F_y}、n_{F_y}、x_{F_x}、y_{F_x}、n_{F_x}——分别为三个分力中切削深度 a_p、进给量 f 和切削速度 v 的指数，如表 3-1 所示；

K_{F_z}、K_{F_y}、K_{F_x}——分别为三个分力 F_z、F_y、F_x 中当实际加工条件与所求得的经验公式条件不符合时，各种因素对切削力的修正系数的乘积。即

$$\left.\begin{aligned} K_{F_z} &= K_{mF_z} \cdot K_{\kappa_r F_z} \cdot K_{\gamma_0 F_z} \cdot K_{\lambda_s F_z} \cdot K_{r_\varepsilon F_z} \\ K_{F_y} &= K_{mF_y} \cdot K_{\kappa_r F_y} \cdot K_{\gamma_0 F_y} \cdot K_{\lambda_s F_y} \cdot K_{r_\varepsilon F_y} \\ K_{F_x} &= K_{mF_x} \cdot K_{\kappa_r F_x} \cdot K_{\gamma_0 F_x} \cdot K_{\lambda_s F_x} \cdot K_{r_\varepsilon F_x} \end{aligned}\right\} \tag{3-7}$$

上式中的各修正系数值见表 3-2～3-4。

2. 单位切削力和单位切削功率

(1) 单位切削力 p（国家标准为 K_c）

单位切削力 p 是指单位切削面积上的切削力

$$p = \frac{F_z}{A_D} = \frac{F_z}{a_p f} = \frac{F_z}{h_D \cdot b_D} \ \text{N/mm}^2 \tag{3-8}$$

式中：A_D——切削面积（单位为 mm²）；

a_p——切削深度（单位为 mm）；

f——进给量（单位为 mm/r）；

h_D——切削厚度（单位为 mm）；

b_D——切削宽度（单位为 mm）。

如果已知单位切削力，则可由式(3-8)计算主切削力 F_z。

(2) 单位切削功率 P_s（国家标准为 P_c）

单位切削功率指单位时间内切除单位体积的金属所消耗的功率。

$$P_s = \frac{P_m}{Z_w} \ \text{kW/(mm}^3 \cdot \text{s}^{-1}) \tag{3-9}$$

式中：Z_w（国家标准为 Q_z）——单位时间内的金属切除量。

$$Z_w \approx 1\ 000\ v a_p f \ \ \text{mm}^3/\text{s} \tag{3-10}$$

P_m——切削功率

$$P_m \approx F_z v \times 10^3 = p a_p f v \times 10^3 \ \text{kW}$$

表 3-1　车削时的切削力及切削功率的计算公式

	计　算　公　式	备　注
切削力 F_z(或 F_c)	$F_z=9.81C_{F_z}a_p^{x_{F_z}}f^{y_{F_z}}(60v)^{n_{F_z}}K_{F_z}$ N	式中 v 的单位为 m/s
切深抗力 F_y(或 F_p)	$F_y=9.81\ C_{F_y}a_p^{x_{F_y}}f^{y_{F_y}}(60v)^{n_{F_y}}K_{F_y}$ N	
进给力 F_x(或 F_f)	$F_x=9.81\ C_{F_x}a_p^{x_{F_x}}f^{y_{F_x}}(60v)^{n_{F_x}}K_{F_x}$ N	
切削时消耗的功率 P_m	$P_m=F_zv\times10^{-3}$ kW	

公式中的系数和指数

加工材料	刀具材料	加工类型	公式中的系数及指数											
			切削力 F_z(或 F_c)				切深抗力 F_y(或 F_p)				进给力 F_x(或 F_f)			
			C_{F_z}	x_{F_z}	y_{F_z}	n_{F_z}	C_{F_y}	x_{F_y}	y_{F_y}	n_{F_y}	C_{F_x}	x_{F_x}	y_{F_x}	n_{F_x}
结构钢及铸钢 $\sigma_b=0.637$ Gpa	硬质合金	外圆纵车、横车及镗孔	270	1.0	0.75	−0.15	199	0.90	0.6	−0.3	294	1.0	0.5	−0.4
		切槽及切断	367	0.72	0.8	0	142	0.73	0.67	0	—	—	—	—
		切　螺　纹	133	—	1.7	0.71	—	—	—	—	—	—	—	—
	高速钢	外圆纵车、横车及镗孔	180	1.0	0.75	0	94	0.9	0.75	0	54	1.2	0.65	0
		切槽及切断	222	1.0	1.0	0	—	—	—	—	—	—	—	—
		成型车削	191	1.0	0.75	0	—	—	—	—	—	—	—	—
不锈钢 1Cr18Ni9Ti，HB141	硬质合金	外圆纵车、横车及镗孔	204	1.0	0.75	0	—	—	—	—	—	—	—	—
灰铸铁 HB190	硬质合金	外圆纵车、横车及镗孔	92	1.0	0.75	0	54	0.90	0.75	0	46	1.0	0.4	0
		切　螺　纹	103	—	1.8	0.82	—	—	—	—	—	—	—	—
	高速钢	外圆纵车、横车及镗孔	114	1.0	0.75	0	119	0.9	0.75	0	51	1.20	0.65	0
		切槽及切断	158	1.0	1.0	0	—	—	—	—	—	—	—	—
可断铸铁 HB150	硬质合金	外圆纵车、横车及镗孔	81	1.0	0.75	0	43	0.9	0.75	0	38	1.0	0.4	0
	高速钢	外圆纵车、横车及镗孔	100	1.0	0.75	0	88	0.9	0.75	0	40	1.2	0.65	0
		切槽及切断	139	1.0	1.0	0	—	—	—	—	—	—	—	—
中等硬度不均匀铜质合金 HB120	高速钢	外圆纵车、横车及镗孔	55	1.0	0.66	0	—	—	—	—	—	—	—	—
		切槽及切断	75	1.0	1.0	0	—	—	—	—	—	—	—	—
铝及铝硅合金	高速钢	外圆纵车、横车及镗孔	40	1.0	0.75	0	—	—	—	—	—	—	—	—
		切槽及切断	50	1.0	0	0	—	—	—	—	—	—	—	—

注：(1) 成型车削深度不大，形状不复杂的轮廓时，切削力减小 10%～15%。

(2) 切螺纹时切削力按下式计算：

$$F_z=\frac{9.81C_{F_z}t_1y_{F_z}}{N_0^{n_{F_z}}}\ \text{N}$$

式中：t_1——螺距；N_0——走刀次数。

(3) 加工条件改变时，切削力的修正系数如表 3-2～3-4 所示。

表 3-2　铜及铝合金的物理机械性能改变时切削力的修正系数 K_{mF}

铜合金的系数 K_{mF}					铝合金的系数 K_{mF}				
不均匀的		非均匀的铅合金和含铅不足10%的均质合金	均质合金	铜	含铝大于15%的合金	铝及铝硅合金	硬铝		
中等硬度HB120	高硬度>HB120						σ_b=0.245 GPa	σ_b=0.343 GPa	σ_b>0.343 GPa
1.0	0.75	0.65～0.70	1.8～2.2	1.7～2.1	0.25～0.45	1.0	1.5	2.0	2.75

表 3-3　钢和铸铁的强度和硬度改变时切削力的修正系数

加工材料	结构钢和铸钢	灰铸铁	可锻铸铁
系数 K_{mF}	$K_{mF}=\left(\frac{\sigma_b}{0.637}\right)^{n_F}$	$K_{mF}=\left(\frac{HB}{190}\right)^{n_F}$	$K_{mF}=\left(\frac{HB}{150}\right)^{n_F}$

上列式中的指数 n_F

加工材料	车削时的切削力						钻孔时的轴向力 F 及扭矩 M		铣削时的圆周力 F_z	
	F_z(或 F_c)		F_y(或 F_p)		F_x(或 F_f)					
	刀具材料									
	硬质合金	高速钢	硬质合金	高速钢	硬质合金	高速钢	硬质合金	高速钢	硬质合金	高速钢
	指数 n_F									
结构钢及铸铁： $\sigma_b \leqslant 0.588$ GPa $\sigma_b > 0.588$ GPa	0.75	0.35 0.75	1.35	2.0	1.0	1.5	0.75		0.3	
灰铸铁及可锻铸铁	0.4	0.55	1.0	1.3	0.8	1.1	0.6		1.0	0.55

表 3-4　加工钢及铸铁时刀具几何参数改变时切削力的修正系数

参数		刀具材料	修正系数			
名称	数值		名称	切削力		
				F_z(或 F_c)	F_y(或 F_p)	F_x(或 F_f)
主偏角 κ_r/°	30	硬质合金	$K_{\kappa_r F}$	1.08	1.30	0.78
	45			1.0	1.0	1.0
	60			0.94	0.77	1.11
	75			0.92	0.62	1.13
	90			0.89	0.50	1.17
主偏角 κ_r/°	30	高速钢	$K_{\kappa_r F}$	1.08	1.63	0.7
	45			1.0	1.0	1.0
	60			0.98	0.71	1.27
	75			1.03	0.54	1.51
	90			1.08	0.44	1.82

续表

参数		刀具材料	修正系数			
名称	数值		名称	切削力		
				F_z(或F_c)	F_y(或F_p)	F_x(或F_f)
前角 γ_0/°	−15	硬质合金	$K_{\gamma_0 F}$	1.25	2.0	2.0
	−10			1.2	1.8	1.8
	0			1.1	1.4	1.4
	10			1.0	1.0	1.0
	20			0.9	0.7	0.7
	12～15	高速钢		1.15	1.6	1.7
	20～25			1.0	1.0	1.0
刃倾角 λ_s/°	5	硬质合金	$K_{\lambda F}$	1.0	0.75	1.07
	0				1.0	1.0
	−5				1.25	0.85
	−10				1.5	0.75
	−15				1.7	0.65
刀尖圆弧半径 r_ε/mm	0.5	高速钢	$K_{r_\varepsilon F}$	0.87	0.66	1.0
	1.0			0.93	0.82	
	2.0			1.0	1.0	
	3.0			1.04	1.14	
	5.0			1.0	1.33	

将式(3-4)、(3-10)代入式(3-9)得

$$P_s=\frac{pa_p fv\times 10^{-3}}{1\ 000\ vfa_p}=p\times 10^{-6} \tag{3-11}$$

若已知单位切削力 p,则可用式(3-11)计算单位切削功率。

几种工件材料的单位切削力见表 3-5。

表 3-5 硬质合金外圆车刀切削几种常用材料的单位切削力

工件材料				单位切削力 N/mm²	实验条件			
名称	牌号	制造、热处理状态	硬度 HB		刀具几何参数			切削用量范围
钢	45 钢	热轧或正火	187	1 962	$\gamma_0=15°$ $k_r=75°$ $\lambda_s=0$	前刀面带卷屑槽	$b_{r1}=0$	$v=1.5～1.75$ m/s (90～105 m/min) $a_p=1～5$ mm $f=0.1～0.5$ mm/r
		调质(淬火及高温回火)	229	2 305			$b_{r1}=0.1～0.15$ mm $\gamma_{01}=-20°$	
		淬硬(淬火及低温回火)	44(HRC)	2 649				
	40Cr	热轧或正火	212	1 962			$b_{r1}=0$	
		调质(淬火及高温回火)	285	2 305			$b_{r1}=0.1～0.15$ mm $\gamma_{01}=-20°$	
灰铸铁	HT200	退火	170	1 118		$b_{r1}=0$ 平前刀面,无卷屑槽		$v=1.17～1.42$ m/s (70～85 m/min) $a_p=2～10$ mm $f=0.1～0.5$ mm/r

3.1.4　影响切削力的因素

1. 被加工工件材料对切削力的影响

工件材料的强度、硬度越高，则 τ_s 越大，虽然变形系数 ξ 有所减小，但总起来切削力还是增大的。强度和硬度相近的工件材料，如果塑性较大，则强化系数较大，与前刀面的摩擦系数 μ 和摩擦角 β 也较大，故切削力较大。

工件材料的化学成分影响材料的物理力学性能，从而影响切削力的大小。例如，在同样热处理状态下，切削合金钢的切削力比碳素钢大。

由于同一种材料的热处理状态不同，硬度和金相组织不同，所以切削力也不同。例如，45钢淬火、调质、正火状态的硬度和金相组织不同，所以切淬火钢的切削力比切调质钢的切削力大，切调质钢的切削力比切正火钢的切削力大。

铜、铝等有色金属的强度低，虽然塑性较大，但加工硬化倾向小，故切削力小。

加工铸铁等脆性材料时，因为工件材料的塑性小，加工硬化小，形成的是崩碎切屑，切屑与前刀面的接触长度短，接触面积小，摩擦力小，所以加工铸铁的切削力比钢小。

2. 切削用量对切削力的影响

(1) 切削深度 a_p 和进给量 f 对切削力的影响

切削深度 a_p 和进给量 f 增大时，都会使切削面积增大，切削力增大，但两者对切削力的影响程度不同。切削深度 a_p 增大时，切削宽度成正比增大，但变形系数 ξ 不变，所以切削力成正比增大。以 a_p 对 F_z 的影响为例，切削力经验公式中，a_p 的指数 $x_{F_z} \approx 1$，所以 a_p 增大一倍，主切削力 F_z 增大一倍。进给量 f 增大时，切削厚度成正比增大，但变形系数 ξ 有所下降，正反两方面同时作用的结果，使切削力的增大与 f 的增大不成正比。以 f 对 F_z 的影响为例，纵车外圆时，切削力经验公式中，进给量 f 的指数 $y_{F_z}=0.75$，所以 f 增大一倍时，主切削力只增大68%。切削深度，进给量对切削力的影响如图 3-3 所示。

(2) 切削速度 v 对切削力的影响

用 YT15 硬质合金车刀加工 45 钢时，切削速度对切削力的影响如图 3-4 所示。由图可知：在 $v \leqslant 20$ m/min 时，随着切削速度的增大，积屑瘤高度 H_b 增大，刀具实际工作前角增大，故切削力 F_z、F_x、F_y 都减小；当 $20 < v \leqslant 50$ m/min时，积屑瘤高度 H_b 随切削速度的增大而减小，刀具工作前角减小，故切削力 F_x、F_y、F_z 都会增大；当 $v > 50$ m/min 时，随着切削速度的增大，前刀面上的摩擦系数 μ 减少，剪切角 ϕ 增大，变形系数 ξ 减小，故切削力 F_x、F_y、F_z 都将减小。另一方面，切削速度增大时，切削温度升高，工件材料的强度和硬度有所降低，也会导致切削力下降。

用 YG8 硬质合金车刀加工灰铸铁 HT200 时，切削速度对切削力 F_z 的影响如图 3-5 所示。由图可知，加工铸铁时，切削速度对切削力的影响很小。这是因为铸铁的塑性小、脆性大，形成的是崩碎切屑，切屑与前刀面的摩擦力小的缘故。

3. 刀具几何参数对切削力的影响

(1) 前角 γ_0 对切削力的影响

加工钢时，前角 γ_0 对切削力的影响如图 3-6 所示。由图可知，F_x、F_y、F_z 都会随刀具前角的增大而减小。这是因为前角增大，剪切角 ϕ 随之增大，切削变形减小，变形系数 ξ 减小，切屑沿前刀面流出时的摩擦减小，因此切削力减小。

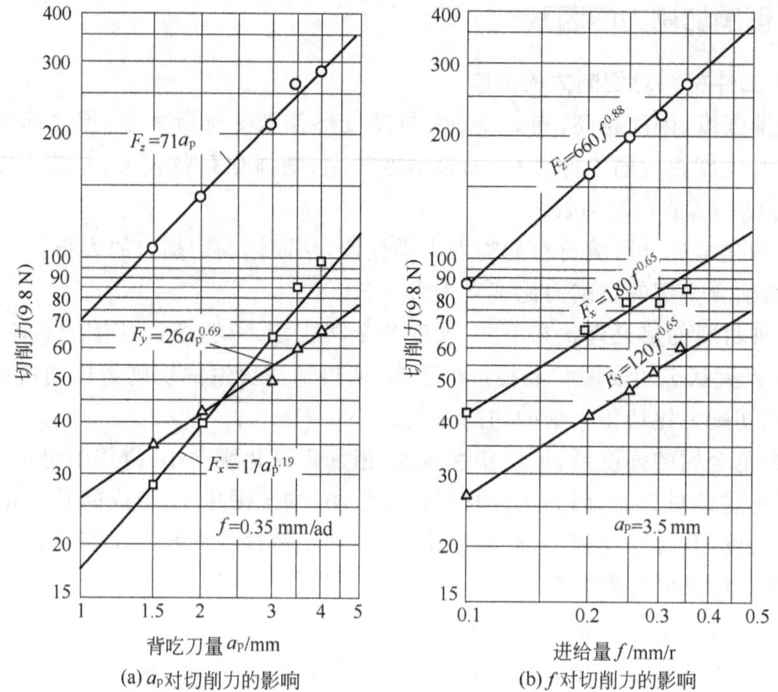

图 3-3　车削 45 钢时，切深抗力和进给量对切削力的影响

工件材料：45 钢(正火)，HB=187；刀具结构：焊接式平前刀面外圆车刀；

刀片材料：YT15；　　切削速度：115 m/min；

刀具几何参数：$\gamma_0=15°$，$\alpha_0=6°\sim8°$，$\alpha'_0=4°\sim6°$，$\kappa_r=75°$，$\kappa'_r=10°\sim12°$，

$\lambda_s=0°$，$b_{\gamma1}=0$，$r_\varepsilon=0.2$ mm

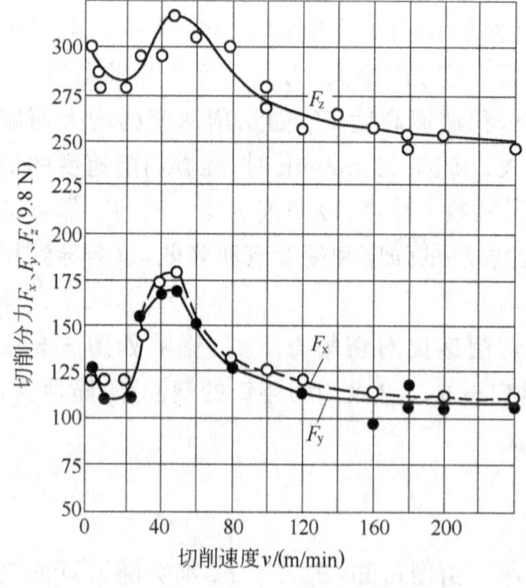

图 3-4　当用 YT15 硬质合金车刀加工 45 钢时，切削速度对切削力 F_x、F_y、F_z 的影响

$a_p=4$ mm，$f=0.3$ mm/r

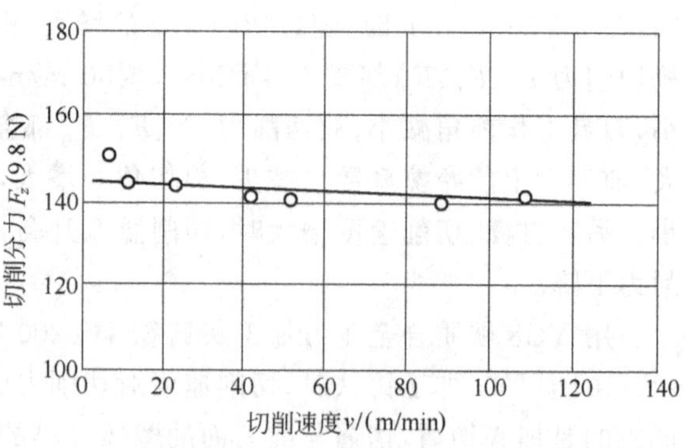

图 3-5　车削灰铸铁时，切削速度对切削力的影响

工件材料：HT200，HB=170；　刀片材料：YG8；

刀具结构：焊接平前刀面外圆车刀；

刀具几何参数：$\gamma_0=15°$，$\alpha_0=6°\sim8°$，$\alpha'_0=4°\sim6°$，$\kappa_r=75°$，$\kappa'_r=10°\sim12°$，$\lambda_s=0°$，$r_\varepsilon=0.2$ mm；

切削用量：$a_p=4$ mm，$f=0.3$ mm/r

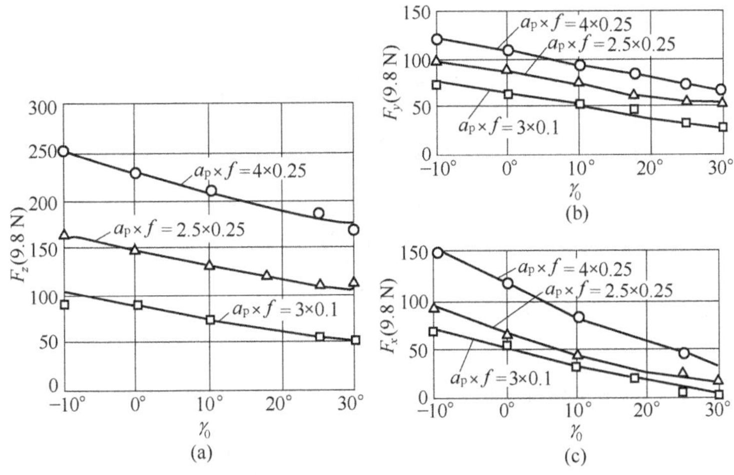

图 3-6 前角对切削力的影响

工件材料:45 钢(正火),HB=187; 刀片材料:YT15;
刀具结构:焊接式平前刀面外圆车刀;
刀具几何参数:$\kappa_r=75°$,$\kappa'_r=10°\sim12°$,$\alpha_0=6°\sim8°$,
$\alpha'_0=4°\sim6°$,$\lambda_s=0°$,$b_{\gamma1}=0$,$r_\varepsilon=0.2$ mm;
切削速度:$v=96.5\sim105$ m/min

前角对切削力的影响程度随切削速度的增大而减小。这是因为,高速切削时,切削温度高使摩擦、塑性变形和硬化程度都减小,而切屑的塑性也由于切削温度的升高而增大,所以当切削速度较高时,随着前角的减小,切削力增大的程度比低速时增大的程度小。

加工脆性金属,例如加工铸铁时,由于脆性金属的塑性小、脆性大,形成的是崩碎切屑,切屑变形小,加工硬化小,切削与前刀面摩擦小,所以前角对切削力的影响不明显。

(2) 主偏角 κ_r 对切削力的影响

① 主偏角 κ_r 对主切削力 F_z 的影响

主偏角 κ_r 对主切削力 F_z 的影响如图 3-7 所示。由图可知 $\kappa_r<60°\sim75°$时,主切削力 F_z 随主偏角 κ_r 的增大而减小,这是因为,当切削面积不变时,主偏角 κ_r 增大,切削厚度增大($h_D=f\sin\kappa_r$),切削层变形减小,因而主切削力 F_z 减小。当 $\kappa_r>60°\sim75°$时,一方面在 f 一定时,κ_r 增大,h_D 增大,切削层变形减少,主切削力 F_z 减小。另一方面,随着主偏角的增大,刀尖曲线部分长度增加(如图 3-8 所示),而曲线部分各点的主偏角是变化的,曲线部分的切削厚度也是变化的,且都比直线部分的切削厚度小,因而切削变形大,所以主切削力增大;此外,主偏角增大时,由表 1-1 中公式 $\tan\gamma'_0=-\tan\gamma_0\cos\varepsilon_r+\tan\lambda_s\sin\varepsilon_r$ 可知,副刀刃前角随之减小,所以主切削力增大。综上所述,$\kappa_r>60°\sim75°$时,κ_r 增大,主切削力 F_z 增大。

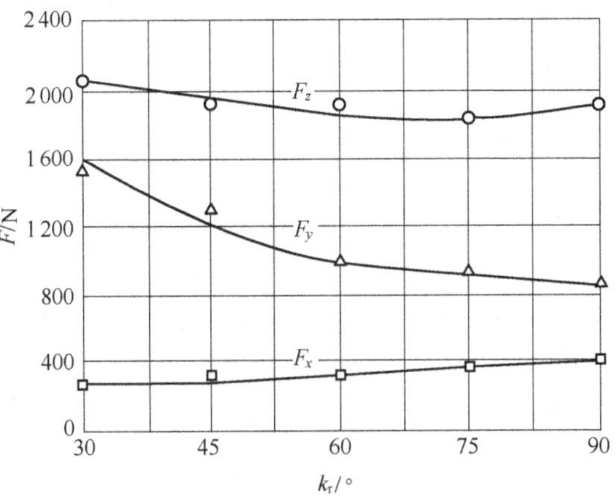

图 3-7 主偏角对切削力的影响

工件材料:45 钢(正火),HB=187; 刀片材料:YT15;
刀具结构:焊接式平前刀面外圆车刀;
刀具几何参数:$\gamma_0=18°$,$\kappa'_r=10°\sim12°$,$\alpha_0=6°\sim8°$,
$\lambda_s=0°$,$b_{\gamma_1}=0$,$r_\varepsilon=0.2$ mm;
切削用量:$v=95.5\sim103.5$ m/min,$a_p=3$ mm,
$f=0.3$ mm/r

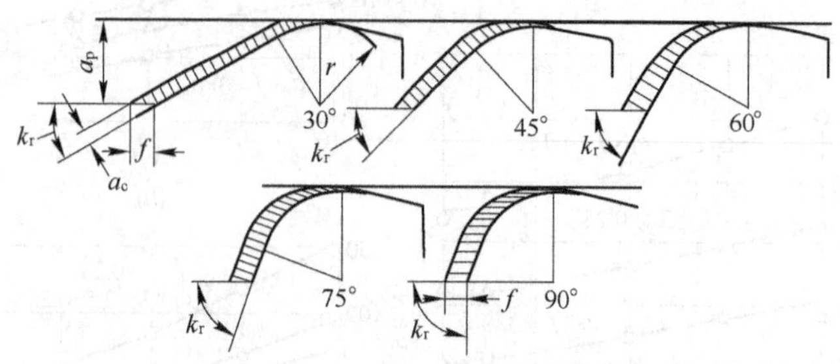

图 3-8 随主偏角的改变,切削厚度与切削刃曲线部分长度的变化

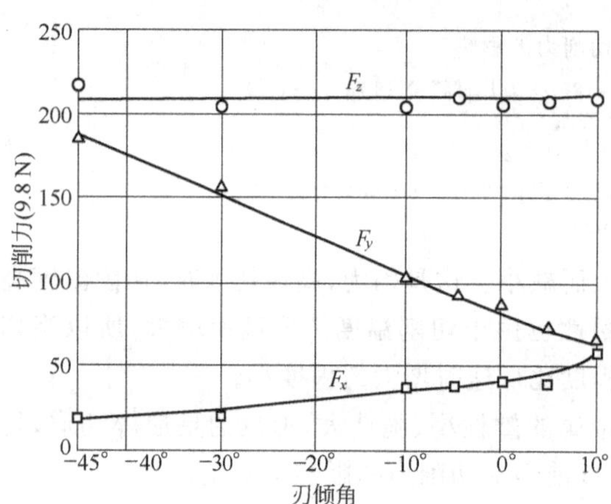

图 3-9 刃倾角对切削力的影响

工件材料:45 钢(正火),HB=187; 刀片材料:YT15;
刀具结构:焊接式平前刀面外圆车刀;
刀具几何参数:$\gamma_0=18°$,$\alpha_0=6°$,$\alpha_0'=4°\sim6°$,$\kappa_r=75°$,$\kappa_r'=10°\sim12°$,$b_{\gamma_1}=0$,$r_\varepsilon=0.2$ mm;
切削用量:$a_p=3$ mm,$f=0.35$ mm/r,$v=100$ m/min

② 主偏角 κ_r 对 F_x、F_y 的影响

主偏角对 F_x、F_y 的影响如图 3-7 所示。由图可知,主偏角增大时,F_x 增大,F_y 减小。这是因为,主偏角只改变 F_{xy} 的方向,而不改变 F_{xy} 的大小。所以由式(3-2)$F_x=F_{xy}\sin\kappa_r$ 可知,主偏角增大时,F_x 增大;由式(3-2)$F_y=F_{xy}\cos\kappa_r$ 可知,主偏角 κ_r 增大,F_y 减小。

(3) 刃倾角 λ_s 对切削力的影响

刃倾角 λ_s 对切削力的影响如图 3-9 所示。实践证明,刃倾角 λ_s 在很大范围内(从 $-40°\sim+40°$)变化时,对主切削力 F_z 没有什么影响,但对 F_x 和 F_y 的影响却很大。这是因为,λ_s 变化时只改变合力 F_r 的方向,不改变 F_r 的大小,所以 λ_s 改变时对 F_z 没有影响。由表 1-1 中公式 $\tan\gamma_f=\tan\gamma_0\sin\kappa_r-\tan\lambda_s\cos\kappa_r$ 可知,λ_s 增大时,γ_f 减小,所以 F_x 增大;由表 1-1 中公式 $\tan\gamma_p=\tan\gamma_0\sin\kappa_r+\tan\lambda_s\cos\kappa_r$ 可知,λ_s 增大时,γ_p 增大,所以 F_y 减小。

(4) 负倒棱对切削力的影响

对于强力车刀,为了增加刀刃强度,改善散热条件,可在前刀面上磨出如图 3-10 所示的负倒棱。负倒棱参数有倒棱宽度 b_{γ_1},倒棱前角 γ_{01}。切削加工时,切屑沿前刀面流出与前刀面有一接触长度 l_f,如图 3-11 (a)所示。当 $b_{\gamma_1}<l_f$ 时,切屑仍沿前刀面流出,起作用的仍是正前角 γ_0,如图 3-11(b)所示。当 $b_{\gamma_1}>l_f$ 时,切屑从负倒棱上流出,此时起作用的已不是正前角 γ_0,而是负倒棱,如图 3-11(c)所示。负倒棱对切削力的影响是通过负倒棱宽度 b_{γ_1} 与进给量 f 之比(b_{γ_1}/f)来影响切削力的。如图 3-12 所示,当 γ_{01} 保持不变时,b_{γ_1}/f 值越大,F_x、F_y、F_z 越大。当切钢 $b_{\gamma_1}/f\geqslant5$,或切铸铁 $b_{\gamma_1}/f\geqslant3$ 时,切屑从倒棱面流出,切削力接近负前角车刀。当 b_{γ_1}/f 保持不变时,γ_{01} 的绝对值越大,F_x、F_y 越大,如图 3-12(b)和(c)所示。

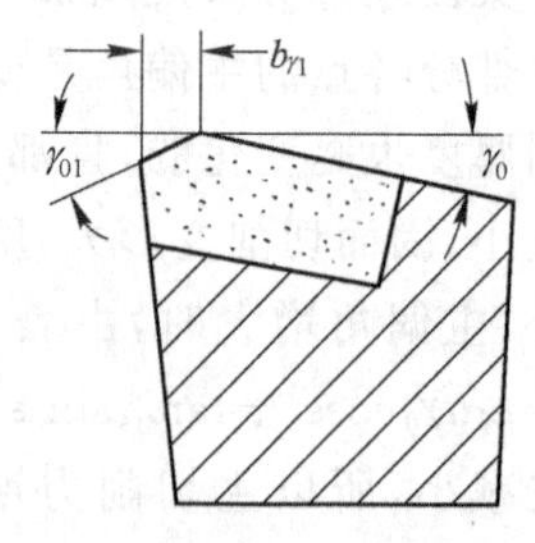

图 3-10 正前角负倒棱车刀

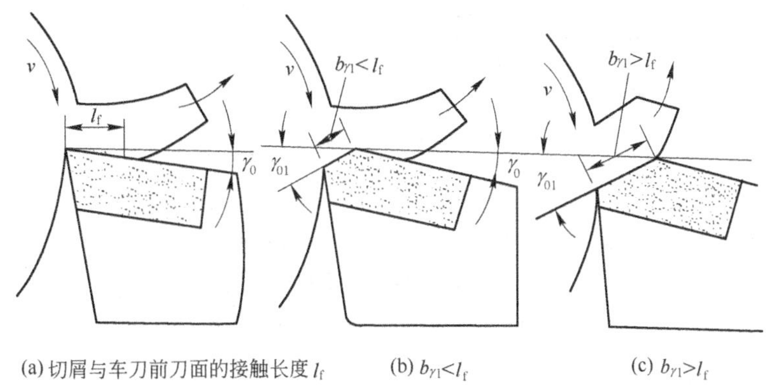

图 3-11　$b_{\gamma_1}>l_f$ 和 $b_{\gamma_1}<l_f$ 的车刀切屑流出的情况

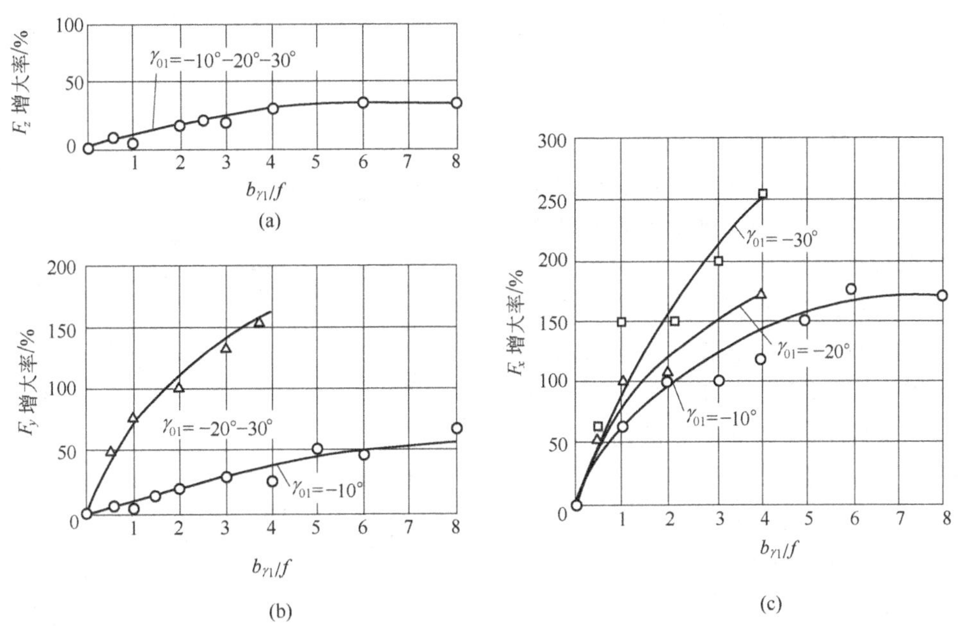

图 3-12　车削 45 钢时，有负倒棱和无负倒棱的车刀对比，三向切削力的增大率

工件材料：45 钢（正火），187HBS；　刀具结构：焊接平前刀面外圆车刀；　刀片材料：YT15；

刀具几何参数：$\gamma_0=18°$，$\gamma_{01}=-10°$、$-20°$、$-30°$，$b_{\gamma 1}=0.2$、0.4、0.6、0.8、1 mm，

$\alpha_0=5°\sim6°$，$\alpha'_0=6°\sim7°$，$\kappa_r=75°$，$\kappa'_r=10°\sim12°$，$\lambda_s=0°$，$r_\varepsilon=0.5$ mm；

切削用量：$a_p=3$ mm，$f=0.1\sim0.5$ mm/r，$v=89\sim95.5$ m/min；

对比基准：无负倒棱的车刀，$\gamma_0=18°$

（5）刀尖圆弧半径 r_ε 对切削力的影响

在切削深度 a_p、进给量 f 和主偏角 κ_r 一定时，刀尖圆弧半径 r_ε 增大，刀尖切削刃曲线部分的长度增长，切削宽度增大，曲线部分切削刃各点的主偏角小于直线部分主偏角，如图 3-13 所示，因而切削厚度减小，切削变形增大，故切削力增大。所以 r_ε 增大相当于 κ_r 减小对切削力的影响。

r_ε 对切削力的影响如图 3-14 所示。由图 3-14 可知，r_ε 增大对 F_z 的影响很小，r_ε 增大时，刀尖曲线部分各点主偏角减小，根据式(3-2) $F_y=F_{xy}\sin\kappa_r$ 可知，F_y 增大，为防止振动宜选用较小的刀尖圆弧半径 r_ε；r_ε 增大时，刀尖曲线部分各点的主偏角减小，根据式(3-2) $F_x=$

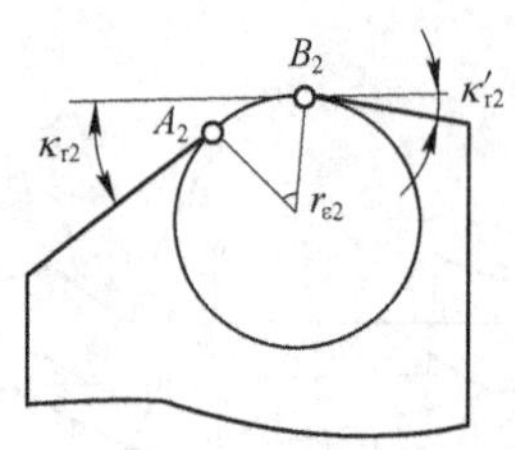

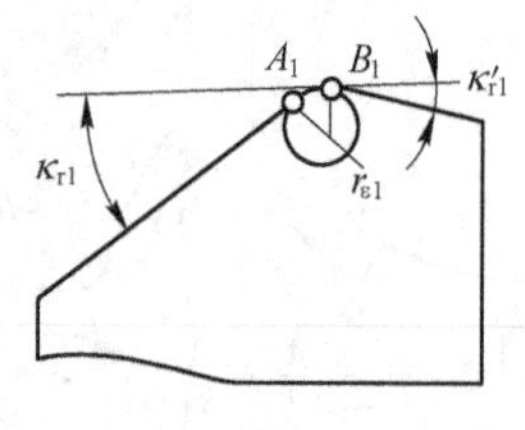

图 3-13　刀尖圆弧 半径 r_ε 增大时，刀刃曲线部分增大，主偏角减小

$\kappa_{r_1}=\kappa_{r_2}, \kappa'_{r_1}=\kappa'_{r_2}, r_{\varepsilon_2}>r_{\varepsilon_1}, \widehat{A_1B_1}<\widehat{A_2B_2}$

$F_{xy}\sin\kappa_r$ 可知，减小 F_x。

车刀的其他几何参数，如后角 α_0、副后角 α'_0、副刀刃前角 γ'_0、副偏角 κ'_r 在纵车外圆时，在它们常用取值范围内对切削力没有什么影响。

4. **刀具材料对切削力的影响**

刀具材料对切削力的影响是通过刀具材料与工件材料之间的摩擦系数影响摩擦力，从而直接影响切削力的变化。在同样切削条件下，陶瓷刀的切削力最小，硬质合金刀的切削力次之，高速钢刀具的切削力最大，如图 3-15 所示。陶瓷刀具由于耐热性好，导热系数小，所以在较高的切削温度下切削时，摩擦系数小，切削力小。

硬质合金刀具前刀面上的摩擦系数随含钴量的增多和碳化钛含量的减少而增大，所以切削力较大。

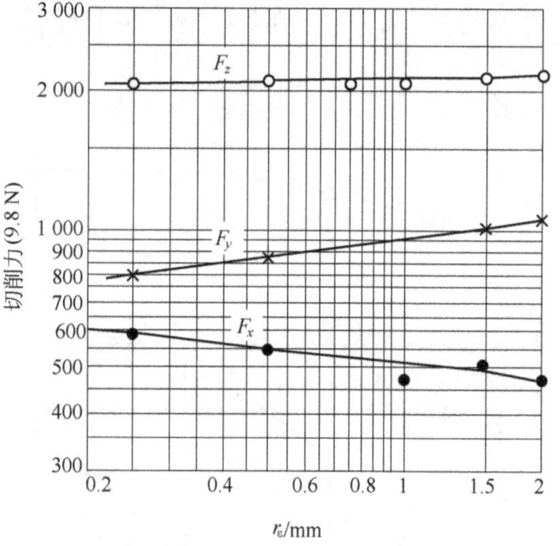

图 3-14　刀尖圆弧半径对切削力的影响

工件材料：45 钢(正火)，HB=187；

刀具结构：焊接式平前刀面外圆车刀；

刀片几何参数：$\gamma_0=18°$，$\alpha_0=6°\sim7°$，$\kappa_r=75°$，$\kappa'_r=10°\sim12°$，$\lambda_s=0°$，$b_{\gamma1}=0$；

切削用量：$a_p=3$ mm，$f=0.3$ mm/r，$v=93$m/min

5. **切削液对切削力的影响**

切削过程中正确选择、合理使用切削液可以减少切削力，这是因为切削过程中所消耗的功，主要用于克服切削层金属的变形和摩擦。研究表明，加工钢时，切屑沿前刀面流出时的摩擦约消耗 35%的功，工件与刀具后刀面的摩擦约消耗 5%～15%的功。因此，如能正确选择和使用润滑性能良好的切削液可减小摩擦，降低切削力(用丝锥攻丝可降低 45%)。

实践证明，选用的切削液润滑性能越好，切削力降低越显著。例如，用 40 m/min 的切削速度加工钢时，用矿物油作切削液可使主切削力 F_z 减小 12%～15%，用植物油可减小主切削力 20%～25%。

6. **刀具磨损对切削力的影响**

车刀前刀面磨损形成的月牙洼增大了前角，因此减小了切削力。车刀后刀面磨损形成的磨损棱面宽度 VB 越大，磨损棱面 VB 对加工表面的挤压和摩擦越大，因此切削力将随 VB 值的增大而增大，如图 3-16 所示。

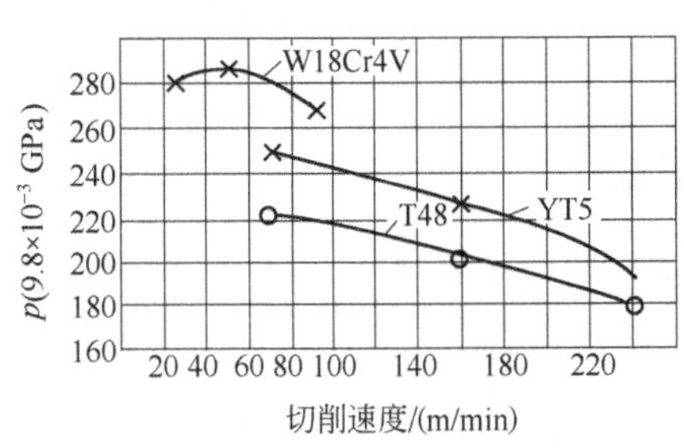

图 3-15　刀具材料对切削力的影响
图中 T18 为前苏联一种陶瓷刀具材料的牌号

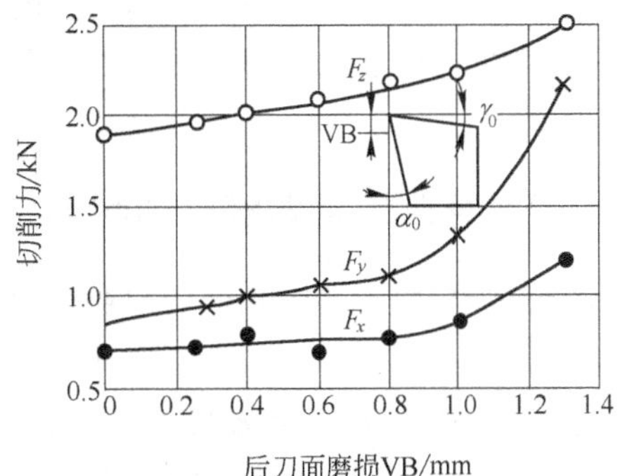

图 3-16　车刀后刀面磨损量对切削力的影响
工件材料：45 钢（正火），HB=187；
刀具结构：机夹可转位外圆车刀；
刀片材料：YT15；
刀具几何参数：$\gamma_0=15°$，$\alpha_0=6°\sim8°$，$\alpha'_0=4°\sim6°$，$\kappa_r=75°$，$\kappa'_r=10°\sim12°$，$\lambda_s=0°$，$b_{\gamma_1}=0$，$r_\varepsilon=0.2$ mm；
切削用量：$a_p=3$ mm，$f=0.3$ mm/rad，$v=105$ m/min

3.2　磨　削　力

3.2.1　总磨削力及其分力

用砂轮磨削时，因同时参加磨削的磨粒数很多，且很多磨粒的工作前角为负值，所以总的磨削力很大。为便于测量和使用，可将切削层金属作用在砂轮上的总磨削力分解为三个分力：F_z——主磨削力（切向磨削力）；F_y——切深抗力（径向磨削力）；F_x——进给抗力（轴向磨削分力）。

磨削时的三个分力中，F_y 最大，在正常磨削条件下 F_y/F_z 的比值约为 2.0～2.5，工件材料的塑性越大，硬度越高时，F_y/F_z 的比值越大（见表 3-6）。当磨削深度很小，砂轮严重磨损时，F_y/F_z 的比值可达 5～10。

表 3-6　磨削力 F_y/F_z 和 F_x/F_z 的比值

工件材料	钢	淬火钢	铸铁
F_y/F_z	1.6～1.8	1.9～2.6	2.7～3.2
F_x/F_z	0.1～0.2		

磨削力的大小随不同的磨削阶段而变化，如图 3-17 所示。由于 F_y 很大，使机床、工件和夹具产生弹性变形，所以在初磨阶段的开始切削的几次进给中，实际径向进给量 f_{rac} 远小于名义径向进给量，即 $f_{rap}>f_{rac}$。随着进给次数的增加，工艺系统变形抗力逐渐增大，实际径向进给量 f_{rac} 也逐渐增大，直到变形抗力增大到等于名义径向磨削力 F_{yap} 时，实际径向进给量才等于名义径向进给量，这时才进入稳定磨削阶段。当余量即将磨光时，可停止进给，进入光磨阶段，这时虽然名义径向进给量 $f_{rap}=0$，但由于磨削工艺系统的弹性变形逐渐恢复，因此，实际径向进给量 $f_{rac}>0$，随着光磨次数的

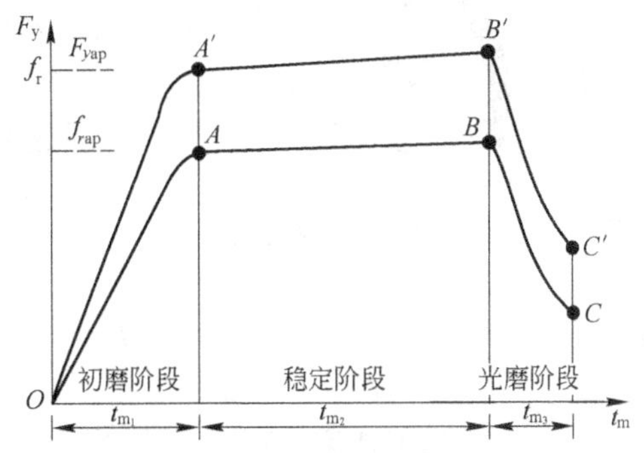

图 3-17　磨削过程的三个阶段

增多，f_{rac}逐渐减小。由此可知，要提高磨削生产率应缩短初期磨削阶段和稳定磨削阶段的磨削时间 t_{m_1} 和 t_{m_2}，即在保证磨削质量的前提下，适当增大径向进给量 f_r，并保持适当的光磨次数。

3.2.2 磨削用量对磨削力和磨削功率的影响

外圆磨削时，由实验得到的切向磨削力 F_z 与磨削用量的关系式为

$$F_z = C_{F_z} \cdot v_w^{0.7} \cdot f_a^{0.7} \cdot a_p^{0.7}\ \text{N} \tag{3-12}$$

式中：C_{F_z}——常数，对于淬火钢，$C_{F_z}=22$；未淬火钢 $C_{F_z}=21$；铸铁 $C_{F_z}=20$；

v_w——工件转速(单位为 m/s)；

f_a——砂轮轴向进给量(单位为 mm)；

a_p——磨削深度或径向进给量(单位为 mm)。

磨削功率：

$$P_m = \frac{F_z \cdot v_s}{75 \times 1.36 \times 9.81}\ \text{kW} \tag{3-13}$$

式中：F_z——主磨削力(切向磨削力)；

v_s——砂轮的线速度(单位为 m/s)。

3.3 切削热和切削温度

切削热是切削过程中的重要物理现象之一，切削热和由它产生的切削温度能改变刀具前刀面上的摩擦系数，直接影响刀具的磨损和刀具耐用度；切削温度能改变工件材料的性能，影响积屑瘤的产生和消失，直接影响工件的加工精度和表面质量。所以，研究切削热和切削温度的产生及变化规律，是研究金属切削过程的重要方面，具有十分重要的意义。

3.3.1 切削热的产生和传出

1. 切削热的产生和传出

在刀具的切削作用下，切削层金属产生弹、塑性变形所消耗的功转换成切削热，这是切削热的一个重要来源之一。此外，切屑与刀具前刀面，工件与刀具后刀面发生摩擦所消耗的功转换成切削热，这是切削热的又一个来源。切削时共有三个发热区，即剪切面发热区、切屑与前刀面接触区、后刀面与加工表面接触区，如图 3-18 所示。

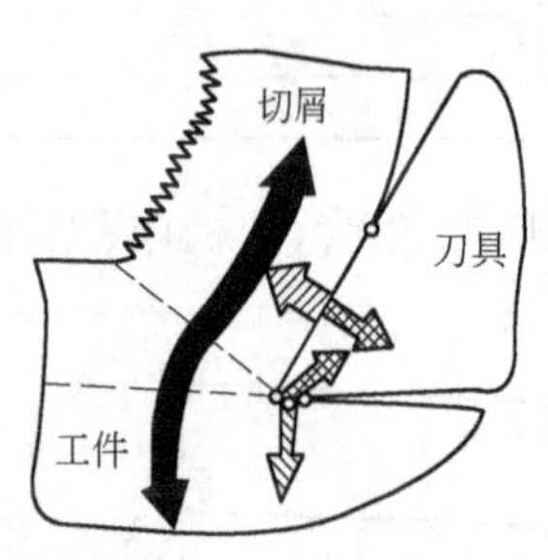

图 3-18 切削热的产生和传导

如果忽略进给运动所消耗的功，并假设主运动所消耗的功全部转化成热能，则单位时间内产生的切削热可由下式计算：

$$Q = F_z \cdot v \tag{3-14}$$

式中：Q——每秒钟内产生的切削热(单位为 J/s)；

F_z——主切削力(单位为 N)；

v——切削速度(单位为 m/s)。

切削热由切屑、工件、刀具以及周围介质(空气、切削液)传出(如图 3-18 所示)，影响热传

导的主要因素是工件和刀具材料的导热系数及周围介质的状况。

如果工件材料的导热系数较大，由切屑和工件传出的切削热较多，结果切削区的温度较低，但整个工件的温升较快。例如，切削导热系数较高的铜或铝工件时切削区的温度较低，刀具磨损慢、耐用度高，但工件温升较快；由于热胀冷缩的结果，在室温下测量的尺寸与切削时测量的尺寸不同。如果工件的导热系数较小，切削热不易从切屑和工件传出，切削区温度较高，刀具磨损较快、耐用度低。例如，切削不锈钢、钛合金及高温合金时，由于它们的导热系数小，切削区温度很高，必须选用耐热性好的刀具材料，并加以充分的切削液冷却。

如果刀具材料的导热系数较高，则切削热容易从刀具传出，也能降低切削区的温度。例如，YG 类硬质合金的导热系数普遍高于 YT 类硬质合金，所以常用 YG6X、YG6A 等牌号硬质合金加工不锈钢和高温合金。

切削液的重要作用之一是降低切削温度，由切削液传出的切削热的多少取决于切削液的导热系数、比热、汽化热、汽化速度、流量、流速及切削液的自身温度。切削液的导热系数、比热、汽化热值越大，汽化速度越高，流量越大；流速越高，自身温度越低，由切削液传出的切削热就越多，切削区的温度就越低。干切削时（不用切削液），由周围介质（空气）直接传出的热量只占 1%以下。

据有关资料介绍，切削热由切屑、刀具、工件和周围介质传出的比例大致如下：

(1) 车削时，50%～80%的切削热由切屑带走，40%～10%的切削热传入车刀，9%～3%的切削热传入工件，1%左右的切削热通过辐射传入空气，切削速度越高，切削厚度越大，由切屑带走的热量越多。

(2) 钻削时，28%的切削热由切屑带走，14.5%的切削热传入刀具，52.5%的切削热传入工件，5%左右的切削热传入周围介质。

2. 切削区的温度分布

图 3-19 所示是切削低碳钢时所测出的主剖面内的温度；图 3-20 是切削不同工件材料时，主剖面内前、后刀面上温度分布情况。分析这些温度分布可得出以下结论：

(1) 剪切面上各点温度几乎相同，故可推知剪切面上各点的应力、应变变化不大。

(2) 前、后刀面上最高温度都不在刀刃上，而是在离刀刃有一段距离的地方。这是因为摩擦热沿刀面不断增加的缘故。前刀面上后边一段的接触长度上，由于摩擦逐渐减小（由内摩擦转化为外摩擦），热量又在不断传出，所以切削温度开始逐渐下降。

(3) 由图 3-19 可知，剪切区域中，垂直于剪切面方向上的温度梯度很大，这是因为切削速度很高时，热量来不及传出，导致温度梯度增大。

(4) 切屑底层（靠近前刀面的一层）上温度梯度相差很大，离前刀面 0.1～0.2 mm 处，温度可能下降一半，这说明前刀面上的摩擦热集中在切屑的底层，这样摩擦热不致于使切屑上层的强度有显著改变。但摩擦热对切屑底层金属的剪切强度有很大影响，所以切削温度对前刀面上的摩擦系数有很大影响。

(5) 由图 3-20 可知，由于工件加工表面与后刀面的接触长度较小，因此，切削温度的升降在极短的时间内完成。

(6) 工件材料塑性越大，则切屑与前刀面的接触长度越大，因此切削温度分布较均匀；反之，工件材料塑性越小，最高切削温度所在点离刀刃越近。

(7) 工件材料的导热系数越小，则刀具前、后刀面上的温度越高，因此，不锈钢、高温合金的切削加工性差。

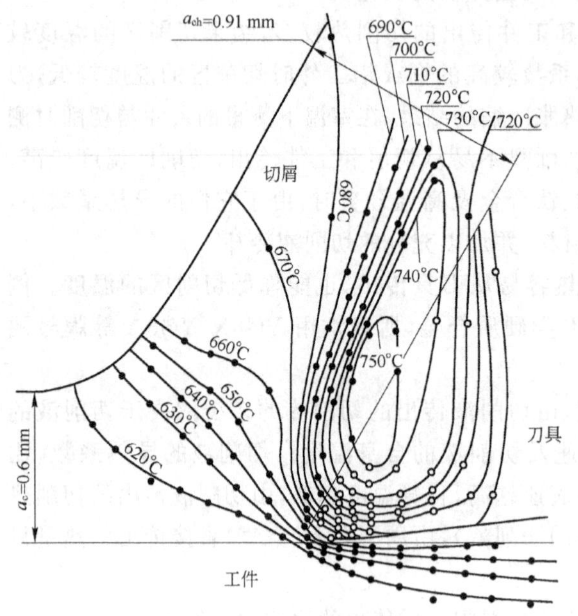

图 3-19 二维切削中的温度分布

工件材料：低碳易切钢； 刀具前角 $\gamma_0=30°$，$\alpha_0=7°$；

切削厚度：$a_c=0.6$ mm； 切削速度 $v=22.86$ m/min；

干切削，预热 611℃

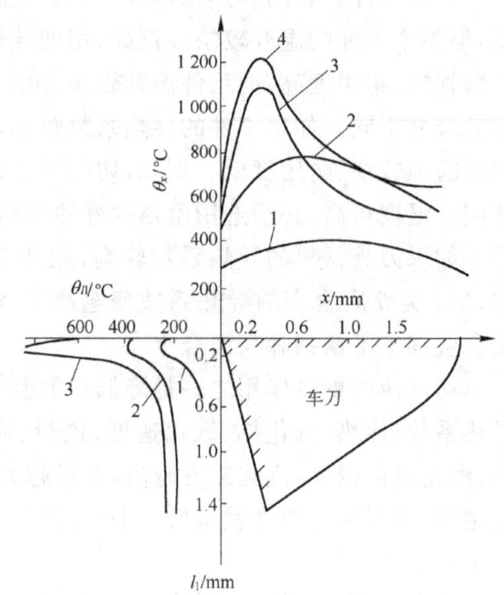

图 3-20 切削不同材料的温度分布

切削用量：$v=30$ m/min，$f=0.2$ mm/r；

1—45 钢-YT15；2—GCr15-YT14；

3—BT2-YGB； 4—BT2-YT15

3.3.2 影响切削温度的因素

切削温度指前刀面上刀——屑接触区的平均温度。如前所述，切削力所作的功要转换成切削热，所以影响切削力的因素也是影响切削温度的因素。下面分别讨论切削用量、刀具几何参数、刀具磨损、工件材料和切削液对切削温度的影响。

1. 切削用量对切削温度的影响

由实验得出的切削用量对切削温度影响的经验公式为

$$\theta=C_\theta v^{z_\theta} f^{y_\theta} a_p^{x_\theta} ℃ \tag{3-15}$$

式中：θ——实验测出的切屑与前刀面接触区的平面温度(℃)；

C_θ——切削温度系数；

z_θ、y_θ、x_θ——分别为切削速度 v、进给量 f、切削深度 a_p 的指数。

用高速钢和硬质合金刀具切削中碳钢时，C_θ、z_θ、y_θ、x_θ 值如表 3-7 所示。

表 3-7 切削温度的指数及系数

<table>
<tr><th>刀具材料</th><th>加工方法</th><th>C_θ</th><th colspan="2">z_θ</th><th>y_θ</th><th>x_θ</th></tr>
<tr><td rowspan="3">高速钢</td><td>车削</td><td>140～170</td><td colspan="2" rowspan="3">0.35～0.45</td><td rowspan="3">0.2～0.3</td><td rowspan="3">0.08～0.10</td></tr>
<tr><td>铣削</td><td>80</td></tr>
<tr><td>钻削</td><td>150</td></tr>
<tr><td rowspan="4">硬质合金</td><td rowspan="4">车削</td><td rowspan="4">320</td><td colspan="2">f/(mm/r)</td><td rowspan="4">0.15</td><td rowspan="4">0.05</td></tr>
<tr><td>0.1</td><td>0.41</td></tr>
<tr><td>0.2</td><td>0.31</td></tr>
<tr><td>0.3</td><td>0.26</td></tr>
</table>

分析各因素对切削温度的影响，主要应从这些因素对单位时间内产生的热量和传出的热量的影响入手，如果产生的热量多于传出的热量，则这些因素使切削温度升高；某些因素使传出的热量增多，则这些因素将使切削温度降低。

(1) 切削速度对切削温度的影响

切削速度对切削温度影响如图 3-21(a)所示。由图 3-21(a)可知，切削温度随切削速度的增大而升高。这是因为，切削速度增大，单位时间内切除的金属体积增多($z_w=1\ 000\ vfa_p$)，消耗的功率增大，产生的切削热增多；此外，切削速度增大，切屑与前刀面的摩擦热增多，摩擦热向切屑和工件内部传导需要一定时间，因而大量摩擦热积聚在切屑底层，从而使切削温度升高。切削速度增大，切屑流出速度增大，切屑带走的热量增多，综合切削热的产生和传出，前者占主导地位，所以切削速度升高，切削温度升高。

(2) 进给量对切削温度的影响

进给量对切削温度的影响如图 3-21(b)所示。由图可知，进给量增大时，切削温度升高。这是因为，一方面进给量增大，单位时间内切除的金属体积增多($z_w=1\ 000vfa_p$)，消耗的功率增大，所以产生的切削热多，切削温度升高。另一方面，进给量增大，单位切削功率减小$\left(P_s=\frac{P_m}{z_w}=\frac{P_m}{1\ 000vfa_p}\right)$；此外，进给量增大，切屑厚度增大，切屑的热容量增大，切屑带走的热量增多。综合以上两方面的切削热的产生和传出，前者占主导地位，所以进给量增大，切削温度升高。

(3) 切削深度对切削温度的影响

切削深度对切削温度的影响如图 3-21(c)所示。由图可知，切削深度增大，切削温度升高，

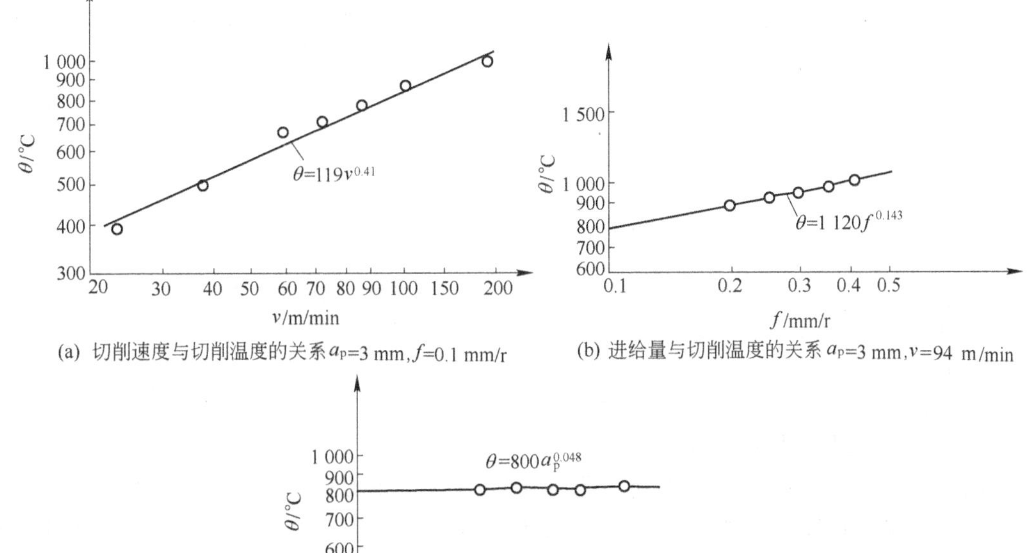

(a) 切削速度与切削温度的关系 a_p=3 mm, f=0.1 mm/r

(b) 进给量与切削温度的关系 a_p=3 mm, v=94 m/min

(c) 切削深度与切削温度的关系 f=0.1 mm/r, v=107m/min

图 3-21 v、f、a_p 对切削温度的影响

工件材料：45 钢(正火)，HB=187； 刀片材料：YT15；

刀具几何参数：$\gamma_0=15°$，$\alpha_0=6°\sim8°$，$\kappa_r=75°$，$\lambda_s=0°$，$b_{\gamma_1}=0.1$mm，$r_\varepsilon=0.2$ mm

这是因为,一方面切削深度增大,单位时间内切除的金属体积增多($z_w=1\,000\ vfa_p$),消耗的功率增大,所以产生的切削热多,切削温度升高。另一方面,切削深度增大,刀刃工作长度增长,散热条件改善。综合以上两方面的切削热的产生和传出,前者占主导地位,所以切削深度增大,切削温度升高。

由图 3-21 可知,切削用量三要素中对切削温度影响最大的是切削速度,其次是进给量,切削深度对切削温度的影响最小。

2. 刀具几何参数对切削温度的影响

(1) 前角 γ_0 对切削温度的影响

前角对切削温度的影响如图 3-22 所示。由图可知,前角增大,切削温度降低。这是因为前角增大,切削变形减小,切削力所作的功减少,产生的切削热减少,切削温度降低。但是前角大于 18°～20°以后,对切削温度的影响减小,这是因为前角增大后楔角减小,散热体积减小的缘故。

(2) 主偏角对切削温度的影响

主偏角对切削温度的影响如图 3-23 所示。由图可知,主偏角增大,切削温度升高。这是因为主偏角增大,刀刃工作长度变短,使切削热相对集中;主偏角增大,刀尖角减小,刀具散热条件变差,故切削温度升高。

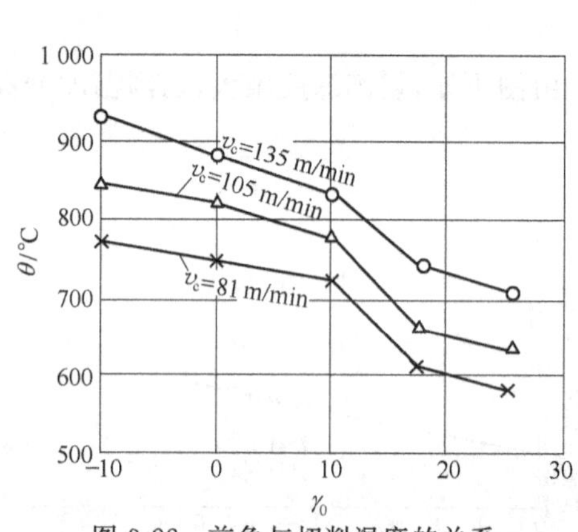

图 3-22 前角与切削温度的关系

工件材料:45 钢(正火); 刀具材料:YT15;

切削用量:$a_p=3$ mm,$f=0.1$ mm/r

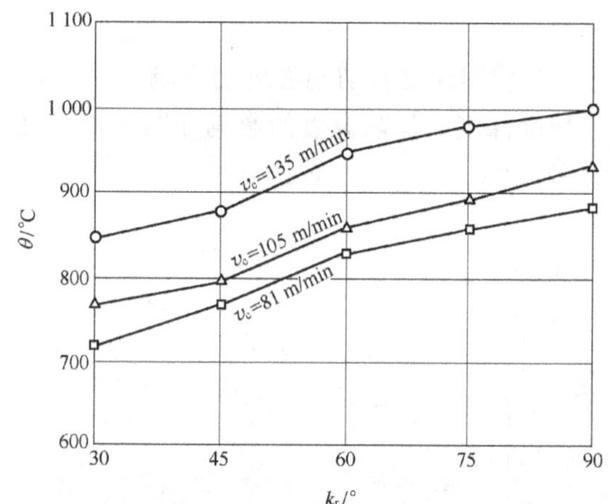

图 3-23 主偏角与切削温度的关系

工件材料:45 钢; 刀具材料:YT15;

刀具几何参数:$\gamma_0=15°$;

切削用量:$a_p=2$ mm,$f=0.2$ mm/r

(3) 负倒棱对切削温度的影响

负倒棱宽度 b_{γ_1} 在(0～2)f 范围内变化时,基本上不影响切削温度,这是因为负倒棱的存在一方面使切削区塑性变形增大,产生的切削热增多;但另一方面却又使刀具的散热条件有所改善,两者平衡的结果,使切削温度基本不变。

(4) 刀尖圆弧半径 r_ε 对切削温度的影响

刀尖圆弧半径 r_ε 在 0～1.5 mm 范围内变化时,基本上不影响切削温度。这是因为,刀尖圆弧半径增大,切削区塑性变形增大,产生的切削热增多,但增大刀尖圆弧半径后改善了刀具的散热条件,两者相互抵消的结果,使切削温度基本不变。r_ε 对刀尖处局部切削温度影响较大,r_ε 增大有利于刀尖处局部温度的降低。

3. 工件材料对切削温度的影响

(1) 工件材料的硬度和强度越高，切削时消耗的功越多，产生的切削热多，切削温度就越高。图 3-24 是切削三种热处理状态的 45 钢工件时，切削温度的变化情况。由图可知，由于 45 钢正火、调质和淬火状态下的强度和硬度不同，正火状态 $\sigma_b=0.589$ GPa，HB=187；调质状态 $\sigma_b=0.736$ GPa，HB=229；淬火状态 $\sigma_b=1.452$ GPa，HRc=44。三者切削温度相差悬殊，与正火状态相比，调质状态的切削温度增高 20%～25%，淬火状态的切削温度约增高 40%～45%。

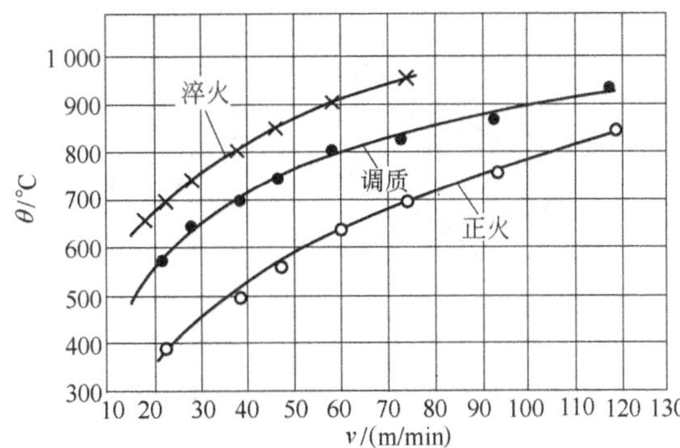

图 3-24　45 钢热处理状态对切削温度的影响
刀具：YT15，$\gamma_0=15°$；
切削用量：$a_p=3$ mm，$f=0.1$ mm/r

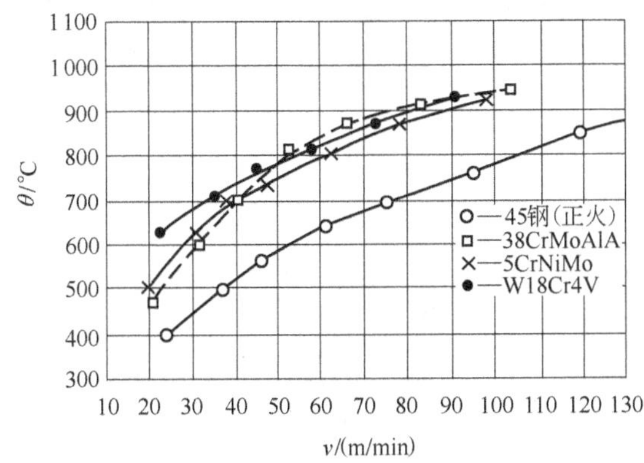

图3-25　不同切削速度下各种合金结构钢的切削温度
刀具材料及结构：YT15，机夹外圆车刀；
刀具几何参数：$\gamma_0=15°$，$\alpha_0=6°\sim8°$，$\kappa_r=75°$，
$b_{\gamma1}=0.1$ mm，$\gamma_f=-10°$，$r_\varepsilon=0.1$ mm；
切削用量：$f=3$ mm，$v=0.1$ mm/r

(2) 合金钢的强度普遍高于 45 钢，而导热系数又低于 45 钢，所以切削合金钢时的切削温度一般高于切削 45 钢时的切削温度(如图 3-25 所示)。

(3) 不锈钢 (1Cr18Ni9Ti) 和高温合金 (GH131) 不但导热系数低，而且在高温下仍能保持较高的强度和硬度，所以切削这类材料时，切削温度比切削其他材料高得多，必须采用导热性和耐热性都比较好的刀具材料，并加注充分的切削液冷却。用 YG8 硬质合金车刀车削不锈钢和高温合金和铸铁工件材料的切削温度如图 3-26 所示。

(4) 脆性金属的抗拉强度和延伸率都较小，切削时，切削区的塑性变形小，切屑呈崩碎状或脆性带状，与前刀面的摩擦小，产生的切削热少，切削温度一般比切钢时低。用 YG8 硬质合金车刀车削灰铸铁 HT200 时的切削温度如图 3-26 所示。切削铸铁 HT200 时的切削温度同切削 45 钢相比，大约低 20%～30%。

4. 刀具磨损对切削温度的影响

刀具后刀面磨损后形成磨损带宽度 VB，磨损带宽度 VB 处后角为零，对工件加工表面的挤压和摩擦增大，产生的切削热多，因此 VB 值增大，切削温度升高。如图 3-27 所示，切合金钢时，由于合金钢的强度和硬质较高，而导热系数很小，所以刀具磨损对切削温度影响很大。

5. 切削液对切削温度的影响

切削液的冷却作用对降低切削温度、减小刀具磨损和提高已加工表面质量非常明显，因此，在切削加工中得到广泛的应用。切削液对切削温度的影响程度取决于切削液的导热系数、比热、汽化热、汽化速度、流量、流速以及切削液自身的温度。切削液的导热系数、比热以及汽

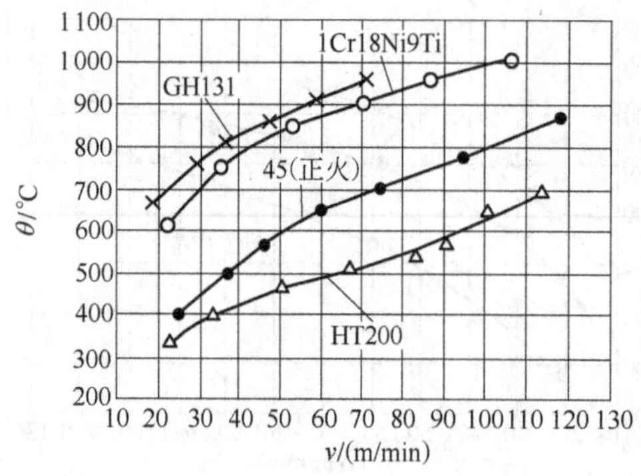

图 3-26　不锈钢、高温合金和铸铁的切削温度

刀具：YG8（切 45 钢时用 YT15），$\gamma_0=15°$；

切削用量：$a_p=3$ mm，$f=0.1$ mm/r

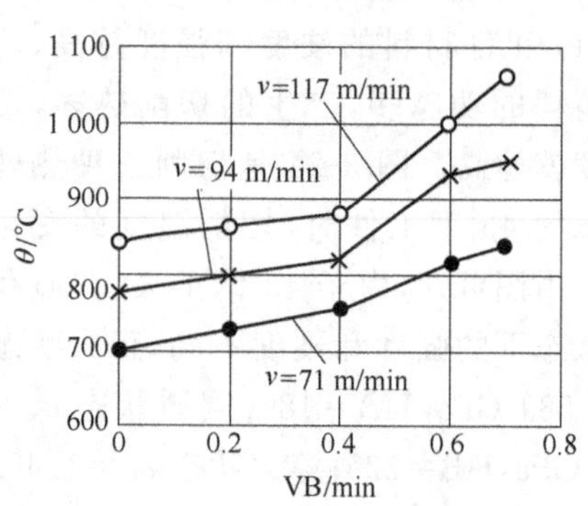

图 3-27　后刀面磨损与切削温度的关系

工件材料：45 钢；刀具：YT15，$\gamma_0=15°$；

切削用量：$a_p=3$ mm，$f=0.1$ mm/r

化热的值越大，汽化速度越高，流量越大，流速越高，自身温度越低，冷却效果越好，切削温度越低。水基切削液的冷却效果最好，乳化液次之，最差的是切削油，所以，使用乳化液代替切削油加工生产率可大大提高。图 3-28 示出了钻削时切削液对切削温度的影响，图 3-29 示出了车高温合金时，切削液对刀具耐用度的影响。

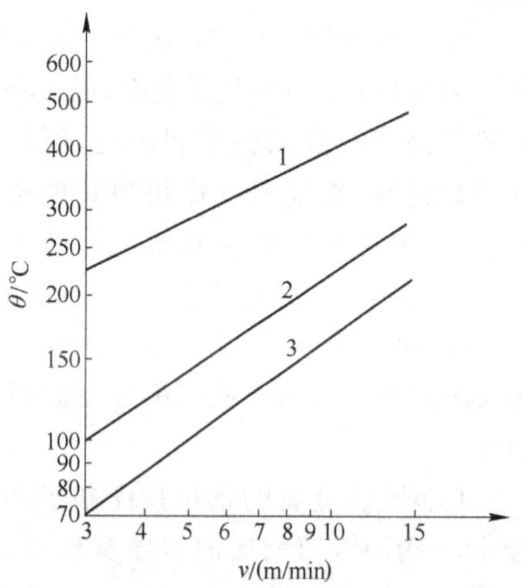

图 3-28　用 Φ21.5 钻头钻削 45 钢时，切削液对切削温度的影响

进给量：$f=0.4$ mm/r。

1—无冷却；　2—10％乳化液；

3—1％硼酸钠及 0.3％磷酸钠的水溶液

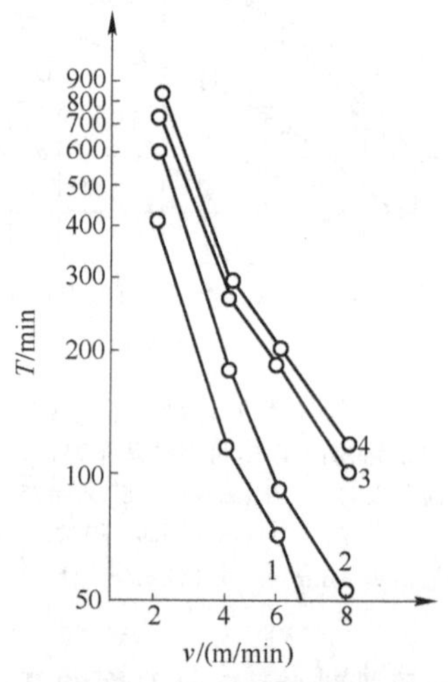

图 3-29　车削高温合金 XH77TЮP(CrNi77TiAlB)时，切削液对刀具耐用度的影响

1—无切削液；　2—硫化乳化液；

3—1％三乙醇胺及 0.2％硼酸钠；

4—1％硼酸钠及 0.3％磷酸钠的水溶液

3.4　磨削热和磨削温度

3.4.1　磨削能量与磨削温度

如前所述，磨削过程可分为三个阶段，因此磨削所消耗的能量也分为三部分，即滑擦能、刻划能和切屑形成能。切屑形成能又可分为剪切区的剪切能和切屑沿磨粒前刀面流出时的摩擦能。这些磨削能转化成磨削热，使磨削温度比一般切削加工的切削温度高。图 3-30 示出了磨

粒切削刃附近工件表面温度分布情况，图 3-31 中 A 点对应图 3-30 中的 A 点。图 3-30 中曲线Ⅰ表示切屑形成及刻划引起的温度变化，曲线Ⅱ表示磨粒磨损后形成的磨损平面与工件加工表面挤压摩擦引起的温度变化，曲线Ⅰ+Ⅱ是曲线Ⅰ与曲线Ⅱ的叠加。

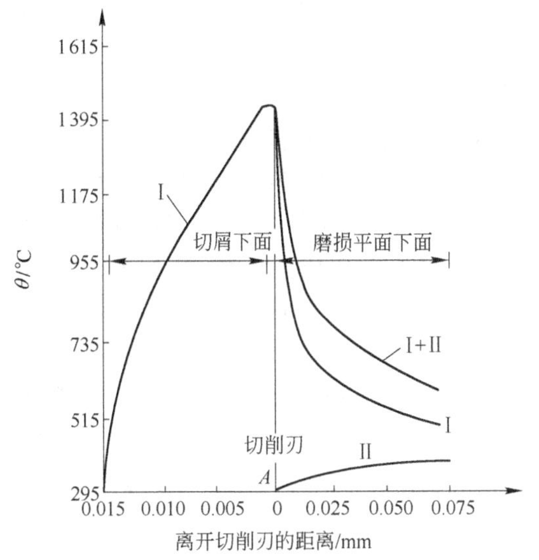

图 3-30　磨粒切削刃附近工件表面的温度分布

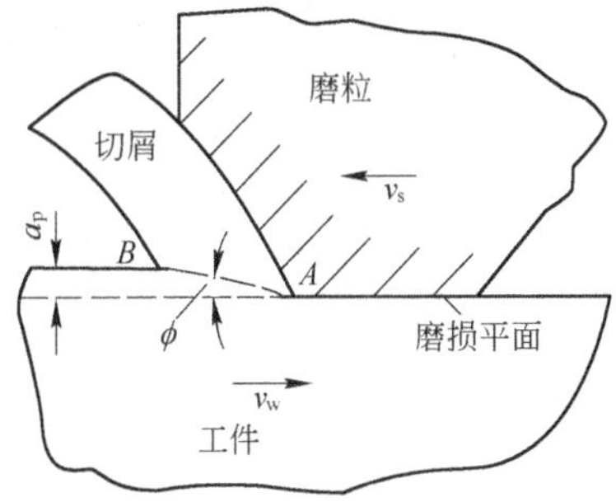

图 3-31　磨粒与工件

由图 3-30 可知，切削刃 A 点下的瞬时温度高达 1 400℃左右。图 3-31 所示由于磨粒的负前角绝对值很大，在剪切面 AB 附近的金属只有在很高温度下变形，才能沿前刀面流出而成为切屑。因此，单颗磨粒的切削温度常常达到金属的熔点，对于每种金属材料的磨屑形成温度为一个常数，例如，碳素钢为 1 500℃，钛合金为 1 650℃，在此高温下的磨屑飞出磨削区就在空气中强烈氧化并燃烧而迸发火花。

磨粒磨削点 A 的温度 θ_A 与磨削用量的关系为

$$\theta_A \propto v_s^{0.24} v_w^{0.26} a_p^{0.13} \tag{3-16}$$

式中：v_s——砂轮的线速度。

砂轮与工件接触区的平均温度 θ_{av} 为

$$\theta_{av} \propto v_s^{0.24} \cdot v_w^{0.26} \cdot a_p^{0.63} \tag{3-17}$$

3.4.2　磨削烧伤、硬度变化、残余应力及控制

1. 磨削烧伤

磨削钢件时，当磨削表面局部温度达到一个临界值，即奥氏体温度 A_{c1} 时，工件表面可能发生烧伤，即工件表面产生氧化膜的回火颜色。氧化膜的厚度不同，以及变质层的厚度不同呈现出的颜色不同，烧伤颜色依次为浅黄、黄、褐、紫、青等颜色。根据烧伤的颜色可以判断烧伤的程度和磨削温度，例如，烧伤颜色为浅黄色表示磨削温度较低，烧伤深度较浅；烧伤颜色为褐色时，磨削温度较高，烧伤深度较深；颜色为青色时烧伤最严重。

工件表面烧伤标志着磨削力增大，砂轮磨损增大，磨削表面质量变差，此时砂轮已达到必须重新修整的时候了。工件速度 v_w 及磨粒直径与工件表面烧伤前的砂轮行程次数之间的关系如图 3-32 所示。由图可知，v_w 增大时，工件与砂轮接触时间短，工件发生烧伤前的行程次

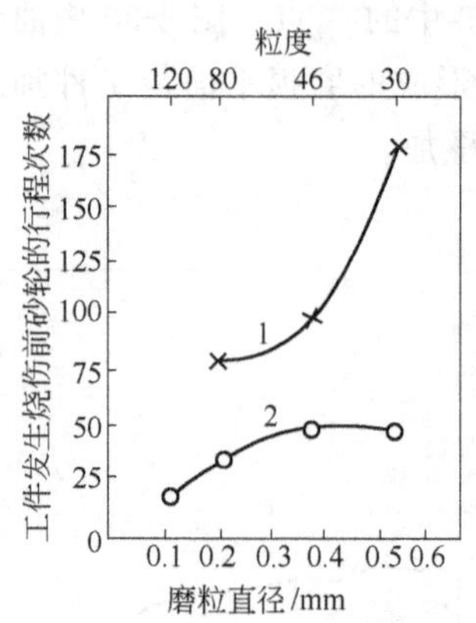

图 3-32 v_w 及磨粒直径与工件烧伤的关系

工件：C0.95％钢件；砂轮硬度：中等；a_p=0.025 mm；1—v_w=10 m/min；2—v_w=5 m/min

数增加，即工件烧伤较晚，砂轮耐用度高。

为了避免烧伤，可采用减少磨削热和加速磨削热传出的措施。例如，减小磨削厚度；选用较软的砂轮；减小砂轮与工件的接触面积和接触时间；也可以采用大气孔砂轮或表面开槽的砂轮，把切削液渗透到磨削区。

2. 工件表面硬度变化

磨削时，已加工表面层的硬度将发生变化，当工件表面的磨削温度显著超过钢的回火温度，但低于相变温度时，工件表层会软化，其硬度变化如图 3-33 曲线 1；当工件磨削表面温度超过相变温度 723℃时，就会形成奥氏体，随后被工件深处较冷的基体淬硬而得到马氏体硬层，这就称为二次淬火烧伤，工件表层硬度变化如图 3-33 曲线 2。磨削时，工件上冷作硬化一般随横向进给量的增大而增大，例如，在磨削 GH37（高温合金）材料时，横向进给量由 0.005 mm 增至 0.008 mm 时硬化层深度由 0.03 mm 增至 0.06 mm，硬化程度由 29.7％增至 43.8％。

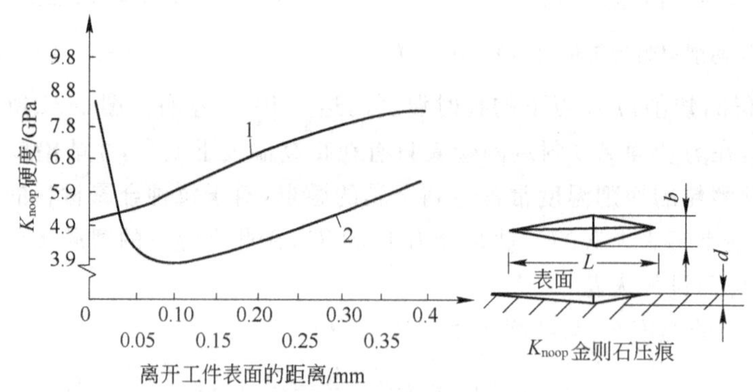

图 3-33 磨削时工件表面硬度的变化

曲线 1：回火烧伤；曲线 2：二次淬火烧伤；

K_{noop}压痕长度 L 约为同等载荷下维氏硬度压痕的三倍

3. 残余应力

磨削后的加工表面可能存在残余应力，它来源于机械功、热影响和相变作用。实践表明，无论是经过珩磨或是铿削等的加工表面，输入的机械功均将产生残余压应力。磨削中由高温引起的残余应力，通常小于机械功产生的残余应力。往复磨削比单方向平面磨削所产生的残余应力大。用软砂轮进行缓进给磨削时，不存在残余应力而仅存在表面压应力。但对软钢或硬钢进行重负荷磨削时，则在较深的表面中产生较大的残余拉应力，而且在软钢中应力分布更深。

引起残余应力的因素是：低的工件速度 v_w，硬而钝的砂轮，干磨或用水溶性乳化液磨削，高的切入进给量和高的砂轮速度 v_s。

残余应力在加工表面层有时最大可达 1×10^9 N/m^2，在离表面 125 μm 深度处减至为零。通过细心的磨削，表层残余应力可减至$(0.14\sim0.21)\times10^9$ N/m^2，表面下 50 μm 深度处减至为零，通过光磨，残余应力还可以减小。

控制残余应力的方法主要是采用切削液。有效的润滑能减少工件与砂轮接触处的热输入，并减小对加工表面的热干扰。当残余应力超过一定限度时就会产生磨削裂纹，降低零件的疲劳强度。磨削裂纹总是与工件表面烧伤或接近烧伤相关。裂纹还与工件热处理引起的内应力有关。因此，避免产生磨削裂纹的途径之一是改善磨削前的热处理规范，减小晶界上的淬火变形；此外，磨削时使用油剂冷却液也能抑制烧伤，并使裂纹出现的机会减少。

3.5　刀具磨损和刀具耐用度

3.5.1　刀具磨损

金属切削过程中，由于切屑与刀具前刀面、工件与刀具后刀面存在强烈的摩擦，刀具会逐渐磨损。刀具磨损不同于一般机械零件的磨损，其特点是：切屑底层是活性很高的新鲜表面，不存在氧化膜等的污染；前、后刀面的接触压力很大，接触面温度很高，如硬质合金刀加工钢件时，可高达 800℃～1 000℃等。因此，磨损时存在机械、热和化学作用以及摩擦、粘结、扩散等现象。当刀具磨损达到一定程度后，切削力明显增大，切削温度升高，加工表面质量明显恶化。因此研究刀具磨损形式，找出磨损原因，制订合理的磨钝标准显得非常重要。

1. 刀具磨损形式

金属切削加工时，刀具前、后刀面都会发生磨损，但它们的磨损情况有各自不同的特点，而且相互影响。刀具的磨损形式有下述几种。

(1) 前刀面磨损——月牙洼磨损

加工塑性材料时，当切削速度较高，切削厚度较大时，刀—屑接触面有很高的压力和温度，80%以上是实际接触面积，空气和切削液难于渗入，因此，经过一段时间切削后，常在前刀面上形成如图 3-34 所示的月牙洼。月牙洼与刀刃之间有一棱边，磨损过程中月牙洼会逐渐扩大，当扩大到棱边很窄时，极易导致崩刃。月牙洼磨损的磨损量用月牙洼深度 KT 表示，如图 3-35(b) 所示。

加工脆性金属时，由于形成的是崩碎切屑，刀—屑接触长度短，一般不发生这种磨损。

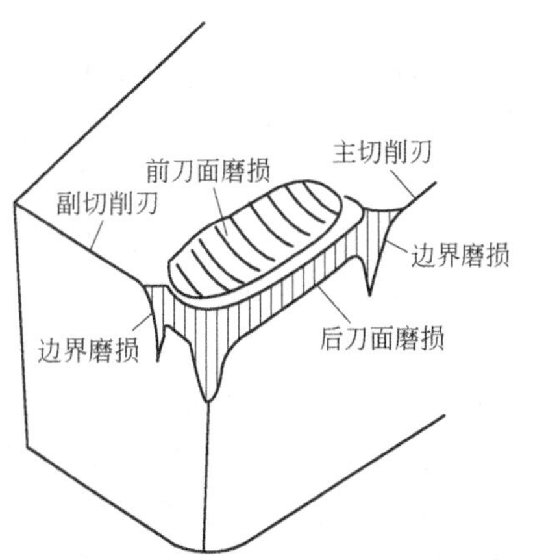

图 3-34　刀具的磨损形态

(2) 后刀面磨损

加工铸铁和以较小的切削厚度切削塑性金属时，由于加工表面与刀具的强烈挤压和摩擦，刀具使用一段时间后就在后刀面上磨出如图 3-35 所示的磨损带。由图可知，后刀面的磨损是不均匀的，在 C 区(刀尖处)，由于强度低、散热条件差，所以磨损较大，磨损量用磨损带宽度 VC 表示；在 N 区(靠近工件外表面处)由于存在应力梯度和温度梯度等，所以磨损也很大，最大磨损量用 VN 表示；在中部，即 B 区，磨损较均匀，平均磨损量用 VB 表示，最大磨损量用 VB_{max} 表示。

(3) 边界磨损

切削钢件时，常在主切削刃靠近工件表面处，以及副切削刃靠近刀尖处的后刀面上磨出较深的沟纹，这种磨损称为边界磨损(如图 3-34 所示)，发生边界磨损的原因是：

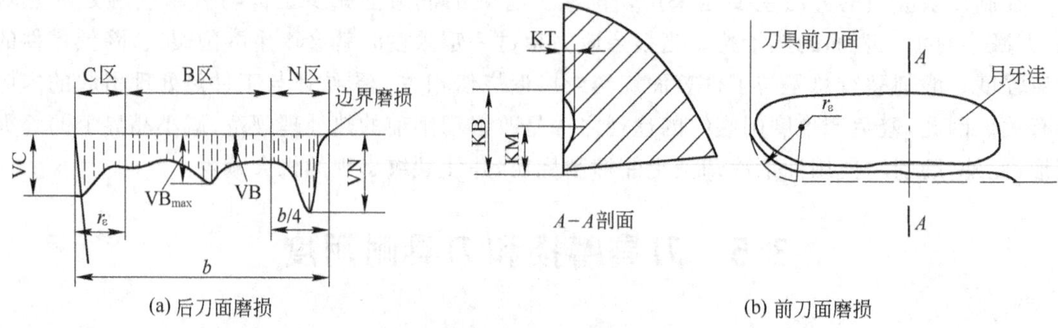

(a) 后刀面磨损　　(b) 前刀面磨损

图 3-35　刀具磨损的测量位置

① 主切削刃靠近工件外表面处的切削刃上应力突然下降，形成很大的应力梯度，引起很大的剪应力，同时前刀面上的切削温度很高，而与工件外表面接触点由于空气和切削液冷却形成很大的温度梯度也引起很大的剪应力，因而在主切削刃的后刀面上（图 3-35 中的 N 区）发生边界磨损。此外，主切削刃靠近工件外表面处的切削速度最高，加工外皮粗糙的铸、锻件时也容易发生边界磨损。

② 在副切削刃靠近刀尖处同样存在很高的应力梯度和温度梯度，该处强度低，散热条件差，此外，由于加工硬化，靠近刀尖部分的副刀刃处切削厚度减薄为零，引起这部分刀刃打滑，促使副后刀面发生边界磨损（图 3-35 中的 C 区）。

2. 刀具磨损原因

切削加工中，刀具磨损的原因有下述几种。

(1) 硬质点磨损（机械磨损或磨粒磨损）

当工件材料中含有杂质和硬质点，如碳化物、氮化物、氧化物以及积屑瘤碎片时，它们会在刀具表面上划出一条条沟纹造成硬质点磨损。高速钢刀具由于耐磨性差，所以常发生这种磨损。硬质合金刀具由于硬度高，发生硬质点磨损较少；但如果工件材料中的硬质点很多，如冷硬铸铁、含夹砂的铸铁也会使刀具产生硬质点磨损痕迹。各种切削速度下的刀具都会产生硬质点磨损。但是，低速时它是刀具磨损的主要原因，这是因为切削速度低，其他各种磨损形式不显著。

(2) 粘结磨损

粘结是指刀具与工件材料接触到原子间距离时产生的结合现象。它是在摩擦面的实际接触面积上，在足够高的压力和温度作用下产生塑性变形而发生的所谓“冷焊”现象。切削塑性金属时，当切削温度不很高、切削厚度较大极易发生这种冷焊现象。由于摩擦副的相对运动，当粘结层发生破裂时容易使刀具产生剥落，从而造成粘结磨损。一般来说，这种磨损应发生在摩擦副的硬度较低的一方，即工件一方。但是如果刀具材料本身存在缺陷（如断续切削承受交变载荷产生的疲劳裂纹、断续切削时的热冲击引起的裂纹，刀片焊接、刃磨造成的微裂纹，组织不均造成的局部软点，粘结点的破裂等）也可发生在刀具一方。硬质合金的晶粒越细，粘结磨损越慢，如图 3-36 所示。硬质合金含钴（Co）量在 5.5%～20%范围内变化时，它对粘结磨损的影响很小，因为它们的晶粒尺寸相同，如图 3-37 所示。

切削区的温度对粘结磨损影响很大。图 3-38 示出了几种刀具材料和工件材料组合时，粘结强度系数 k_0 与温度的关系。粘结强度系数 k_0 为单位粘结力与刀具材料的抗拉强度之比。由图可知，在某一温度范围内，切削温度越高，粘结强度系数越大，粘结磨损越剧烈。高速钢刀具有较大的抗剪和抗拉强度，因而有较高的抗粘结磨损能力。此外，刀具、工件材料的硬度比，刀具表面的形状和组织，以及切削条件和工艺系统的刚度等都影响粘结磨损的速度。

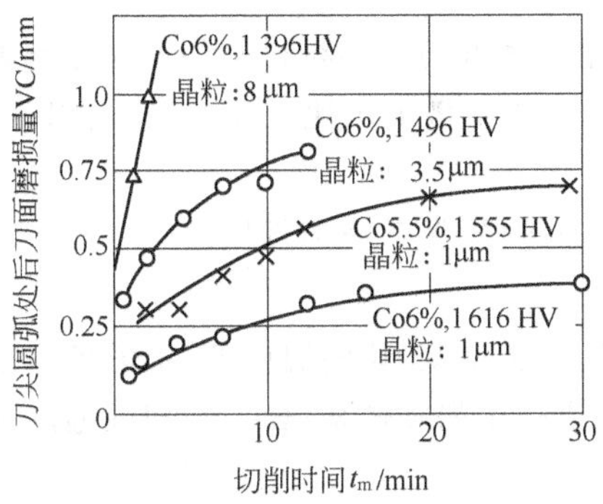

图 3-36　YG 类硬质合金晶粒尺寸对磨损的影响

工件材料：铸铁

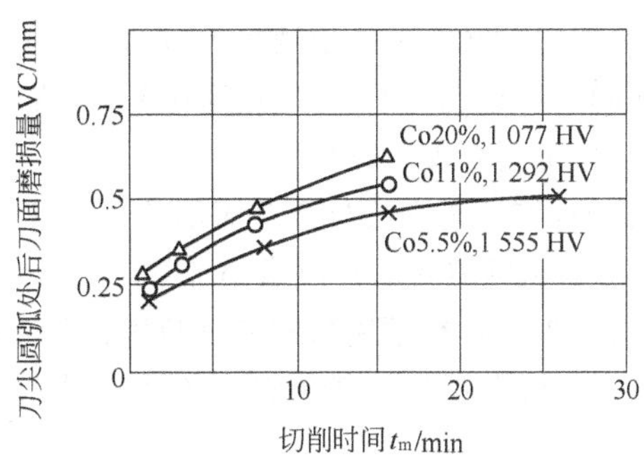

图 3-37　YG 类硬质合金钴含量对磨损的影响

工件材料：铸铁

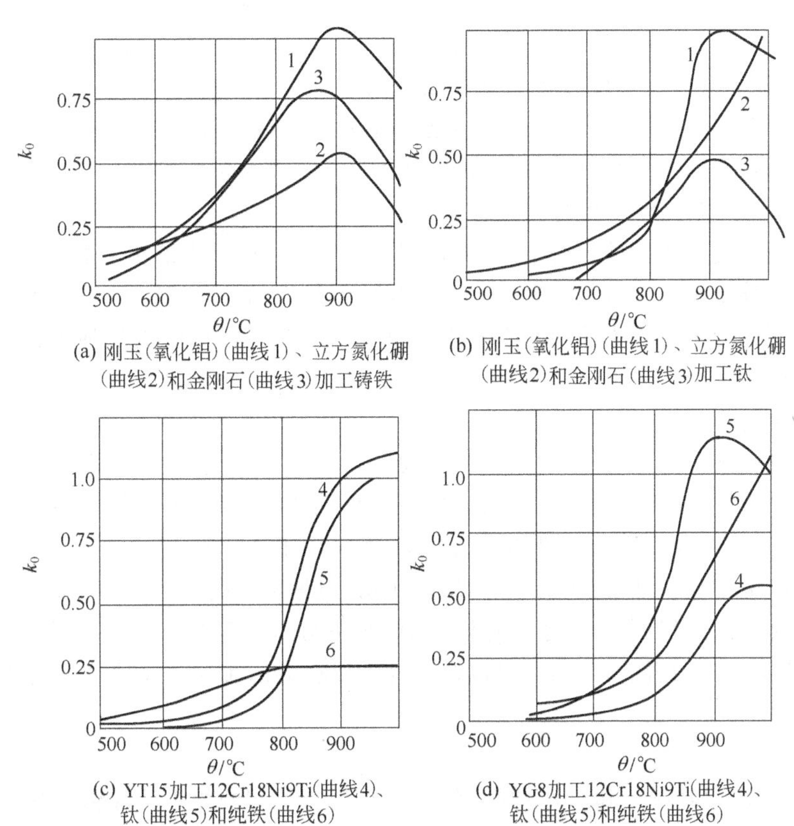

(a) 刚玉（氧化铝）（曲线1）、立方氮化硼（曲线2）和金刚石（曲线3）加工铸铁

(b) 刚玉（氧化铝）（曲线1）、立方氮化硼（曲线2）和金刚石（曲线3）加工钛

(c) YT15加工12Cr18Ni9Ti（曲线4）、钛（曲线5）和纯铁（曲线6）

(d) YG8加工12Cr18Ni9Ti（曲线4）、钛（曲线5）和纯铁（曲线6）

图 3-38　各种刀具材料的粘结强度系数与温度的关系

（3）扩散磨损

切削塑性金属时，如果切削速度很高，则切削温度很高，切屑、刀具、工件在接触过程中双方的化学元素相互扩散，改变了原来刀具材料的化学成分，削弱了刀具材料的切削性能，加速了刀具的磨损，这种磨损现象称为扩散磨损。

扩散速度随切削温度的升高而增大，即按指数函数 $e^{-\frac{E}{k\theta}}$（θ 为刀具表面绝对温度，E 为活性化能量，k 为玻耳兹曼常数)增大。也就是说，对于一定的刀具材料，随着切削温度的升高，扩散速度开始增加缓慢，然后越来越快。

不同化学元素的扩散速度不同，因而扩散磨损的剧烈程度与刀具材料的化学成分有关，例如 Ti 的扩散速度比 C、Co、W 低得多，故 YT 类硬质合金抗扩散能力比 YG 类高，所以 YT 类硬质合金更适合加工钢件。

此外，扩散速度还与切屑流出的速度有关，切屑流速越慢，扩散磨损越慢。

① 高速钢刀具的扩散磨损

高速钢刀具在常用切削速度范围内加工时，因为切削速度低，切削温度低，扩散磨损很轻。随着切削速度的增大，切削温度的升高，扩散磨损会加快。切削有色金属时，因切削温度很低，一般没有扩散磨损。

② 硬质合金刀具的扩散磨损

硬质合金刀具加工钢件时，切削温度高达 800℃～1 000℃以上，因而扩散磨损是硬质合金刀具磨损的主要原因之一。硬质合金刀具切钢时，从 800℃开始，Co 迅速扩散到切屑、工件中去，WC 分解成 W、C 又扩散到切屑、工件中去，造成硬质合金贫碳、贫钨现象。而 Co 的减少又使硬质合金的硬质相(WC、Ti)的粘结强度降低；切屑、工件中的 Fe 向硬质合金扩散，形成硬度低、脆性高的复合碳化物使刀具磨损加剧。由于 TiC、TaC 的扩散速度比 WC－Co 慢得多，所以 YW 类硬质合金更适合加工高温合金和不锈钢等难加工材料。

陶瓷刀具与铁之间不发生扩散，故在高速切削时仍有很高的耐磨性。

③ 金刚石、立方氮化硼刀具的扩散磨损

金刚石刀具切纯铁和低碳钢时，在高的切削温度下会发生严重的扩散磨损，所以金刚石刀具不适合加工铁族金属。立方氮化硼刀具有很高的耐热性(1 400～1 500℃)，即使在 1 300℃时加工铁族金属的扩散磨损也比金刚石小得多；但不宜加工钛合金，因为加工钛合金时，切削温度很高，扩散较快。

(4) 化学磨损

化学磨损是指在一定温度下，刀具材料与周围介质，如空气中的氧和切削液中的极压添加剂氯、硫等起化学反应在刀具表面上生成一层硬度较低的化合物，而被切屑带走，加速了刀具的磨损。例如，用 YT14 硬质合金刀具加工 1Cr18Ni9Ti 不锈钢时，在 v=120～180 m/min 范围内，采用含硫、氯的切削油，由于硫、氯的腐蚀作用，刀具耐用度比干切削还低。

除以上几种主要磨损原因外，还有热电磨损，即在切削区高温作用下，刀具与工件材料形成热电偶，产生电动势，致使刀具与切屑以及工件之间有电流通过，可能加快扩散速度，从而加速刀具磨损。

(5) 小结

① 对于一定的刀具材料和工件材料，起主导作用的是切削温度。在低温区，以硬质点磨损为主，在高温区以粘结、扩散、化学磨损为主。

② 耐热性差的高速钢刀具在不同的切削条件下，其磨损的主要原因是硬质点磨损和粘结磨损；硬质合金刀具主要是粘结磨损和扩散磨损；氧化铝陶刀具加工钢件时主要是伴随微小崩刃的硬质点磨损和粘结磨损；立方氮化硼刀具的扩散磨损最小；而金刚石刀具的扩散磨损最大，因此金刚石刀具不宜加工铁簇金属材料，主要用于加工有色金属及非金属材料。

3. 刀具磨损过程及磨钝标准

(1) 刀具的磨损过程

对切削过程中刀具后刀面的磨损量 VB 进行定时(定切削行程)测量,可以得到如图 3-39 所示的刀具磨损曲线。由图可知,刀具磨损过程分为三个阶段。

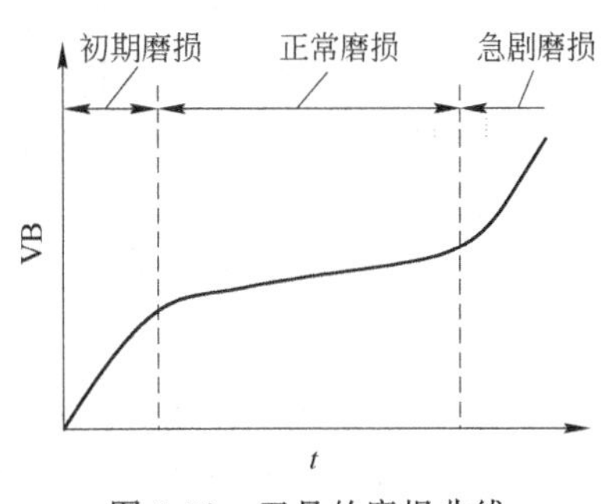

图 3-39 刀具的磨损曲线

① 初期磨损阶段

用新刀或重新刃磨过的刀具切削时,在开始一段时间内,由于刀具后刀面存在粗糙不平、刀刃锋利、后刀面与工件加工表面接触面积小、压强大等原因,磨损很快,一般初期磨损量为 0.05～0.1 mm。研磨过的刀具初期磨损量较小。

② 正常磨损阶段

刀具经过初期磨损阶段后,在后刀面上形成一小棱面,后刀面与工件加工表面接触面积增大,压强减小,磨损速度减慢,磨损量 VB 值与切削时间成正比,直线斜率较小,切削时间长,这一磨损阶段称为正常磨损阶段。

③ 急剧磨损阶段

当刀具后刀面的磨损量 VB 超过一定数值后,工件加工表面粗糙度增大,有时出现亮点、噪声增大,切削力迅速增大,切削温度迅速升高,刀具磨损速度加快,致使刀具损坏而失去切削能力,这一阶段称为急剧磨损阶段。

(2) 刀具的磨钝标准

刀具磨损后将影响切削力、切削温度和加工质量,因此必须根据具体情况规定一个最大允许磨损量,这个最大允许磨损量称为磨钝标准。

生产中判断刀具磨钝的标准是:粗加工时,工件加工表面出现亮点,切屑改变颜色,出现振动,噪声增大;精加工时,工件表面粗糙度增大,尺寸精度和形状精度超差。

刀具后刀面磨损后对切削力、加工精度和表面质量影响很大,同时又便于测量,所以国际标准 ISO 统一规定以后刀面磨损带中间部分(即 1/2 切削深度处)的平均磨损量作为磨钝标准。

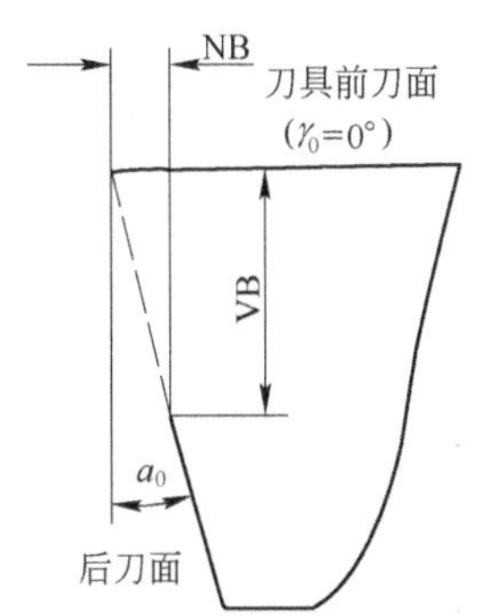

图 3-40 车刀的径向磨损量

由于加工条件不同,所选磨钝标准也应不同,刀具磨钝标准的具体数值可查阅《切削用量手册》。

制订磨钝标准时必须考虑下列条件:

① 工艺系统刚性差时,为防止振动应选较小的磨钝标准。

② 加工难加工材料时应选较小的磨钝标准。

③ 加工精度要求高、表面粗糙度要求低时,应选较小的磨钝标准,如精车 VB=0.3 mm。

④ 加工大件时,VB 值应适当增大。

⑤ 自动线生产中以刀具径向磨损量 NB 作为刀具的磨损标准,如图 3-40 所示。

3.5.2 刀具耐用度

1. 刀具耐用度

刃磨后的刀具从开始切削直到磨损量达到规定的磨钝标准的总切削时间称为刀具耐用度,用符号 T 表示。影响刀具耐用度的因素有:工件材料的切削加工性、刀具材料的切削性能、刀具几何参数、切削液、切削用量等。但是，当工件材料、刀具材料、刀具几何参数、切削液等选定后，刀具耐用度的大小主要与切削用量有关。

2. 切削用量对刀具耐用度的影响

(1) 切削速度对刀具耐用度的影响

实践证明，提高切削速度时，刀具耐用度会降低。因为切削速度 v 对切削温度影响最大，所以对刀具耐用度的影响也最大。切削温度对刀具耐用度的影响很复杂，目前用理论分析推导出的关系式与实际情况不符，所以仍采用刀具耐用度试验来建立切削速度 v 与刀具耐用度 T 之间的数学模型。确定 $v-T$ 关系的步骤如下：

① 按国际标准 ISO 确定刀具耐用度试验的磨钝标准：当刀具后刀面磨损均匀时，取 VB=0.3 mm；磨损不均匀时，取 $VB_{max}=0.6$ mm。

② 固定影响刀具耐用度的其他因素，在刀具正常切削速度范围内取不同的切削速度 v_1，v_2，v_3，…进行刀具磨损实验，得到图 3-41 所示的一组磨损曲线，此方法称为单因素法。

③ 在图 3-41 中，根据选定的磨钝标准作一条平行于横坐标的虚线，该虚线与不同切削速度的磨损曲线有一组交点，这些交点的横坐标 T_1，T_2，T_3，…即为不同切削速度时的刀具耐用度值。

④ 在双对数坐标纸上定出 (v_1, T_1)，(v_2, T_2)，(v_3, T_3)，…各点，连接这些坐标点可以发现，在一定切削速度范围内它们基本上在一条直线上，如图 3-42 所示。必须指出，如果将这些点标在一般直角坐标系上，则 v 与 T 之间是曲线关系，不便于求曲线的方程。

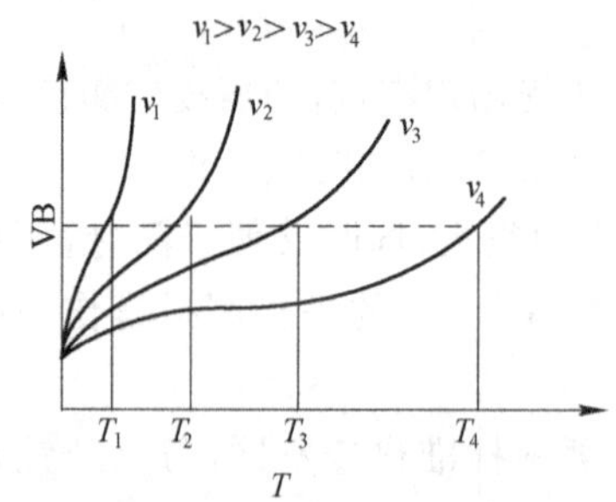

图 3-41 刀具磨损曲线

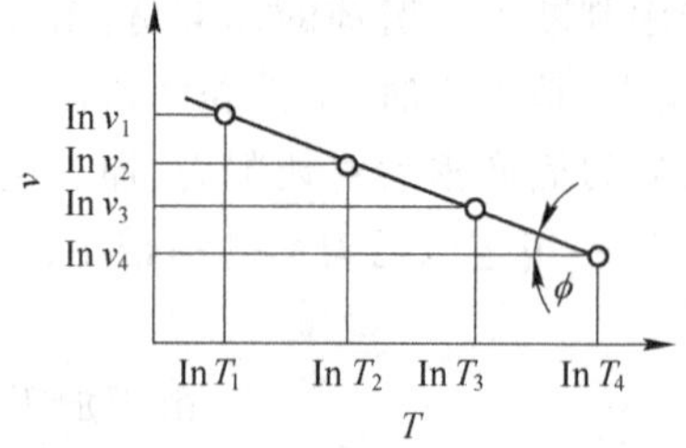

图 3-42 在双对数坐标上的 $v-T$ 曲线

⑤ 求 $v-T$ 直线方程

用解析几何知识可求得 $v-T$ 直线的方程为

$$\log V=-m\log T+\log C_0=-\log T^m+\log C_0$$

即

$$\log V+\log T^m=\log C_0$$

所以

$$VT^m=C_0 \tag{3-18}$$

式中：m——$v-T$ 直线的斜率，表示 v 对 T 的影响程度。对于高速钢刀具，$m=0.1\sim0.15$；硬质合金刀具 $m=0.2\sim0.3$；陶瓷刀具 $m=0.4$。

$\log C_0$——$v-T$ 直线在纵坐标轴上的截距，C_0 与刀具，工件材料和切削条件有关。

图 3-43 表示用陶瓷刀具、硬质合金刀具、高速钢刀具加工同一种工件材料(镍—铬—钼合金钢)时，切削速度与刀具耐用度之间的关系曲线。由图可知，当 $T<30$ 时，陶瓷刀允许的切削速度最高，

其次是硬质合金，高速钢刀具允许的切削速度最低。

必须指出，在常用切削速度范围内进行耐用度实验时，在双对数坐标纸上耐用度曲线近似为直线，式(3-18)完全适用，但在较宽的切削速度范围内进行耐用度实验时，特别是在低速实验时，就不是直线了。式(3-18)是正常磨损时得到的关系式，对于易造成崩刃的脆性刀具材料这个方程就不适用了。在低速范围内，由于积屑瘤对刀具耐用度的影响，所以得到的 $v-T$ 关系曲线就不是单调函数了，如图3-44所示。

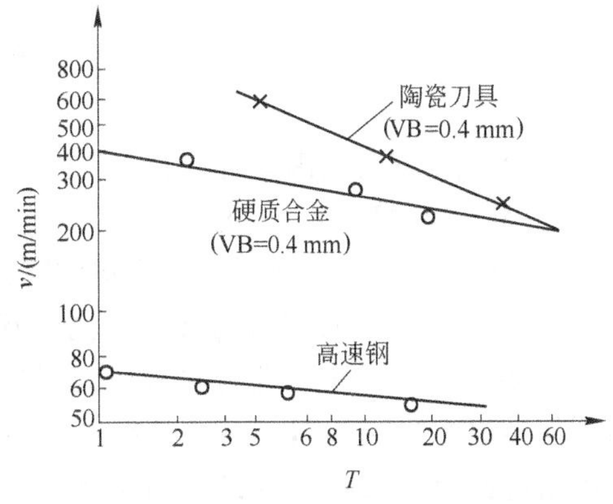

图3-43　各种刀具材料的耐用度曲线对比（加工镍—铬—钼合金钢）

(2) 进给量 f 和切削深度对刀具耐用度的影响

切削加工时，增大进给量 f 和切削深度 a_p，刀具耐用度也会减小。固定影响刀具耐用度的其他因素，只改变进给量 f 和切削深度 a_p 分别作刀具耐用度实验，可得到与 $v-T$ 类似的关系式，即

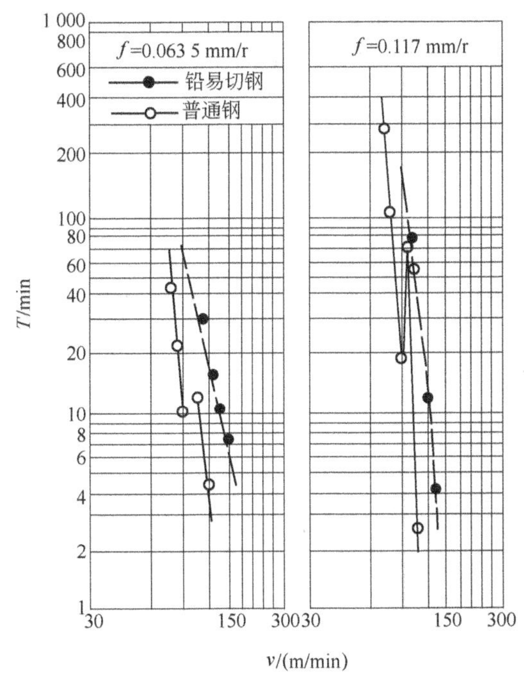

图3-44　刀具耐用度曲线变化示例
工件材料：铅易切钢(0.14%C,0.12%Pb)
刀具材料：钼高速钢；切削液：无(干切削)；
刀具几何参数：$\gamma_0=15°$，$r_\varepsilon=0.8$ mm；
切削用量：$a_p=2.5$ mm

$$\left.\begin{aligned} fT^{m_1}&=C_1 \\ a_pT^{m_2}&=C_2 \end{aligned}\right\} \tag{3-19}$$

综合式(3-18)和(3-19)可得切削用量与刀具耐用度的关系式

$$T=\frac{C_T}{v^{\frac{1}{m}}f^{\frac{1}{m_1}}a_p^{\frac{1}{m_2}}} \tag{3-20}$$

令 $x=\dfrac{1}{m}$，$y=\dfrac{1}{m_1}$，$z=\dfrac{1}{m_2}$ 则

$$T=\frac{C_T}{v^x f^y a_p^z} \tag{3-21}$$

式中：C_T——耐用度系数，与刀具、工件材料和切削条件有关；

x、y、z——指数，分别表示 v，f，a_p 对刀具耐用度影响的程度。

用YT15硬质合金车刀加工 $\sigma_b=0.637$ GPa(45钢)钢时，($f>0.7$ mm/r)，切削用量与刀具耐用度的关系为

$$T=\frac{C_T}{v^5 f^{2.25} a_p^{0.75}} \tag{3-22}$$

由式(3-22)可知，切削用量三要素中，切削速度 v 对刀具的耐用度影响最大，其次是进给量 f，影响最小的是切削深度 a_p。

思考题与习题

1. 影响切削力的因素有哪些？它们是怎样影响切削力的？

2. 用 $\kappa_r=60°$、$\gamma_0=20°$ 的外圆车刀在 CA 6140 车床上车削细长轴，车削后工件呈腰鼓形，其原因是什么？在刀具上采用什么措施可以减小甚至消除此误差？

3. 试分析 $\kappa_r=93°$ 的外圆车刀车削外圆时工件的受力情况。

4. 在 CA6 140 车床上车削调质处理的 45 钢，其硬度为 HB=229；刀具材料为 YT14；车刀几何参数为：$\gamma_0=15°$，$\alpha_0=6°$，$\alpha'_0=6°$，$\kappa_r=75°$，$\lambda_s=0$，$b_{\gamma 1}=0.5$ mm，$\gamma_{01}=-10°$，$r_\varepsilon=0.5$ mm；切削用量：$a_p=3$ mm，$f=0.5$ mm/r，$v=100$ m/min，机床功率为 $P_E=7.5$ kW，求 F_z、F_x、F_y，并校验机床功率是否足够。

5. 切削热是怎样产生和传出的？影响热传导的因素有哪些？影响切削温度的因素有哪些？它们是怎样影响切削温度的？

6. 磨削烧伤产生的原因是什么？怎样判断烧伤程度？可采用哪些措施避免磨削烧伤？磨削时引起残余应力的因素有哪些？如何减小残余应力？避免产生磨削裂纹的途径有哪些？

7. 刀具磨损形式有哪几种？磨损原因有哪些？什么叫刀具耐用度？刀具耐用度与刀具寿命有无区别？影响刀具耐用度的因素有哪些？

第四章　影响切削加工效率及表面质量的因素

研究金属切削加工的目的，就是在保证加工精度和加工表面质量的前提下，提高切削加工的效率，降低生产成本，提高企业经济效益。本章将对影响切削加工效率及表面质量的因素进行讨论。这些因素是：

- 工件材料的切削加工性；
- 刀具材料的合理选择；
- 刀具几何参数的合理选择；
- 切削液的类型、作用机理及选择；
- 切削用量的合理选择。

4.1　工件材料的切削加工性

4.1.1　工件材料切削加工性的概念和衡量标志

1. 工件材料的切削加工性概念

所谓工件材料的切削加工性(machinability)，是指工件材料切削加工的难易程度。但是，由于切削加工的具体条件和要求不同，所以加工难易程度就有不同的内容。例如：粗加工时要求刀具磨损慢、耐用度高、生产率高；而精加工时则要求工件有高的加工精度和较小的表面粗糙度，很显然，这两种情况下所指的加工难易程度是不同的。因此切削加工性是一个相对概念。既然它是一个相对概念，所以衡量切削加工性的指标就有多种多样。

2. 切削加工性的衡量指标

(1) 以加工质量衡量切削加工性

一般零件的精加工以能达到的表面粗糙度作为衡量工件材料的切削加工性。容易获得很小表面粗糙度的材料切削加工性高；反之为低。从这项指标出发，低碳钢的切削加工性不如中碳钢高，纯铝的切削加工性不如硬铝合金高。

对于某些特殊零件以及有特殊要求的零件，常用已加工表面的变质层深度、残余应力和加工硬化作为衡量切削加工性指标。显然加工变质层越浅、残余应力和加工硬化越小，工件材料的切削加工性就越高；反之越低。这是因为变质层深度、残余应力和加工硬化对零件尺寸和形状的长期稳定性，以及磁、电抗蠕变等性能有很大影响。

(2) 以刀具耐用度衡量切削加工性

采用这种衡量方法的有以下几种：

① 在相同条件下，达到磨钝标准的总切削时间越长，即耐用度值越大的材料的切削加工性越高。

② 在保证相同刀具耐用度的前提下，允许的切削速度越高的工件材料的切削加工性越高。

③ 在相同切削条件下，当刀具达到磨钝标准时切除的金属体积越多的材料的切削加工性越好。

(3) 以切削力和切削温度衡量切削加工性

在相同切削条件下切削力越大，切削温度越高，工件材料的切削加工性越低；反之加工性高。该衡量标准一般在机床动力不足或工艺系统刚性不足时采用。

(4) 以断屑性能衡量切削加工性

这种方法主要用于对断屑有很高要求的机床，如自动车床、自动线、数控机床、加工中心、柔性制造系统以及深孔钻削、盲孔镗削。

3. 常用的切削加工性标志

最常用的衡量切削加工性的指标是 V_T。其含义是：当确定了刀具耐用度为 T 以后，切削这种工件材料所允许的切削速度。V_T 越高，则材料的切削加工性越好。一般情况下可取的刀具耐用度 $T=60$ min，难加工材料取 $T=30$ min 或 $T=15$ min，机夹可转位刀具耐用度取得更小。如果取 $T=60$ min 则写成 V_{60}，如果取 $T=30$ min 则写成 V_{30}。表示工件材料的切削加工性还可以选某种材料的 V_{60} 作为基准进行比较，以得到相对于基准材料的加工性 K_v。一般以 45 钢作为基准，写成 $(V_{60})_j$，其他材料的 V_{60} 与 45 钢的 $(V_{60})_j$ 之比得到该材料的相对加工性，即 $K_v=\dfrac{V_{60}}{(V_{60})_j}$。

表 4-1 中所示的是目前常用工件材料的相对加工性。由表可知，工件材料的 K_v 值越大，切削加工性越高。加工性等级分为 8 级。要想知道某种工件材料允许的切削速度，可先从表 4-1 或表 4-2 中查出相对加工性再乘以在 $T=60$ min 时的 45 钢的切削速度，即 $V_{60}=K_v\cdot(V_{60})_j$。

表 4-1 工件材料切削加工性等级

加工性等级	名称及种类		相对加工性 K_v	代表性工件材料
1	很容易切削材料	一般有色金属	>3.0	5-5-5 铜铅合金，9-4 铝铜合金，铝镁合金
2	容易切削材料	易切钢	2.5～3.0	退火 15Cr $\sigma_b=0.373\sim0.441$ GPa 自动机钢 $\sigma_b=0.392\sim0.490$ GPa
3		较易切钢	1.6～2.5	正火 30 钢 $\sigma_b=0.441\sim0.549$ GPa
4	普通材料	一般钢及铸铁	1.0～1.6	45 钢，灰铸铁，结构钢
5		稍难切削材料	0.65～1.0	2Cr13 调质 $\sigma_b=0.828\,8$ GPa 85 钢轧制 $\sigma_b=0.882\,9$ GPa
6	难切削材料	较难切削材料	0.5～0.65	45Cr 调质 $\sigma_b=1.03$ GPa 60Mn 调质 $\sigma_b=0.931\,9\sim0.981$ GPa
7		难切削材料	0.15～0.5	50CrV 调质，1Cr18Ni9Ti 未淬火，α 相钛合金
8		很难切削材料	<0.15	β 相钛合金，镍基高温合金

表 4-2 几种常用结构钢车削的相对加工性

钢种	钢号	热处理方式	抗拉强度 σ_b/GPa	相对加工性 K_v		切削力修正参数
				高速钢车刀 $T=60$ min	硬质合金车刀 $T=90$ min	
碳素钢	8	正火或高温回火	0.313～0.411	0.88	0.88	1.0
	20	正火或轧制	0.411～0.539	1.0	1.0	1.0
	30	正火	0.441～0.539	2.0	2.0	0.75

续表

钢　　种	钢　　号	热处理方式	抗拉强度 σ_b/GPa	相对加工性 K_v		切削力修正参数
				高速钢车刀 T=60 min	硬质合金车刀 T=90 min	
碳素钢	45	调　质	0.637～0.727	1.25	1.25	0.95
		退　火	0.588～0.686	1.25	1.25	0.90
		调　质	**0.686～0.784**	**1.0**	**1.0**	**1.0**
		调　质	0.784～0.833	0.83	0.83	1.05
	50	调　质	0.833	0.77	0.77	1.10
	80	轧　制	0.882	0.70	0.70	1.15
铬钼钢	30CrMo	正火调质	0.686～0.784 0.882～0.980	1.1 0.77	1.20 0.73	1.0 1.2
锰　钢	50Mn	退火调质	0.686～0.784 0.833～0.931	0.88 0.70	0.88 0.70	0.90 1.15
镍铬钢	30CrNi3	调　质	0.882～0.980	0.77	0.77	1.20
铬　钢	45Cr	退火调质	0.784 1.039	1.0 0.65	0.93 0.60	1.03 1.30
铬锰硅钢	30CrMnSi	正火回火调质	0.637～0.727 0.980～1.078	1.05 0.55	1.1 0.60	0.95 1.30
铬钒钢	50CrV	退火调质	0.882 1.274～1.372	0.83 —	0.83 0.40	1.15 1.15

4.1.2　影响工件材料切削加工性的因素

1. 工件材料的硬度对切削加工性的影响

工件材料的硬度有常温硬度和高温硬度，它们对切削加工性的影响是不同的。

(1) 工件材料的常温硬度对切削加工性的影响

一般情况下，同类工件材料中常温硬度越高的材料其切削加工性越低。这是因为常温硬度高时，刀—屑接触长度减小，因而作用在刀具前刀面上的法向力增大，摩擦热集中在接触面上使切削温度升高，刀具磨损加剧。图 4-1 示出了对0.2％的碳素钢（HB＝115）、中碳镍铬钼合金钢（HB＝190），淬火—回火后的中碳镍铬钼合金钢（HB＝300）、淬火—回火后的中碳镍铬钼高强度钢（HB＝400），进行 $v-T$ 关系的切削试验所得曲线。由图可知，工件材料的硬度越高，相对切削加工性越低。

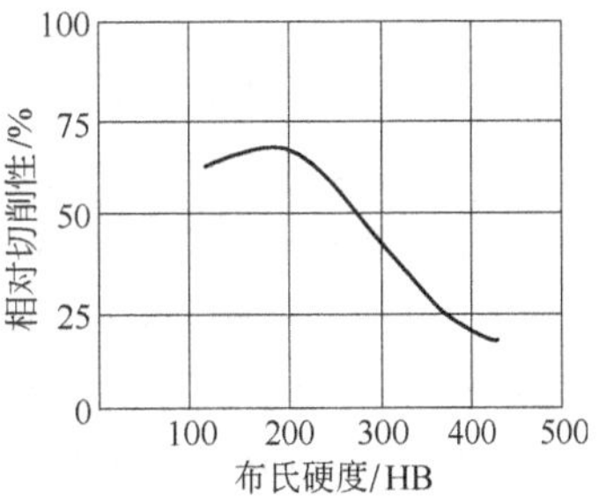

相对切削性/%
100
75
50
25
0
100　200　300　400　500
布氏硬度/HB

图 4-1　各种硬度工件材料的 $v-T$ 关系曲线

(2) 工件材料的高温硬度对切削加工性的影响

工件材料的高温硬度越高，切削加工性越低。因为工件材料的高温硬度越高，切削温度越高，刀具材料的硬度在高的切削温度作用下会下降，刀具材料的硬度与工件材料的硬度比要下降，因此刀具磨损加剧、耐用度低、切削加工性低。

(3) 工件材料中的硬质点对切削加工性的影响

工件材料中的硬质点能提高材料的强度和硬度，使材料的剪切变形抗力增大，而且这些硬质点还会加速刀具的磨损，所以工件材料的硬质点越多，形状越尖锐，分布越广，加工性越低。

(4) 工件材料的加工硬化对切削加工性的影响

工件材料的加工硬化,一方面使切削力增大,切削温度升高;另一方面,刀具被硬化的切屑擦伤,副后刀面产生边界磨损。此外,对加工硬化的表面进行切削加工时会加剧刀具磨损。所以工件材料的加工硬化越高,切削加工性越低。

2. 工件材料的强度对切削加工性的影响

工件材料的强度愈大,切削力和切削功率愈大,切削温度愈高,刀具磨损加剧,因此,工件材料的强度愈大,切削加工性越低。工件的强度包括常温强度和高温强度,合金钢和不锈钢的常温强度和碳素钢差不多,但高温强度比碳素钢大,所以,合金钢和不锈钢的切削加工性比碳素钢低。

3. 工件材料的塑性和韧性对切削加工性的影响

工件材料的塑性用延伸率 δ 表示。在工件材料的强度相同时,δ 值越大,塑性变形区随之扩大,塑性变形所消耗的切削力和功率增大,切削温度升高,刀具磨损加剧,加工表面粗糙度增大,所以切削加工性低。例如,不锈钢 1Cr18Ni9Ti 的硬度与 45 钢相近,但 δ 值是 45 钢的 3.4 倍(45 钢, $\delta=16$;1Cr18Ni9Ti, $\delta=55$),所以不锈钢 1Cr18Ni9Ti 的切削加工性比 45 钢低。但是,并不是 δ 值愈低愈好,因为塑性太低,刀—屑接触长度短,切削力和切削热集中在刀刃附近,使刀具磨损加剧,耐用度降低,所以切削加工性低。

工件材料的韧性用冲击值 a_k 表示。在工件材料的强度相同时,韧性愈大,塑性变形区可能并不增大,但它吸收的变形功增大,所以 a_k 值愈大,切削加工性越低。例如,不锈钢 1Cr18Ni9Ti 的硬度与 45 钢相近,但 a_k 值是 45 钢的 5 倍(1Cr18Ni9Ti, $a_k=25$;45 钢, $a_k=5$),所以 1Cr18Ni9Ti 切削加工性比 45 钢低。此外,a_k 值越大,断屑愈困难。

4. 工件材料的导热系数对切削加工性的影响

工件材料的导热系数大,由工件和切屑传出的热量多,切削温度低,刀具磨损慢,耐用度高,所以切削加工性高。

5. 工件材料的化学成分对切削加工性的影响

(1) 钢中化学成分对切削加工性的影响

钢中的合金元素铬(Cr)、镍(Ni)、钒(V)、钼(Mo)、钨(W)、锰(Mn)都能提高钢的强度和硬度,Si 和 Al 容易形成氧化硅和氧化铝等硬质点,加剧刀具磨损。但是,这些合金元素含量低(一般以 0.3%为限)时,对钢的切削加工性影响不大;若超过 0.3%,则切削加工性降低。在钢中加入少量的硫、硒、铅、铋、磷能略微降低钢的强度和塑性,从而改善了钢的切削加工性。

(2) 铸铁的化学成分对切削加工性的影响

铸铁中的碳以硬度很低的石墨化方式存在时,由于石墨有良好的润滑性能,故切削加工性提高,所以铸铁化学成分中凡能促进石墨化的元素如硅、铝、镍、铜、钛等,都能提高铸铁的切削加工性。铸铁中的碳若与铁化合生成硬度很高的碳化铁会加剧刀具的磨损,降低刀具的耐用度,所以铸铁中的碳化铁含量越多,切削加工性越低。

6. 工件材料的金相组织对切削加工性的影响

金属材料的化学成分虽然相同,但金相组织不同时,其物理力学性能不同,因此,切削加工性不同。

(1) 钢的不同组织对切削加工性的影响

图 4-2 所示为钢中各种金相组织的 $v-T$ 关系。一般情况下铁素体的塑性较高,珠光体的塑性较低。钢中含大部分铁素体和少部分珠光体时,切削速度和刀具耐用度都很高。纯铁(含

碳量极低)是完全的铁素体,由于塑性太高,切削加工性非常低,切屑粘在前刀面上,断屑难,已加工表面粗糙度极大。

珠光体是片状分布时,刀具在切削时与硬度很高(HB=800)的 Fe_3C 接触,磨损较大,但若对其进行球化处理,生成"连续分布的铁素体十分散的碳化物颗粒"将减少刀具磨损,提高刀具的耐用度。

切削硬度较高的马氏体和索氏体等组织时,刀具磨损大,耐用度低,宜低速切削。在条件允许的情况下,可采用热处理方法改变金相组织提高切削加工性。表 4-2 为几种常用结构钢车削时的相对加工性。

(2) 铸铁的金相组织对切削加工性的影响

铸铁按金相组织分为白口铁、麻口铁、珠光体灰口铁、灰口铁、铁素体灰口铁、球墨铸铁(包括可锻铸铁)等,它们的金相组织、硬度、延伸率 δ、相对加工性如表 4-3 所示。

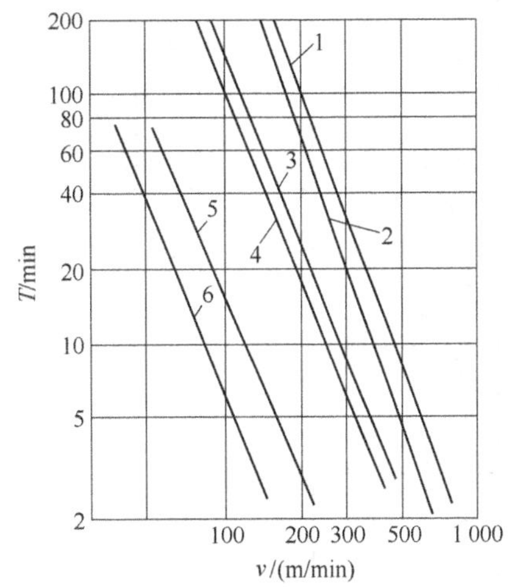

图 4-2　钢的各种金属组织的 $v-T$ 关系
1—10%珠光体;2—30%珠光体;
3—50%珠光体;4—100%珠光体;
5—回火马氏体 HB300;
6—回火马氏体 HB400

表 4-3　铸铁的相对加工性

铸铁种类	铸铁组织	硬度(HBS)	伸长率 δ/%	相对加工性 K_v
白口铁	细粒珠光体+碳化铁等碳化物	600	—	难切削
麻口铁	细粒珠光体+少量碳化物	263	—	0.4
珠光体灰铸铁	珠光体+石墨	225	—	0.85
灰铸铁	粗粒珠光体+石墨+铁素体	190	—	1.0
铁素体灰铸铁	铁素体+石墨	100	—	3.0
球墨铸铁(或可锻铸铁)	石墨为球状(白口铁经长时间退火变为可锻铸铁,碳化物析出球状石墨)	265	2	0.6
		215	4	0.9
		207	17.5	1.3
		180	20	1.8
		170	22	3.0

由表 4-3 可知,白口铁硬度最高,难加工;球墨铸铁含有很多球状石墨,塑性较大,切削加工性高。由于铸铁组织较疏松,内含游离石墨,塑性和抗拉强度较低,切屑呈崩碎屑,切削力和切削热集中在刀刃附近。此外,铸铁表面往往有一层带砂型的硬皮和氧化层,对粗加工不利,所以加工铸铁的切削速度低于钢的切削速度。

4.1.3　某些难加工材料的切削加工性

随着科学技术的不断发展,对某些机械产品及其零部件的使用要求越来越高,为满足这些要求,材料部门研制了许多所谓"难加工材料"。这些材料之所以难加工是因为它们含有大量的合金元素,其物理力学性能上的特点是:①强度高,特别是高温强度及抗蠕变的强度高。②抗氧化能力强,特别是抗高温氧化的能力。③耐低温等。本节就几种常见的难加工材料的特点及切削加工性作简单介绍。某些难加工材料的相对加工性见表 4-4。

4-4　某些难加工材料的相对加工性和各项因素的影响

材料			牌号举例	用途举例＼影响因素	硬度	高温强度	高硬质点	加工硬化	与刀具粘结	化学亲和性	导热性能	相对切削加工性
难加工材料（淬火或析出硬化状态）	高锰钢		ZGM13 40Mn18Cr3	耐磨零件如掘土机铲斗、拖拉机履带板，电机中无磁锰钢	1～2	1	1～2	4	2	1	4	0.2～0.4
	高强度钢	低合金	30CrMnSiNi2A 18CrMn2MoBA	高强度零件，如轴、高强度螺栓、起落架	3～4	1	1	2	1	1	2	0.2～0.5
		中合金	4Cr5MoSiV	高强度构件，模具	2～3	2	2～3	2	1	1	2	0.2～0.45
		马氏体时效钢		高强度结构零件	4	2	1	1	1	1	2	0.1～0.25
	不锈钢	析出硬化	0Cr17Ni7Al 0Cr15Ni7Mo2Al	高强度耐腐蚀零件	1～3	1	1	2	1～2	1	3	0.3～0.4
		奥氏体	1Cr18Ni9Ti Cr14Mn14Ni3Ti	耐蚀高强度高温（550℃以下）工作的零件	1～2	1～2	1	3	3	2	3	0.5～0.6
		马氏体	2Cr13 Cr17Ni2	弱腐蚀介质中工作的高强度零件	2～3	1	1	2	1	2	2	0.5～0.7
		铁素体	0Cr13 Cr17	强腐蚀介质中工作的零件	1	1	1	1	1	2	2	0.6～0.8
	高温合金	铁基	GH36，GH135； K13，K14	燃气轮机蜗轮盘，蜗轮叶片、导向叶片、燃烧室及其高温承力件及紧固件	2	2～3	2～3	3	3	2	3～4	0.15～0.3
		镍基	GH33，GH49 K3，K5		2～3	3	3	3～4	3～4	3	3～4	0.08～0.2
	钛合金	α相	TA7，TA8，TA2	比强度高，热强度高，耐腐蚀在航天、造船、化工及医药工业中应用	2	1	1	2	1	4	4	0.4～0.6
		(α+β)相	TC4，TC6，TC9									0.28～0.24
		β相	TB1，TB2									0.24～0.39

注：各项因素恶化切削加工性的程度，按次序为1、2、3、4。

1. 高锰钢的切削加工性

含锰量在11%～14%的钢称为高锰钢。当高锰钢全部都是奥氏体组织时，才能获得较好的使用性能(如强度、韧性及无磁性)，因此又称为高锰奥氏体钢。其特点是强度高，韧性大，导热系数小，加工硬化严重(硬度从未加工之前的HB180～220提高到HB450～500)，因此切削力大，切削温度高，刀具磨损严重，耐用度低，切削效率低。此外，高锰钢断屑难，加工精度难于控制，所以切削加工性差。

2. 不锈钢的切削加工性

不锈钢的特点是强度高，韧性大，导热系数小(如1Cr18Ni9Ti不锈钢的导热系数仅为45钢的三分之一)，塑性大(如1Cr18Ni9Ti不锈钢的δ值为45钢的3.5倍)，加工硬化严重，所以切削力大，切削温度高，刀具磨损严重，耐用度低，切削加工性低。

3. 高强度钢的切削加工性

高强度钢的特点是：

(1) 高温强度较高，抗拉强度可达1.177 GPa以上。

(2) 低合金及中合金高强度钢经淬火—回火后可获得很高的强度和硬度(HRC40～58)。

正是由于高强度钢有以上两难点，所以加工高强度钢的切削力大，切削温度高，刀具磨损严重，耐用度低，切削加工性低。

4. 高温合金的切削加工性

高温合金，尤其是镍基高温合金，导热系数小，加工硬化严重，与刀具粘结现象严重，所以切削力大(可达45钢的2～3倍)，切削温度高(可达750～1 000°C)，硬化程度可达200%～500%，所以切削非常困难，切削加工性低。

5. 钛合金的切削加工性

钛合金的特点是"比强度"(强度/比重)和"比刚度"(刚度/比重)较高，在温度550°C以下耐蚀性很高，导热系数低，塑性小，弹性模量低，所以切削力大，刀—屑接触面积小，切削温度高(为45钢的2倍)，弹性变形大，使后刀面与加工表面接触面积大，刀具磨损严重，耐用度低，切削加工性低。

从以上列举的几类难加工材料的特点可以看出，难加工材料之所以难加工是由于材料本身特点所决定的。但是材料本身的特点是科学技术发展的需要，是不能改变的，所以只能选择合适的切削条件来提高刀具的耐用度。一般可以采用的方法有以下几种：

- 选择合适的刀具材料，见4.2节。
- 选择合理的刀具几何参数，见4.3节。
- 仔细研磨刀具的前后刀面，尽量减小表面粗糙度，以减小粘结。
- 对工件材料进行热处理，使其处于最合理的组织状态下进行切削加工。
- 提高工艺系统的刚度。
- 合理选择切削用量，见4.5节。
- 采用合理的切削液，见4.4节。
- 对断屑、卷屑和容屑予以足够的重视。

4.2　刀具材料的合理选择

所谓刀具材料是指刀具切削部分的材料。刀具材料是在较大切削力、较高切削温度下工作的,有时还要承受冲击和振动,所以刀具材料切削性能的好坏将直接影响到切削加工的效率和已加工表面的质量。本节将讨论刀具材料应具备的切削性能,常用刀具材料的类型、性能、特点及合理选择。

4.2.1 刀具材料应具备的切削性能

1. 高的硬度和耐磨性

刀具要从工件上切下切屑,其材料的硬度应比工件材料的硬度高,常温硬度应在 HRC60 以上,这是刀具材料应具备的基本特性。

耐磨性是指刀具材料抵抗磨损的能力。一般刀具材料的硬度越高,耐磨性越好;刀具材料中的硬质点(如碳化物、氮化物等)的硬度越高、数量越多、颗粒越细、分布越均匀,耐磨性越好。刀具材料的耐磨性不仅取决于它的硬度,也和它的化学成分、强度、显微组织、弹性模量、断裂韧度及摩擦区的温度有关。

2. 足够的强度和韧性

刀具材料要承受很大的切削力,断续切削时还要承受冲击和振动,所以刀具材料必须具备足够的强度和韧性。一般来说,刀具材料的硬度越高,强度就越低、越脆,刀具材料的强度常用弯曲强度 σ_{bb} 表示,韧性以断裂韧度 K_{IC} 表示。各种刀具材料的物理机械性能见表 4-5。

3. 高的耐热性(热稳定性)

耐热性是指刀具材料在高温下保持其硬度、耐磨性、强度和韧性的能力。它是衡量刀具材料切削性能好坏的重要标志之一。刀具材料的高温硬度越高,允许的切削速度越高,切削性能越好。表 4-5 示出了各种刀具材料在常温下的硬度。此外,刀具材料还应具备在高温下抗氧化,抗粘结和抗扩散的能力,即良好的化学稳定性。

4. 良好的工艺性

刀具材料的良好工艺性是指刀具材料具备良好的锻造性能、热处理性能、高温下的塑性变形性能以及磨削加工性能。如果工艺性能不好,则刀具的制造和刃磨困难,也难于使刀具发挥良好的切削性能。

5. 经济性

发展和选用刀具材料必须将它的经济性作为重要指标之一加以重视。因为这关系到刀具成本和零件的加工成本。刀具材料的经济性,可用将刀具成本(刀具材料成本,刀具制造、刃磨成本)分摊到每个零件的单件工艺成本中,看它占工艺成本的百分比多少来衡量。有的刀具材料看上去很贵,但由于它的耐用度高、重磨次数多、寿命长,将它的成本分摊到零件的工艺成本中所占比例很少、很经济。

6. 切削性能的可预测性

在切削加工自动化(自动机床、自动线)和柔性制造系统中,要求刀具材料的切削性能稳定、可靠,即要求刀具磨损及耐用度具有良好的可预测性,才能充分发挥昂贵设备的生产能力。

常用刀具材料有碳素工具钢(T10A、T12A)、合金工具钢(9SiCr、CrWMn)、高速钢、硬质合金、陶瓷、金刚石、立方氮化硼等。碳素工具钢和合金工具钢因为耐热性差(见表 4-5)、允许切削速度低,所以常用碳素工具钢制造手用刀具(如锉刀、刮刀);用合金工具钢制造低速刀具(如丝锥,板牙等);陶瓷、金刚石、立方氮化硼仅用于某些难加工材料和精密、超精密切削加工。目前刀具材料中应用最多的仍是高速钢和硬质合金。

表 4-5　各种刀具材料的物理机械性能

材料种类		密度 g/cm^3	硬度	抗弯强度 GPa (kgf/mm^2)	抗压强度 GPa (kgf/mm^2)	冲击韧性 kJ/m^2 $\left(\frac{kgf \cdot m}{cm^2}\right)$	弹性模量 GPa (kgf/mm^2)	导热系数/ W/m·°C (Cal/cm·S·°C)	线膨胀系数 $(1/°C)\times10^{-6}$	耐热性 °C
碳素工具钢		7.6～ 7.8	HRC 63～65	2.2 (220)	4 (400)	—	210 (21 000)	41.8 (0.1)	11.72	200～ 250
合金工具钢		7.7～ 7.9	HRC 63～66	2.4 (240)	4 (400)	—	210 (21 000)	41.8 (0.1)	—	300～ 400
高速钢 W18Cr4V		8.7	HRC 63～66	3～3.4 (300～340)	4 (400)	180～320 (1.8～3.2)	210 (21 000)	20.9 (0.05)	11	620
硬质合金	YG6	14.6～15	HRA 89.5	1.45 (145)	4.6 (460)	30 (0.3)	630～640 (63 000～ 64 000)	79.4 (0.19)	4.5	900
	YT14	11.2～12	HRA 90.5	1.2 (120)	4.2 (420)	7 (0.07)	—	33.5 (0.08)	6.21	900
陶瓷	Al_2O_3 陶瓷 AM①	3.95	HRA >91	0.45～0.55 (45～55)	5 (500)	5 (0.05)	350～400 (35 000～ 40 000)	19.2 (0.046)	7.9	1 200
	Al_2O_3+ TiC 陶瓷 T_8	4.5	HRA 93～94	0.55～0.65 (55～65)						
	Si_3N_4 陶瓷 SM	3.26	HRA 91～93	0.75～0.85 (75～85)	3.6 (360)	4 (0.04)	300 (30 000)	38.2 (0.091 3)	1.75	1 300
金刚石	天然 金刚石	3.47～ 3.56	HV 10 000	0.21～0.49 (21～49)	2 (200)	—	900 (90 000)	146.5 (0.35)	0.9～1.18	700～ 800
	聚晶金 刚石复 合刀片②		HK6500～ 8000	2.8 (28)	4.2 (420)	—	560 (56 000)	100～108.7 (0.24～0.26)	5.4～6.48	700～ 800
立方氮化硼	烧结体③	3.45	HV6 000～ 8 000	1.0 (100)	1.5 (150)	—	720 (72 000)	41.8 (0.1)	2.5～3	1 000～ 1 200
	立方氮化 硼复合 刀片 FD		HV≥ 5 000	1.5 (150)						>1 000

注：① 除密度、硬度和抗弯强度外，其余数据取自前苏联 UM332 牌号陶瓷。

② 数据取自美国 Compax 刀片，国产 FJ 刀片的硬度为 HV>7 000，抗弯强度≥1.5 GPa。

③ 数据取自前苏联 Эπbσop-p 牌号。

4.2.2　刀具材料的种类、性能及选择

1. 高速钢

高速钢是加入了较多的钨(W)、钼(Mo)、铬(Cr)、钒(V)等合金元素的高合金工具钢。高速钢具有以下特点：

• 有较高的耐热性。高速钢在 500～650°C 时还能切削，而碳素工具钢维持切削的最高温度为 200～250°C，合金钢工具为 300～400°C。因此，与碳素工具钢和合金工具钢相比，高速钢的切削速度提高了 1～3 倍，耐用度提高了 4～10 倍。

• 有较高的强度和韧性。高速钢的抗弯强度为硬质合金的 2～3 倍，故高速钢刀具切削时不易崩刃。

• 硬度高、耐磨性好。高速钢的硬度高达 HRC63～70，因而耐磨性好。

• 制造工艺性好。

高速钢能锻造、能热处理，容易磨成锋利的切削刃。正是由于这一特点，所以在复杂刀具(钻头、成形刀具、拉刀、齿轮刀具等)制造中高速钢仍占主导作用。此外，高速钢在自动机床、自动线上使用时比硬质合金、陶瓷更可靠。

高速钢按用途不同可分为普通高速钢和高性能高速钢；按制造方法不同可分为熔炼高速钢和粉末冶金高速钢。表 4-6 示出了常用高速钢的机械性能。

表 4-6　高速钢的机械性能

钢　　号	常温硬度 HRC	抗弯强度/GPa (kgf/mm²)	冲击韧性 MJ/m² (kgf·m/cm²)	高温硬度 HRC	
				500℃	600℃
W18Cr4V	63～66	3～3.4 (300～340)	0.18～0.32 (1.8～3.2)	56	48.5
W6Mo5Cr4V2	63～66	3.5～4 (350～400)	0.3～0.4 (3～4)	55～56	47～48
9W18Cr4V	66～68	3～3.4 (300～340)	0.17～0.22 (1.7～2.2)	57	51
W6Mo5Cr4V3	65～67	3.2(～320)	0.25(～2.5)	—	51.7
W6Mo5Cr4V2Co8	66～68	3.0(～300)	0.3(～3.0)	—	54
W2Mo9Cr4VCo8	67～69	2.7～3.8 (270～380)	0.23～0.3 (2.3～3.0)	～60	～55
W6Mo5Cr4V2Al	67～69	2.9～3.9 (290～390)	0.23～0.3 (2.3～3.0)	60	55
W10Mo4Cr4V3Al	67～69	3.1～3.5 (310～350)	0.2～0.28 (2.0～2.8)	59.5	54

(1) 通用型高速钢

通用型高速钢的含碳量一般在 0.7%～0.9%左右，允许的切削速度不太高，一般 v=40～60 m/min，广泛用于制造各种形状复杂的刀具，占高速钢总产量的 75%～80%。通用型高速钢一般可分为钨钢、钨钼钢或不含钨的钼钢。

① 钨钢

典型的钨钢是 W18Cr4V，有较好的综合机械性能(见表 4-6)，可制造各种复杂刀具。其优点是：淬火热倾向性小；含钒量少，磨加工性好。缺点是：碳化物分布不均匀且颗粒粗大，影响薄刃刀具和小截面刀具的耐用度；强度和韧性不及 W6Mo5Cr4V2；热塑性差，不宜制造热成形刀具。

② 钨钼钢

典型的钨钼钢是 W6Mo5Cr4V2(简称 M2)，机械性能见表 4-6。其优点是：热塑性好，常用于制造热轧刀具(如热轧麻花钻)；磨加工性好，因为含钒量比 W18Cr4V 多，磨加工性稍次于 W18Cr4V；强度、韧性比 W18Cr4V 高。缺点是：热处理易脱碳、易氧化、淬火范围窄，可采用真空淬火解决。W6MoCr4V2 的热稳定性比 W18Cr4V 稍差，因为含钨量比 W18Cr4V 少。

我国还生产了一种钨钼钢 W9Mo3Cr4V(简称 W9)，它具有良好的机械性能，热稳定性高于 M2；具有良好的热塑性，易锻，可轧，热处理温度范围宽，脱碳倾向比 M2 小得多(略高于 W18Cr4V)；磨加工性比 W6Mo5Cr4V2 好。

(2) 高性能高速钢

高性能高速钢是指在普通高速钢中增加了一些碳(C)、钒(V)以及钴(Co)制造而成,如高碳高速钢 9W6Mo5Cr4V2、高钒高速钢 W6Mo5Cr4V3、钴高速钢 W6Mo5Cr4V2Co5 和 W18Cr4VCo5,以及超硬高速钢 W2Mo9Cr4VCo8 和 W6Mo5Cr4V2Al 等,它们的机械性能如表 4-6 所示。增加这些化学元素,高速钢的热稳定性增大,因而刀具的耐用度比普通高速钢增大 1.5～3 倍,主要用于加工奥氏体不锈钢、高温合金、钛合金、高强度钢等难加工材料。

超硬高速钢指常温硬度达 HRC67～70 的高速钢,其含碳量比相似的普通型高速钢高 0.2%～0.25%,我国目前常用的是以下两种:

① W2Mo9Cr4VCo8(简称 M42)

这是一种应用最广的含钴量很高的超硬高速钢。这种高速钢的常温硬度和高温硬度都比 W18Cr4V 高,所以允许的切削速度较高;由于含钒量少,所以磨加工性好;但由于含钴量较高,所以成本高;在加工耐热合金、不锈钢时耐用度比 W18Cr4V 和 M2 有明显提高。

② W6Mo5Cr4V2Al(501 钢)

这是我国研制的超硬高速钢,其机械性能与 M42 基本相同。因此,大多数情况下切削性能同 M42。

(3) 粉末冶金高速钢

粉末冶金高速钢是将熔融的钢水用高压惰性气体(如氩气、纯氮气)雾化成粉末,然后将粉末在高温、高压下制成钢坯,最后将钢坯缎轧成钢材或刀具形状。

粉末冶金高速钢的优点是:

• 可得到细小均匀的结晶组织,解决了熔炼高速钢在铸锭时产生的粗大碳化物共晶偏析,其强度和韧性比熔炼高速钢大大提高。

• 磨加工性好,不会因含钒量的增加而降低磨加工性,磨削效率是熔炼高速钢的 2～3 倍,磨后的表面粗糙度小。

• 淬火变形小,变形量只有熔炼高速钢的二分之一到三分之一。

• 耐磨性好。主要由于碳化物颗粒均匀分布的表面积大,而且不易从刀刃上剥落,故耐磨性提高 20%～30%。

由于粉末冶金高速钢具有以上优点,所以常用于加工难加工材料,制造大尺寸刀具(如齿轮滚刀、插齿刀等)、小截面薄刃刀具、成形刀具、精密刀具、形状复杂的刀具。

2. 硬质合金

(1) 硬质合金的特点

硬质合金是由硬度很高的难熔金属碳化物(如 WC、TiC、TaC、NbC 等)粉末和金属粘结剂(Co、Ni、Mo 等)经粉末冶金方法制成。其特点是:

• 硬度高,耐磨性好。因硬质合金中含有大量硬度极高的高温碳化物,所以硬度高(可达 HRA89～93),耐磨性好,刀具耐用度高。

• 热稳定性好。由于金属碳化物熔点很高,所以 800～1 000℃ 时还能切削加工。

• 化学稳定性好。

正是由于硬质合金有以上特点,所以硬质合金的切削性能比高速钢好得多,耐用度是高速钢的几倍到几十倍。在耐用度相同时,切削速度可提高 4～10 倍。但硬质合金的强度和韧性不及高速钢。硬质合金的化学成分、力学性能如表 4-7 所示。由表可知,硬质合金中的高温碳化物含量较多时,硬度高,耐磨性好,但强度和韧性不及高速钢。硬质合金中粘结剂含量高时,

表 4-7 硬质合金的化学成分及力学性能

牌号	化学成分/%				物理性能			力学性能					相近的ISO牌号	类别	
	WC	TiC	TaC (NbC)	Co	密度 g/cm³	导热系数 W/(m·℃)	热膨胀系数 ×10⁻⁶(1/℃)	硬度 HRA	抗弯强度 GPa	抗压强度 GPa	弹性模量 GPa	冲击韧性 kJ/m²			
YG3X	96.5		<0.5	3	15.0～15.3		4.1	91.5	1.1	5.4～5.63			K01	WC基	WC+Co
YG6X	93.5		<0.5	6	14.6～15.0	79.6	4.4	91	1.4	4.7～5.1		～20	K05		
YG6	94			6	14.6～15.0	79.6	4.5	89.5	1.45	4.6	630～640	～30	K10		
YG8	92			8	14.5～14.9	75.4	4.5	89	1.5	4.47	600～610	～40	K20		
YS2 (YG10H)	90			10	14.3～14.6			91.5	2.2				K30		WC+TiC+Co
YT30	66	30		4	9.3～9.7	20.9	7.00	92.5	0.9		400～410	3	P01		
YT15	79	15		6	11.0～11.7	33.5	6.51	91	1.15	3.9	520～530		P10		WC+TaC (NbC)Co
YT14	78	14		8	11.2～12	33.5	6.21	90.5	1.2	4.2		7	P20		
YT5	85	5		10	12.5～13.2	62.8	6.06	89.5	1.4	4.6	590～600		P30		
YG6A	91		3	6	14.6～15			91.5	1.4				K05		
YG8A	91		<1	8	14.5～14.9			89.5	1.5				K25		WC+Ti+TaC (NbC)+Co
YW1	84	6	4	6	12.8～13.9			91.5	1.2				M10		
YW2	82	6	4	8	12.6～13			90.5	1.35				M20		
YN05	8	71		Ni—7 Mo—14	5.9			93.3	0.95				P01	TiC(N)基	
YN10	15	62	1	Ni—12 Mo—10	6.3			92	1.1				P01		

抗弯强度高，但硬度和耐磨性有所下降。

(2) 硬质合金的分类和性能

国际标准ISO将硬质合金分为以下三大类：

- P类：相当于我国的YT类，用于加工长切屑黑色金属。
- K类：相当于我国的YG类，用于加工短切屑黑色金属、有色金属和非金属。
- M类：相当于我国的YW类，用于加工长短切屑的黑色金属、有色金属。

下面分别介绍以上三类硬质合金的性能及选用。

① YG类(WC+Co)硬质合金

这类硬质合金由WC和Co组成。我国生产的常用硬质合金牌号有：YG3X、YG6X；YG6、YG8；YS2(YG10H)。牌号中的数字表示含钴量的百分比，含钴量增多，强度和韧性提高，但硬质合金的硬度和耐磨性降低。

硬质合金有粗晶粒(晶粒平均尺寸为4～5 μm)、中晶粒(晶粒平均尺寸为2～3 μm)、细晶粒(晶粒平均尺寸为1～2 μm)、超细晶粒(晶粒尺寸为0.5 μm)之分。YG6 、YG8为中晶粒硬质合金，YG3X、YG6X为细晶粒硬质合金，YS2(YG10H)为超细晶粒硬质合金。

YG类硬质合金的优点是：强度高、韧性好、导热系数高。在YG类硬质合金中加入1%～3%的高温碳化物TaC或NbC，可以提高常温硬度、高温硬度及耐磨性，如YG6A、YG8A。

② YT类(WC+TiC+Co)硬质合金

这类硬质合金中除WC和Co之外还加入了硬度很高(HV3 000～3 200)的TiC。

常用牌号有：YT5、YT14、YT15、YT30。YT类硬质合金牌号中的数字表示含TiC的百分比，随着TiC含量的增多和含钴量的减少，硬质合金的硬度和耐磨性提高，但抗弯强度降低。这类硬质合金与YG类相比其优点是：

- 含钴量相同时，硬度和耐磨性提高，但抗弯强度降低。例如：含钴量8%的YT14与含钴量8%的YG8相比，硬度提高HRA1.5，但强度降低0.27 GPa。
- 因为含有熔点很高的TiC，所以耐热性比YG类高，而且TiC含量越高，耐热性越好。
- 导热性、磨加工性及焊接性能随TiC含量的增多而显著下降，因此焊接刃磨时不要产生裂纹。

③ YW类(WC+TiC+TaC(或NbC)+Co)硬质合金

这类硬质合金是在YT类硬质合金中加入了一定量的TaC或NbC后得到的。常用牌号为YW1、YW2，其化学成分、力学性能如表4-7所示。这类硬质合金的特点是：

- 与YT类硬质合金相比，抗弯强度、抗疲劳强度和冲击韧性提高。
- 因为加入了熔点很高的TaC或NbC，所以高温硬度和高温强度得到提高，抗氧化能力和耐磨性也得到提高。

以上三类硬质合金的主要成分是WC，故常称为钨基类硬质合金。

④ TiC(N)基类硬质合金

这类硬质合金以TiC作为硬质相，以镍(Ni)、钼(Mo)作粘结剂，故又称为镍钼硬质合金。常用牌号有YN05、YN10，其化学成分、力学性能如表4-7所示。

这类硬质合金的优点是：

- 常温硬度高(HRA92～93)，接近陶瓷，因此，耐磨性和抗月牙洼磨损能力强。
- 有较高的耐热性和抗氧化能力。
- 化学稳定性好，与工件材料的亲和力小，摩擦系数小，所以抗粘结能力强。

这类硬质合金的缺点是：抗弯强度和冲击韧度不及WC类硬质合金。

(3) 硬质合金的选用

YG类硬质合金主要用于加工铸铁、有色金属及非金属。加工这类材料时,切屑呈崩碎切屑,切削力、切削热集中在刀刃附近容易崩刃,YG类硬质合金强度高,韧性好,导热性能好,正好满足加工要求。YG3X、YG6X还可用于加工冷硬铸铁、淬火钢、高强度钢、不锈钢、高温合金、钛合金、硬青铜、硬的和耐磨的绝缘材料。YS2(YG10H)可用于加工高强度钢、高温合金等难加工材料。YG6A、YG8A可加工铸铁和不锈钢。

YT类硬质合金主要用于加工钢件。加工钢时,由于塑性变形大,刀—屑接触长度大、摩擦大,切削温度高,YT类硬质合金硬度高、耐磨性好,特别是耐热性好,正好满足加工要求。YT类硬质合金不宜加工含钛的工件材料,因为这类材料中的钛元素与硬质合金中的钛元素的亲和力会产生严重的粘刀现象。

YW类硬质合金可以加工钢,也可以加工铸铁,但主要用于加工耐热钢、高锰钢、不锈钢等难加工材料。

YN05、YN10硬质合金主要用于钢件的半精加工和精加工。硬质合金的种类和用途见表4-8。

表4-8 硬质合金的用途

牌　号	使用性能	使用范围
YG3X	属细晶粒合金,是YG类合金中耐磨性最好的一种,但冲击韧性较差	适于铸铁、有色金属及其合金的精镗、精车等;亦可用于合金钢、淬硬钢及钨、钼材料的精加工
YG6X	属细晶粒合金,其耐磨性较YG6高,而使用强度接近于YG6	适于冷硬铸铁、合金铸铁、耐热钢及合金钢的加工,亦适于普通铸铁的精加工,并可用于制造仪器仪表工业的小型刀具和小模数滚刀
YG6	耐热性较高但低于YG6X、YG3X,韧性高于YG6X、YG3X,可使用较YG8高的切削速度	适于铸铁、有色金属及其合金与非金属材料连续切削时的粗车,间断切削时的半精车、精车。小断面精车,粗车螺纹,旋风车螺纹,连续断面的半精铣与精铣,孔的粗扩和精扩
YG8	使用强度较高,抗冲击和抗振性能较YG6好,耐用度和允许的切削速度较低	适于铸铁、有色金属及其合金与非金属材料加工中,不平整断面和间断切削时的粗车、粗刨、粗铣,一般孔和深孔的钻孔、扩孔
YS2 (YG10H)	属超细晶粒合金,耐磨性较好,抗冲击和抗振性能高	适于低速粗车、铣削耐热合金及钛合金、作切断刀及丝锥等
YT5	在YT类合金中,强度高,抗冲击和抗振动性能最好,不易崩刃,但耐磨性较差	适于碳钢及合金钢,包括钢锻件、冲压件及铸件的表皮加工,以及不平整断面和间断切削时的粗车、粗刨、半精刨、粗铣、钻孔等
YT14	使用强度高,抗冲击性能和抗振动性能好,但较YT5稍差,耐磨性及允许的切削速度较YT5高	适于碳钢及合金钢连续切削时的粗车,不平整断面和间断切削时的半精车和精车,连续面的粗铣,铸孔的扩钻等
YT15	耐磨性优于YT14,但抗冲击韧度较YT14差	适于碳钢及合金钢加工中,连续切削时的半精车及精车,间断切削时的小断面精车,旋风车螺纹,连续面的半精铣与精铣,孔的粗扩和精扩
YT30	耐磨性及允许的切削速度较YT15高,但使用强度及冲击韧度较差,焊接及刃磨极易产生裂纹	适于碳钢及合金的精加工,如小断面的精车、精镗、精扩等
YG6A	属细晶粒合金,耐磨性和使用强度与YG6X相似	适于硬铸铁、球墨铸铁、有色金属及其合金的半精加工;亦适用于高锰钢、淬火钢及合金钢的半精加工和精加工
YG8A	属中颗粒合金,其抗弯强度与YG8相同,而硬度和YG6相同,高温切削时热硬性较好	适于硬铸铁、球墨铸铁、白口铁及有色金属的粗加工;亦适于不锈钢的粗加工和半精加工
YW1	热硬性较好,能承受一定的冲击负荷,通用性较好	适于耐热钢、高锰钢、不锈钢等难加工钢材的精加工,也适于一般钢材和普通铸铁及有色金属的半精加工
YW2	耐磨性稍次于YW1合金,但使用强度较高,能承受较大的冲击负荷	适于耐热钢、高锰钢、不锈钢及高级合金钢等难加工钢材的半精加工,也适于一般钢材和普通铸铁及有色金属的半精加工

续表

牌　　号	使　用　性　能	使　用　范　围
YN05	耐磨性接近陶瓷，热硬性极好，高温抗氧化性优良，抗冲击和抗振性能差	适于钢、铸钢和合金铸铁的高速精加工，及机床—工件—刀具系统刚性特别好的细长件的精加工
YN10	耐磨性及热硬性较高，抗冲击和抗振性能差，焊接及刃磨性能均较 YT30 好	适于碳钢、合金钢、工具钢及淬火钢的连续面精加工。对于较长件和表面粗糙度要求小的工件，加工效果尤佳

3. 涂层刀具

涂层刀具是在韧性较好的硬质合金基体上，或高速钢基体上涂上耐磨性很好的难熔金属碳化物而获得的。硬质合金刀具采用化学气相沉积(CVD 法)；高速钢刀具采用物理气相沉积(PVD 法)，沉积温度 500℃。常用涂层材料有 TiC、TiN、Al_2O_3。如果刀具容易产生剧烈磨损宜涂 TiC，因为 TiC 的熔点和硬度都很高，抗磨损能力强；如果刀具材料与工件材料容易产生粘结宜涂 TiN(金黄色)，因为 TiN 与金属的亲和力小，在空气中抗氧化能力比 TiC 强；如果刀具在高温下切削，宜涂 Al_2O_3，因为 Al_2O_3 在高温下有良好的化学稳定性。

涂层可以采用单涂层，也可以采用双涂层或多涂层，如 TiC－TiN、TiC－Al_2O_3、TiC－Al_2O_3－TiN 等。硬质合金刀具涂层后耐用度可提高 1～3 倍，高速钢刀具则可提高 2～10 倍。近年来可转位刀具获得了广泛的应用，硬质合金涂层刀片也得到越来越多的应用。高速钢刀具涂 TiN 应用较多，如齿轮滚刀、插齿刀、麻花钻等，重磨前刀面的高速钢刀具涂层效果更好。涂层刀具的缺点是：影响刀刃的锋利性，抗剥落能力不及未涂层的刀具，所以不宜小进给量加工高硬度材料和重载切削。

4. 陶瓷

用作刀具的常用陶瓷种类有：纯 Al_2O_3 陶瓷、Al_2O_3 基陶瓷(Al_2O_3－TiC)、氮化硅陶瓷。

Al_2O_3 基陶瓷的特点是：

• 有很高的硬度和耐磨性。陶瓷的硬度高达 HRA91～95，比硬质合金高，因而耐磨性好。

• 有很高的耐热性。在 1 200℃ 时还能切削(在 1 200℃ 时，HRA80)，切削速度比硬质合金高 2～5 倍。

• 有良好的化学稳定性。陶瓷与金属的亲和力小，有良好的抗粘结、抗扩散能力。

• 有较小的摩擦系数。由于摩擦系数小，切屑与刀具不易发生粘结，加工表面粗糙度小。

纯 Al_2O_3 基陶瓷的缺点是：抗弯强度差，韧度低。Al_2O_3－TiC 陶瓷的抗弯强度和冲击韧性比纯 Al_2O_3 高很多，可用于粗、精加工冷硬轧辊和淬硬合金钢轧辊以及粗铣大平面。在 Al_2O_3 中加入 ZrO_2 或 SiC 晶须(SiCW)而组成的 Al_2O_3－ZrO_2 及 Al_2O_3－SiCW 陶瓷的强度以及韧性均有明显提高，切削性能也显著改善。

20 世纪 80 年代进入市场的 Si_3N_4 基陶瓷(代表牌号是 Si_3N_4－Al_2O_3－Y_2O_3)具有以下优点：

• 有较高的强度和韧性。其抗弯强度可达 1 GPa，因而使这种刀具能承受较大的冲击载荷。

• 有较高的热稳定性(耐热性)，能在 1 300～1 400℃ 时切削。

• 有较大的导热系数、较小的热膨胀系数和小的弹性模量，其抗冲击性能比 Al_2O_3 陶瓷好，故切削时可使用切削液。这种陶瓷在加工铸铁及镍基高温合金时均取得了良好的效果。

5. 金刚石

金刚石刀具有三种：天然单晶金刚石刀具、整体人造聚晶金刚石刀具和金刚石复合刀片。

天然单晶金刚石由于价格昂贵,应用较少。人造金刚石是通过合金触媒的作用,在高温高压下由石墨转化而成。金刚石复合刀片是在硬质合金上烧结一层 0.5 mm 厚的金刚石,其抗弯强度与整体硬质合金大致相同,硬度稍低于整体金刚石。

金刚石的优点是:

• 具有极高的硬度(HV10 000),是目前世界上硬度最高的物质。由于硬度高,所以耐磨性好,可加工硬质合金、陶瓷、高硅铝合金及耐磨塑料(耐磨塑料硬度高,耐磨性好)。刀具耐用度比硬质合金高几倍到几十倍。

• 摩擦系数小,不易粘刀,不易产生积屑瘤。

• 可以磨成很锋利的刀刃,可进行精密和超精密切削,加工精度可达 IT5 或 IT6,加工表面粗糙度小(可达 0.012 μm)。

金刚石的缺点是:

• 耐热性差。700～800℃时会完全失去硬度。

• 不宜加工铁簇金属。因为金刚石(C)和铁有很强的亲和力,在高温下铁原子容易与碳原子作用而使其转化为石墨结构,刀具极易磨损。

金刚石有以下用途:

(1) 作磨料。制造金刚石砂轮磨硬质合金刀具,切割花岗石等。

(2) 作刀具。用金刚石刀具加工有色金属及非金属材料,加工铝合金和铜合金时,切削速度可达 800～3 800 m/min。

6. 立方氮化硼

立方氮化硼是 20 世纪 70 年代发展起来的一种新型刀具材料,它是由六方氮化硼在高温高压下加入催化剂转变而成。

立方氮化硼刀具有两种:整体聚晶立方氮化硼刀具和立方氮化硼复合刀片。立方氮化硼刀片是在硬质合金基体上烧结一层 0.5 mm 的立方氮化硼而制成的。其优点是:

• 有极高的硬度(HV8 000～9 000),仅次于金刚石。由于硬度很高,所以耐磨性好。

• 耐热性好,高达 1 400℃时还能切削。

• 化学惰性大,在很高的温度下都不起化学反应。

立方氮化硼刀具主要用于加工淬火钢、冷硬铸铁、高温合金,加工精度高,表面粗糙度小(Ra 可达 0.2 μm),精加工有色金属的表面粗糙度可达 Ra0.08～0.05 μm;还可以制造砂轮。

4.3 合理的刀具几何参数的选择

刀具几何参数包括:刀具的切削角度(如 γ_0、α_0、α_0'、κ_r、κ_r'、λ_s 等)、刀面型式(如平前刀面、带卷屑槽的前刀面、带倒棱的前刀面)以及刀刃形状(如直线刃、折线刃、圆弧刃、曲线刃)等。前面各章讲到刀具几何参数对切屑变形、切削力、切削温度、刀具磨损都有显著影响,因而也就影响生产率、刀具耐用度、已加工表面质量和加工成本。为了充分发挥刀具的切削性能,除应正确选择刀具材料和正确设计刀具结构外,还应合理选择刀具的几何参数。许多先进刀具的出现,常常都是从改进刀具几何参数着手,也就是选择了合理的几何参数。什么叫合理的刀具几何参数呢?合理的刀具几何参数应该是在保证加工质量的前提下,能获得最高的耐用度从而达到提高切削效率,降低生产成本的刀具几何参数。本节将讨论刀具的合理几何参数的选择。

4.3.1　前角及前刀面形状的选择

1. 前角的功用

(1) 影响切屑变形、切削力、切削热、刀具磨损和刀具耐用度。

刀具前角 γ_0 增大，切屑变形减小，切削力减小，切削温度降低，刀具耐用度提高。

(2) 影响切削刃及刀头的强度。

前角 $\gamma_0>0$ 时，刀刃和刀尖受弯曲变形容易造成崩刃或损坏刀头，如图 4-3(a)所示；$\gamma_0<0$ 时，刀刃及刀头受压应力，不易损坏刀刃及刀头，如图 4-3(b)所示。但是前角 γ_0 减小时，径向切削力 F_y 将增大，若工艺系统刚性不好，将会产生振动，振幅将随 F_y 的增大而增大，从而影响已加工表面粗糙度，如图 4-4 所示。

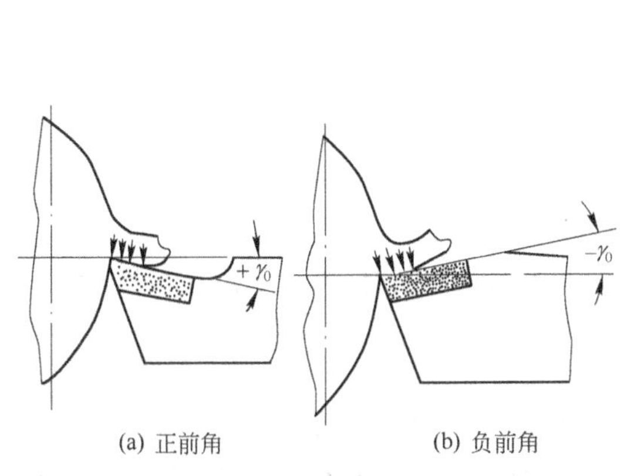

图 4-3　不同前角车刀的受力情况

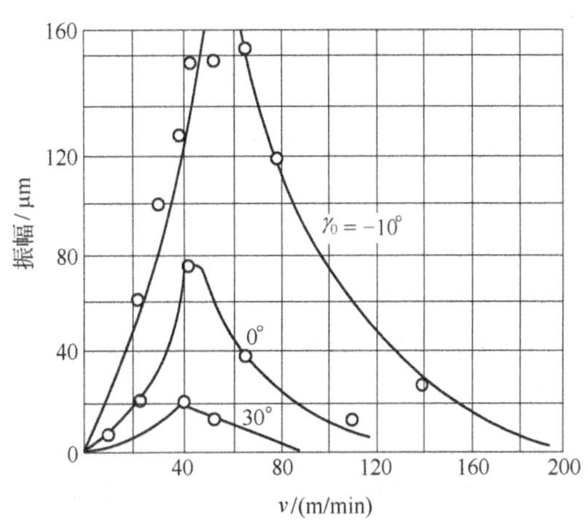

图 4-4　前角切削速度对振幅的影响

(3) 增大前角 γ_0 可以提高已加工表面质量。

加工塑性金属时，增大前角可以抑制积屑瘤和鳞刺的生成，有利于减小已加工表面粗糙度；增大前角有利于减小切削层的塑性变形和加工硬化层的深度，也有利于减小工件表层残余应力。

合理前角的概念：如前所述，前角增大，切削力减小，切削温度下降，刀具耐用度提高，若前角太大，楔角 β_0 太小，刀刃强度低，散热条件差，刀具耐用度反而降低。由此可见，各种刀具材料都有一个合理前角数值 γ_{opt}，而且高速钢刀具的合理前角数值比硬质合金刀具的合理前角数值大，如图 4-5 所示。同一种刀具材料加工不同工件材料时其合理前角数值也不同，如图 4-6所示。

2. 合理前角的选择

刀具前角一般根据刀具材料、工件材料和切削条件来选择。

(1) 刀具材料的强度、韧性高应选较大的前角；反之应选较小的前角。例如：高速钢刀具的强度和韧性比硬质合金高，故高速钢刀具的前角比硬质合金刀具的前角大 5°～10°；陶瓷刀具材料的脆性很大，所以其前角数值应比硬质合金小。

(2) 根据工件材料的种类和性质选择。

① 加工塑性材料时，由于切屑变形大，刀一屑接触长度大、摩擦大，为减小切屑变形和摩擦宜取较大的前角，一般取 $\gamma_0=10°\sim20°$。加工脆性材料(如灰铸铁等)时，刀—屑接触长度

短，切屑呈崩碎切屑，切削力和切削热集中在刀刃附近，为了提高刀刃强度宜取较小的前角，加工铸铁一般取 $\gamma_0=5°\sim10°$。

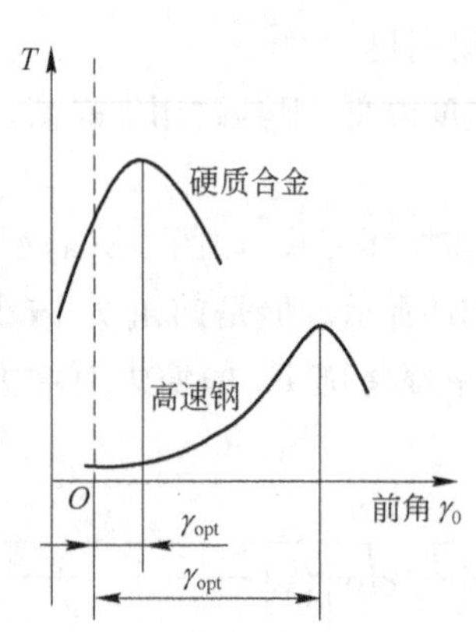

图 4-5　不同刀具材料的合理前角

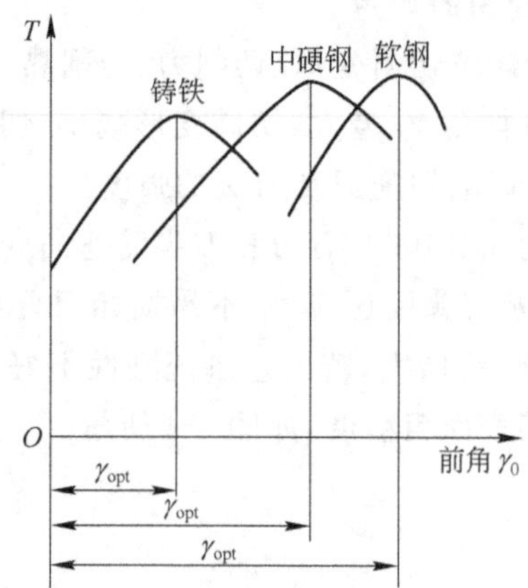

图 4-6　加工不同工件材料时刀具的合理前角

② 工件材料的强度、硬度越高，前角宜取较小值，甚至取负前角；工件材料的强度、硬度越低，前角宜取较大值。例如：加工铝合金 $\gamma_0=30°\sim35°$；加工软钢 $\gamma_0=20°\sim30°$；加工中碳钢 $\gamma_0=10°\sim20°$。

③ 硬质合金刀具加工高强度钢或淬火钢时，特别是断续切削时，为了不损坏刀具，宜取较小前角 $\gamma_0=-5°\sim-20°$。

(3) 根据加工条件选择前角。

① 刃磨前刀面的铲齿刀具和展成刀具，为了防止刀刃畸变，常取较小的前角，甚至取 $\gamma_0=0°$。

② 粗加工、断续切削时，因切削力大，有冲击，为保证刀刃有足够的强度宜取较小的前角。但若采用负倒棱也可将前角取成合理值。精加工时，为了使刀具锋利以减小切削力、减小工件变形和减小表面粗糙度，应取较大的前角。

③ 工艺系统刚性差或机床功率不足时，为避免振动和闷车，宜取较大的前角。

④ 在数控机床、自动机床和自动线上使用的刀具，为了使切削性能稳定，宜取较小的前角。

3. 倒棱及其参数选择

(1) 倒棱的作用及选择

粗加工、强力切削时，因切削深度 a_p 大，进给量 f 大，因而切削力大，为减小切屑变形和切削力，可采用较大的前角 γ_0。但是增大前角 γ_0 后，楔角 β_0 减小，刀刃强度降低，散热条件差。为了提高刀刃强度，改善散热条件可沿切削刃磨出负前角或零前角或很小正前角的窄棱面。这一窄棱面称为倒棱，其参数有倒棱宽度 b_{γ_1} 和倒棱角度 γ_{01}，如图 4-7 所示。

高速钢刀具因抗弯强度高、韧性好，一般不磨负倒棱而采用锋刃，也可以采用 $b_{\gamma_1}=0.1\sim1$ mm，$\gamma_{01}=5^{+2°}$ 的倒棱(如图孔拉刀)。硬质合金刀具粗加工或强力切削时可根据切削厚度磨出 $b_{\gamma_1}=(0.3\sim0.8)f$，$\gamma_{01}=-5°\sim-10°$的负倒棱。硬质合金刀车削带硬皮的工件时，如果切削时冲击较大，而机床的刚性和功率许可时可磨出 $b_{\gamma_1}=(1\sim2)f$，$\gamma_{01}=-10°\sim-15°$的负倒棱。

必须指出，采用负倒棱时，切削仍从前刀面上流出，切削力增大很少，这是它与负前角刀具的根本区别。

精加工时，因进给量小($f\leqslant0.2$ mm/r)，切屑很薄，为使刀刃锋利和减小刀刃钝圆半径 r_β 对加工表面的挤压，不宜磨出倒棱。

加工铸铁、铜合金等脆性材料的刀具，以及刀刃形状复杂的刀具（如成形刀具等）一般也不磨倒棱。

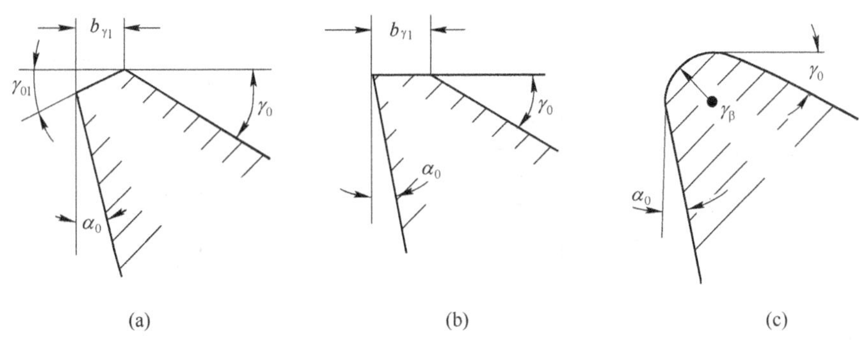

图 4-7　前刀面上的倒棱

（2）倒圆刃的作用及选择

采用倒圆刃如图 4-7(c)所示，这也是增强刀刃强度，减小刀具早期破损，提高刀具耐用度的有效方法。断续切削时，适当增大刀刃钝圆半径 r_β 可以大大增加刀具崩刃前受冲击的次数，如图 4-8 所示。此外，倒圆刃还对加工表面有挤压和熨压以及消振的作用，可减小已加工表面的粗糙度。钝圆半径的推荐值为：一般情况下取 $r_\beta < f/3$，轻型倒圆取 $r_\beta = 0.02 \sim 0.03$ mm，中型倒圆取 $r_\beta = 0.05 \sim 0.1$ mm，用于重切削的重型倒圆取 $r_\beta = 0.15$ mm。

4. 带卷屑槽的前刀面形状及选择

刀具前刀面的形状有两种：平前刀面和带卷屑槽的前刀面。平前刀面主要用于加工脆性金属以及小进给量加工塑性金属。加工塑性金属时，如果对断屑有要求应采用带卷屑槽的前刀面，卷屑槽的断面形状及参数选择见第二章图 2-30。

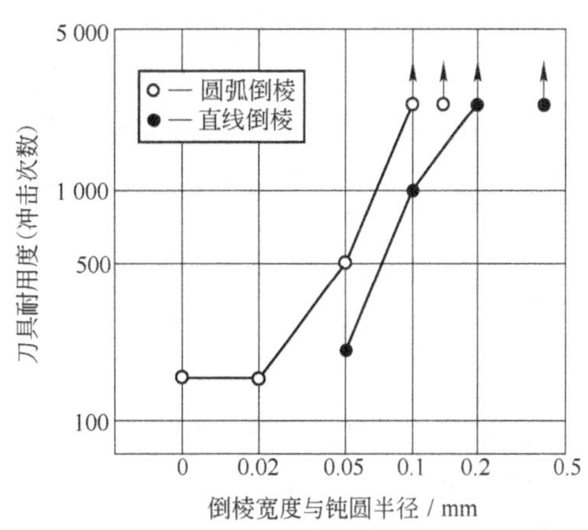

图 4-8　倒棱宽度和钝圆半径与刀具耐用度（冲击次数）的关系

工作材料：40CrNiMo 钢，HBS280；
切削条件：$v = 100$ m/min，$a_p = 1.5$ mm，
$f = 0.335$ mm/r

4.3.2　后角的功用及选择

1. 后角的功用

刀具后角的作用是为了减小后刀面与工件加工表面之间的摩擦。适当增大刀具后角可提高刀具耐用度，这是因为：

（1）适当增大后角可减小加工表面的弹性恢复层与后刀面的接触长度，从而减小了后刀面的摩擦和磨损，可提高刀具耐用度和加工质量。

（2）前角不变时，适当增大后角 α_0 可减小刀具的楔角 β_0 和刀刃钝圆半径 r_β，使刀具更加锋利，容易切入工件。

（3）VB 值一定时，增大后角 α_0 刀具磨钝时磨去的体积增大，刀具耐用度提高，但 NB 值增大，如图 4-9(a)所示。

但是 α_0 太大时，刀具楔角 β_0 太小，散热体积小，刀刃强度差；而且 NB 值一定时，增大后角 α_0 刀具磨钝时磨去的体积减小，耐用度降低，如图 4-9(b)所示。

由此可见,各种刀具材料都存在一个最大耐用度时的合理后角。合理后角的大小取决于切削厚度 a_c,如图 4-10 所示。由图可知,切削厚度 a_c 相同时,硬质合金刀的合理后角比高速钢刀的合理后角大,这是因为硬质合金的硬度比高速钢高,耐磨性比高速钢好的缘故。

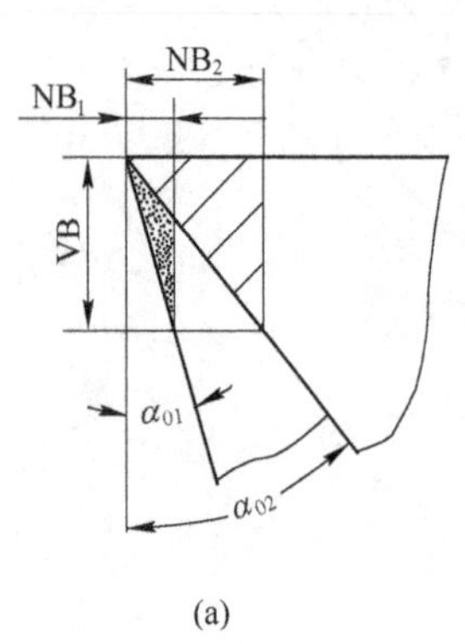

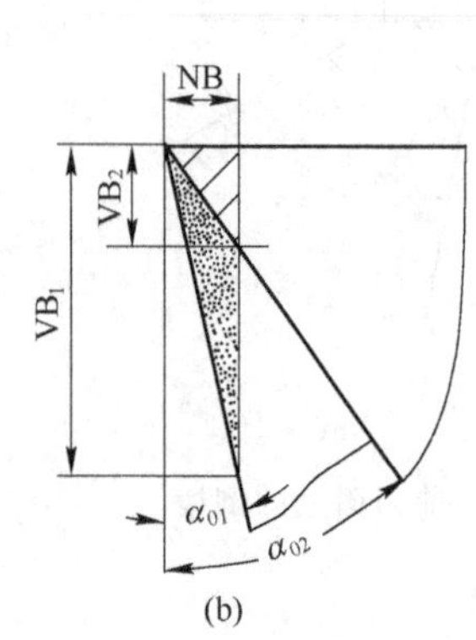

图 4-9　后角的大小对刀具材料磨损体积的影响

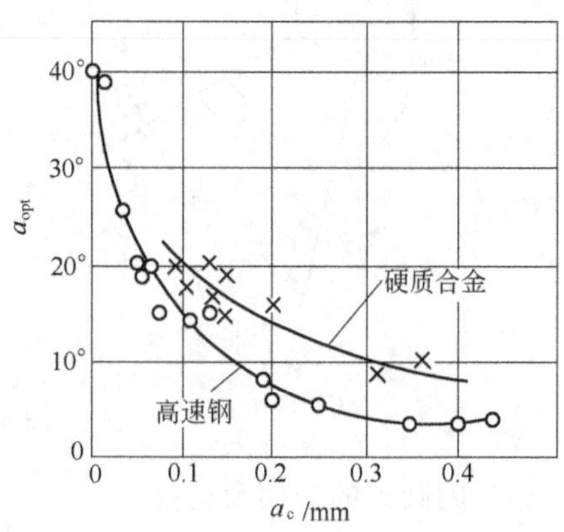

图 4-10　刀具合理后角与切削厚度的关系

2. 合理后角的选择

(1) 根据切削厚度 a_c 选择合理后角 a_{opt}

合理后角与切削厚度 a_c 的关系如图 4-10 所示,由图可知:

① 切削厚度 a_c 大时,切削力大,刀具前、后刀面同时磨损,为了增强刀刃强度,改善散热条件宜取较小的合理后角。例如:粗加工、强力切削的大进给量($f>0.25$ mm/r)外圆车刀取 $\alpha_0=5°\sim8°$;精加工时因进给量小,切屑厚度小,切削力小,刀具磨损主要发生在后刀面上,为了减小加工表面对后刀面的挤压和摩擦,增大刀刃的锋利程度宜取较大的合理后角,一般取$\alpha_0=10°\sim12°$。

② 切削厚度相同时,硬质合金刀具的合理后角应比高速钢大。因为硬质合金的硬度比高速钢高,耐磨性比高速钢好。

(2) 根据工件材料选择合理后角

工件材料的强度、硬度高时,切削力大,切削温度高,为了保证刀刃强度,改善散热条件,宜取较小的后角,例如,取 $\alpha_0=5°\sim7°$。工件材料较软,而塑性大,加工硬化严重时,为减小刀具磨损,提高加工表面质量,减小加工硬化,宜取较大的后角,例如加工高温合金时取 $\alpha_0=10°\sim15°$,加工钛合金时取 $\alpha_0=10°\sim12°$。加工铸铁及脆性金属时,因形成的是崩碎切屑,切削力作用在刀刃附近,容易造成崩刃,为了提高刀刃强度,宜取较小后角,一般取 $\alpha_0=4°\sim6°$。加工硬而脆的工件材料时,在采用负前角的情况下必须取较大的后角刀刃才能切入工件。

(3) 根据加工条件选择合理后角

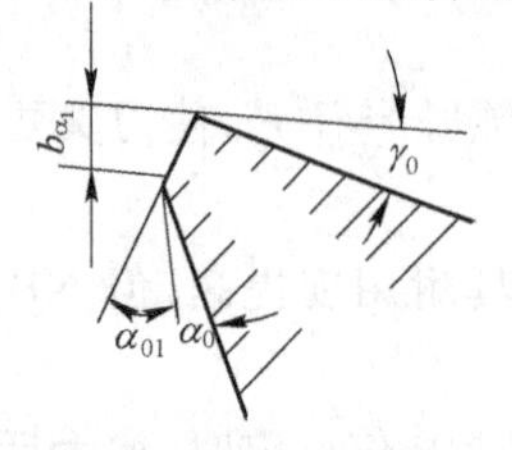

图 4-11　消振棱车刀

工艺系统刚性差时,容易产生振动,宜适当减小后角,甚至采用消振棱(如图 4-11 所示),或在后刀面上磨出 $b_{\gamma_1}=0.1\sim0.2$ mm,$\alpha_{01}=0°$的刃带。

工件尺寸精度要求高时,宜取较小的后角,使刀具径向磨损量 NB 值一定时,刀具材料磨去的体积增大,以提高刀具的耐用度。粗加工、强力切削时,为了使刀刃有足够的强度,宜取较小的后角。精加工时,因为进给量小,切削厚度小,切削力小,刀具磨损主要发生在后刀面上，为提高刀具耐用度和加工质量，宜取较大的后角。车削一般钢件和铸铁时，取 $\alpha_0 = 4° \sim 6°$。螺纹车刀、切断刀因进给量对工作后角影响较大，所以合理后角应比外圆车刀大，一般取 $\alpha_0 = 10° \sim 12°$。

3. 副后角的选择

副后角的作用与主后角相同，因此，一般取 $\alpha_0' = \alpha_0$；切断刀、切槽刀等因受刀头强度限制应取较小的副后角，一般取 $\alpha_0' = 1° \sim 2°$，如图 4-12 所示。

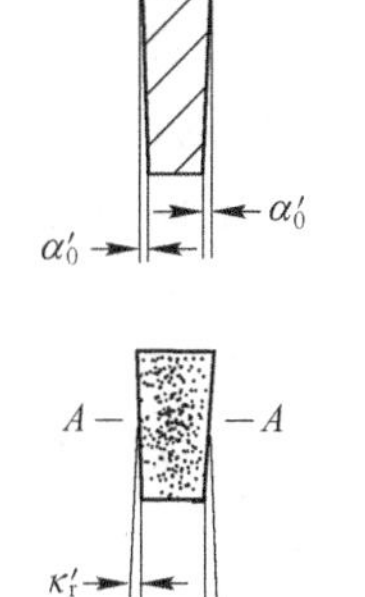

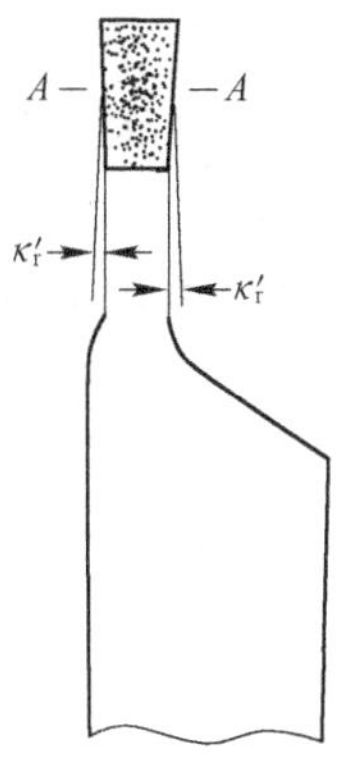

图 4-12　切断刀的副后角和副偏角

4.3.3　主偏角、副偏角及刀尖形状选择

1. 主偏角的功用及选择

(1) 主偏角的功用

① 影响刀具耐用度

主偏角减小，刀具耐用度提高。这是因为：

• 切削深度 a_p、进给量 f 一定时，主偏角减小，切削厚度 a_c 减小，切削宽度 a_w 增大，刀刃工作长度增长，单位刀刃长度上负荷减轻，所以刀具耐用度提高。

• 主偏角减小，刀尖角 ε_r 增大，刀尖散热体积增大，刀尖强度提高，所以刀具耐用度提高。

• 此外，主偏角 κ_r 较小的刀具，切入时先是刀刃与工件接触，然后是刀尖与工件接触，保护了刀尖不被损坏。

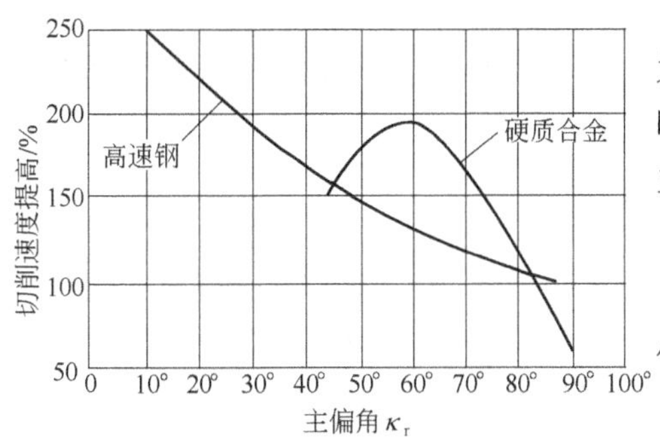

图 4-13　主偏角对刀具耐用度的影响

由此可见，从刀具耐用度出发主偏角应选小些为好，$\kappa_r > 90°$ 时刀尖先接触工件容易损坏；$\kappa_r = 90°$ 时刀刃同时接触工件；$\kappa_r < 90°$ 时刀刃先接触工件。主偏角对刀具耐用度的影响如图 4-13 所示。

② 影响残留面积高度

由公式(2-14)可知，f、κ_r' 一定时，主偏角 κ_r 减小，残留面积高度最大值 R_{max} 减小。

③ 影响切削力的大小和方向

由公式(3-2)可知：主偏角 κ_r 减小，径向力 F_y 增大，在 F_y 的作用下，工件可能产生变形，影响加工精度；此外，当工艺系统刚性不足时，容易产生振动，影响工件表面粗糙度，降低刀具耐用度。

④ 影响断屑效果

主偏角 κ_r 增大时，切削厚度 a_c($a_c = f\sin\kappa_r$)增大，切屑容易折断。

(2) 合理主偏角的选择

① 粗加工、半精加工时，硬质合金刀具宜取较大的主偏角(如取 $\kappa_r = 75°$)，因为 κ_r 大，F_y 小，不易产生振动，对提高刀具耐用度和断屑都有利。

② 根据工艺系统刚性选择。工艺系统刚性好，在切硬度高的材料(如淬火钢、冷硬铸铁等)时，宜取较小的主偏角 κ_r(取 $\kappa_r = 10° \sim 30°$)，以增大刀尖角 ε_r，改善散热条件，提高刀具耐用度 T；工艺系统刚性($L_w/d_w < 6$)较好时，宜取较大的主偏角(取 $\kappa_r = 30° \sim 45°$)；工艺系统刚性($L_w/d_w < 6 \sim 12$)较差时，为了减小 F_y 宜取 $\kappa_r = 60° \sim 75°$；工艺系统刚性($L_w/d_w > 12$)差时，如车细长轴为避免振动取 $\kappa_r = 90° \sim 93°$，硬质合金刀取 $\kappa_r = 60° \sim 75°$。

③ 切断刀的主偏角取 $\kappa_r = 60° \sim 90°$。

④ 根据工件形状选择。车台阶轴取 $\kappa_r = 90°$，车外圆、端面、倒角用一把刀时，取 $\kappa_r = 45°$。如果要从工件的中间切入及仿形加工的车刀，可取 $\kappa_r = 45° \sim 60°$。

2. 副偏角的功用及选择

(1) 副偏角的功用

车刀的副切削刃协助主切削刃完成切削工作，并最终形成工件已加工表面。副偏角对刀具耐用度和已加工表面粗糙度都有影响。

副偏角太小时，会增加副刀刃的工作长度，增大副后刀面对工件已加工表面的挤压和摩擦，加剧刀具磨损，降低刀具耐用度；副偏角太大时，刀尖角减小，刀尖散热条件恶化，刀具耐用度下降。由此可见，副偏角也有一个合理值。

由公式(2-14)可知，减小副偏角将减小已加工表面的最大残留面积的高度 R_{max}。

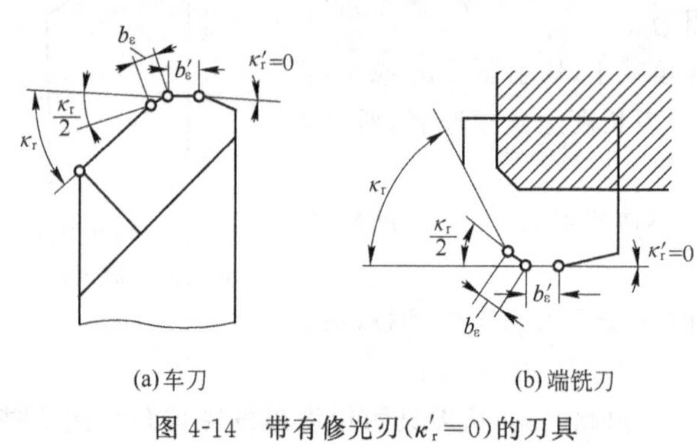

(a)车刀　　(b)端铣刀

图 4-14　带有修光刃($\kappa'_r = 0$)的刀具

(2) 副偏角 κ'_r 的选择

① 工艺系统刚性较好时，κ'_r 宜取较小值。精车时取 $\kappa'_r = 5° \sim 10°$，粗车时取 $\kappa'_r = 10° \sim 15°$。

② 精加工刀具为减小已加工表面粗糙度，κ'_r 取得很小，甚至取 $\kappa'_r = 0°$的修光刃，如图 4-14 所示。修光刃的长度 b'_ε 应大于进给量 f，但不宜过长，以免引起振动。车刀可取 $b'_\varepsilon = (1.2 \sim 1.5) f$，如图 4-14(a)所示。硬质合金端铣刀可取 $b'_\varepsilon = (4 \sim 6) f$，如图 4-14(b)所示。

③ 切断刀、切槽刀等，为提高刀头强度可取 $\kappa'_r = 1° \sim 3°$。如图 4-12 所示。

3. 刀尖形状及尺寸选择

主、副刀刃的连接部位称为刀尖，它是刀具上强度最差、散热条件也最差的部位。因此，强化刀尖，改善散热条件，提高刀具耐用度是刀具设计的主要内容之一。改进办法是磨过渡刃。过渡刃的类型有两种：圆弧过渡刃和直线过渡刃。

(1) 圆弧过渡刃

① 圆弧过渡刃的作用

圆弧过渡刃实际就是刀尖圆弧，其半径为 r_ε，如图 4-15(a)所示。圆弧过渡刃的作用之一是提高刀具耐用度，因为 r_ε 增大，刀尖强度增大，散热条件改善，所以耐用度提高；但 r_ε 太大，F_y 大，工艺系统刚性不足时易引起振动。圆弧过渡刃的作用之二是影响已加工表面残留面积最大高度 R_{max}，由公式(2-13)可知，r_ε 增大，残留面积最大高度 R_{max}减小；但 r_ε 太大时，若工艺系统刚性不好，容易引起振动，反而增大表面纵向粗糙度。

② 圆弧过渡刃的选择

圆弧过渡刃的半径 r_ε 根据刀具材料、工艺系统刚性和加工条件选择。

• 根据刀具材料选择。高速钢刀具因强度高、韧性好，但耐热性能差，所以 r_ε 宜取较大值，一般取 $r_\varepsilon = 1 \sim 3$ mm。硬质合金刀具和陶瓷刀具，因强度差、韧性差、对振动很敏感，所以 r_ε 宜取较小值，一般取 $r_\varepsilon = 0.5 \sim 1.5$ mm。

• 根据工艺系统刚性选择。工艺系统刚性好时宜取大的 r_ε 值，因为适当增大 r_ε 时，刀具

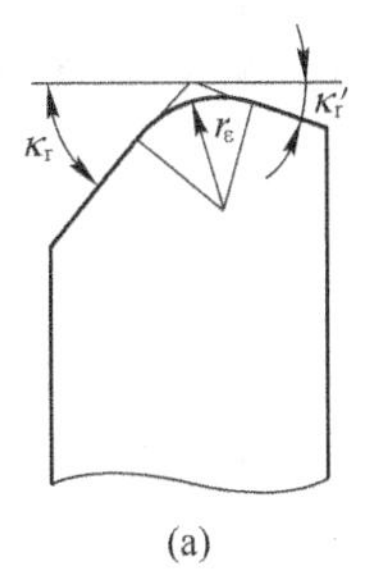

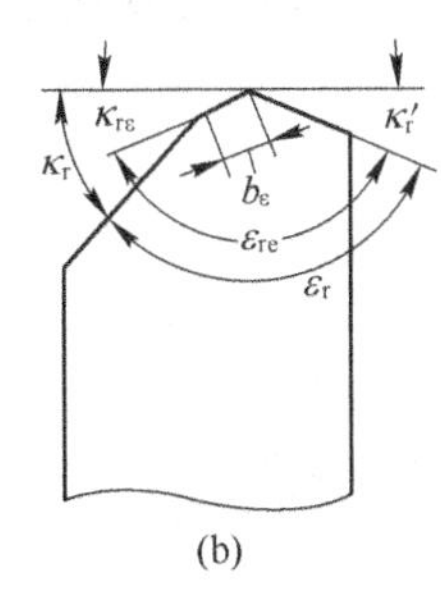

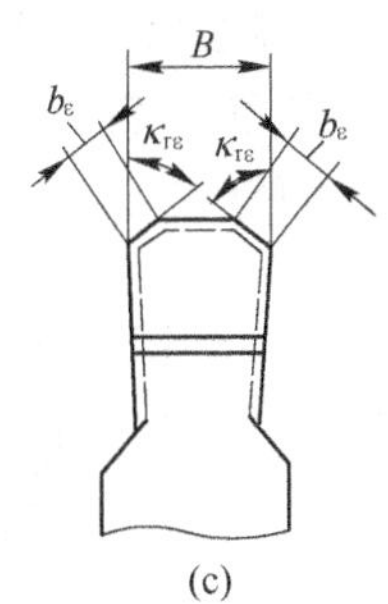

图 4-15　刀具的过渡刃

的磨损和破损均可减小，如图 4-16 和 4-17 所示。

• 根据加工条件选择。精加工时宜取较小的 r_ε 值，以免引起振动；粗加工时宜取较大的 r_ε 值。

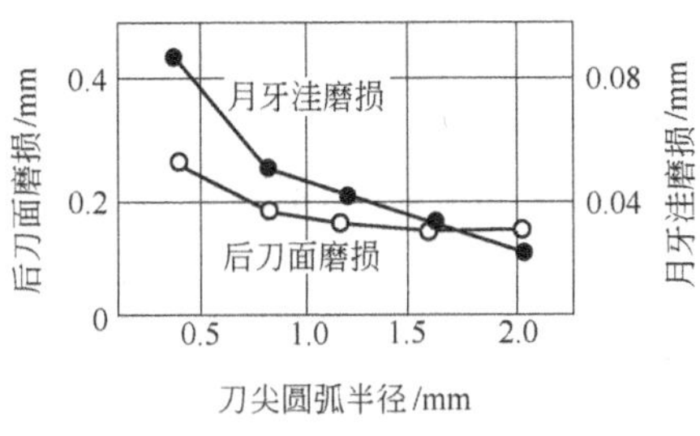

图 4-16　刀尖圆弧半径对刀具磨损的影响

图 4-17　刀尖圆弧半径对崩刃性能的影响

(2) 直线过渡刃

粗加工和强力切削时，因为切削深度 a_p 较大，进给量 f 较大，径向力 F_y 大，为了减小 F_y，并使硬质合金刀片得到充分合理的利用，所以通常取较大的主偏角 κ_r。主偏角 κ_r 较大时，刀尖角 ε_r 较小，刀尖强度低，刀尖部分散热条件差。为了提高刀尖强度，改善散热条件，提高刀具耐用度，通常在刀尖处磨出直线过渡刃，如图 4-15(b)所示。直线过渡刃的参数为 $\kappa_{r\varepsilon}=\frac{1}{2}\kappa_r$，$b_\varepsilon=0.5\sim2$ mm 或 $b_\varepsilon=\left(\frac{1}{4}\sim\frac{1}{5}\right)a_p$；切断刀可取 $\kappa_{r\varepsilon}=45°$，$b_\varepsilon=\frac{B}{4}$，如图 4-15(c)所示。过渡刃的后角可与主切削刃的后角相同。

必须指出：磨圆弧过渡刃及其后角比磨直线过渡刃及其后角困难得多，故多齿刀具(如端铣刀)常做成直线形过渡刃。

4.3.4　刃倾角的选择

1. 刃倾角的功用

在金属切削过程中，刀具刃倾角有以下作用：

(1) 控制切削流出方向

刃倾角 $\lambda_s=0$，即直角切削时，主切削刃与切削速度方向垂直。当 $a_p/f>0$ 时，切屑在前刀面上卷曲成发条状，近似地沿垂直于主刀刃的法线方向流出，如图 4-18(a)所示。当 $\lambda_s\neq0$，即斜角切削时，主切削刃不与切削速度方向垂直，而是与主切削刃的法线 n－n 成一夹角 Ψ_λ，Ψ_λ 称为流屑角。当 $\lambda_s<45°$，$h_D<0.3$ mm 时，可以认为 $\Psi_\lambda=\lambda_s$。由图 4-18(c)可知，$\lambda_s<0$ 时，

切屑卷曲成长螺卷屑，沿已加工表面方向流出，会划伤已加工表面。当 $\lambda_s>0$ 时，切屑卷曲成长螺卷屑，沿待加工表面流出，如图 4-18(b)所示。由此可见，精车时，为了避免切屑划伤工件，已加工表面宜取 $\lambda_s\geqslant0$。

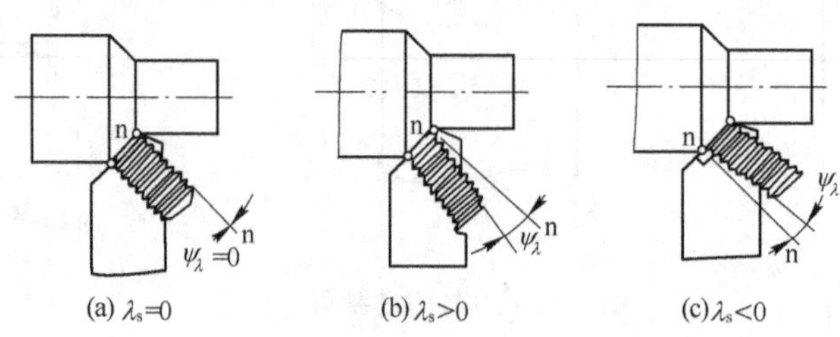

图 4-18　刃倾角对切屑流出方向的影响

(2) 影响刀头强度及断续切削时切削刃上受冲击的位置

图 4-19 示出了一把 $\kappa_r=90°$ 的刨刀刨削工件的情况。当 $\lambda_s=0$ 时，整个刀刃同时切入工件，切削力瞬间增至最大，因而冲击较大，如图 4-19(a)所示。当 $\lambda_s>0$ 时，刀尖首先接触工件，容易损坏刀尖，如图 4-19(c)所示。当 $\lambda_s<0$ 时，刀刃上远离刀尖一点首先接触工件，保护了刀尖，如图 4-19(b)所示。由此可见，断续切削时，为了不损坏刀尖，刃倾角宜取负值。

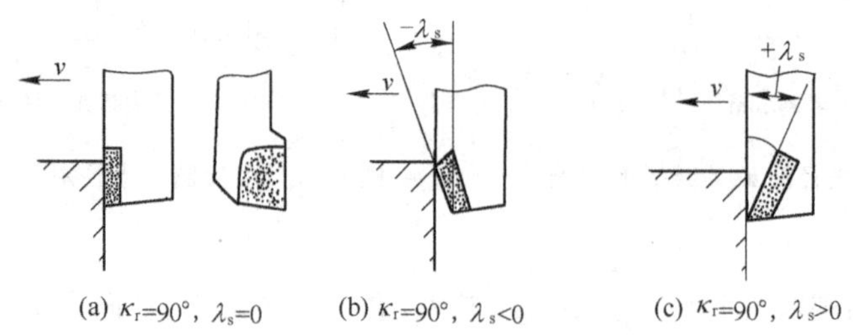

图 4-19　刨削时刃倾角对切削刃受冲击的位置的影响

(3) 影响主切削刃的锋利程度

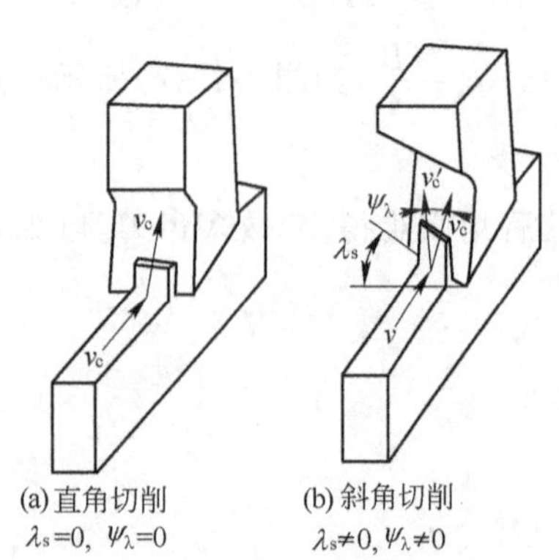

图 4-20　直角切削与斜角切削时切屑流向的比较

直角切削是指刀具主切削刃的刃倾角 $\lambda_s=0$ 时的切削，此时主切削刃与切削速度方向成直角，如图 4-20(a)所示。

斜角切削是指刀具主切削刃的刃倾角 $\lambda_s\neq0$ 时的切削，此时主切削刃与切削速度方向不成直角，如图 4-20(b)所示。

斜角切削时，由于切屑在前刀面上流出方向的改变，使实际起作用的前角，即工作前角 γ_{oe} 增大。如图 4-20所示，当 $\lambda_s\neq0$ 时，切屑将不沿 v_c 方向流出，而是沿 v_c' 方向流出，即偏向于前刀面上坡度较小的方向流出，v_c 与 v_c' 之间的夹角为流屑角 Ψ_λ。这时刀具上实际起作用的前角应是切屑流出方向剖面内前刀面与基面之间的夹角，即工作前角 γ_{oe}。该工作前角 γ_{oe} 大于刀刃的法向前角 γ_n，γ_{oe} 可按下式（近似假设 $\Psi_\lambda=\lambda_s$）计算：

$$\sin \gamma_{oe}=\sin \lambda_s+\cos^2\lambda_s \sin \gamma_n \qquad (4\text{-}1)$$

例如：当 $\lambda_s=30°$、$\gamma_n=10°$ 时，可求得 $\gamma_{oe}=22.35°$。刃倾角对工作前角的影响如图 4-21 所示。

当 $\lambda_s<45°$ 时，刃倾角对工作前角影响不大，一般可以不考虑这一影响。但当 λ_s 很大时，这一影响很大，例如，切下极薄切屑的微量精车刀和刨刀可取 $\lambda_s=45°\sim75°$。

此外，刃倾角 λ_s 增大还可以减小刀刃钝圆半径，使切削刃变得更为锋利，刀刃实际起作用的钝圆半径为 $r_{\beta e}=r_\beta \cos \lambda_s$。

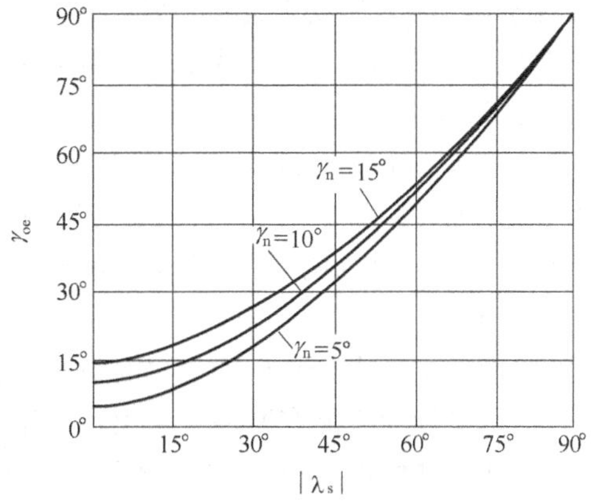

图 4-21　刃倾角对工作前角的影响

(4) 影响切削分力的大小

由表 1-1 公式 $\tan \gamma_p=\tan \gamma_0 \cos \kappa_r+\tan \lambda_s \sin \kappa_r$ 可知，λ_s 减小时，γ_p 减小，F_y 增大，工艺系统刚性不足时容易引起振动。所以工艺系统刚性不足时尽量不用负刃倾角。

(5) 影响切削过程的平稳性

当 $\lambda_s=0$ 时，整个主切削刃同时切入、同时切出，切削过程不平稳、冲击大。

当 $\lambda_s\neq0$ 时，主刀刃逐渐切入、逐渐切出，切屑过程平稳。如错齿三面刃铣刀切削过程的平稳性比直齿三面刃铣刀好。

(6) 影响主刀刃的工作长度

当刃倾角 $\lambda_s\neq0$ 时，主刀刃工作长度为 $l_{se}=\dfrac{a_p}{\sin \kappa_r \cos \lambda_s}$。由此可见，刃倾角的绝对值 $|\lambda_s|$ 增大时，主刀刃工作长度增长，平均切削刃长度负荷减轻，刀具耐用度提高。

2. 刃倾角的选择

加工一般钢材、灰铸铁时，粗加工取 $\lambda_s=0\sim-5°$；精加工宜取 $\lambda_s=0\sim+5°$，使切屑向待加工表面流出；有冲击取 $\lambda_s=-5°\sim-10°$，以保护刀尖；冲击特别大取 $\lambda_s=-30°\sim-45°$，以保护刀尖。

强力刨刀因为是断续切削，为了不损坏刀尖宜取 $\lambda_s=-10°\sim-20°$；车削淬火钢宜取 $\lambda_s=-20°\sim-30°$；工艺系统刚性不足时应尽量不用负刃倾角；微量切削时为增大工作前角，使刀刃更加锋利宜取 $\lambda_s=45°\sim75°$。

4.4　切　削　液

在金属切削过程中，正确选择和使用切削液可以减小切削力和降低切削温度，改善切屑、工件和刀具的摩擦状态，减小刀具磨损，提高刀具耐用度；同时还能减小工件的热变形、抑制积屑瘤和鳞刺的生长，提高加工精度，减小表面粗糙度，提高切削效率。

4.4.1　切削液的种类

金属切削中常用的切削液有三大类：水溶液、乳化液和切削油。

1. 水溶液

水溶液的主要成分是水。纯水无润滑作用，而且容易使金属生锈。为了使水溶液有一定的防锈和润滑作用，常在其中加防锈添加剂、表面活性剂和油性添加剂。若配制的水溶液是透明状，则便于操作者观察切削过程。离子型切削液也是一种冷却效果良好的切削液，其母液是由阴离子、非离子型表面活性剂和无机盐配制而成，能有效地降低切削温度，提高刀具的耐用度。

2. 乳化液

乳化液是由矿物油、乳化剂及其他添加剂（如油性添加剂、防锈添加剂、抗泡沫添加剂等）配制的乳化油，用95％～98％的水稀释而成的乳白色切削液。这类切削液有一定的润滑性能和防锈性能，冷却效果好，还具有良好的清洗作用。

3. 切削油

切削油的主要成分是矿物油（如机油、柴油、煤油等），少数采用动植物油（如豆油、猪油等）或复合油。矿物油不能在摩擦界面上形成牢固的润滑膜，润滑效果一般。为了提高矿物油的润滑性能和防锈性能，应在其中加入油性添加剂、极压添加剂和防锈添加剂。

4.4.2 切削液中的添加剂

为改善切削液性能所加入的化学物质称为添加剂。切削液中常用的添加剂如表 4-9 所示。

表 4-9 切削液中的添加剂

分类			添加剂
油性添加剂			动植物油，脂肪酸及其皂，脂肪醇，酯类、酮类、胺类等化合物
极压添加剂			硫、磷、氯、碘等有机化合物，如氯化石蜡、二烷基二硫代磷酸锌等
防锈添加剂		水溶性	亚硝酸钠、磷酸三钠、磷酸氢二钠、苯甲酸钠胺、三乙醇胺等
		油溶性	石油硫酸钡、石油硫酸钠、环烷酸锌、二壬基萘硫酸钡等
防霉添加剂			苯酚、五氯酚、流柳汞等化合物
抗泡沫添加剂			二甲基硅油
助溶添加剂			乙醇、正丁醇、苯二甲酸酯、乙二醇醚等
乳化液	（表面活性剂）	阴离子型	石油磺酸钠、油酸钠皂、松香酸钠皂、高碳酸钠皂、磺化蓖麻油、油酸三乙醇胺等
		非离子型	平平加（聚氧乙烯脂肪醇醚）、司本（山梨糖醇油酸酯）、吐温（聚氧乙烯山梨糖醇油酸酯）
乳化稳定剂			乙二醇、乙醇、正丁醇、二乙二醇单正丁基醚、二甘醇、高碳醇、苯乙醇胺、三乙醇胺

1. 油性添加剂

油性添加剂含有极性分子，能在金属表面上形成牢固的物理吸附膜，主要起润滑作用；能减小刀具前刀面与切屑、后刀面与工件接触面的摩擦。由于这种吸附膜不耐高温，只能在较低的温度（200℃以下）起润滑作用，所以只能用于低速精加工。常用的油性添加剂如表 4-9 所示。

2. 极压添加剂

常用极压添加剂是含硫、磷、氯等的有机化合物，这些有机化合物在高温下与金属表面起化学反应生成耐高温的化学吸附膜，可防止在极压润滑状态下金属摩擦界面的直接接触，能减小摩擦，保持润滑作用。常用极压添加剂如表 4-9 所示。加工难加工材料时，为增强切削液的润滑效果，可使用在切削油或乳化液中加有极压添加剂的极压切削油或极压乳化液。

3. 防锈添加剂

防锈添加剂是一种极性很强的化合物，与金属表面有很强的吸附力，能在金属表面上形成保护膜，使表面不与腐蚀性介质接触，从而起到防锈的作用。常用的防锈添加剂有水溶性防锈添加剂和油溶性防锈添加剂两大类，如表 4-9 所示。

4. 表面活性剂

表面活性剂是一种起乳化作用的有机化合物。它的分子由极性基团和非极性基团两部分组成，前者亲水，可溶于水；后者亲油，可溶于油。水和油本来互不相溶，加入表面活性添加剂后，它能定向地排列并吸附在油水两相界面上，极性端朝水，非极性端朝油，把油和水连接起来，降低油-水的界面张力，使油以微小的颗粒稳定地分散在水中，形成稳定的水包油乳化液。表面活性剂除了起乳化作用外，还能吸附在金属表面上形成润滑膜，起油性添加剂的润滑作用。配制乳液应用最多的阴离子型和非离子型表面活性剂，如表 4-9 所示。为改善和提高乳化液的稳定性以及防止泡沫的产生，有时还在其中加入乳化稳定剂和抗泡沫添加剂。乳化液长期使用后由于细菌繁殖容易变质发臭，为此可以加入少量具有杀菌和抑制细菌繁殖的防霉添加剂；但由于防霉添加剂会引起操作者皮肤起红斑、发痒，所以一般不用。

4.4.3　切削液的作用机理

1. 冷却作用

切削过程中，切削液能降低切削温度，提高刀具耐用度和加工质量。在刀具材料的耐热性差、工件材料的热膨胀系数较大以及两者的导热性较差时，切削液冷却作用更为明显。切削液冷却性能的好坏取决于它的导热系数、比热、汽化热、汽化速度、流量、流速、自身温度等。一般来说，水溶液的冷却性能最好，切削油最差，乳化液介于两者之间而接近于水。几种切削液对车削外圆的切削温度的影响如图 4-22 所示。

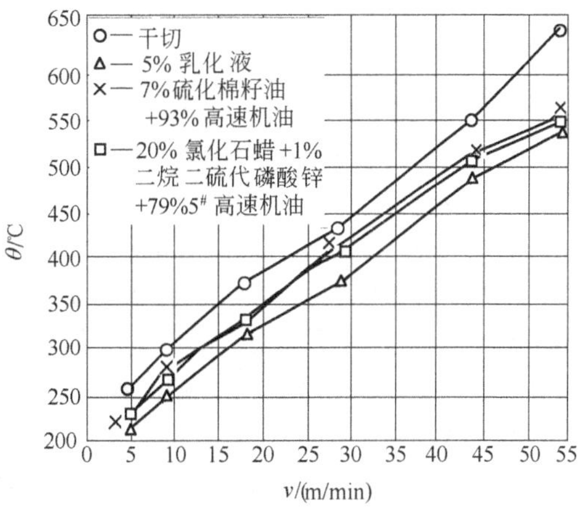

图 4-22　几种切削液对车削外圆时切削温度的影响

工件材料：45 钢(HB187)；

刀具材料：W18Cr4V；

刀具几何参数：$\gamma_0=18$，$\kappa_r=90°$，$\lambda_s=0$，$\sigma_{\gamma_1}=0.1$ mm，$r_\varepsilon=0.15$ mm；

切削用量：$a_p=3$ mm，$f=0.1$ mm/r

2. 切削液的润滑作用

如前所述，金属切削过程是在高温(500°C 以上)、高压(1 GPa 以上)下进行的，所以金属切削过程的润滑大多属于边界摩擦。当切削液渗入到切削区以后，就会在刀具与切屑、刀具与工件接触面上形成起润滑作用的吸附膜，从而减小了金属与金属直接接触的面积，降低了摩擦力和摩擦系数，增大了剪切角，减小了切屑变形，抑制了积屑瘤和鳞刺的生成，减小了加工表面粗糙度；同时还可以降低切削温度，提高刀具的耐用度。

切削液的润滑性能与其渗透性有关，切削液的表面张力和粘度越大，渗透性越差，润滑效果越差。

切削液的润滑性能还与切削液在金属表面上形成的吸附膜的牢固程度有关，形成的吸附膜越牢固，越耐高温，润滑性能越好。

切削液的润滑作用还与切削条件有关，切削速度越高，润滑性能越差；切削厚度越大，润滑性能越差；工件材料的强度越高，润滑性能越差。

3. 切削液的清洗作用

当金属切削加工中产生碎屑(如加工铸铁)或粉屑(如磨削)时，要求切削液有良好的清洗作用。切削液的渗透性，流动性越好，使用压力越大，清洗效果越好。为了增强切削液的渗透性、流动性应在其中加入较大剂量的表面活性剂和少量矿物油，用大的稀释比（95％～98％左右）制成水溶液或乳化液，以提高清洗效果。

4. 切削液的防锈作用

为了减小工件、机床、刀具受周围介质（空气、水分等）的腐蚀，要求切削液具有一定的防锈作用。为了使切削液具有防锈作用应在其中加入防锈添加剂。

4.4.4 切削液的选用

切削液的效果除了与切削液本身的各种性能有关之外，还与工件材料、加工方法和刀具材料等因素有关，因此应综合考虑、合理选用。

1. 粗加工

粗加工时，由于切削用量大，产生的切削热多，切削温度高，容易导致高速钢刀具迅速磨损，所以应选用冷却为主的乳化液或离子型切削液。硬质合金刀具耐热性好，一般不用切削液，如果要用必须连续地、充分地浇注，切不可断断续续，以免因冷热不均产生很大的热应力而导致裂纹，损坏刀具。

较低速度切削时，刀具以机械磨损为主，宜选用以润滑为主的切削油；较高速度切削时，刀具以热磨损为主，宜选用以冷却为主的乳化液或离子型切削液。

2. 精加工

精加工时，切削液的主要作用是减小表面粗糙度和提高加工精度，所以，加工钢件时宜选用能减小摩擦和粘结、抑制积屑瘤和鳞刺形成的极压切削油或10％～12％极压乳化液或离子型切削液。精加工铜及其合金、铝及其合金或铸铁时，为减小表面粗糙度宜选用离子型切削液，或10％～12％乳化液。由于硫对铜有腐蚀作用，所以切削铜时不宜选用含硫的切削液。

3. 难加工

加工难加工材料时，宜选用极压切削油或极压乳化液。

4. 磨削加工

磨削加工的特点是切削温度高，还会产生大量的细屑和砂末。为了保证加工质量宜选用有较好冷却性能和清洗作用，并具有一定润滑和防锈作用的乳化液或离子型切削液。磨削难加工材料时，宜用极压乳化液或极压切削油。

4.4.5 切削液的使用方法

1. 浇注法

切削液使用方法中，浇注法应用最多。使用此法时，切削液的流量应充足，浇注位置应尽量接近切削区。

2. 高压冷却法

深孔加工时，宜采用工作压力约为1～10 MPa、流量约为50～150 L/min的高压冷却法，把切削液喷射到切削区对刀具进行冷却并带出碎断的切屑。为提高冷却效果，深孔钻削常采用高压冷却法。

3. 喷雾冷却法

喷雾冷却法是一种较好的冷却方法。它是利用入口压力为0.3～0.6 MPa的压缩空气，通过喷雾装置使切削液雾化并高速喷射到切削区，当微小的液滴碰到灼热的切屑和刀具时迅速汽化带走大量的切削热，从而达到降低切削温度的目的。

4.5　切削用量选择

4.5.1　切削用量选择原则

选择切削用量就是确定各加工工序的切削深度 a_p、进给量 f、切削速度 v，以及刀具耐用度 T。选择切削用量时应综合考虑生产率、刀具耐用度、加工质量和加工成本。

1. 切削用量对生产率的影响

生产率是指一个工人在单位时间内生产合格产品的数量，即 $P=1/t_{定额}$；也可以用完成单件产品或单个工序所消耗的时间定额 $t_{定额}$ 来表示，即 $t_{定额}=t_m+t_{辅助}+t_{休息}+t_{服务}+t_{准终}/m$。以车削外圆为例，若不考虑 $t_{辅助}$（装卸工件、操作机床、改变切削用量、试切和测量工件等所消耗的时间）、$t_{休息}$（照顾工人休息和自然需要时间）、$t_{服务}$（更换刀具、调整砂轮、润滑和擦拭机床、清除切屑等所需时间）、$t_{准终}/m$（成批生产时，每加工一批零件开始和结束时的准备时间为 $t_{准终}$，每个零件的准备终结时间为 $t_{准终}/m$，m 为每批零件数量），只考虑切削工件时 t_m 对生产率的影响，则生产率可按下式进行计算：

$$P=\frac{1}{t_m} \tag{4-2}$$

$$t_m=\frac{L_w\Delta}{n_w a_p f}=\frac{\pi d_w L_w\Delta}{1\,000 v a_p f} \tag{4-3}$$

式中：d_w——车削前的毛坯直径（单位为 mm）；

L_w——工件切削部分长度（单位为 mm）；

Δ——加工余量（单位为 mm）；

n_w——工件转速（单位为 r/min）；

由于 d_w、L_w、Δ 均为常数，令 $\frac{1\,000}{\pi d_w L_w\Delta}=A_o$，则

$$P=A_o v f a_p \tag{4-4}$$

由式(4-4)可知，v、f、a_p 中任何一个参数增加一倍，生产率都可以提高一倍。

2. 切削用量对刀具耐用度的影响

由式(3-21)和(3-22)可知，切削用量三要素 v、f、a_p 中，切削速度 v 对刀具耐用度影响最大，其次是进给量 f，影响最小的是切削深度 a_p。由此可得出结论：从刀具耐用度出发，选择切削用量时应首先选用最大的切削深度 a_p，再选用较大的进给量 f ，然后根据确定的刀具耐用度 T 计算切削速度 v。

3. 切削用量对加工质量的影响

当切削深度 a_p 增大时，切削力 F_y 增大，使工艺系统的弹性变形增大，并可能引起振动，因而会降低加工精度和增大表面粗糙度；当进给量 f 增大时，切削力也会增大，而且表面粗糙度会显著增大；当切削速度 v 增大时，切屑变形和切削力有所减小，表面粗糙度也有所减小。因此，精加工和半精加工时，宜采用较小的切削深度 a_p 和进给量 f。为了避免积屑瘤和鳞刺对表面粗糙度的影响，加工钢件时，硬质合金刀采用较高速度切削（v=80～100 m/min），高速钢

刀具采用较低切削速度切削(如宽刃精车刀 $v=3\sim8$ m/min)。

4.5.2 刀具耐用度的确定

刀具耐用度直接影响生产率和加工成本。从生产率来考虑,当刀具耐用度规定得过高时,选择的切削速度就会很低,就会使切削工时 t_m 增加,生产率降低;当刀具耐用度规定得过低时,选择的切削速度就会很高,切削工时 t_m 减少,但卸刀、装刀和调整机床所需时间增多,生产率也会降低。由此可见,刀具耐用度与生产率之间存在着一个最大值,即最大生产率耐用度 T_p,如图 4-23 所示。与最大生产率耐用度 T_p 相对应的切削速度用 v_p 表示。

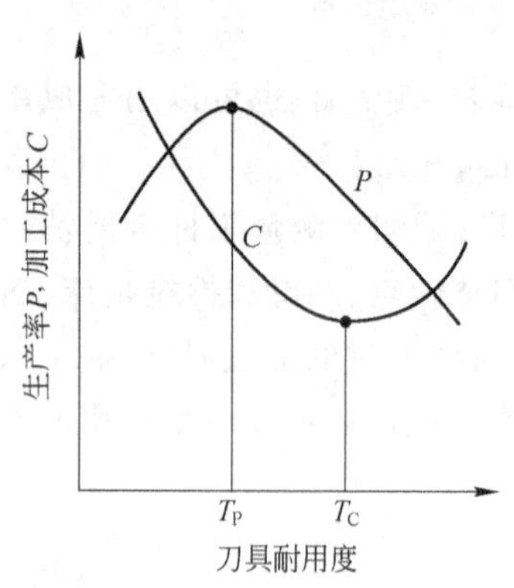

图 4-23 刀具耐用度对生产率和加工成本的影响

从加工成本来考虑,当刀具耐用度规定得过高时,选择的切削速度就会很低,切削工时 t_m 增大,使机床费用和工人费用增大,因而生产成本增高;当刀具耐用度规定过低时,这时的切削速度虽然可以选得很高,可减小切削工时 t_m,但换刀次数增多,换刀时间增长,磨刀费用增多,成本也会增高。由此可见,刀具耐用度与加工成本之间也存在一个最低值,即最低成本耐用度 T_c,如图 4-23 所示。与最低成本耐用度相对应的切削速度用 v_c 表示。

1. 最大生产率耐用度 T_p

最大生产率耐用度指单位时间内生产的产品数量最多,或加工一个零件消耗的时间最少的耐用度,其计算公式为

$$T_p=\frac{1-m}{m}t_{ct} \tag{4-5}$$

式中:t_{ct}——换一次刀所消耗的时间;

m——$v-T$ 曲线的斜率,表示 v 对 T 的影响程度。一般高速钢刀具为 $m=0.1\sim0.125$,硬质合金刀为 $m=0.2\sim0.3$,陶瓷刀具为 $m=0.4$。

2. 最低成本耐用度 T_c

最低成本耐用度指生产每个产品的加工费用最低的刀具耐用度,其计算公式为

$$T_c=\frac{1-m}{m}\left(t_{ct}+\frac{C_t}{M}\right) \tag{4-6}$$

式中:C_t——磨刀成本(或刀具成本);

M——该工序单位时间内分担的全厂开支。

由式(4-5)和(4-6)可知,最高生产率耐用度 T_p 比最低成本耐用度 T_c 要低一些,所以 $v_p>v_c$。一般情况下应选最低成本耐用度,只有生产任务紧迫或生产中出现不平衡的薄弱环节时,才选用最高生产率耐用度。

综合分析式(4-5)和(4-6)及各种具体情况,选择刀具耐用度时应考虑以下几点:

(1) 复杂刀具(如齿轮刀具、拉刀等)和高精度刀具的耐用度应选得比单刃刀具(如普通车床用高速钢车刀、焊接式硬质合金车刀等)高些。

(2) 机夹可转位刀具和陶瓷刀具,因换刀时间短,为充分发挥刀具的切削性能,提高生产率,耐用度可取得低些,一般取 $T=15\sim30$ min。

(3) 装刀、换刀和调刀复杂的多刀机床、组合机床、自动化刀具耐用度可取得高些。

(4) 当某工序的生产率限制了整个车间的生产率时,该工序刀具耐用度应选低些;当某工

序单位时间内分担的全厂开支 M 较大时，刀具耐用度也应选低些。

(5) 精加工大件时，为避免中途换刀产生接刀刀痕，刀具耐用度应按加工精度和表面粗糙度确定，一般规定每次换刀至少完成一次走刀。

(6) 流水线、自动线刀具的耐用度应规定为一个班或两个班，以便在换班时间内换刀。

4.5.3　切削用量的选择

1. 切削深度的选择

切削深度主要是根据工序余量确定，毛坯总余量等于各工序余量之和。切削加工一般分为粗加工、半精加工和精加工。

粗加工时，工件尺寸精度和表面粗糙度要求不高，其主要任务是切除大量多余金属，提高生产率，所以粗加工余量应尽可能一次走刀切除，只有在下列情况下分几次走刀：

(1) 加工余量太大，一次走刀使切削力太大，会产生机床功率不足或刀具强度不够。

(2) 工艺系统刚性不足或加工余量不均匀，以致引起很大振动，如加工细长轴或薄壁工件。

(3) 断续切削，刀具受到很大冲击而造成打刀。

在上述情况下，如需几次走刀，第一次走刀切削深度尽可能取大些，第二次走刀的切削深度为粗加工余量的 1/4～1/3。

半精加工时，表面粗糙度为 Ra10～5 μm，切削深度一般为 0.5～2 mm，可以一次走刀切除。

精加工时，表面粗糙度为 Ra2.5～1.25 μm，切削深度一般为 0.1～0.4 mm，可以一次走刀切除，为保证加工精度和表面粗糙度也可以两次走刀。在用硬质合金刀具、陶瓷刀具、金刚石刀具和立方氮化硼刀具精细车削和镗孔时，切削用量可取为 $a_p = 0.05 \sim 0.2$ mm，$f = 0.01 \sim 0.1$ mm/r，$v = 240 \sim 900$ m/min，这时表面粗糙度可达 Ra0.32～0.1 μm，精度可达到或高于 IT5(孔达到 IT6)，可代替磨削加工。

2. 进给量选择

粗加工的主要任务是切除大量多余金属，提高生产率，对加工精度和表面粗糙度要求不高，所以选择的进给量应该是工艺系统所能承受的最大进给量。但进给量受车刀刀杆强度和刚度、硬质合金或陶瓷刀片的强度、工件装夹刚度和机床走刀机构强度的限制，所以应对上述几项进行校验。校验时应首先确定 a_p 和 f，选定 T，算出 v，再按第三章公式算出 F_y、F_z、F_{zy} 之后分别校验下述各项。

(1) 刀杆强度校验

刀杆强度按平面弯曲计算时，所能承受的力 F_z' 应大于或等于切削分力 F_z，即

$$F_z' = \frac{BH^2\sigma_{bb}}{6L} \geqslant F_z \text{ N} \tag{4-7}$$

式中：B——刀杆横剖面宽度(单位为 mm)；

H——刀杆横剖面高度(单位为 mm)；

L——刀杆悬伸长度，一般取 $L = (1 \sim 1.5)H$；

σ_{bb}——刀杆材料允许的抗弯强度，对于强度为 0.6～0.7 GPa 的中碳钢刀杆，σ_{bb} 可取为 200 N/mm^2。

(2) 刀杆刚度校验

刀杆刚度所能承受的切削力 F''_z 应大于或等于切削力分力 F_z，即

$$F''_z=\frac{3fE_sI}{L^3}\geqslant F_z\ \mathrm{N} \tag{4-8}$$

式中：f——刀杆允许的挠度，粗车时 $f=0.1$ mm，精车时 $f=0.03\sim0.05$ mm；

E_s——刀杆材料的弹性模量，对于中碳钢，$E_s=200\sim220$ GPa；

I——刀杆的惯性矩，对于长方形刀杆，$I=\frac{BH^3}{12}$。

(3) 刀片强度校验

硬质合金刀片允许的强度 F'''_z 应大于或等于切削力分力 F_z，即

$$F'''_z=340a_p^{0.77}c^{1.35}\left(\frac{\sin 60°}{\sin\kappa_r}\right)^{0.8}\geqslant F_z\ \mathrm{N} \tag{4-9}$$

式中：c——刀片厚度(单位为 mm)；

a_p——切削深度(单位为 mm)；

κ_r——车刀主偏角。

(4) 刀杆装夹刚度校验

车削轴类零件时，在切削力 F_z 和 F_y 的合力作用下，工件要产生弯曲，使加工精度降低。F_z 与 F_y 的合力为

$$F_{zy}=\sqrt{F_z^2+F_y^2}\ \mathrm{N} \tag{4-10}$$

工件装夹刚度允许的力 F'_{zy} 应大于或等于 F_{zy}，即

$$F'_{zy}=\frac{kE_wI\cdot f}{L_0^3}\geqslant F_{zy}\ \mathrm{N} \tag{4-11}$$

式中：f——工件允许的弯曲度，粗车时取 $f=0.2\sim0.4$ mm；精车后，要磨削的工件取 $f\leqslant 0.1$ mm；精车时取 $f\leqslant 1/5$ 直径公差；

I——工件的惯性矩，$I=0.05d'^4_w$，d'_w 为工件车削后的直径；

E_w——工件材料的弹性模量，对中碳钢，$E_w=200\sim220$GPa；

L_0——工件两支承之间的长度；

k——工件装夹方法系数。工件装夹在前、后两顶尖上时，$k=4.8$；工件一头装在卡盘中，一头顶在后顶尖上时，$k=768/7\approx100$；工件装夹在卡盘中，一头悬伸时，$k=3$。

(5) 机床进给机构强度校验

作用在机床进给机构上的力是 F_x。F_x 应小于机床说明书中规定的机床进给机构所允许的最大进给力。

表 4-10 为硬质合金车刀粗车外圆及端面时的进给量，可根据工件材料、刀杆尺寸、工件直径以及确定的切削深度选择进给量 f。这里已考虑了切削力的大小，并多少考虑了刀杆强度和刚度、工件的刚度等因素，因此不必校验。

半精加工和精加工时，按工件要求的表面粗糙度，根据工件材料、刀尖圆弧半径 r_ε、切削速度 v 查表 4-11 选取进给量 f。最后选取的进给量 f 应等于或接近机床标牌上列出的进给量。

表 4-10　硬质合金车刀粗车外圆及端面的进给量

工件材料	车刀刀杆尺寸/mm	工件直径/mm	切削深度 a_p/mm				
			≤3	>3～5	>5～8	>8～12	>12
			进给量 f/(mm/r)				
碳素结构钢、合金结构钢及耐热钢	16×25	20	0.3～0.4	—	—	—	—
		40	0.4～0.5	0.3～0.4	—	—	—
		60	0.5～0.7	0.4～0.6	0.3～0.5	—	—
		100	0.6～0.9	0.5～0.7	0.5～0.6	0.4～0.5	—
		400	0.8～1.2	0.7～1.0	0.6～0.8	0.5～0.6	—
	20×30 25×25	20	0.3～0.4	—	—	—	—
		40	0.4～0.5	0.3～0.4	—	—	—
		60	0.6～0.7	0.5～0.7	0.4～0.6	—	—
		100	0.8～1.0	0.7～0.9	0.5～0.7	0.4～0.7	—
		400	1.2～1.4	1.0～1.2	0.8～1.0	0.6～0.9	0.4～0.6
铸铁及铜合金	16×25	40	0.4～0.5	—	—	—	—
		60	0.6～0.8	0.5～0.8	0.4～0.6	—	—
		100	0.8～1.2	0.7～1.0	0.6～0.8	0.5～0.7	—
		400	1.0～1.4	1.0～1.2	0.8～1.0	0.6～0.8	—
铸铁及铜合金	20×30 25×25	40	0.4～0.5	—	—	—	—
		60	0.6～0.9	0.5～0.8	0.4～0.7	—	—
		100	0.9～1.3	0.8～1.2	0.7～1.0	0.5～0.8	—
		400	1.2～1.8	1.2～1.6	1.0～1.3	0.9～1.1	0.7～0.9

注：1. 加工断续表面及有冲击的工件时，表内进给量应乘以系数 k=0.75～0.85。

2. 在无外皮加工时，表内进给量应乘以系数 k=1.1。

3. 加工耐热钢及其合金时，进给量不大于 1 mm/r。

4. 加工淬硬钢时，进给量减小。当钢的硬度为 HRC44～56 时，乘系数 0.8；当钢的硬度为 HRC57～62 时，乘系数 0.5。

3. 切削速度选择

根据已选定的切削深度 a_p、进给量 f、刀具耐用度 T，则可按下列公式计算切削速度 v 和机床转速 n。

$$v=\frac{c_v}{T^m a_p^{x_v} f^{y_v}}\cdot k_v \text{ m/min} \tag{4-12}$$

式中 c_v、x_v、y_v 及 m 值如表 4-12 所示，加工其他材料和用其他车削加工方法加工时的系数及指数可查《切削用量手册》；k_v 为切削速度修正系数，其计算公式如下：

$$k_v=k_{mv}\cdot k_{sv}\cdot k_{tv}\cdot k_{kv}\cdot k_{\kappa_r v}\cdot k_{\kappa'_r v}\cdot k_{r_\varepsilon v}\cdot k_{gv} \tag{4-13}$$

式中：k_{mv}——工件材料修正系数，见表 4-13；

k_{sv}——工件毛坯表面状态修正系数，见表 4-13；

k_{tv}——刀具材料修正系数，见表 4-13；

$k_{\kappa_r v}$——车刀主偏角修正系数，见表 4-13；

$k_{\kappa'_r v}$——车刀副偏角修正系数，见表 4-13；

$k_{r_\varepsilon v}$——车刀刀尖圆弧半径修正系数，见表 4-13；

表 4-11　按表面粗糙度选择进给量的参考值

工件材料	表面粗糙度 μm	切削速度范围 m/min	刀尖圆弧半径 r_ε/mm		
			0.5	1.0	2.0
			进给量 f/(mm/r)		
铸铁、青铜、铝合金	Ra10～5	不限	0.25～0.40	0.40～0.50	0.50～0.60
	Ra5～2.5		0.15～0.25	0.25～0.40	0.40～0.60
	Ra2.5～1.25		0.10～0.15	0.15～0.20	0.20～0.35
碳钢及合金钢	Ra10～5	<50	0.30～0.50	0.45～0.60	0.55～0.70
		>50	0.40～0.55	0.55～0.65	0.65～0.70
	Ra5～2.5	<50	0.18～0.25	0.25～0.30	0.30～0.40
		>50	0.25～0.30	0.30～0.35	0.35～0.50
	Ra2.5～1.25	<50	0.10	0.11～0.15	0.15～0.22
		50～100	0.11～0.16	0.16～0.25	0.25～0.35
		>100	0.16～0.20	0.20～0.25	0.25～0.35

加工耐热合金及钛合金时进给量的修正系数(v>50 m/min)

工件材料	修正系数
TC5,TC6,TC2,TC4,TC8,TA6,BT14 Cr20Ni77Ti2Al,Cr20Ni77TiAlB,Cr14Ni70WMoTiAl(GH37)	1.0
1Cr13,2Cr13,3Cr13,4Cr13,4Cr14Ni14W2Mo,Cr20Ni78Ti,2Cr23Ni18,1Cr21Ni5Ti	0.9
1Cr12Ni2WMoV,30CrNi2MoVA,25Cr2MoVA,4Cr12Ni8Mn8MoVNb,Cr9Ni62Mo10W5Co5Al5,1Cr18Ni11Si4TiAl,1Cr15Ni35W3TiAl	0.8
1Cr11Ni20Ti3B,Cr12Ni22Ti3MoB	0.7
Cr19Ni9Ti,1Cr18Ni9Ti	0.6
1Cr17Ni2,3Cr14NiVBA,18Cr3MoWV	0.5

注：r_ε=0.5 mm 用于 12 mm×12 mm 以下刀杆，r_ε=1 mm 用于 30 mm×30 mm 以下刀杆，r_ε=2 mm 用于 30 mm×45 mm及以上刀杆。

表 4-12　外圆车削时切削速度公式中的参数和指数

工件材料	刀具材料	进给量 f/(mm/r)	公式中的系数和指数			
			C_v	x_v	y_v	m
碳素结构钢 σ_b=0.65 GPa 65(kgf/mm²)	YT15 (不用切削液)	≤0.30	291	0.15	0.20	0.20
		>0.30～0.70	242		0.35	
		>0.70	235		0.45	
	W18Cr4V (用切削液)	≤0.25	67.2	0.25	0.33	0.125
		>0.25	43		0.66	
灰铸铁 HB190	YG6 (不用切削液)	≤0.40	189.8	0.15	0.20	0.20
		>0.40	158		0.40	

k_{gv}——刀杆尺寸修正系数，见表 4-13；

k_{kv}——加工方法修正系数，见表 4-13。

按式(4-12)算出的切削速度 v 之后，机床转速为

$$n=\frac{1\ 000v}{\pi d_w}\ \text{r/min} \tag{4-14}$$

表 4-13　车削速度计算的修正系数

1. 工件材料 k_{mv}	加工钢:硬质合金 $\kappa_{mv}=\frac{0.65}{\sigma_b}$,高速钢 $\kappa_{mv}=C_m\left(\frac{0.65}{\sigma_b}\right)^{n_v}$ $C_m=1.0$,$n_v=1.75$;当 $\sigma_b<0.45$ GPa 时,$n_v=-1.0$						
	加工灰铸铁:硬质合金 $\kappa_{mv}=\left(\frac{190}{HBS}\right)^{1.25}$,高速钢 $\kappa_{mv}=\left(\frac{190}{HBS}\right)^{1.7}$						
2. 毛坯状况 k_{sv}	无外皮	棒　料	锻　件	铸钢、铸铁		Cu—Al 合金	
				一　般	带砂皮		
	1.0	0.9	0.8	0.8~0.85	0.5~0.6	0.9	
3. 刀具材料 k_{tv}	钢	YT5	YT14	YT15	YT30	YG8	
		0.65	0.8	1	1.4	0.4	
	灰铸铁	YG8		YG6		YG3	
		0.83		1.0		1.15	
4. 主偏角 $k_{\kappa_r v}$	κ_r	30°	45°	60°	75°	90°	
	钢	1.13	1	0.92	0.86	0.81	
	灰铸铁	1.2	1	0.88	0.83	0.73	
5. 副偏角 $k_{\kappa_r' v}$	κ_r'	10°	15°	20°	30°	45°	
	$k_{\kappa_r v}$	1	0.97	0.94	0.91	0.87	
6. 刀尖半径 $k_{r_\varepsilon v}$	r_ε/mm	1	2	3	4		
	$k_{r_\varepsilon v}$	0.94	1.0	1.03	1.13		
7. 刀杆尺寸 k_{gv}	B×H/(mm×mm)	12×20 16×16	16×25 20×20	20×30 25×25	25×40 30×30	30×45 40×40	40×60
	k_{gv}	0.93	0.97	1	1.04	1.08	1.12
8. 车削方式 $k_{\kappa v}$	外圆纵车	横车 $d:D$			切断	切槽 $d:D$	
		0~0.4	0.5~0.7	0.8~1.0		0.5~0.7	0.7~0.95
	1.0	1.24	1.08	1.04	1.0	0.96	0.84

算出的 n 应等于或接近机床标牌中列出的 n 值。

表 4-14 为生产中车削加工的切削速度参考数值,由表可知:

(1) 粗车时,切削深度和进给量均较大,故选取较低的切削速度;精加工时,切削深度和进给量均较小,故选取较高的切削速度。

(2) 工件材料的强度和硬度较高时,应选取较低的切削速度;反之,则选取较高的切削速度;工件材料的加工性越差则切削速度也选得越低,例如加工奥氏体不锈钢、钛合金和高温合金时,切削速度选得很低,易切碳钢的切削速度较普通碳钢高。加工灰铸铁的切削速度较中碳钢低。加工铝合金和铜合金的切削速度比加工钢的切削速度高得多。

(3) 刀具材料的切削性能越好,所选切削速度越高。表中,硬质合金的切削速度比高速钢高几倍;涂层硬质合金刀片的切削速度比未涂层的刀片有明显提高;陶瓷、金刚石立方氮化硼刀具的切削速度比硬质合金刀具高得多。

此外,在选择切削速度时还应考虑以下几点:

(1) 精加工时,应尽量避开产生积屑瘤和鳞刺的区域。

表 4-14　车削加工的切削速度参考数值

加工材料		硬度 HBS	切削深度 a_p/mm	高速钢刀具		硬质合金刀具						陶瓷(超硬材料)刀具		
						未涂层				涂层				
				v/(m/min)	f/(mm/r)	v/(m/min) 焊接式	v/(m/min) 可转位	f/(mm/r)	材料	v/(m/min)	f/(mm/r)	v/(m/min)	f/(mm/r)	说明
易切碳钢	低碳	100～200	1	55～90	0.18～0.2	185～240	220～275	0.18	YT15	320～410	0.18	550～700	0.13	切削条件较好时可用冷压 Al_2O_3 陶瓷，切削条件较差时宜用 Al_2O_3＋TiC 热压混合陶瓷，下同
			4	41～70	0.40	135～185	160～215	0.50	YT14	215～275	0.40	425～580	0.25	
			8	34～55	0.50	110～145	130～170	0.75	YT5	170～220	0.50	335～490	0.40	
	中碳	175～225	1	52	0.20	165	200	0.18	YT15	305	0.18	520	0.13	
			4	40	0.40	125	150	0.50	YT14	200	0.40	395	0.25	
			8	30	0.50	100	120	0.75	YT5	160	0.50	305	0.40	
碳钢	低碳	125～225	1	43～46	0.18	140～150	170～195	0.18	YT15	260～290	0.18	520～580	0.13	
			4	34～33	0.40	115～125	135～150	0.50	YT14	170～190	0.40	365～425	0.25	
			8	27～30	0.50	88～100	105～120	0.75	YT5	135～150	0.50	275～365	0.40	
	中碳	175～275	1	34～40	0.18	115～130	150～160	0.18	YT15	220～240	0.18	460～520	0.13	
			4	23～30	0.40	90～100	115～125	0.50	YT14	145～160	0.40	290～350	0.25	
			6	20～26	0.50	70～78	90～100	0.75	YT5	115～125	0.50	200～260	0.40	
	高碳	175～275	1	30～37	0.18	115～130	140～155	0.18	YT15	215～230	0.18	460～520	0.13	
			4	24～27	0.40	88～95	105～120	0.50	YT14	145～150	0.40	275～335	0.25	
			8	18～21	0.50	69～76	84～95	0.75	YT5	115～120	0.50	185～245	0.40	
合金碳	低碳	125～225	1	41～46	0.18	135～150	170～185	0.18	YT15	220～235	0.18	520～580	0.13	
			4	32～37	0.40	105～120	135～145	0.50	YT14	175～190	0.40	365～395	0.25	
			8	24～27	0.50	84～95	105～115	0.75	YT5	135～145	0.50	275～335	0.40	
	中碳	175～275	1	34～41	0.18	105～115	130～150	0.18	YT15	175～200	0.18	460～520	0.13	
			4	26～32	0.40	85～90	105～120	0.40～0.50	YT14	135～160	0.40	280～360	0.25	
			8	20～24	0.50	67～73	82～95	0.50～0.75	YT5	105～120	0.50	220～265	0.40	
	高碳	175～275	1	30～37	0.18	105～115	135～145	0.18	YT15	175～190	0.18	460～520	0.13	
			4	24～27	0.40	84～90	105～115	0.50	YT14	135～150	0.40	275～335	0.25	
			8	18～21	0.50	66～72	82～90	0.75	YT5	105～120	0.50	215～245	0.40	
高强度钢		225～350	1	20～26	0.18	90～105	115～135	0.18	YT15	150～185	0.18	380～440	0.13	>300HBS 时宜用 W12Cr4V5Co5 及 W2Mo9Cr4VCo8
			4	15～20	0.40	69～84	90～105	0.40	YT14	120～135	0.40	205～265	0.25	
			8	12～15	0.50	53～66	69～84	0.50	YT5	90～105	0.50	145～205	0.4	

续表

加工材料	硬度HBS	切削深度 a_p/mm	高速钢刀具		硬质合金刀具						陶瓷(超硬材料)刀具		
					未涂层				涂层				
			v/(m/min)	f/(mm/r)	v/(m/min)		f/(mm/r)	材料	v/(m/min)	f/(mm/r)	v/(m/min)	f/(mm/r)	说明
					焊接式	可转位							
高速钢	200～275	1 4 8	15～24 12～20 9～15	0.13～0.18 0.25～0.40 0.4～0.5	76～105 60～84 46～64	85～125 69～100 53～76	0.18 0.40 0.50	YW1,YT15 YW2,YT14 YW3,YT5	115～160 90～130 69～100	0.18 0.40 0.50	420～460 250～275 190～215	0.13 0.25 0.40	加工W12Cr4V5Co5等高速钢时应用W12Cr4V5Co5及W2Mo9Cr4VCo8
不锈钢 奥氏体	135～275	1 4 8	18～34 15～27 12～21	0.18 0.40 0.50	58～105 49～100 38～76	67～120 58～105 46～84	0.18 0.40 0.50	YG3X,YW1 YG6,YW1 YG6,YW1	84～160 76～135 60～105	0.18 0.40 0.50	275～425 150～275 90～185	0.13 0.25 0.40	>225HBS时宜用W12Cr4V5Co5及W2Mo9Cr4VCo8
不锈钢 马氏体	175～325	1 4 8	20～44 15～35 12～27	0.18 0.40 0.50	87～140 69～115 55～90	95～175 75～135 58～105	0.18 0.40 0.50～0.75	YW1,YT15 YW1,YT15 YW2,YT14	120～260 100～170 76～135	0.18 0.40 0.50	350～490 185～335 120～245	0.13 0.25 0.40	>275HBS时宜用W12Cr4V5Co5及W2Mo9Cr4VCo8
灰铸铁	160～260	1 4 8	26～43 17～27 14～23	0.18 0.40 0.50	84～135 69～110 60～90	100～165 81～125 66～100	0.18～0.25 0.40～0.50 0.50～0.75	YG8, YW2	130～190 105～160 84～130	0.18 0.40 0.50	395～550 245～365 185～275	0.13～0.25 0.25～0.40 0.40～0.50	>190HBS时宜用W12Cr4V5Co5及W2Mo9Cr4VCo8
可锻铸铁	160～240	1 4 8	30～40 23～30 18～24	0.18 0.40 0.50	120～160 90～120 76～100	135～185 105～135 85～115	0.25 0.50 0.75	YT15,YW1 YT15,YW1 YT14,YW2	185～235 135～185 105～145	0.25 0.40 0.50	305～365 230～290 150～230	0.13～0.25 0.25～0.40 0.40～0.50	
铝合金	30～150	1 4 8	245～305 215～275 185～245	0.18 0.40 0.50	550～610 425～550 305～365	max	0.25 0.50 1.0	YG3X,YW1 YG6,YW1 YG6,YW1	—	—	365～915 245～760 150～460	0.075～0.15 0.15～0.30 0.30～0.50	切深 {0.13～0.40 0.40～1.25 1.25～3.2} 金刚石刀具
铜合金		1 4 8	40～175 34～145 27～120	0.18 0.40 0.50	84～345 69～290 64～270	90～395 76～335 70～305	0.18 0.50 0.75	YG3X,YW1 YG6,YW1 YG8,YW2	—	—	305～1 460 150～855 90～550	0.075～0.15 0.15～0.30 0.3～0.50	切深 {0.13～0.40 0.40～1.25 1.25～3.2} 金刚石刀具
钛合金	300～350	1 4 8	12～24 9～21 8～18	0.13 0.25 0.40	38～66 32～56 24～43	49～76 41～66 26～49	0.13 0.20 0.25	YG3X,YW1 YG6,YW1 YG8,YW2	—	—	—	—	高速钢采用W12Cr4V5Co5及W2Mo9Cr4VCo8
高温合金	200～475	0.8 2.5	3.6～14 3.0～11	0.13 0.18	12～49 9～41	14～58 12～49	0.13 0.18	YG3X,YW1 YG6,YW1	—	—	185 135	0.075 0.13	立方氮化硼刀具

(2) 断续切削时，为了减小冲击和热应力，应适当降低切削速度。

(3) 在容易产生振动的情况下，切削速度应避开自激振动的临界速度。

(4) 加工大件、细长件和薄壁件时，应选择较低的切削速度。

(5) 加工带硬皮的工件时，应适当降低切削速度。

4. 机床功率校验

切削功率 P_m 可按下式计算：

$$P_m = \frac{F_z v}{60 \times 102 \times 10} \text{ kw}$$

机床有效功率为

$$P'_E = P_E \times \eta_m$$

式中：P_E——机床电机功率；

η_m——机床传动效率，一般取 $\eta_m = 0.75 \sim 0.85$。

如果 $P_m < P'_E$，则所选切削用量可在指定机床上使用；如果 $P_m \ll P'_E$，则机床功率未充分发挥，这时可规定较小的刀具耐用度或采用切削性能更好的刀具材料，以提高切削速度使切削功率增大；如果 $P_m > P'_E$，则所选切削用量不能在指定的机床上使用，此时应更换功率较大的机床，或者根据所限制的机床功率降低切削用量（主要降低切削速度 v），这时机床功率虽然得到充分利用，但刀具材料的切削性能未能充分发挥。

思考题与习题

1. 工件材料的切削加工性是怎样定义的？衡量工件材料切削加工性好坏的指标有哪些？影响工件材料切削加工性的因素有哪些？它们是怎样影响的？

2. 刀具切削部分材料应具有哪些基本性能？常用刀具材料有哪几种？

3. 试列举普通高速钢的品种与牌号，并说明它们的性能特点及应用。试列举常用硬质合金的品种与牌号，并说明它们的性能特点及应用范围。

4. 从化学成分、物理机械性能说明陶瓷、立方氮化硼、金刚石刀具材料的特点和应用范围。

5. 什么叫刀具的合理几何参数？刀具几何参数包括哪些内容？刀具前角、后角、主偏角、副偏角、刃倾角在切削过程中的作用是什么？选择合理几何参数的依据是什么？

6. 负倒棱和消振棱有何区别？它们的大小如何选择？

7. 刀具的过渡刃和修光刃各有何作用？它们的大小如何选择？

8. 为什么精车时，刀具采用较大的后角，铰刀、拉刀等定尺寸刀具则采用较小的后角？

9. 欲使刀具有较大的前角而强度又不至于明显消弱，一般可采用哪些措施？

10. 常用切削液有哪几种？切削液中的添加剂有哪几种？各种添加剂的作用是什么？试列举说明切削液的选择和使用；在何种情况下可以不采用切削液，为什么？

11. 试述切削用量是怎样影响生产率、刀具耐用度和加工表面质量的？切削深度是怎样确定的？选择合理进给量要考虑哪些问题？合理切削速度如何选择？

第五章　金属切削机床与刀具

金属切削机床是用金属切削的方法将金属毛坯加工成机器零件的机器。因为它是制造机器的机器，所以又称为“工作母机”，习惯上简称为机床。机床制造业是机械制造业的基础，它必须超前于机械制造业的发展，所以机床制造业有“先导之先导”的说法。一个国家的机床制造水平的高低、质量的好坏，对机械产品的生产率和经济效益有着重要影响。

5.1　金属切削机床的分类与型号编制

机床的品种、规格繁多，为了便于区别、使用、管理，需对机床加以分类，并编制型号。

5.1.1　机床的分类

机床的分类方法很多，最基本的是按加工方法和所用刀具及其用途进行分类。根据国家制订的机床型号编制方法，机床共分为十一大类：车床、钻床、镗床、磨床、齿轮加工机床、螺纹加工机床、铣床、刨插床、拉床、锯床和其他机床。在每一类机床中，又按工艺特点、布局型式、结构性能分为若干组，每一组又分为若干个系（系列）。

除了上述基本分类方法外，机床还可按其他特征进行分类。例如：

- 按照机床的万能性程度，可分为通用机床、专门化机床和专用机床三类。通用机床的工艺范围很宽，可以加工一定尺寸范围内的多种类型零件，完成多种多样的工序。例如，卧式车床、万能升降台铣床、万能外圆磨床等。专门化机床的工艺范围较窄，只能用于加工不同尺寸的一类或几类零件的一种（或几种）特定工序。例如，丝杠车床、凸轮轴车床等。专用机床的工艺范围最窄，通常只能完成某一特定零件的特定工序。例如，加工机床主轴箱体孔的专用镗床、加工机床导轨的专用导轨磨床等。它们是根据特定的工艺要求专门设计、制造的，生产率和自动化程度较高，适用于大批量生产。组合机床也属于专用机床。
- 按照机床的重量和尺寸，可分为仪表机床、中型机床（一般机床）、大型机床（质量大于10 吨）、重型机床（质量在 30 吨以上）和超重型机床（质量在 100 吨以上）。
- 按照机床主要部件的数目，可分为单轴、多轴、单刀、多刀机床等。
- 按照自动化的程度不同，可分为普通、半自动和自动机床。
- 按照机床的工作精度，可分为普通精度机床、精密机床和高精度机床。

5.1.2　机床的型号编制

机床的型号是机床产品的代号，用以表明机床的类型、通用和结构特性、主要技术参数等。我国的机床型号按照 GB/T 15375 94《金属切削机床型号编制方法》的规定，由汉语拼音字母和阿拉伯数字按一定规律组合而成。

通用机床型号的表示方法如下：

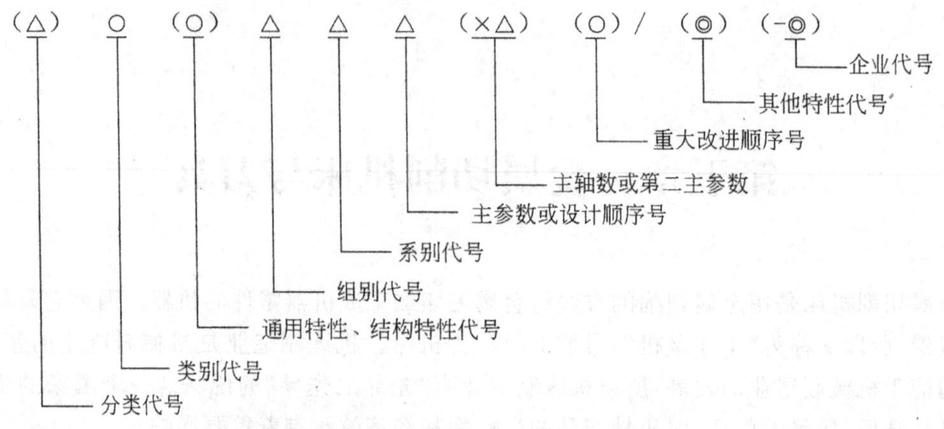

其中:① 有"( )"的代号或数字无内容时不表示,有内容则不带括号;

② 有"○"符号者,为大写的汉语拼音字母;

③ 有"△"符号者,为阿拉伯数字;

④ 有"◎"符号者,为大写汉语拼音字母,或阿拉伯数字,或两者兼有之。

1. 机床的类别代号

机床的类别代号用该类机床名称汉语拼音的第一个字母(大写)表示。例如,"车床"的汉语拼音是"CheChuang",所以用"C"来表示。需要时,类以下还可有若干分类,分类代号用阿拉伯数字表示,放在类代号之前,但第一分类不予表示。例如,磨床类分为 M、2M、3M 三个分类。机床的类别代号如表 5-1 所示。

表 5-1 机床的类别代号

类别	车床	钻床	镗床	磨床			齿轮加工机床	螺纹加工机床	铣床	刨插床	拉床	锯床	其他机床
代号	C	Z	T	M	2M	3M	Y	S	X	B	L	G	Q
读音	车	钻	镗	磨	二磨	三磨	牙	丝	铣	刨	拉	割	其

2. 机床的特性代号

当某类型机床除有普通型外,还具有如表 5-2 所列的各种通用特性时,则在类别代号之后加上相应的特性代号。例如,CM6132 型精密普通车床型号中的"M"表示"精密";"XK"表示数控铣床。如果同时具有两种通用特性,则可用两个代号同时表示。例如,"MBG"表示半自动高精度磨床。

表 5-2 通用特性代号

通用特性	高精度	精密	自动	半自动	数控	加工中心(自动换刀)	仿型	轻型	加重型	简式或经济型	柔性加工单元	数显	高速
代号	G	M	Z	B	K	H	F	Q	C	J	R	X	S
读音	高	密	自	半	控	换	仿	轻	重	简	柔	显	速

当机床的性能和结构布局有重大改进时,改进的机床是新产品,需要重新设计、试制和鉴定,则在原机床尾部按 A、B、C……字母顺序作为重大改进的顺序号,以区别原型号。例如,CA6140 型普通车床型号中的"A",可理解为:CA6140 型普通车床在结构上区别于 C6140 普

通车床。当机床有通用特性代号时，结构特性代号应排在通用特性代号之后。

3. 机床的组别代号和系别代号

机床的组别代号和系别代号分别用一个数字表示。每类机床按其结构性能及使用范围划分为10个组，用数字0～9表示。每一组又分为若干个系列。凡主参数相同，并按一定公比排列，工件和刀具本身的和相对的运动特点基本相同，且基本结构及布局形式也相同的机床，即为同一系列。通用机床的类、组划分见表5-3。

表5-3　通用机床类、组划分表

类别＼组别		0	1	2	3	4	5	6	7	8	9
车床 C		仪表车床	单轴自动、半自动车床	多轴自动、半自动车床	回轮、转塔车床	曲轴及凸轮轴车床	立式车床	落地及卧式车床	仿形及多刀车床	轮、轴、辊、锭及铲齿车床	其他车床
钻床 Z				深孔钻床	摇臂钻床	台式钻床	立式钻床	卧式钻床	铣钻床	中心孔床	
镗床 T				深孔镗床		坐标镗床	立式镗床	卧式铣镗床	精镗床	汽车、拖拉机修理用镗床	
磨床	M	仪表磨床	外圆磨床	内圆磨床	砂轮机	坐标磨床	导轨磨床	刀具刃磨床	平面及端面磨床	曲轴、凸轮轴、花键轴及轧辊磨床	工具磨床
	2M		超精机	内圆珩磨机	外圆及其他珩磨机	抛光机	砂带抛光及磨削机床	刀具刃磨及研磨机床	可转位刀片磨床	研磨机	其他磨床
	3M		球轴承套圈沟磨床	滚子轴承套圈滚道磨床	轴承套圈超精机床		叶片磨削机床	滚子加工机床	钢球加工机床	气门、活塞及活塞环磨削机床	汽车、拖拉机修磨机床
齿轮加工机床 Y		仪表齿轮加工机床		锥齿轮加工机床	滚齿及铣齿机床	剃齿及珩齿机床	插齿机	花键轴铣床	齿轮磨齿机床	其他齿轮加工机床	齿轮倒角及检查机
螺纹加工机床 S					套丝机	攻丝机		螺纹铣床	螺纹磨床	螺纹车床	
铣床 X		仪表铣床	悬臂及滑枕铣床	龙门铣床	平面铣床	仿形铣床	立式升降台铣床	卧式升降台铣床	床身铣床	工具铣床	其他铣床
刨插床 B			悬臂刨床	龙门刨床			插床	牛头刨床		边缘及模具刨床	其他刨床
拉床 L				侧拉床	卧式外拉床	连续拉床	立式内拉床	卧式内拉床	立式外拉床	键槽及螺纹拉床	其他拉床
锯床 G			车刀切断机	砂轮片锯床		卧式带锯床	立式带锯床	圆锯床	弓锯床	锉锯床	
其他机床 Q		其他仪表机床	管子加工机床		刻线机	切断机		玻璃加工机床			

4. 机床主参数、设计顺序号和第二主参数

机床主参数是反映机床规格大小的主要参数。通用机床的主参数已由机床的系列型谱规定。在机床型号中，用阿拉伯数字给出主参数的折算值(1/10 或 1/100)。第二主参数一般是指主轴数、最大跨距、最大工件长度、工作台工作面长度等。第二主参数也用折算值表示。

5. 其他特性代号

特性代号要用以反映各类机床的特性，如对数控机床，可用来反映不同的数控系统；对于一般机床可用以反映同一型号机床的变形等。其他特性代号用汉语拼音字母或阿拉伯数字或二者的组合来表示。

生产单位为机床厂时，由机床厂所在城市名称的大写汉语拼音字母及该厂在该城市建立的先后顺序号，或机床厂名称的大写汉语拼音字母表示。生产单位为机床研究所时，由该所名称的大写汉语拼音字母表示。

普通机床型号编制举例如下：

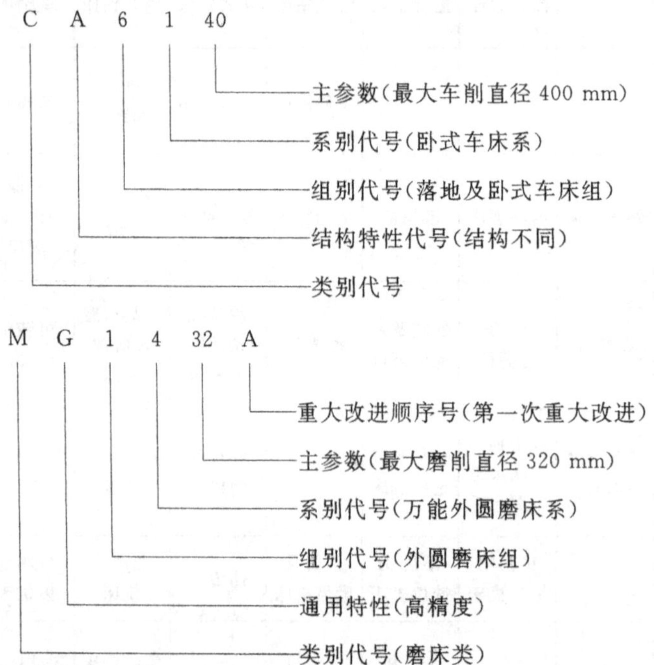

5.2 工件表面成形方法与机床运动分析

5.2.1 工件表面形状与成形方法

图 5-1 所示为组成不同形状零件常用的各种表面。零件的表面形状虽多种多样，但其构成元素，却不外乎几种基本形状的表面——平面、圆柱面、圆锥面和各种成形表面。这些表面都可以看成是由一根母线沿着导线运动而形成的。图 5-2 示出了零件表面的成形过程。一般情况下，母线和导线可以互换，特殊表面如圆锥表面不可互换。母线和导线统称为发生线。

切削加工中发生线是由刀具的切削刃和工件间的相对运动得到的，由于使用的刀具切削刃形状和采用的加工方法不同，形成发生线的方法也不同，概括起来有以下四种：

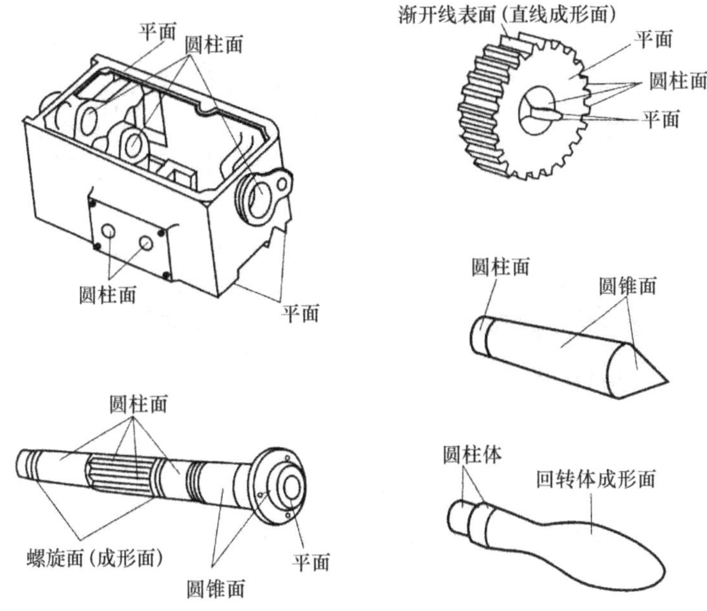

图 5-1　构成机械零件外形轮廓的常用表面

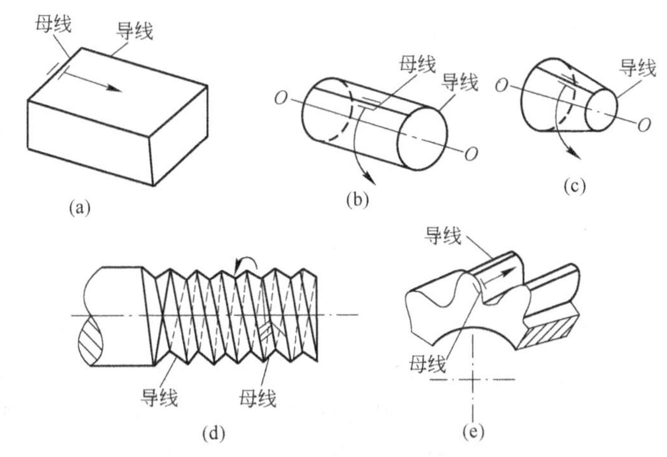

图 5-2　零件表面的成型

(1) 轨迹法:利用刀具作一定规律的轨迹运动对工件进行加工的方法。切削刃与被加工表面为点接触,发生线为接触点的轨迹线。图 5-3(a)所示刨刀沿 A_1 方向作直线运动,形成直线形母线;刨刀沿 A_2 方向作曲线运动,形成曲线形导线。

(2) 成形法:刀具的切削刃与所需要形成的发生线完全吻合。如图 5-3(b)所示,曲线形的母线由切削刃直接形成;直线形的导线则由轨迹法形成。

(3) 相切法:利用刀具边旋转边作轨迹运动对工件进行加工的方法。如图 5-3(c)所示采用铣刀、砂轮等旋转刀具加工时,在垂直于刀具旋转轴线的截面内,切削刃可看作是点,当切削点绕着刀具轴线作旋转运动 B_1,同时刀具轴线沿着发生线的等距线作轨迹运动 A_2 时,切削点运动轨迹的包络线,便是所需的发生线。采用相切法生成发生线时,需要两个相互独立的成形运动,即刀具的旋转运动和刀具中心按一定规律的运动。

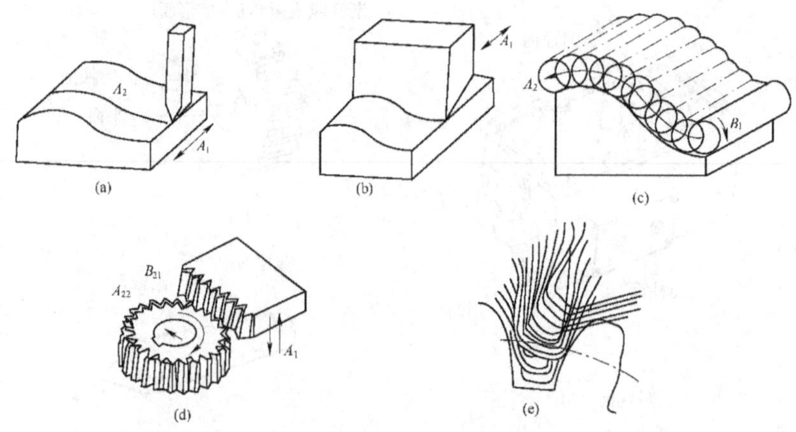

图 5-3　形成发生线的方法

(4) 展成法:利用工件和刀具作展成切削运动进行加工的方法。如图 5-3(d)所示,采用齿条形插齿刀加工圆柱齿轮,刀具按箭头 A_{22} 方向作直线运动,形成直线形母线;而工件的旋转运动 B_{21} 和直线运动 A_{22},使刀具不断地对工件进行切削,其切削刃的一系列瞬时位置的包络线,便是所需要的渐开线导线,如图 5-3(e)所示。用展成法形成发生线需要一个独立的成形运动。

5.2.2　机床运动分析

1. 机床的运动

机床加工零件时,是通过刀具与工件的相对运动而形成所需的发生线,而形成发生线的运动,称为表面成形运动。

(1) 表面成形运动

表面成形运动是机床自身具备的单元运动在加工表面时的组合,可分为简单成形运动和复合成形运动。

简单成形运动指由单独的旋转运动或直线运动构成的独立的成形运动。例如,如图 5-4(a)所示用外圆车刀车削外圆柱面时,工件的旋转运动 B_1 和刀具的直线运动 A_2 就是两个简单运动。

复合成形运动指由两个或两个以上旋转运动或(和)直线运动构成的,按照某种确定的运动关系组合而成的成形运动。例如,如图 5-4(b)示出了车削螺纹时,形成螺旋形发生线所需的刀具和工件之间的相对运动。为简化机床结构和较易保证精度,通常将其分解为工件的等速旋转运动 B_{11} 和刀具的等速直线移动 A_{12}。B_{11} 和 A_{12} 之间必须保持严格的运动关系,即工件每转一转时,刀具就均匀地移动一个螺旋线导程。

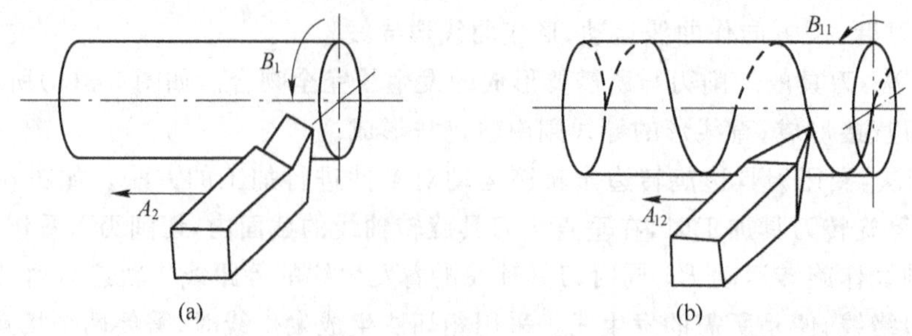

图 5-4　成形运动的组成

按成形运动在切削加工中的作用,可分为主运动和进给运动。主运动是机床切除工件表面金属余量的主要运动,即对切削速度的大小起主导作用的运动。进给运动是不断地将金属余量投入切削区,以保证机床逐渐切削出整个工件表面的运动。

(2) 辅助运动

除表面成形运动(即主运动和进给运动)以外的运动称为辅助运动。它的种类很多,一般包括切入运动、分度运动、调位运动(调整刀具和工件之间相互位置)以及其他各种空行程运动(如运动部件的快进和快退等)。

2. 机床的运动联系

为了实现加工过程中所需的各种运动,机床必须具备以下三个基本部分:

(1) 执行件:机床上最终实现所需运动的部件。如主轴、刀架以及工作台等,其任务是带动工件或刀具完成一定的运动并保持准确的运动轨迹。

(2) 动力源:为执行件提供运动和动力的装置。如交流异步电动机、直流或交流调速电动机或伺服电动机。

(3) 传动装置:传递动力和运动的装置。通过它可把动力源的动力和运动传递给执行件;也可把两个执行件联系起来,使二者间保持某种确定的运动关系。

由动力源传动装置执行件,或执行件传动装置执行件构成的传动联系,称为传动链。传动链可分为外联系传动链和内联系传动链。

实现简单运动的传动链称为外联系传动链,它使执行件获得一定的速度和运动方向。外联系传动链传动比的变化,只影响生产率或表面粗糙度,不影响加工表面的形状。因此,传动链中可以有摩擦传动等传动比不准确的传动副。

实现复杂运动的传动链称为内联系传动链,它决定着复合运动的轨迹(发生线的形状),对传动链所联系的执行件相互之间的相对速度(及相对位移量)有严格的要求。因此,传动链中各传动副的传动比必须准确,不应有摩擦传动或瞬时传动比变化的传动副,如皮带传动和链传动。

通常传动链中包含两类传动机构,一类是定比传动机构,其传动比和传动方向固定不变,如定比齿轮副、蜗杆蜗轮副、丝杠螺母副等;另一类是换置机构,可根据加工要求变换传动比和传动方向,如滑移齿轮变速机构、挂轮变换机构、离合器换向机构等。

为了便于研究机床的传动联系,常用一些简明的符号把传动原理和传动路线表示出来,这就是传动原理图。图 5-5 是卧式车床的传动原理图。在车削螺纹时,卧式车床有两条主要传动链。图中,一条是外联系传动链,即从电动机 1—2—u_v—3—4—主轴,称为主运动传动链,它把电动机的动力和运动传递给主轴。传动链中 u_v 为主轴变速及换向的换置机构。另一条由主轴—4—5—u_f—6—7 丝杠—刀具,得到刀具和工件间的复合成形运动——螺旋运动,这是一条内联系传动链。调整 u_f 即可得到不同的螺纹导程。

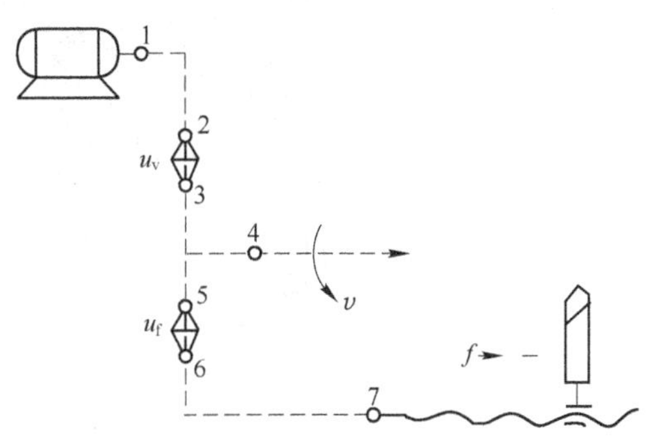

图 5-5　卧式车床的传动原理图

3. 机床的传动系统

机床的传动系统图是表示机床全部运动传动关系的示意图。图中用简单的规定符号代表各传动元件,并标明齿轮和蜗轮的齿数、蜗杆头数、丝杠导程、带轮直径、电动机功率和转速等。在图中,各传动元件按照运动传递的先后顺序,以展开图形式画在能反映主要部件相互位置的机床外形轮廓中。

5.3 车床与车刀

5.3.1 车床

车床类机床主要用于加工各种回转表面(内外圆柱面、圆锥面及成形回转表面)和回转体的端面,有些车床还能加工螺纹面。车床的主运动通常是由工件的旋转运动实现的,进给运动则由刀具的直线移动来完成。车床加工的典型表面如图 5-6 所示。

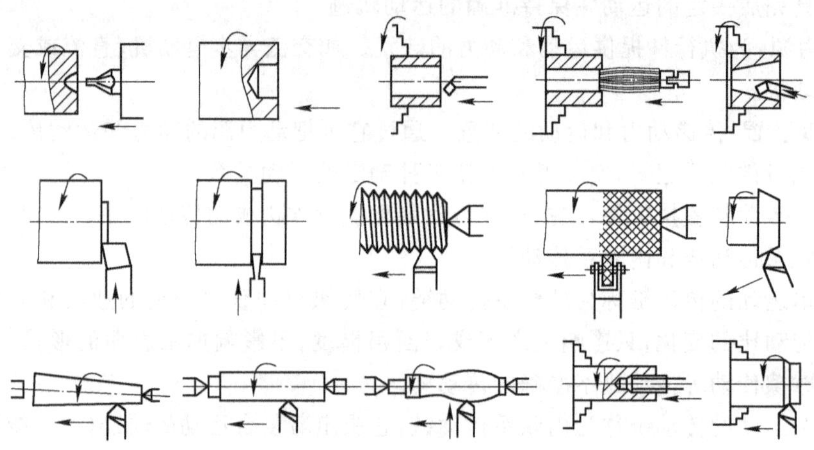

图 5-6 卧式车床所能完成的典型加工

1. CA6140 型卧式车床

1) 机床的布局

图 5-7 是 CA6140 型卧式车床的外形图。机床的主要部件有:主轴箱 1、刀架 2、尾座 3、床身 4、床腿 5 和 9、光杠 6、丝杠 7、溜板箱 8、进给箱 10、挂轮变速机构 11。

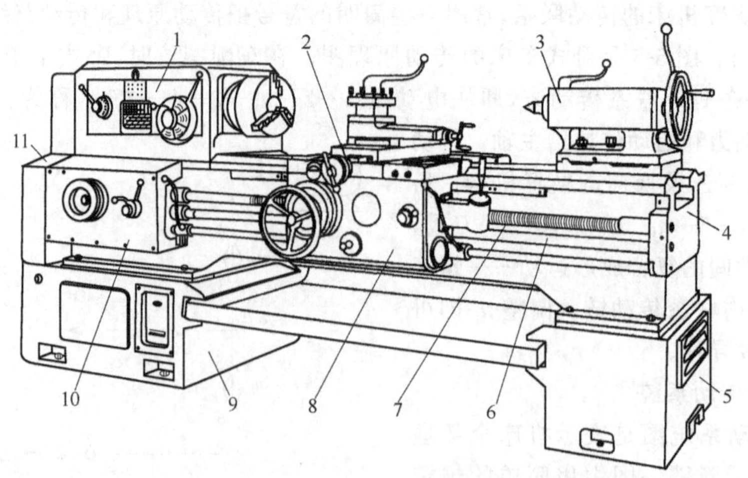

图 5-7 CA6140 型卧式车床的外形

2）传动系统

为完成各种加工工序，车床必须具备工件的旋转运动（主运动）和刀具的直线移动（进给运动）。故机闯的传动系统需要具备以下传动链：实现主运动的主传动链；实现纵向进给运动的纵向进给传动链；实现横向进给运动的横向进给传动链。图 5-8 为 CA6140 型卧式车床的传动系统图。

（1）主运动传动链

主运动传动链的两末端件是主电动机与主轴，它的功用是把动力源（电动机）的运动及动力传给主轴，使主轴带动工件旋转实现主运动，并满足卧式车床主轴变速和换向的要求。

运动由电动机（7.5 kW、1 450 r/min）经皮带轮传动副 ϕ30 mm/ϕ230 mm 传至主轴箱中的轴Ⅰ。在轴Ⅰ上装有双向多片摩擦离合器 M_1，使主轴正转、反转或停止。当压紧离合器 M_1 左部的摩擦片时，轴Ⅰ的运动经齿轮副 56/38 或 51/43 传给轴Ⅱ，使轴Ⅱ获得 2 种转速。压紧右部摩擦片时，经齿轮 50、轴Ⅶ上的空套齿轮 34 传给轴Ⅱ上的固定齿轮 30。这时轴Ⅰ至轴Ⅱ间多经一个中间齿轮 34，故轴Ⅱ的转向与经 M_1 左部传动时相反。轴Ⅱ的反转转速只有 1 种。当离合器处于中间位置时，左、右摩擦片都没有被压紧，轴工的运动不能传至轴Ⅱ，主轴停转。

轴工的运动可通过轴Ⅱ、Ⅲ间三对齿轮中的任一对传至轴Ⅲ，故轴Ⅲ获得 2×3＝6 种转速。轴Ⅲ传往主轴有 2 条路线：

① 高速传动路线：主轴上的滑移齿轮 50 向左移，使之与轴Ⅲ上右端的齿轮 63 啮合，运动由轴Ⅲ经齿轮副 63/50 直接传给主轴，得到 450～1 400 r/min 的 6 级高转速。

② 低速传动路线：主轴上的滑移齿轮 50 移至右端，使其与主轴上的齿式离合器 M_2 啮合。轴Ⅲ的运动经齿轮副 20/80 或 50/50 传给轴Ⅳ，又经齿轮副 20/80 或 51/50 传给轴Ⅴ，再经齿轮副 26/58 和齿式离合器 M_2 传至主轴，使主轴获得 10～500 r/min 的中低转速。

上述的传动路线可用传动路线表达式表示如下：

$$\begin{pmatrix}\text{电动机}\\7.5\text{ kW}\\1\,450\text{ r/min}\end{pmatrix}-\frac{\phi130}{\phi230}-\text{Ⅰ}-\left\{\begin{array}{l}M_1\text{左}-\left\{\begin{array}{c}\frac{56}{38}\\\frac{51}{43}\end{array}\right\}\\M_1\text{右}-\frac{50}{34}-\text{Ⅶ}-\frac{34}{30}\end{array}\right\}-\text{Ⅱ}-$$

$$\left\{\begin{array}{c}\frac{39}{41}\\\frac{22}{58}\\\frac{30}{50}\end{array}\right\}-\text{Ⅲ}-\left\{\begin{array}{c}\left\{\begin{array}{c}\frac{20}{80}\\\frac{50}{50}\end{array}\right\}-\text{Ⅳ}-\left\{\begin{array}{c}\frac{20}{80}\\\frac{51}{50}\end{array}\right\}-\text{Ⅴ}-\frac{26}{58}-M_2\\\frac{63}{50}\end{array}\right\}-\text{Ⅵ}$$

由传动系统图和传动路线表达式可以看出，主轴正转时，可得 2×3＝6 种高转速和 2×3×2×2＝24 种低转速。但实际上低转速路线只有 18 级转速，因为，轴Ⅲ至轴Ⅴ间的两个双联滑移齿轮变速组得到的 4 种传动比中，有 2 种重复，即

$$u_1=\frac{20}{80}\times\frac{20}{80}=\frac{1}{16}\qquad u_2=\frac{50}{50}\times\frac{20}{80}=\frac{1}{4}\qquad u_3=\frac{20}{80}\times\frac{51}{50}\approx\frac{1}{4}\qquad u_4=\frac{50}{50}\times\frac{51}{50}\approx1$$

其中 $u_2\approx u_3$ 所以实际上只有 3 种不同的传动比。因此，由低速路线传动时，主轴获得的实际转速是 2×3×（2×2－1）＝18 级转速，再加上由高速传动路线获得的 6 级转速，主轴共可获得 24 级转速。

主轴反转时，有 3×[1＋（2×2－1）]＝12 级转速。

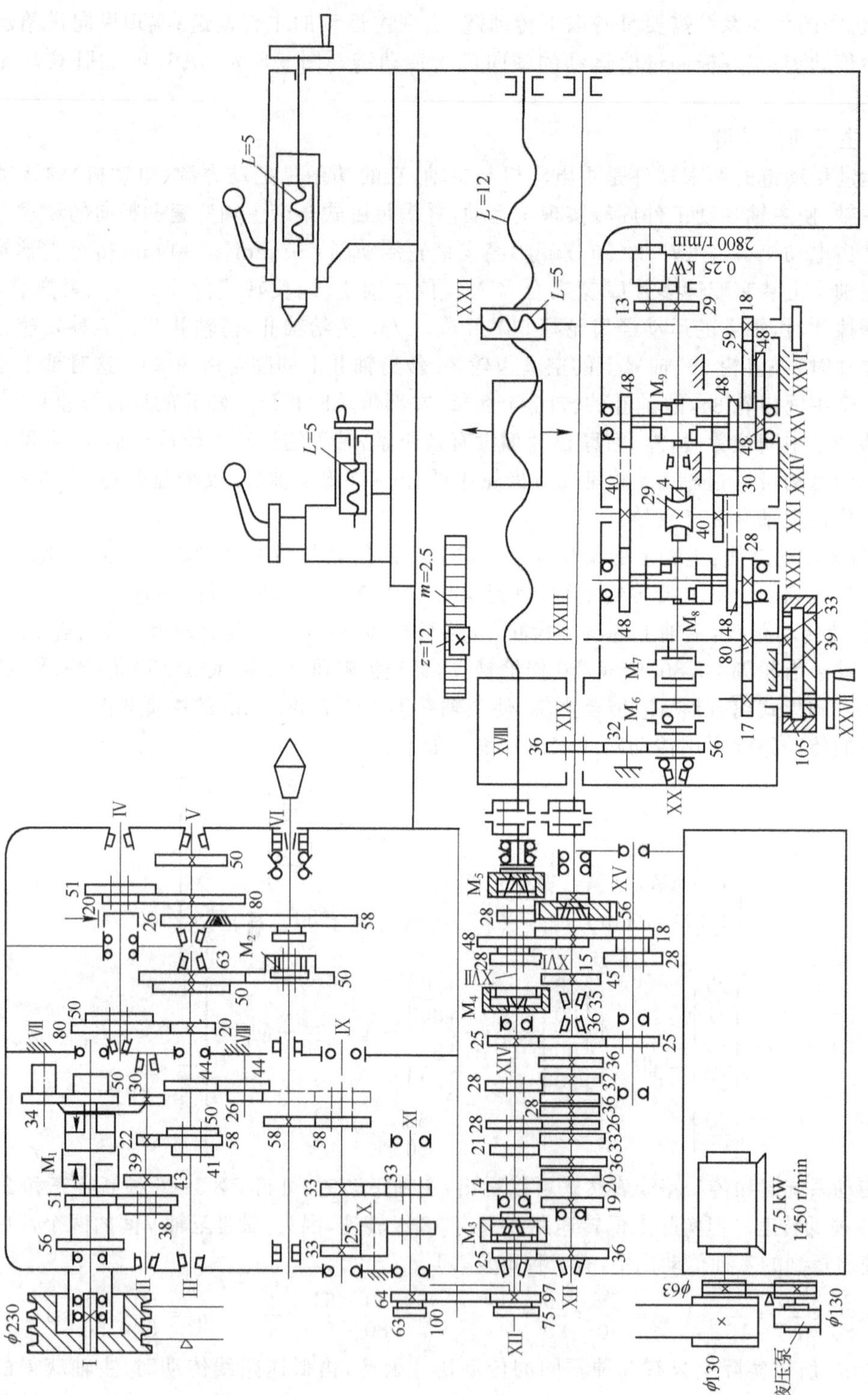

图 5-8 CA6140 型卧式车床传动系统图

主轴的各级转速可按下列运动平衡式计算：

$$n_{主}=n_{电}\times\frac{D}{D'}\times(1-\varepsilon)\times\frac{Z_{\text{I}-\text{II}}}{Z_{\text{I}-\text{II}}}\times\frac{Z_{\text{II}-\text{III}}}{Z_{\text{II}-\text{III}}}\times\frac{Z_{\text{III}-\text{IV}}}{Z_{\text{III}-\text{VI}}}\times\cdots$$

式中：D、D'——主动和从动皮带轮直径；

ε——皮带传动的滑动系数，可取 $\varepsilon=0.02$；

$Z_{\text{I}-\text{II}}$、$Z'_{\text{I}-\text{II}}$——轴Ⅰ和轴Ⅱ之间相啮合的主动齿轮和从动齿轮齿数，其余类推。

图 5-8 中所表示的齿轮啮合情况时，主轴的转速为

$$n_{主}=1\,450\times\frac{130}{230}\times0.98\times\frac{51}{43}\times\frac{22}{58}\times\frac{63}{50}\approx450\ \text{r/min}$$

同理，可以计算出主轴正转时 24 级转速为 10～1 400 r/min；反转时 12 级转速为 14～1 580 r/min。主轴反转通常不是用于切削，而是用于车削螺纹时，切削完一刀后，车刀沿螺纹线退回，所以转速较高以节省辅助时间。

（2）进给运动传动链

进给运动传动链的两个末端件分别是主轴和刀架，其功用是使刀架实现纵向或横向移动及变速与换向。

① 车削螺纹传动路线

CA6140 型卧式车床能车削米制、英制、模数制和径节制四种标准螺纹。此外，还可以车削大导程、非标准和较精密的螺纹，既可以车削右旋螺纹，也可以车削左旋螺纹。

车削各种不同螺距的螺纹时，要保证主轴转一转，刀具均匀地移动一个导程。因此，车削螺纹时传动链的运动平衡式为

$$1_{(主轴)}\times u\times L_{丝}=L_{工}$$

式中：u——从主轴到丝杠之间的总传动比；

$L_{丝}$——机床丝杠的导程，CA6140 型卧式车床的 $L_{丝}=12$ mm；

$L_{工}$——被加工螺纹的导程（单位符号：mm）。

• 米制螺纹

常用米制螺纹导程的标准值见表 5-4。从表中可以看出，每一行的标准导程值按等差数列排列，每一列按等比数列排列，其公比值为 2（或 1/2）。

表 5-4　标准米制螺纹导程　　mm

—	1	—	1.25	—	1.5
1.75	2	2.25	2.5	—	3
3.5	4	4.5	5	5.5	6
7	8	9	10	11	12

车削米制螺纹时，运动由主轴Ⅵ经齿轮副 58/58、换向机构 33/33（车左螺纹时经 33/25×25/33）、挂轮 63/100×100/75 传到进给箱，进给箱中的 M_3 和 M_4 脱开，M_5 接合，经Ⅻ轴 Z25 和Ⅷ轴 Z36 啮合、轴Ⅷ和ⅩⅣ间的基本组 $u_{基}$、轴ⅩⅣ右端 Z25、过轮 Z36，将运动传到轴ⅩⅤ，再经增倍组 $u_{倍}$、M_5 离合器，传动丝杠ⅩⅧ，带动刀架完成米制螺纹的加工。

车削米制螺纹的运动平衡式为

$$L=1_{(主轴)}\times\frac{58}{58}\times\frac{33}{33}\times\frac{63}{100}\times\frac{100}{75}\times\frac{25}{36}\times u_{基}\times\frac{25}{36}\times\frac{36}{25}\times u_{倍}\times12\ \text{mm}$$

化简后得
$$L=7u_{基}u_{倍}$$

由上式可知，如适当选择 $U_{基}$ 和 $U_{倍}$ 值，就可得到米制螺纹导程 L 的各值。

进给箱中的基本变速组是双轴滑移齿轮变速机构，由轴 XIII 上的 8 个固定齿轮和轴 XIV 上的 4 个滑移齿轮组成，每个滑移齿轮可分别与邻近的两个固定齿轮相啮合，共有 8 种传动比：

$$u_{基1}=\frac{26}{28}=\frac{6.5}{7}\qquad u_{基2}=\frac{28}{28}=\frac{7}{7}\qquad u_{基3}=\frac{32}{28}=\frac{8}{7}\qquad u_{基4}=\frac{36}{28}=\frac{9}{7}$$

$$u_{基5}=\frac{19}{14}=\frac{9.5}{7}\qquad u_{基6}=\frac{20}{14}=\frac{10}{7}\qquad u_{基7}=\frac{33}{21}=\frac{11}{7}\qquad u_{基8}=\frac{36}{21}=\frac{12}{7}$$

除了 $u_{基1}$ 和 $u_{基5}$ 外，其余各传动比用分数表示时，分子按等差数列排列。

增倍变速组由轴 XV ～ XVII 间的三轴滑移齿轮机构组成，可变换四种传动比：

$$u_{倍1}=\frac{18}{45}=\frac{15}{48}=\frac{1}{8}\qquad u_{倍2}=\frac{28}{35}=\frac{15}{48}=\frac{1}{4}\qquad u_{倍3}=\frac{18}{45}=\frac{35}{28}=\frac{1}{2}\qquad u_{倍4}=\frac{28}{35}=\frac{35}{28}=1$$

它们之间依次相差 2 倍，目的是将基本组的传动比成倍地增加或缩小，从而可以实现等比数列的关系。

如果需加工导程大于 12 mm 的米制螺纹，应采用扩大导程传动路线。这时，主轴 VI 的运动（此时 M_2 接合，主轴处于低速状态）经斜齿轮传动副 58/26 传到轴 V，背轮机构 80/20 与 80/20 或 50/50 传至轴 III，再经 44/44、26/58（轴 IX 滑移齿轮 58 处于右位与轴 VIII 的 26 啮合）传到轴 IX，其传动路线表达式为：

$$\text{主轴 VI}-\left\{\begin{array}{c}\underline{\text{正常导程}}\text{-------}\dfrac{58}{58}\text{-------}\\ \text{扩大导程}\\ \dfrac{58}{26}-\text{V}-\dfrac{80}{20}-\text{IV}-\left\{\begin{array}{c}\dfrac{50}{50}\\ \dfrac{80}{20}\end{array}\right\}-\text{III}-\dfrac{44}{44}-\text{VIII}-\dfrac{26}{58}\end{array}\right\}-\text{IX}-$$

由表达式可知，正常螺纹导程时，轴 VI ～ IX 间的传动比为
$$u=\frac{58}{58}=1$$

使用扩大螺纹导程机构时，轴 VI ～ IX 间的传动比为：

当主轴转速为 10～32 r/min 时，$u_{扩1}=\dfrac{58}{26}\times\dfrac{80}{20}\times\dfrac{80}{20}\times\dfrac{44}{44}\times\dfrac{26}{58}=16$；

当主轴转速为 40～125 r/min 时，$u_{扩2}=\dfrac{58}{26}\times\dfrac{80}{20}\times\dfrac{50}{50}\times\dfrac{44}{44}\times\dfrac{26}{58}=4$。

所以，通过扩大导程传动路线可将正常螺纹导程扩大 4 倍或 16 倍。CA6140 型卧式车床车削大导程米制螺纹时，最大螺纹导程为 192 mm。

- 模数螺纹

模数螺纹主要用在米制蜗杆中，用模数 m 表示螺距的大小。螺距与模数的关系为
$$P_{m}=\pi m\ \text{mm}$$
所以模数螺纹的导程为
$$L_{m}=k\pi m\ \text{mm}$$
式中，k 为螺纹的头数。

模数螺纹的标准模数 m 也是分段等差数列。车削时的传动路线与车削米制螺纹的传动路线基本相同。由于模数螺纹的螺距中含有 π 因子，因此车削模数螺纹时所用的挂轮与车削

米制螺纹时不同，需用$\frac{64}{100}\times\frac{100}{97}$来引入常数 π，其运动平衡式为

$$L_m=1_{(主轴)}\times\frac{58}{58}\times\frac{33}{33}\times\frac{64}{100}\times\frac{100}{97}\times\frac{25}{36}\times\frac{25}{36}\times u_{基}\times\frac{36}{25}\times u_{倍}\times 12\ \text{mm}$$

式中$\frac{64}{100}\times\frac{100}{97}\times\frac{25}{36}\approx\frac{7\pi}{48}$，化简后得

$$m=\frac{7}{4k}u_{基}u_{倍}$$

只要变换 $u_{基}$ 和 $u_{倍}$，就可车削各种不同模数的螺纹。

• 英制螺纹

英制螺纹在英、美等英寸制国家中广泛应用，我国部分管螺纹也采用英制螺纹。英制螺纹的标准值以每英寸长度上的螺纹扣数 α（单位：扣/in）表示，其标准值也按分段等差数列的规律排列。英制螺纹的导程 $L_\alpha=1/\alpha$（单位：in）。由于 CA6140 型卧式车床的丝杠是米制螺纹，所以被加工的英制螺纹也应换算成以毫米为单位的相应导程值，即

$$L_\alpha=\frac{1}{\alpha}\text{in}=\frac{25.4}{\alpha}\ \text{mm}$$

车削英制螺纹时，对传动路线做如下变动：首先，改变传动链中部分传动副的传动比，使其包含特殊因子 25.4；其次，将基本组两轴的主、被动关系对调，以便使分母为等差级数。其余部分的传动路线与车削米制螺纹时相同。其运动平衡式为

$$L_\alpha=1_{(主轴)}\times\frac{58}{58}\times\frac{33}{33}\times\frac{63}{100}\times\frac{100}{75}\times\frac{1}{u_{基}}\times\frac{36}{25}\times u_{倍}\times 12=\frac{4}{7}\times 25.4\times\frac{1}{u_{基}}\times u_{倍}$$

将 $L_\alpha=25.4/\alpha$ 代入上式得

$$\alpha=\frac{7}{4}\times\frac{u_{基}}{u_{倍}}\ 扣/\text{in}$$

只要变换 $u_{基}$ 和 $u_{倍}$ 的值，就可得到各种标准的英制螺纹。

• 径节螺纹

径节螺纹主要用于英制蜗杆，其标准值用径节（DP）表示。径节代表齿轮或蜗轮折算到每英寸分度圆直径上的齿数，故英制蜗杆的轴向齿距为

$$L_{DP}=\frac{\pi}{DP}\text{in}=\frac{25.4k\pi}{DP}\ \text{mm}$$

标准径节的数列也是分段等差数列。径节螺纹的导程排列的规律与英制螺纹相同，只是含有特殊因子 25.4π。车削径节螺纹时，可采用英制螺纹的传动路线，但挂轮需换为$\frac{64}{100}\times\frac{100}{97}$，其运动平衡式为

$$L_{DP}=1_{(主轴)}\times\frac{58}{58}\times\frac{33}{33}\times\frac{64}{100}\times\frac{100}{97}\times\frac{1}{u_{基}}\times\frac{36}{25}\times u_{倍}\times 12\ \text{mm}$$

式中$\frac{64}{100}\times\frac{100}{97}\times\frac{36}{25}\approx\frac{25.4\pi}{84}$，化简后得

$$DP=7k\frac{u_{基}}{u_{倍}}$$

变换 $u_{基}$ 和 $u_{倍}$，就可得到常用的 24 种螺纹径节。

• 非标准螺纹和精密螺纹

此时需将进给箱中的齿式离合器 M_3、M_4 和 M_5 全部啮合，被加工螺纹的导程 $L_{工}$ 依靠调

整挂轮的传动比 $u_{挂}$ 来实现。其运动平衡式为

$$L_{工}=1_{(主轴)}\times\frac{58}{58}\times\frac{33}{33}\times u_{挂}\times 12\ \mathrm{mm}$$

挂轮的换置公式为

$$u_{挂}=\frac{a}{b}\times\frac{c}{d}=\frac{L_{工}}{12}$$

适当地选择挂轮以 a、b、c 及 d 的齿数，就可车出所需要的非标准螺纹。同时，由于螺纹传动链不再经过进给箱中任何齿轮传动，减少了传动件制造和装配误差对被加工螺纹导程的影响，若选择高精度的齿轮作挂轮，则可加工精密螺纹。

② 纵向和横向进给传动链

为了减少丝杠的磨损和便于操纵，机动进给是由光杠经溜板箱传动的。

• 纵向进给传动链

CA6140 型卧式车床纵向机动进给量有 64 种。当运动由主轴经正常导程的米制螺纹传动路线时的运动平衡式为

$$f_{纵}=1_{(主轴)}\times\frac{58}{58}\times\frac{33}{33}\times\frac{63}{100}\times\frac{100}{75}\times\frac{25}{36}\times u_{基}\times\frac{25}{36}\times\frac{36}{25}\times u_{倍}\times\frac{28}{56}\times\frac{36}{32}\times\frac{32}{56}\times\frac{4}{29}\times\frac{40}{30}\times\frac{30}{48}\times\frac{28}{80}\times\pi\times 2.5\times 12\ \mathrm{mm/r}$$

化简后可得

$$f_{纵}=0.71u_{基}u_{倍}$$

变换 $u_{基}$ 和 $u_{倍}$ 可得到从 0.08～1.22 mm/r 的 32 种正常进给量。其余 32 种进给量可分别通过英制螺纹传动路线和扩大螺纹导程机构得到。

• 横向进给传动链

通过运动平衡式的计算可知，当横向机动进给与纵向进给的传动路线一致时，所得的横向进给量为纵向进给量的一半，横向与纵向进给量的种数相同。

• 刀架快速移动

刀架的纵向和横向快速移动由快速移动电动机(0.25 kW、2 800 r/min)传动，刀架快速纵向右移的速度为

$$v_{纵右(快)}=2\ 800\times\frac{13}{29}\times\frac{4}{29}\times\frac{40}{30}\times\frac{30}{48}\times\frac{28}{80}\times\pi\times 2.5\times 12=4.76\ \mathrm{m/min}$$

(3) CA6140 型卧式车床的主要结构

① 主轴箱

主轴箱是车床的一个比较复杂的部件，其主要功能是支承主轴，并实现其开、停、换向、制动和变速，把进给运动从主轴传向进给系统。因此，它是一个比较复杂的传动部件。图 5-9 是 CA6140 型卧式车床主轴箱的展开图。它是按照传动轴传递运动的先后顺序，沿轴心线剖开(如图 5-10 所示)，并将其展开绘制而成的。展开图主要表示：各传动件(轴、齿轮、带传动和离合器等)的传动关系；各传动轴及主轴上有关零件的结构形状、装配关系和尺寸，以及箱体有关部分的轴向尺寸和结构。

要完整地表示出主轴箱的全部结构，仅有展开图是不够的，还需另加若干剖面图、向视图和外形图。

• 卸荷带轮

电动机经 V 型带将运动传至轴 Ⅰ 左端的带轮 2(见图 5-9 的左上部分)。带轮 2 与花键套 Ⅰ 用螺钉连接成一体，支承在法兰 3 内的两个深沟球轴承上。法兰 3 固定在主轴箱体 4 上。

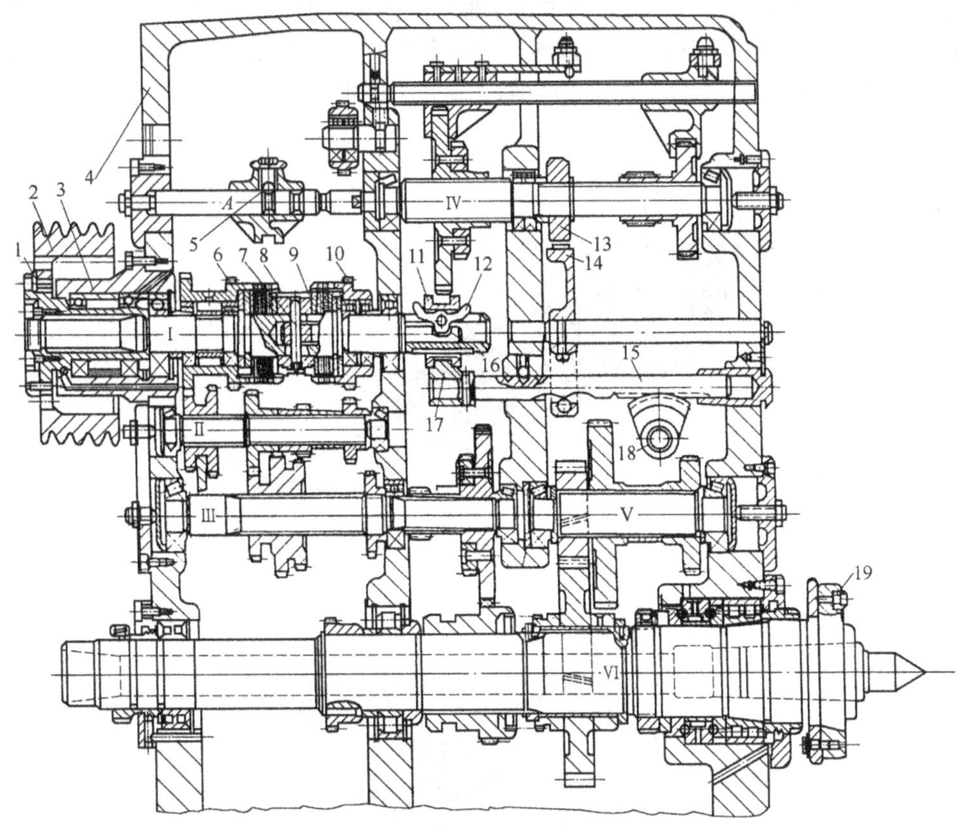

图 5-9　CA6140 型卧式车床主轴箱展开图

1—花键套；2—带轮；3—法兰；4—箱体；5—钢球；6—齿轮；7—销；8、9—螺母；10—齿轮；11—滑套；12—元宝销；13—制动盘；14—制动带；15—齿条；16—拉杆；17—拔叉；18—尺扇；19—圆键

这样，带轮 2 可通过花键套 1 带动轴 Ⅰ 旋转，V 型带的拉力则经轴承和法兰 3 传至箱体 4。轴 Ⅰ 的花键部分只传递转矩，从而可避免因 V 型带的拉力而使轴 Ⅰ 产生弯曲变形，提高了传动的平稳性。因此，这种带轮是卸荷的(即把径向载荷卸给箱体)。

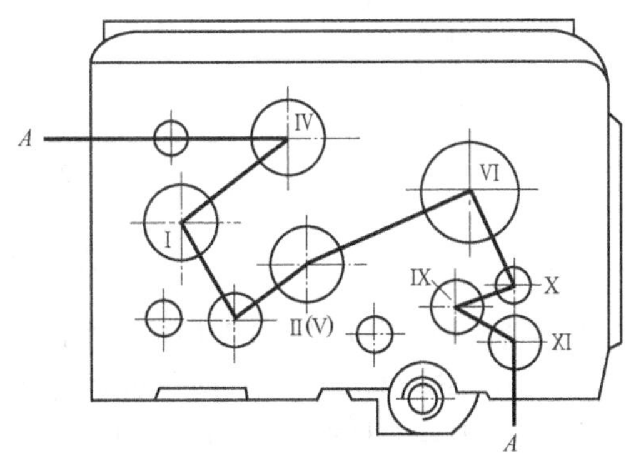

图 5-10　主轴箱展开图的剖切面

• 双向多片摩擦离合器及其操纵机构

图 5-11(a)为双向片式摩擦离合器结构。双向片式摩擦离合器装在轴Ⅰ上，其功用是控制主轴正转、反转或停止。它主要由内摩擦片 3、外摩擦片 2、压套 8 及空套齿轮 1 等组成。离合器左、右两部分结构是相同的。左离合器传动主轴正转，用于切削，传递的扭矩较大，所以片数较多(外摩擦片 8 片，内摩擦片 9 片)。右离合器传动主轴反转，主要用于退刀，片数较少(外摩擦片 4 片，内摩擦片 5 片)。内摩擦片 3 以花键与轴Ⅰ相连，外摩擦片 2 以其四个凸齿与空套双联齿轮 1 相连，外片空套在轴Ⅰ上，内、外摩擦片相间安装。当用操纵机构使杆 7 向左推动时，通过圆销 5 推动压套 8 左移，将左离合器内、外摩擦片紧压在止推片 10 和 1 上，依靠内、外摩擦片间的摩擦力使轴Ⅰ与双联齿轮相连，于是轴Ⅰ转动时带

动双联齿轮 1 一起转动，并经多级齿轮副带动主轴Ⅵ作正向转动。同理，当压套 8 向右移时，可使右离合器的内、外摩擦片压紧，使主轴反转。当压套 8 处于中间位置时，左右离合器处于脱开状态，这时，轴Ⅰ虽然转动，但离合器不传递运动，主轴处于停止状态。

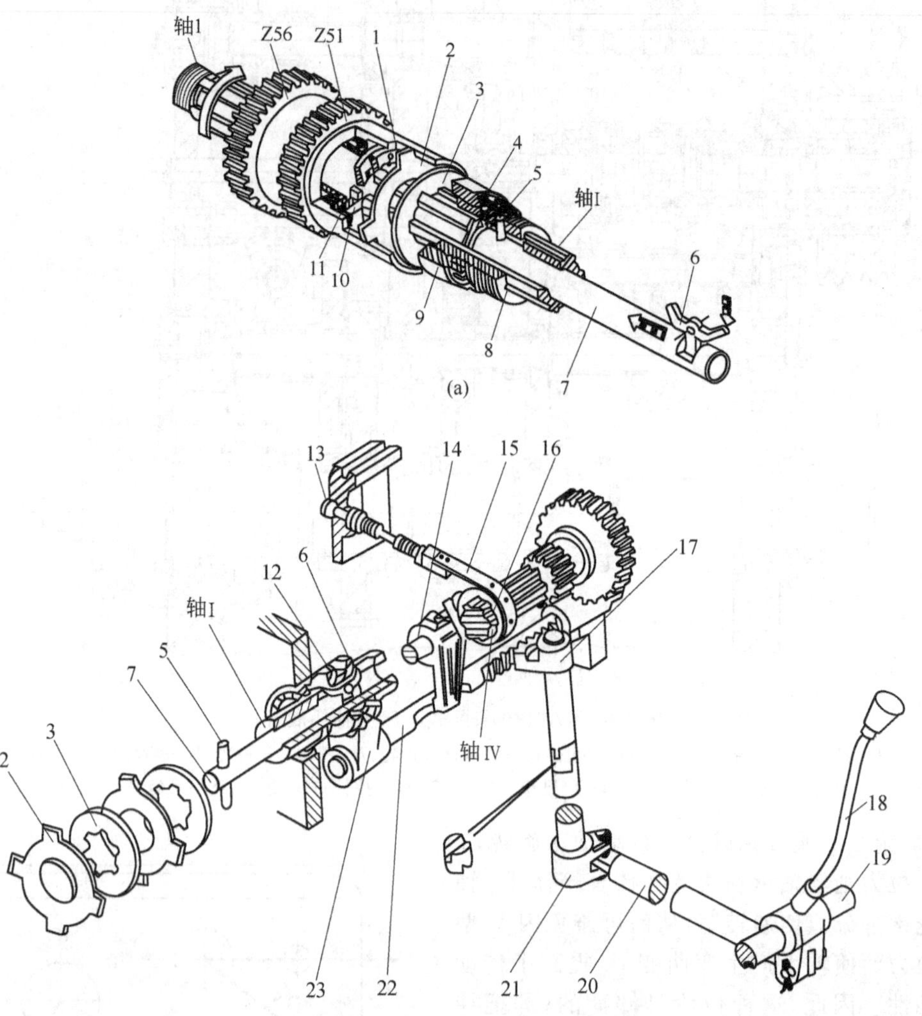

图 5-11　离合器和制动器操纵机构

制动器安装在轴Ⅳ上，其功用是在摩擦离合器脱开的时刻制动主轴，使主轴迅速地停止转动，以缩短辅助时间。图 5-11(b)所示是离合器和制动器操纵机构，当主轴正转和反转时，齿条 22 上的凹槽处与杠杆 14 的下端接触，使其顺时针转动，制动器松开；当停车时(手柄 18 处于中间位置)，齿条 22 上的凸起处与杠杆 14 接触，使杠杆 14 逆时针转动，拉紧闸带，制动器工作，使主轴立即停下来。件 13 是调整螺钉。

- 变速操纵机构

由传动系统的分析可知，主轴的 24 级转速是由 4 个滑移齿轮变速组和离合器 M_2 组合实现的。在主轴箱中，有两套操纵机构来操纵这些滑移齿轮，其中，图 5-12 是轴Ⅱ和轴Ⅲ上滑移齿轮的操纵机构。

变速手柄装在主轴箱的前壁上，通过链条传动轴 4。轴 4 上装有盘形凸轮 3 和曲柄 2。凸

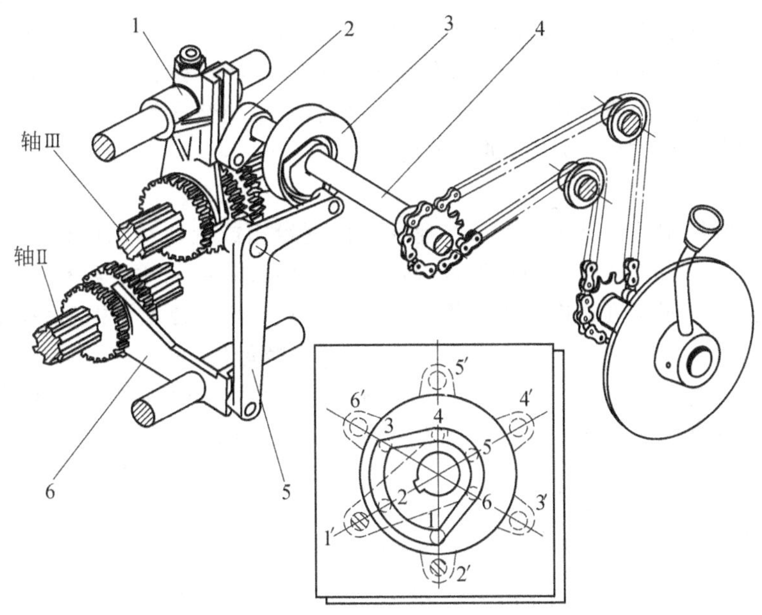

图 5-12　变速操纵机构

轮 3 上有一条封闭的曲线槽，由两段不同半径的圆弧和直线组成。凸轮上有 1～6 个变速手柄位置。位置 1、2、3 使杠杆 5 上端的滚子处于凸轮槽曲线的大半径圆弧处。杠杆经拨叉 6 将轴Ⅰ上的双联滑移齿轮移向左端位置。位置 4、5、6 则将双联滑移齿轮移向右端位置。曲柄 2 随轴 4 转动，带动拨叉 1，拨动轴Ⅲ上的三联齿轮，使它位于左、中、右 3 个位置。顺次转动手柄，就可使 2 个滑移齿轮的位置实现 6 种组合，使轴Ⅲ得到 6 种转速。滑移齿轮到位后应定位，图 5-9中的件 5 是拨叉的定位钢球。

• 主轴组件

主轴组件是主轴箱中的重要部件。机床工作时，由主轴组体直接带动工件旋转进行切削加工，因此，它必须具有较高的旋转精度、足够的刚度和良好的抗振性。

如图 5-9 所示，CA6140 型卧式车床主轴组件的前支承是精度为 P5 的 NN302IK 型双列圆柱滚子轴承，用于承受径向力。这种轴承具有刚度高、承载能力大、径向尺寸小及精度高等优点。前支承中还装有一个精度为 P5 的 234400 系列的双向推力角接触轴承，用于承受两个方向的轴向力。后支承是一个精度为 P6 的 NN3015K 型双列圆柱滚子轴承。中间支承用精度为 P6 的 NU216E 型单列圆柱滚子轴承，作为辅助支承，其配合较松，且间隙不能调整。主轴支承对主轴的回转精度及刚度影响很大，特别是轴承间隙直接影响到加工精度。主轴轴承应在无间隙（或少量过盈）的条件下进行工作，因此主轴组件应在结构上保证能调整轴承间隙。前轴承的径向间隙是通过其前后两侧的螺母来调整的。这两个螺母可以改变 NN302IK 型轴承内环（具有 1∶12 的锥孔）的轴向位置，由于轴承的内环很薄，所以它在轴向移动的同时产生径向弹性膨胀，从而调整了轴承的径向间隙（或预紧程度）。后支承外边的螺母是用来调整后轴承的间隙。

主轴是一空心的阶梯轴，其内孔用来通过棒料或通过气动、电动或液压等夹紧驱动装置。主轴前端的 6 号莫氏锥孔用来安装顶尖；主轴前端的短法兰式结构用于安装卡盘或拨盘。

主轴上装有三个齿轮，最右边的是空套在主轴上的左旋斜齿轮，其传动较平稳，齿轮传动所产生的轴向力指向前轴承，以抵消部分轴向切削力，从而减小了前轴承所承受的轴向力。中间滑移齿轮通过花键与主轴相联，在左边位置时，为高速传动；在右边时，齿式离合器(M_2)接合，为低速传动；处于中间空挡位置时，可用手转动主轴，以便装夹和调整工件。主轴最左边的齿轮固定在主轴上，用它把运动传给进给系统。

② 溜板箱

溜板箱的主要作用是将进给运动或快速移动由进给箱或快速移动电机传给溜板和刀架，使刀架实现纵、横向和正、反向机动走刀或快速移动。溜板箱内的主要机构有：接通丝杠传动的开合螺母机构，纵、横向机动进给操纵机构，互锁机构，安全离合器机构和手动操纵机构等。

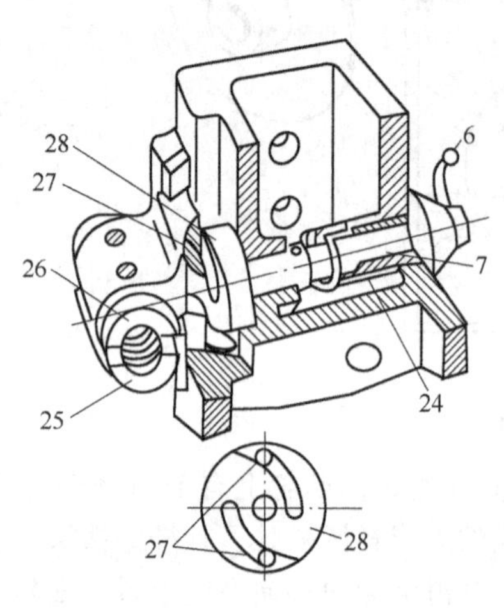

图 5-13　开合螺母机构

- 开合螺母机构

图 5-13 所示为溜板箱中的开合螺母机构，开合螺母机构由上下两半螺母 25 和 26 组成，装在箱壁的燕尾形导轨中，螺母导轨底面各装有一个圆销 27，销子的另一端嵌在槽盘 28 的曲线槽内。槽盘经轴 7 与手柄 6 相联。当顺时针转动手柄 6 时，槽盘 28 上的曲线将迫使两销子 27 带动上下开合螺母合上，与丝杠相啮合，从而实现加工螺纹的进给；反之，逆时针转动手柄 6，则将开合螺母分开。

- 纵、横向机动进给和快速移动的操纵机构

如图 5-14 所示，在溜板箱右侧，有一个集中操纵手柄 1。当手柄 1 向左或向右扳动时，可使刀架相应作纵向向左或向右运动；若向前或向后扳动手柄 1，刀架也相应地向前或向后横向运动。手柄的顶端有快速移动按钮，当手柄 1 扳至左、右或前、后任一位置时，点动快速电动机，刀架即在相应方向快速移动。

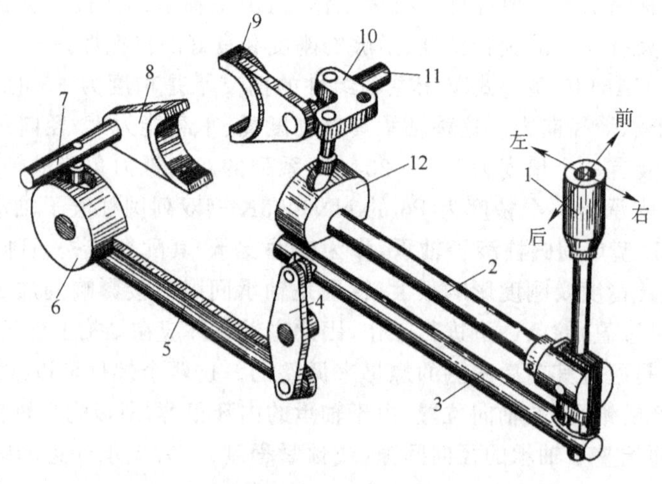

图 5-14　纵、横向机动进给操纵机构

当手柄 1 向左或向右扳动时，手柄 1 下端缺口拨动拉杆 3 向右或向左轴向移动，通过杠杆 4、拉杆 5 使圆柱凸轮 6 转动，凸轮上有螺旋槽，槽内嵌有固定在滑杆 7 上的滚子，由于螺旋槽

的作用，使滑杆 7 轴向移动，与滑杆相连的拨叉 8 也移动，导致控制纵向进给运动的双向牙嵌式离合器 M_8 接合(见图 5-8)，刀架实现向左或向右纵向机动进给运动。

向前或向后扳动手柄 1 时，手柄 1 的方块嵌在转轴 2 右端缺口，于是转轴 2 向前或向后转动一个角度，圆柱凸轮 12 也摆动一个角度，由于凸轮螺旋槽的作用，杠杆 10 作摆动，拨动滑杆 11，使拨叉 9 移动，双向牙嵌式离合器 M_9(见图 5-8)接合，从而接通了相应方向的横向机动进给运动。

当手柄 1 在中间位置时，离合器 M_8 和 M_9 脱开，这时机动进给运动和快速移动断开。

• 互锁机构

纵向、横向进给运动是互锁的，即离合器 M_8 和 M_9 不能同时接合，手柄 1 的结构可以保证互锁(手柄上开有十字形槽，所以手柄只能在一个位置)。

机床工作时，纵、横向机动进给运动和丝杠传动不能同时接通。丝杠传动是由溜板箱的开合螺母开或合来控制的。因此，溜板箱中设有互锁机构，保证车螺纹时开合螺母合上时，机动进给运动不能接通；而当机动进给运动接通时，开合螺母不能合上。

图 5-15 为互锁机构的工作原理图。当互锁机构处于中间位置(纵、横向机动和丝杠传动进给均未接通)，此时操纵手柄 1 可扳至前、后、左、右任意位置，以接通纵、横向机动进给，或者扳动手柄，使开合螺母合上。

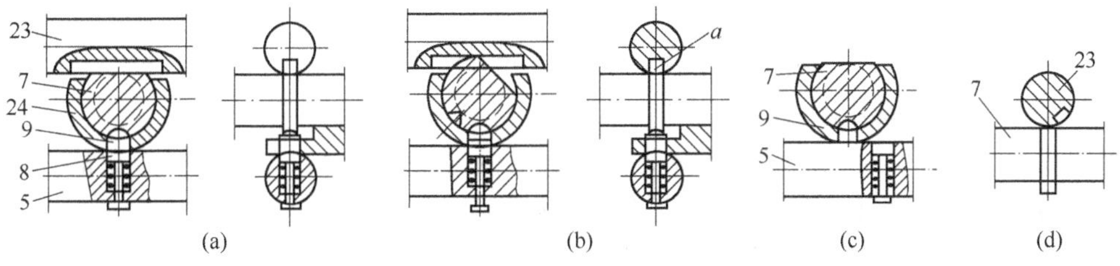

图 5-15　互锁机构的工作原理图

如果向下扳动手柄使开合螺母合上，则轴 7 顺时针转过一定角度，其上凸肩 a 嵌入轴 23 的槽中，将轴 23 卡住，使其不能转动；同时，凸肩又将装在支承套 24 横向孔中的球头销 9 压下，使其下端插入轴 5 的孔中，将轴 5 锁住，使它不能左右移动，如图 5-15(b)所示。这时纵、横向机动进给均不能接通。如果接通纵向机动进给，则因轴 5 沿轴线方向移动了一定的位置，其上的横孔与球头销 9 错位(轴线不在同一直线上)，使球头销不能往下移动，因而轴 7 被锁住而无法转动，如图 5-15(c)所示；如果接通横向机动进给时，由于轴 23 转动了位置，其上的沟槽不再对准轴 7 的凸肩 a，使轴 7 无法转动，如图 5-15(d)所示；因此，纵向或横向机动进给接通后，开合螺母不能合上。

• 安全离合器

为避免进给力过大或刀架移动受阻导致机床损坏，CA6140 安装了起安全保护作用的安全离合器。当过载消失后，机床可自动恢复正常工作。图 5-16 所示为安全离合器结构图。它由端面带螺旋形齿爪的左右两半部 5 和 6 组成，其左半部 5 用键装在超越离合器 M_6 的星形轮 4 上，且与轴 XX 空套，右半部 6 与轴 XX 用花键联接。正常工作情况下，在弹簧 7 压力作用下，离合器左右两半部分相互啮合，由光杠传来的运动，经齿轮 Z56、超越离合器 M_6 和安全离合器 M_7，传至轴 XX 和蜗杆 10。当进给系统过载时，离合器右半部 6 将压缩弹簧向右移动，与左半部 5 脱开，导致安全离合器打滑。于是机动进给传动链断开，刀架停止进给，过载现象消除后，弹簧7使安全离合器重新自动接合，恢复正常工作。机床允许的最大进给力，决定于弹簧7的调定压力。调整螺母3，通过装在轴XX内孔中的拉杆1和圆销8，可调整弹簧座9的轴向位置，改变弹簧7的压缩量，从而调整安全离合器能传递的扭矩大小。调整完毕，用锁紧螺母锁紧。

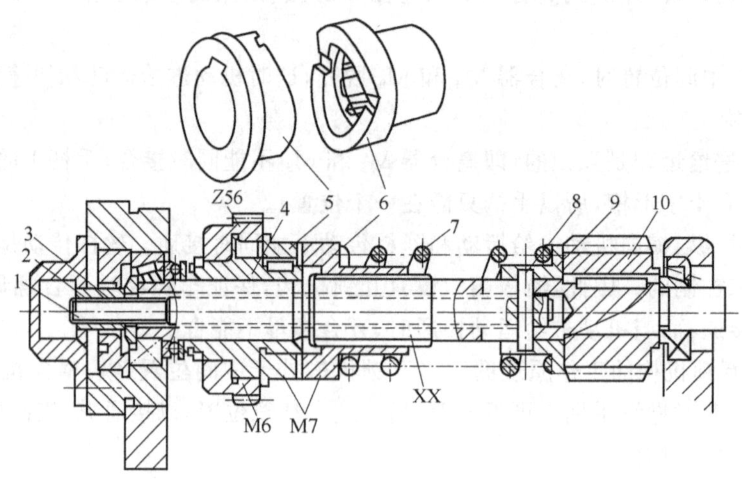

图 5-16　安全离合器

2. 数控车床与车削中心

由图 5-17 可见，数控车床机械系统与普通车床相比简单得多。普通车床刀架的纵向进给和横向进给都由主轴经挂轮架、进给箱、溜板箱传动；数控车床的纵向和横向运动都分别采用一个伺服电动机驱动。数控车床在主运动系统中安装了主轴脉冲发生器，它与主轴转速相同。当主轴每转一转时，主轴脉冲发生器发出一固定数目的脉冲，例如 1 024 p/r，当检测到 1 024 p 时，表示轴（带工件）旋转了一转，计算机指挥纵向伺服电机旋转，带动刀架移动一个加工螺纹的导程，实现螺纹车削。这说明数控车床将普通车床的主轴旋转运动和刀架移动之间的齿轮传动联系转由计算机去实现了。

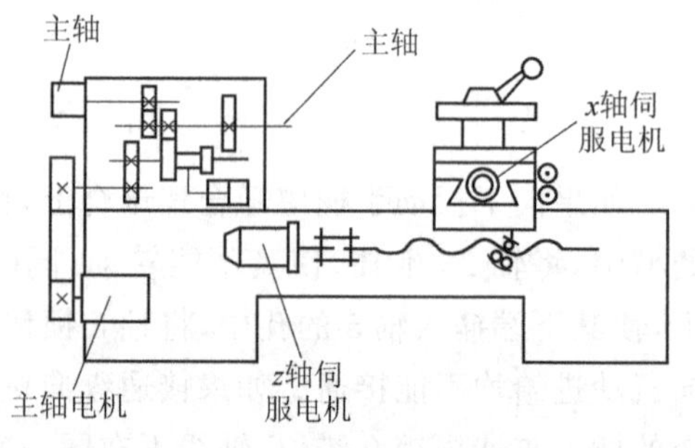

图 5-17　数控车床传动系统图

数控车床的主轴一般是卧式的（即水平方向），按 ISO 规定，数控机床的 z 坐标与主轴同方向。所以，数控车床刀架纵向移动为 z 方向，横向移动（即工件的径向）为 x 方向。当 z 与 x 协调运动时，可形成各种复杂的平面曲线，以这条曲线为母线绕工件旋转时（主轴带动工件旋转实现），可形成各种复杂的回转体。一般数控车床只需要两坐标数控运动；数控立车也只需要工件的轴向（垂直）和径向（水平）两坐标数控运动。

3. SG8630 高精度丝杆车床

SG8630 高精度丝杆车床是专用于车削高精度螺纹的专门化车床，加工精度可达 6 级，粗糙度小于 Ra0.4 μm。

机床外形如图 5-18 所示。由图可见，机床由主轴箱 2、床身 3、刀架 4、尾座 5、挂轮架 1 和传动丝杠 6 等主要部件组成。没有进给箱和溜板箱，且没有机动横向运动。

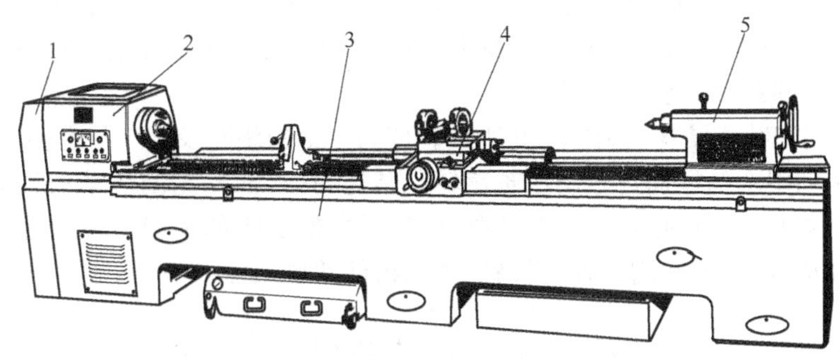

图 5-18　SG8630 高精度丝杆车床外形

传动系统如图 5-19 所示。传动路线表达式为

$$电机-\frac{\phi 75}{\phi 130}-\text{Ⅰ}-\frac{2}{43}-\text{Ⅱ}-主轴$$
$$\text{Ⅱ}-\frac{A}{B}-\frac{C}{D}-\text{Ⅳ}(丝杠)$$

主电机用可控硅无极变速，实现 150～1 500 r/min 的正、反转。刀架的运动由主轴Ⅱ经挂轮$\frac{A}{B}-\frac{C}{D}$直接传给丝杠Ⅳ，通过螺母带动床鞍及刀架纵向移动，这是一条内联传动链。车削导程为 L 毫米的运动平衡式为

$$l_{r(主轴)}\times\frac{A}{B}\times\frac{C}{D}\times L_{丝}=L$$

选取适当的挂轮齿数，就可加工出导程为 L 毫米的螺纹。车削左螺纹时，应在挂轮中加一惰轮。

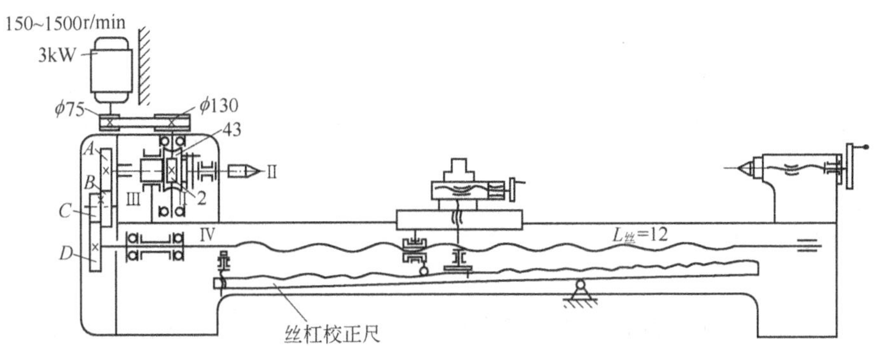

图 5-19　SG8630 高精度丝车床的传动系统图

由于 S68630 高精度丝杆车床用于加工高精度的丝杠，因此对螺纹传动链传动精度的要求高。为此，采取下列主要措施来提高传动精度。

(1) 螺纹传动链短。这样组成传动链的环节少，组成传动误差的项目也就减少了，有利于提高其传动精度。

(2) 与普通车床相比，该机床的传动元件，主要零部件的制造精度和机床的装配精度都有很大的提高。

(3) 传动丝杠的精度高、直径大，并安装在床身两导轨之间。直径大，可减小丝杠螺母副的接触应力，提高丝杠螺母副的耐磨性；传动丝杠放在床身两导轨之间，丝杠牵引力在床鞍中

央,有利于提高床鞍(刀架)运动的均匀性,从而提高了工件螺距的加工精度。由于丝杠粗而长,为了避免因其自重而引起的丝杠弯曲变形,在丝杠两支承之间用滚轮加以支承。

(4) 机床具有螺距误差校正装置。

(5) 主轴采用卸荷式结构,如图 5-20 所示。传动主轴的蜗轮及套 5 与主轴间有径向间隙。蜗轮通过套 5 和轴圈 6 的端面齿带动主轴旋转以传递扭矩,而蜗轮副传动的径向力通过轴承 4 由箱体承受。这样减少了主轴的弯曲变形,提高了主轴运转的平稳性。而且主轴前后支承采用静压滑动轴承,因而轴承刚度好,提高了主轴组件的抗振性。

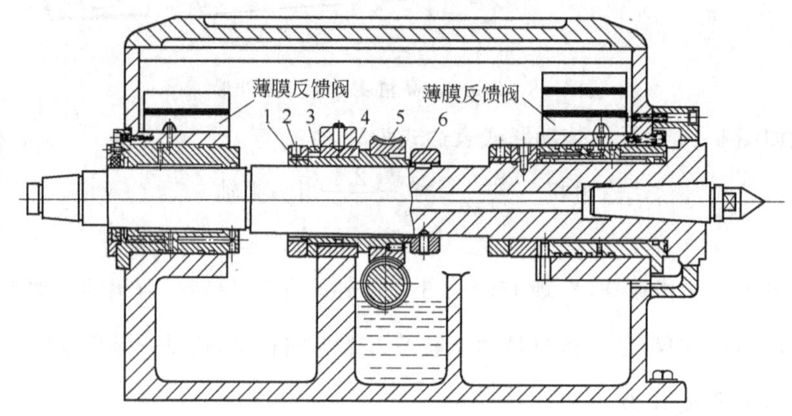

图 5-20 SG8630 高精度丝杆车床的主轴箱

(6) 因为该机床在恒温车间进行装配和调试,因而使用时也应在恒温室中,以减小机床热变形对加工精度的影响。

5.3.2 车刀

用于各种车床上加工外圆、内孔、端面、螺纹、切槽、切断,内外成形回转表面的刀具称为车刀。它是金属切削中使用最广泛的刀具之一。车刀样式很多,按车刀的用途分类可分为普通车刀和成形车刀。

1. 普通车刀

(1) 普通车刀的用途

① 外圆车刀

外圆车刀主要用于车削圆柱形或圆锥形外表面,若将车床小刀架转一角度也可以车端面。图 5-21(a)所示主偏角 $\kappa_r=45°$ 的车刀既可以车外圆,也可以车端面和倒角,通用性很好。图 5-21(b)主偏角 $\kappa_r=75°$ 的强力车刀,用于大切深($a_p=30\sim35$ mm)和大进给($f=1\sim1.5$ mm/r)车外圆,其特点是:为了使主切削力最小,将主偏角磨成 75°;为了改善刀尖的散热条件,刀尖处磨有过渡刃;为了减小加工表面粗糙度,刀尖处磨有 $\kappa_r'=0°$ 的修光刃;为了增强刀刃强度,主切削刃处磨有负倒棱;为了可靠地断屑,在前刀面上磨有断屑槽。

如图 5-21(c)所示,主偏角 $\kappa_r=90°$ 的车刀既可以车外圆,也可以车端与轴线垂直的轴肩,还可以车细长轴。如图 5-21(d)所示,主偏角 $\kappa_r=93°$ 的车刀主要用于车细长轴,其特点是:主、副刀刃作用在工件上的径向力可以抵消,以免切削过程中产生振动。

② 端面车刀

端面车刀专门用于车削工件的端面。一般情况下都是由工件外圆向中心进给,如图 5-22

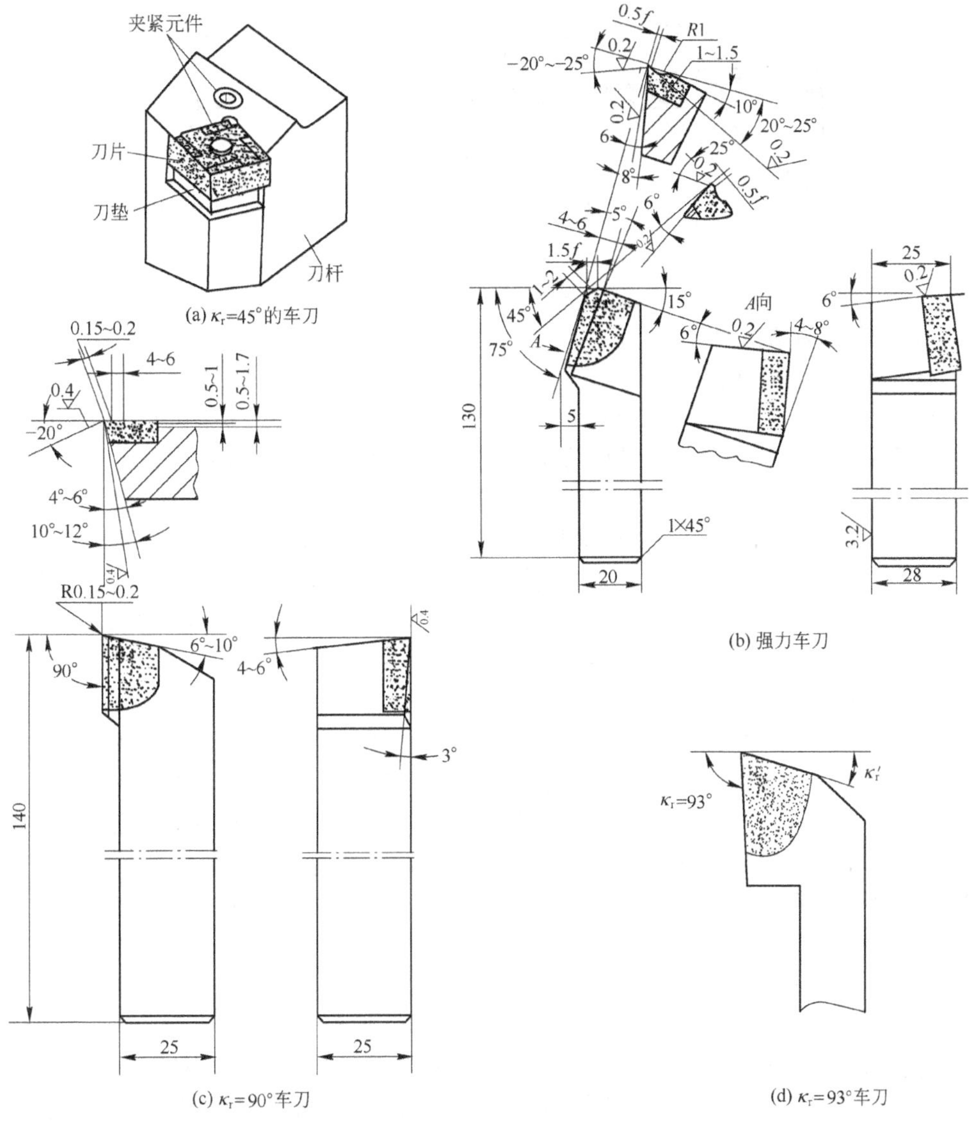

(a) κ_r=45°的车刀

(b) 强力车刀

(c) κ_r=90°车刀

(d) κ_r=93°车刀

图 5-21　外圆车刀

所示。加工带孔工件的端面时也可以由工件中心向外圆进给。

(3) 切断刀和切槽刀

图 5-23 所示的切断刀专门用于切断工件。为了能完全切断工件，车刀刀头必须伸出很长（一般比工件半径大 5～8 mm）；为了减少工件材料的消耗，刀头宽度应尽量取得小一些（一般为 2～6 mm）。由于切断刀刀头宽度小、悬伸长、排屑难、主切削力大，为了加强 5-23(b)度可做成 5-23(a)所示的结构；为了改善排屑条件可做成图 5-23(b)所示“宝剑形”。切槽刀类似于切断刀，所不同的是刀头宽度和伸出长度应根据工件的槽宽和槽深来确定。

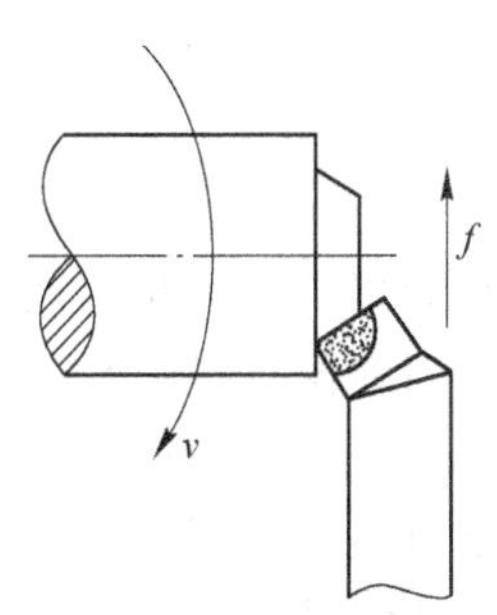

图 5-22　端面车刀

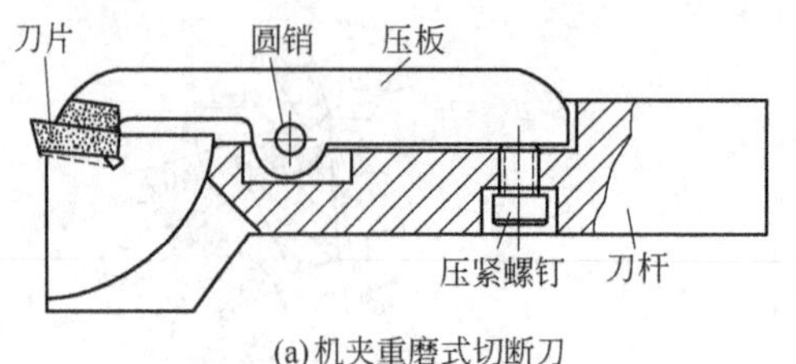

(a)机夹重磨式切断刀

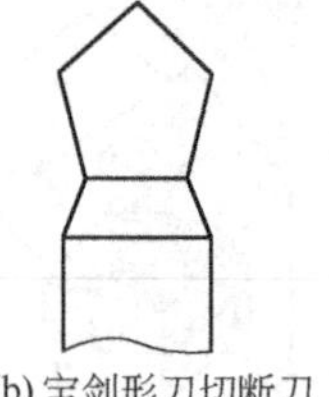
(b)宝剑形刀切断刀

图 5-23　切断刀

(2) 普通车刀的结构型式

① 焊接式硬质合金车刀

焊接式硬质合金车刀如图 5-21(b)、(c)、(d)所示，刀片形状、尺寸、用途已标准化(见 GB 852—75)，由硬质合金厂生产。设计时应根据选定的合理刀具角度和刀片的尺寸确定刀槽的形状和尺寸。焊接式硬质合金车刀的优点是：结构简单，制造方便，硬质合金利用率较高，刀具刚性好，抗振性强，可根据不同的工件材料和切削条件在工具磨床上用三向夹具磨出合理的几何参数。缺点是：刀片要经高温焊接，刃磨使硬质合金性能下降，且易产生微裂纹，降低刀具耐用度；刀杆不能重复使用，刀杆材料消耗多，重磨后对刀时间长，不适合自动机床、数控机床和自动线。

② 机夹式硬质合金车刀

机夹式车刀是将硬质合金刀片采用机械夹固的方法固定在刀槽中。刀片夹固方法有上压式和侧压式两种，图 5-23(a)所示为上压式。机夹式硬质合金车刀的主要优点是：刀片不经焊接、刃磨，避免了因焊接而引起的硬质合金硬度降低和因内应力导致的微裂纹，提高了刀具耐用度，刀杆可重复使用，节约了大量刀杆材料，刀片可重磨次数多，硬质合金利用率高。缺点是：刀具用钝后仍需重磨，不能完全避免裂纹，刃磨后对刀时间长，用于在自动线上使用不太方便。

③ 机夹可转位车刀

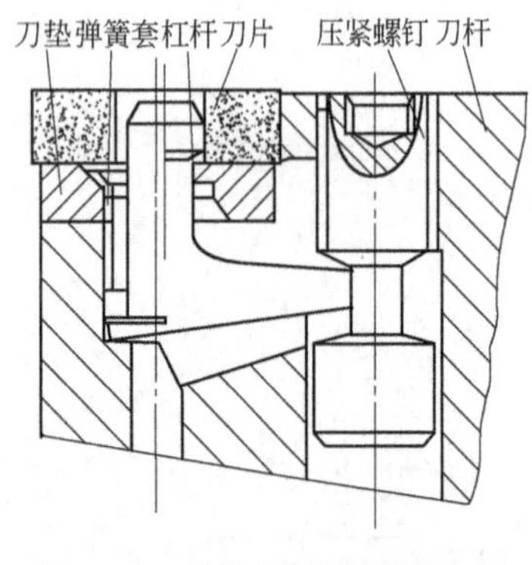

图 5-24　刀片夹同方式(曲杠式)

图 5-21(a)所示为机夹可转位车刀，它是将硬质合金四边形刀片用机械夹固的方法固定在刀槽中，一条刀刃用钝后可松开夹紧机构将刀片转位，使新的刀刃处于切削位置重新夹紧后继续使用，直到所有四条刀刃都用钝后刀片才报废回收。可转位刀片的夹固方式有楔销式、偏心销式、直杆式、曲杆式，图 5-24 所示为最常用的曲杆式。

可转位硬质合金车刀的刀片形状、尺寸已标准化(GB 2076—80、2078—80)，可根据车刀的用途选用。设计硬质合金可转位车刀时，应首先根据刀具用途、刀片材料、工件材料、切削条件选择合理的几何参数，再根据刀片本身的几何形状和几何角度计算刀槽角度。

与焊接式车刀相比，机夹可转位车刀有以下优点：刀片不经焊接、刃磨，刀具耐用度高，减少了换刀时间，使生产率大大提高；可采用涂层刀片，提高刀具耐用度；刀杆可重复使用，可以标准化，便于管理；在烧结刀片前可在刀片上压制各种形状的断屑槽，以实现可靠断屑。正是由于它有这些优点，所以被世界各国普遍采用。

2. 成形车刀

用于普通车床、自动车床和半自动车床上加工内外成形回转表面的车刀称为成形车刀。

(1) 成形车刀的特点

① 加工精度稳定:成形车刀后刀面法剖面廓形根据工件轴向廓形设计,所以工件廓形精度完全取决于刀具的设计、制造和安装精度,加工的工件有互换性,不受操作者水平的影响,加工精度可达 IT9～IT10,加工表面粗糙度可达 Ra6.3～3.2 μm。

② 生产率高:因成形车刀同时工作刀刃长度长,一次行程就可切出工件,而且切削行程短,所以生产率高。

③ 刀具寿命长:成形车刀用钝后可重磨前刀面,且可重磨次数多,因而刀具寿命长。

④ 刃磨方便:成形车刀的前刀面为平面,刃磨方便。

正是由于它有上述优点,所以在大批、大量生产的汽车、拖拉机、轴承行业中获得了广泛的应用,但由于设计、制造比普通车刀复杂、成本高,所以在单件、小批量生产中应用不多。

(2) 成形车刀的类型

成形车刀的样式很多,其分类方式也有多种,按进给方式可分为径向成形车刀和切向成形车刀,径向成形车刀加工时刀具沿工件半径方向进给,如图 5-25(a)、(b)、(c)所示;切向成形车刀加工时刀具沿工件加工表面的切线方向进给,如图 5-25(d)所示。生产中应用较多的是下述三种径向成形车刀:

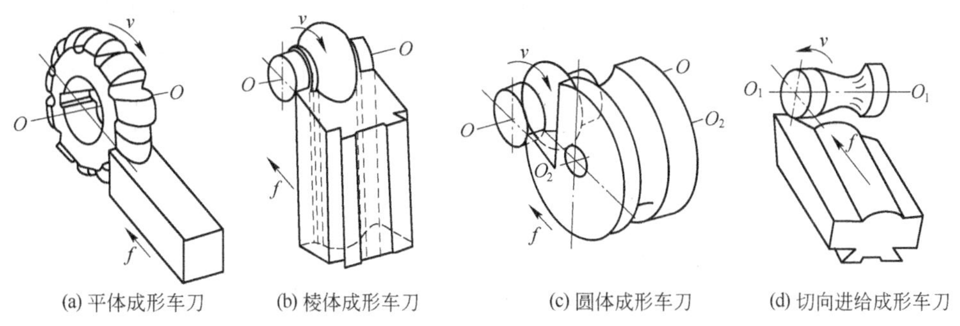

(a) 平体成形车刀　(b) 棱体成形车刀　(c) 圆体成形车刀　(d) 切向进给成形车刀

图 5-25　成形车刀的类型

① 平体成形车刀

图 5-25(a)所示为铲制凸半圆成形铣刀后刀面的平体成形车刀(又称铲刀),它的外形呈条状,和普通车刀类似,只是刀刃不同。平体成形车刀常用在普通车床上加工外成形回转表面,生产中用得最多的平体成形车刀是螺纹车刀、铲刀。

② 棱体成形车刀

图 5-25(b)所示为棱体成形车刀,它的外形是棱柱体,用钝后可重磨前刀面,且可重磨次数多,因而刀具寿命长,但它只能用于加工外成形回转表面。

③ 圆体成形车刀

图 5-25(c)所示为圆体成形车刀,它的外形是回转体,用钝后可重磨前刀面,且可重磨次数比棱体成形车刀还多,圆体成形车刀能加工内、外成形回转表面,制造比棱体成形车刀容易,生产中用得较多。

成形车刀是专用刀具,必须根据工件轴向廓形由生产厂自行设计、制造。

5.4 孔加工机床与刀具

通常所说的孔加工机床主要是指钻床和镗床，它们主要用于加工外形复杂，没有对称回转轴线工件上的孔，如箱体、支架、杠杆等零件上的单孔或孔系。

5.4.1 钻床

钻床是用钻头在工件上加工孔的机床。在钻床上钻孔时，工件一般固定不动，刀具作旋转主运动，同时沿轴向作进给运动，所以通常用于加工尺寸较小、精度要求不太高的孔。钻床可完成钻孔、扩孔、铰孔、锪孔以及攻螺纹等工作。钻床的加工方法及所需的运动如图 5-26 所示。钻床的主要类型有台式钻床、立式钻床、摇臂钻床、深孔钻床、数控钻床及其他钻床。钻床的主参数是最大钻孔直径。

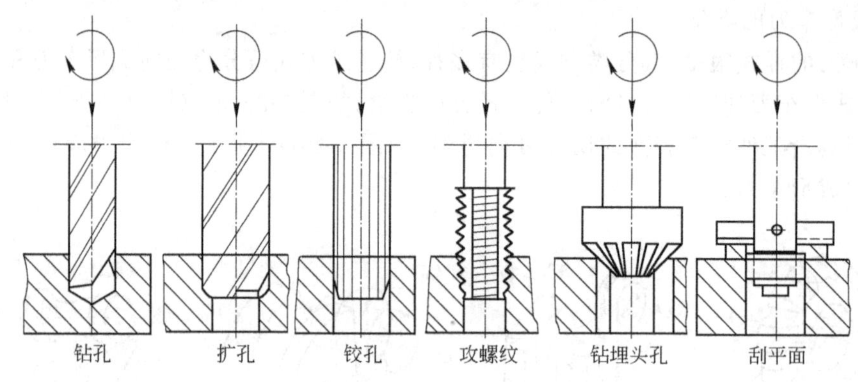

图 5-26 钻床加工方法

1. 立式钻床

图 5-27 所示为立式钻床的外形图，主要由主轴 2、变速箱 4、进给箱 3、立柱 5、工作台 1 和底座 6 等部件组成。加工时，工件直接或利用夹具安装在工作台上，主轴既旋转(由电动机经变速箱 4 传动)又作轴向进给运动。进给箱 3、工作台 1 可沿立柱 5 的导轨调整上下位置，以适应加工不同高度的工件。当第一个孔加工完成后再加工第二个孔时，需要重新移动工件，使刀具旋转中心对准被加工孔的中心。因此对于大而重的工件，操作不方便。它适用于中小工件的单件、小批量生产。

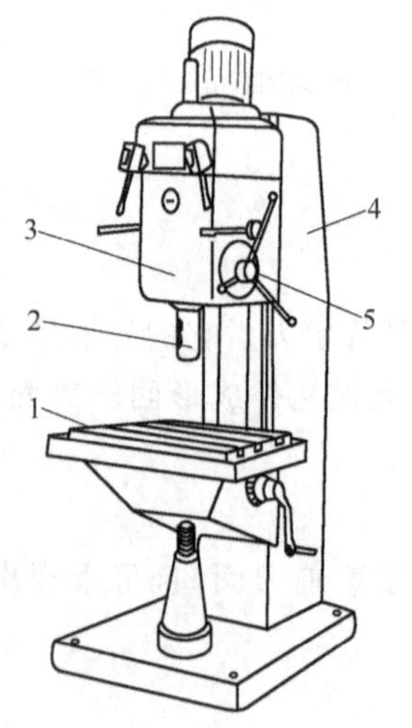

图 5-27 立式钻床

2. 摇臂钻床

摇臂钻床是摇臂绕立柱回转和升降，主轴箱在摇臂上作水平移动的钻床。图 5-28 所示为摇臂钻床的外形图，它主要由主轴 6、内立柱 2、外立柱 3、摇臂 4、主轴箱 5 和底座 1 等部件组成。主轴箱装在摇臂上，可沿摇臂上导轨作水平移动。摇臂套装在外立柱上，可沿外立柱上下移动，以适应加工不同高度工件的要求。此外，摇臂还可随外立柱绕内立柱在 180°范围回转，因此主轴很容易调整到所需要的加工位置。摇臂钻床还具有立柱、摇臂及主轴箱的夹紧机构，当主轴的位置调整确定后，可以快速将它们夹紧。

3. 深孔钻床

深孔钻床是专门用来加工深孔(长径比大于5～10的孔)的专门化机床,如枪孔、炮筒孔和机床主轴及液压缸、模具上的顶杆孔等深孔。如果采用一般钻孔方法,钻头既旋转又进给,容易偏斜,排屑困难,很难满足加工要求。深孔钻床在加工时,由主轴带动工件旋转实现主运动,特制的深孔钻头只作直线进给运动。这样,有利于钻头沿着工件的旋转轴线进给,防止把孔钻偏。深孔钻床采用卧式布局,便于装夹工件及排屑,此外深孔钻床还备有冷却液输送装置,加工时,可将高压的冷却液从深孔钻头的中心孔送到切削部位进行冷却,并冲出切屑。

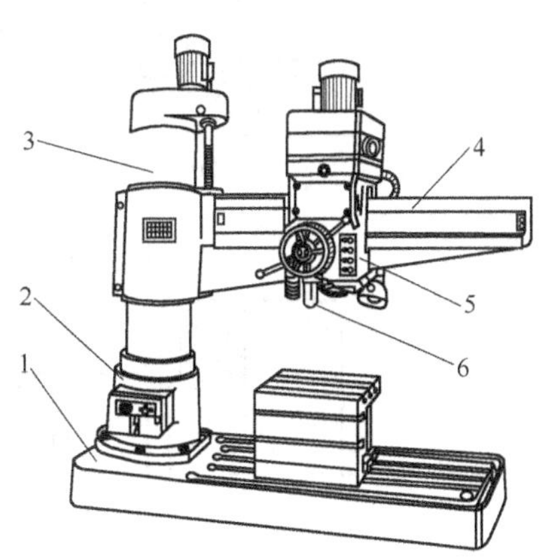

图 5-28　摇臂钻床

4. 数控钻床

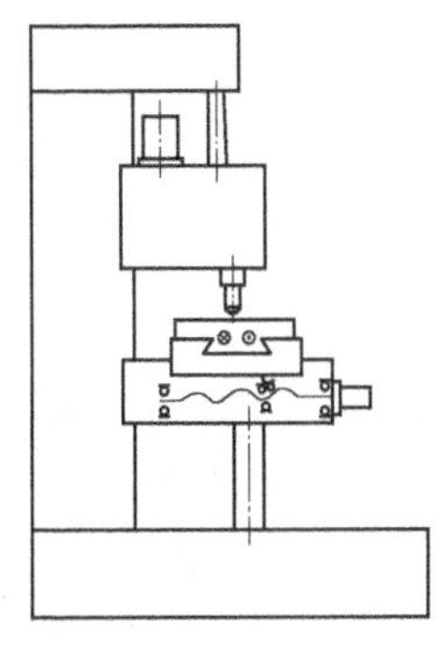
图 5-29　数控钻床

数控钻床主要用来加工有位置精度要求的孔和孔系。图5-29为数控钻床的传动系统,它一般都具有 x、y 坐标控制功能,所以在加工孔时,比立式钻床和摇臂钻床操作更方便、位置更精确。数控钻床钻孔时工件不移动,而当工件移动时,钻头已退离工件。所以一般采用点位控制,同时沿两轴或三轴快速移动,可以减少定位时间。有时也采用直线控制,以便进行平行于机床主轴轴线的钻削加工。数控钻床主轴采用电主轴、气浮轴承,最高转速达120 000 r/min甚至以上,钻孔直径为0.1 mm,目前多使用55 000 r/min。为了提高生产率,一般都采用4～6个主轴同时加工。每个主轴头上都装有激光系统,以检测钻头的长度、直径、动态径向跳动及断钻头自动停机显示断钻位置,并在换上新钻头后,自动检测钻头直径,当确认无误后,再重新开始钻孔。

机床的 x、y 坐标都采用DC(AC)驱动、精密滚珠丝杠螺母传动,并用双螺母结构以预紧消除间隙。x、y 坐标的底座与滑鞍均采用200 mm厚的花岗岩,既可长期稳定不变形,又能有效防止机械振动。各向运动采用气垫导轨,十分轻快、灵敏。为了防止因空气轴承出故障而导致机床出现不平衡状态,采用磁力吸住工作台,以免划伤工件。

z 轴一般带有深度实时测量装置,能精确控制主轴进给距离,以确保多层(PCB)板的加工需要。每个头的工作台面积约600 mm×600 mm以上,多头则相应增大。大部分高速数控钻床,都具有无套环钻头管理系统与回转(或双列)刀库,最多可更换360个钻头,在主轴和刀库之间有两个刚性刀具夹,用于换刀。刀具管理系统经过优化,减少了装卸刀具的次数及断钻的几率。

5.4.2　镗床

镗床是一种主要用镗刀在工件上加工孔的机床。通常用于加工尺寸较大、精度要求较高的孔,特别是分布在不同表面上、孔距和位置精度要求较高的孔,如各种箱体、汽车发动机缸体等零件上的孔。一般镗刀的旋转为主运动,镗刀或工件的移动为进给运动。在镗床上,除镗孔外,还可以进行铣削、钻孔、扩孔、铰孔、锪平面等工作。因此,镗床的工艺范围较广,图5-30所示为卧式镗床的主要加工方法。镗床的主要类型有卧式镗床、坐标镗床和金刚镗床等。

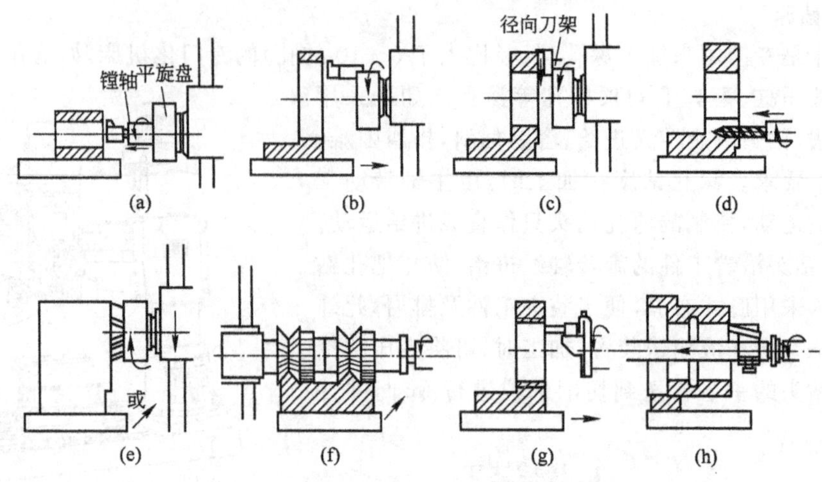

图 5-30 卧式镗床的主要加工方法

1. 卧式镗床

图 5-31 为卧式镗床的外形图，它由床身 10、主轴箱 8、前立柱 7、带后支承的后立柱 2、下滑座 11、上滑座 12、工作台 3、径向刀具滑板 6 和后承支架 1 等部件组成。加工时，刀具安装在主轴 4 或平旋盘 5 上，由主轴箱提供各种转速和进给量。主轴箱 8 可沿前立柱 7 上下移动，工件安装在工作台 3 上，可与工作台一起随上下滑座 12 和 11 作纵向或横向移动。此外，工作台还可绕上滑座 12 的圆导轨在水平面内调整至一定的角度位置，以便加工互成一定角度的孔与平面。装在主轴上的镗刀还可随主轴作轴向进给或调整镗刀的轴向位置。当刀具装在平旋盘 5 的径向刀架上时，径向刀架可带着刀具作径向进给，这时可以车端面。卧式镗床的主参数是镗轴直径。

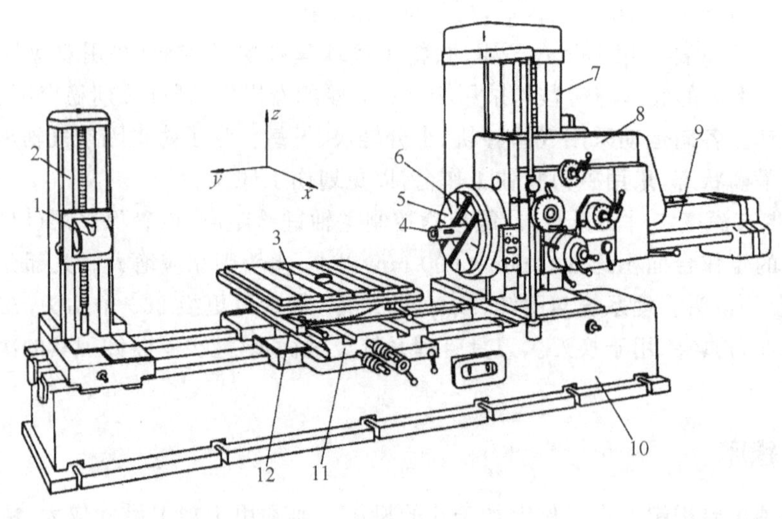

图 5-31 卧式镗床

卧式镗床既要完成如粗镗、粗铣、钻孔等粗加工，又要进行如精镗孔等精加工，因此，在卧式镗床上，工件可以在一次装夹中完成大部分或全部加工工序。

2. 坐标镗床

坐标镗床是一种高精度机床。其主要特点是依靠坐标测量装置，能精确地确定工作台、主轴箱等移动部件的位移量，实现工件和刀具的精确定位。此外还有良好的刚性和抗振性。它主要用来镗削精密孔（IT 5 级或更高）和位置精度要求很高的孔系（定位精度达 0.002～0.01 mm），例如钻模、镗模上的精密孔。坐标镗床的主要参数是工作台的宽度。

坐标镗床的工艺范围很广，除镗孔、钻孔、扩孔、铰孔以及精铣平面和沟槽外，还可以进行精密刻线、划线以及进行孔距和直线尺寸的精密测量工作。

坐标镗床按其布局形式可分为立式和卧式两大类，立式坐标镗床适用于加工轴线与安装基面（底面）垂直的孔系和铣削顶面；卧式坐标镗床适用于加工轴线与安装基面平行的孔系和铣削侧面。

3. 金钢镗床

金刚镗床因以前采用金刚石镗刀而得名，但现在已广泛使用硬质合金刀具。这种机床的特点是切削速度很高，而切削深度和进给量极小，加工精度可达 IT5～IT6，表面粗糙度值 Ra 达 0.63～0.08 μm。

图 5-32 是金刚镗床外形图，由主轴箱 1、工作台 3 和床身 4 等主要部件组成。主轴箱 1 固定在床身 4 上，主轴 2 的高速旋转是主运动，工作台 3 沿床身 4 的导轨作平稳的低速纵向移动以实现进给运动。工件通过夹具安装在工作台上。金刚镗床的主轴短而粗，刚度较高，传动平稳，这是它能加工出低表面粗糙度值和高精度孔的重要条件。

这类机床广泛应用在汽车、拖拉机和航空工业中，用于成批、大量生产中精加工活塞、连杆、气缸及其他零件。

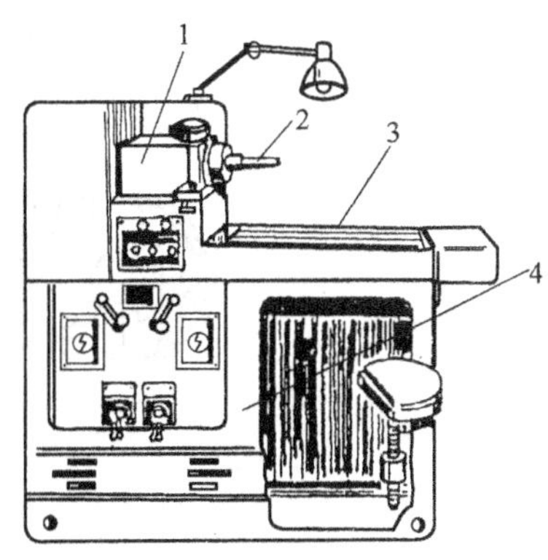

图 5-32　单面卧式金刚镗木

5.4.3　孔加工刀具

孔加工刀具是用于工件实心材料中形成孔或将已有孔扩大的刀具。孔加工刀具结构样式很多，按用途可分为从实心材料上加工孔的刀具和对已有孔进行再加工的刀具两大类。

1. 从实心材料上加工孔的刀具

（1）扁钻

扁钻的机构型式有整体式（加工 ϕ12 mm 以下的孔）和装配式。图 5-33 为加工铸铁用的装配式扁钻。扁钻的优点是：轴向尺寸小，刚性好，结构简单，制造容易，刃磨容易，便于使用优质刀具材料，在组合机床及其自动线或数控机床上使用能获得较好的技术、经济效果。扁钻由生产厂自行设计、制造。

（2）麻花钻

麻花钻是孔加工刀具中应用最多的刀具。钻孔精度为 IT12～IT13，加工表面粗糙度为 Ra50～6.3μm，加工孔径范围为 ϕ0.8～80 mm，ϕ30 以下应用最多。普通高速钢麻花钻的结构如图 5-34 所示。普通高速钢麻花钻可采用物理气相沉积（PVD 法）涂 TiN，以提高其耐磨性。普通高速钢麻花钻已标准化，由工具厂制造。除普通高速钢麻花钻之外，还有硬质合金麻花钻，一般小直径（$d_0 \leqslant 5$ mm）硬质合金麻花钻做成整体式，较大直径麻花钻做成镶片焊接式或

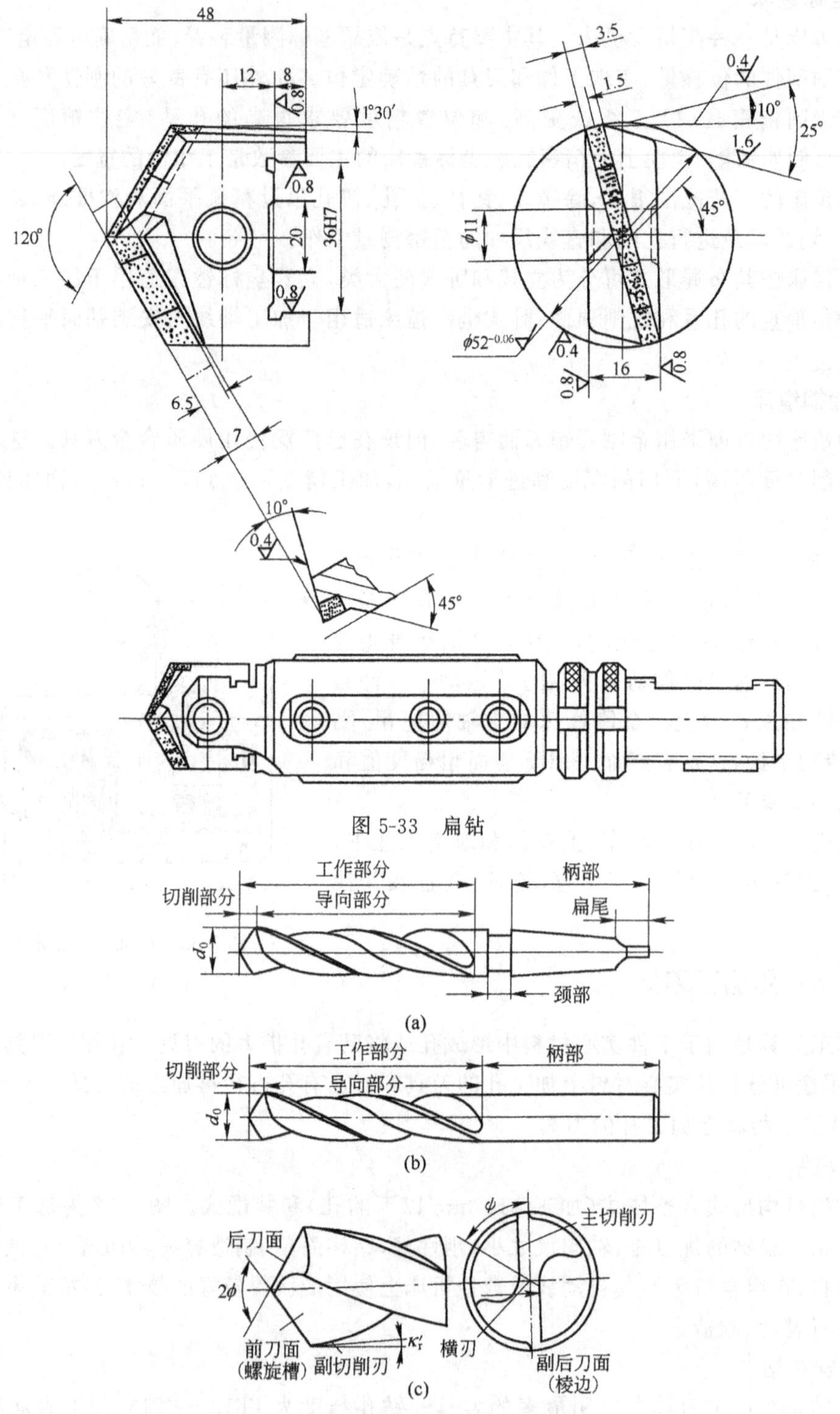

图 5-33 扁钻

图 5-34 普通高速钢麻花钻的结构

可转位式。图 5-35(a)所示为刀片焊接式硬质合金麻花钻,图 5-35 (b)所示为可转位硬质合金麻花钻。

普通标准高速钢麻花钻存在主刃前角变化大;横刃为负前角(约$-54°\sim-60°$),横刃长度大，轴向力大；大直径麻花钻主刃长，切屑宽，卷屑排屑难；刃带负后角为零，与孔壁摩擦大，刀尖角小，散热条件差，磨损快等缺点，所以应通过合理修磨才能提高切削效率。标准高速钢麻花钻修磨方式有多种，“群钻”是在标准高速钢麻花钻的基础上综合应用标准麻花钻的各种修磨方式磨成的一种效果较好的钻头。图 5-36 所示为在钢件上钻孔的标准群钻。除标准群钻外还有铸铁群钻、橡胶群钻等 11 种。图中所示标准群钻的切削部分有三尖七刃（钻心尖（横刃部分）、两刀尖 B，两外刃 AB、两圆弧刃 BC、两内直刃 CD、一横刃），直径 $d_0 \leqslant 15$ mm 的标准群钻外刃上不开分屑槽，如图 5-36(a)所示；15 mm$<d_0<$40 mm，外刃上开一条分屑槽，如图 5-36 (b)所示；$d_0>40$ mm 的外刃上开两条分屑槽，如图 5-36(c)所示。标准群钻各段刀刃前角都有不同程度的增大，圆弧刃 BC 前角平均增大 10°，内直刃 CD 前角平均增大 15°，横刃增大 4°～6°，因此大大减小了切屑变形，减小了切削力；圆弧刃 BC 有分屑和定心作用，有利于切屑排出，也有利于冷却液进入，对提高钻孔的直线性有利；经修磨后的横刃变低，变短（仅原来的 1/5－1/7），前角增大，轴向力大大减小；各段刀刃的后角可以分别磨出，且比标准麻花钻大，所以标准群钻的进给量比标准麻花钻大，钻孔生产率高。为了解决群钻刃磨难的缺点，益华工业科技开发研究所已研制出群钻刃磨装置。

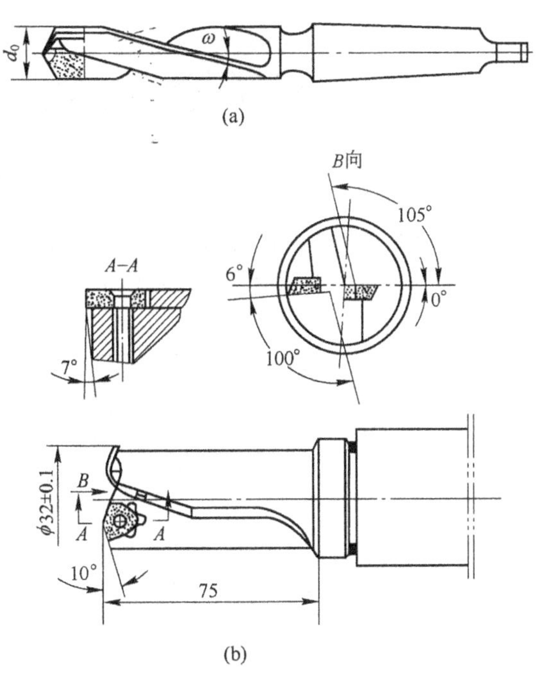

图 5-35　硬质合金麻花钻

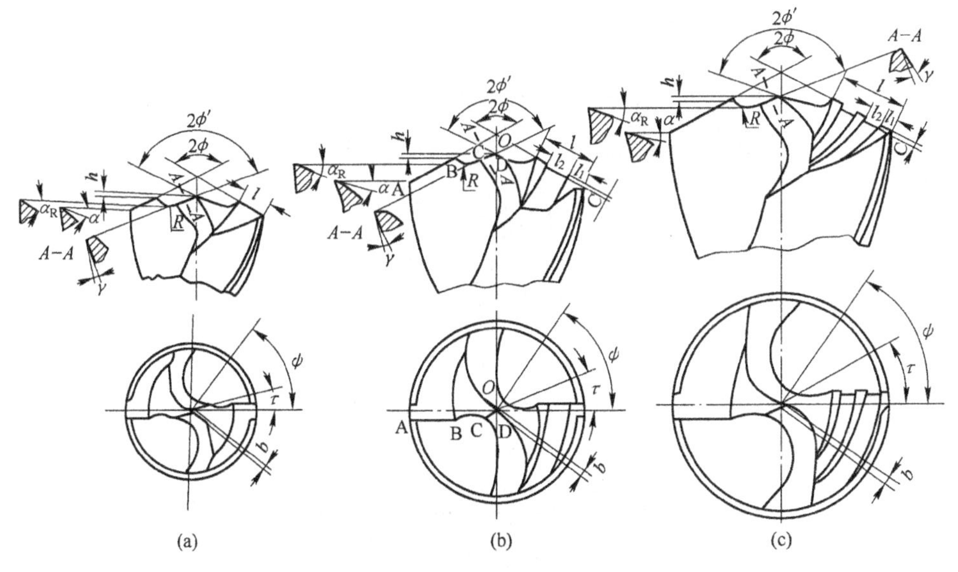

图 5-36　标准群钻

近年来，为了解决麻花钻的冷却问题，目前已研制出如图 5-37 所示的将切削液通向切削区的内冷却麻花钻，收到了良好的钻削效果。

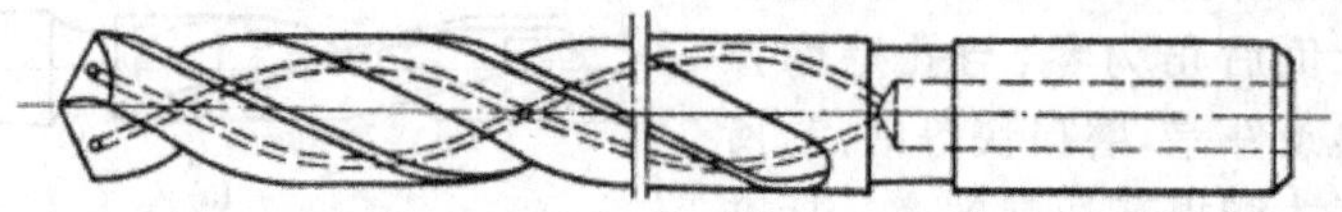

图 5-37　内冷却麻花钻

(3) 中心钻

中心钻用于加工轴类零件的中心孔。中心钻的结构形式有不带护锥的中心钻(如图 5-38(a)所示)和带 120°护锥的中心钻(如图 5-38(a)所示)。中心钻已标准化(GB 6078—85),由工具厂制造。

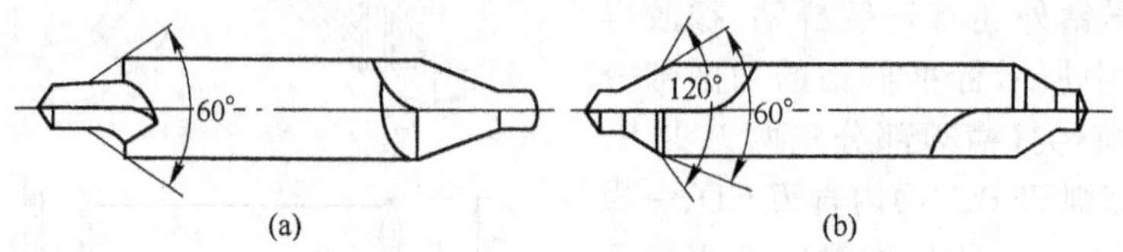

图 5-38　中心钻

(4) 深孔钻

深孔钻指孔的"长径比"(即孔深 L 与孔径 d 之比)大于 5～10 的孔。对于普通深孔,如 $L/d=5\sim20$,可用普通麻花钻接长后在车床上或钻床上加工。对于 $L/d\geqslant20\sim100$ 的特殊深孔(如枪管,液压筒),则需要在深孔机床上用深孔钻加工。深孔钻必须合理解决断屑和排屑、冷却和润滑、导向等问题才能正常工作。生产中常见的深孔钻有下述三种。

① 外排屑深孔钻

图 5-39(a)所示为单刃外排屑深孔钻,因为切削部分只有一侧有切削刃,没有横刃,钻削时

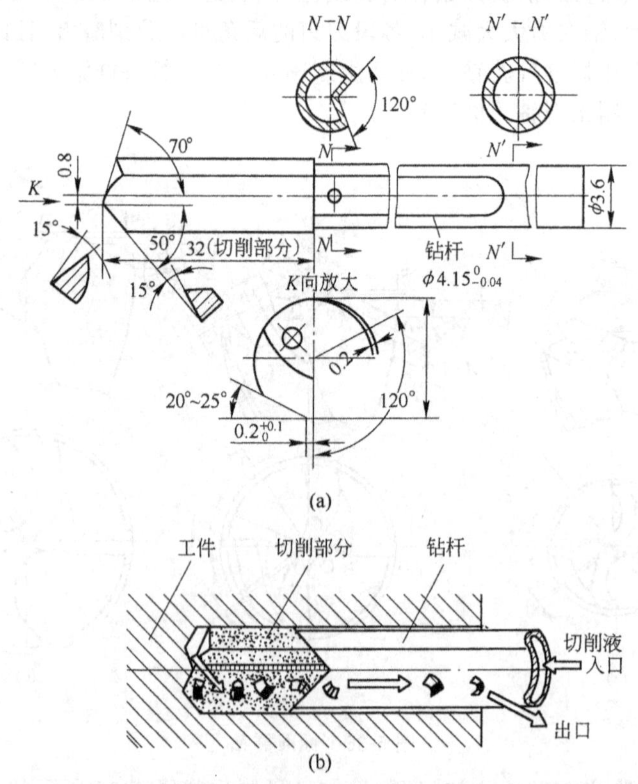

图 5-39　单刃外排屑深孔钻

切屑从钻杆外部排出，故称为单刃外排屑深孔钻。其最早用于加工步枪的枪管，故又称为枪钻。单刃外排屑深孔钻最适合加工孔径 3～20 mm，表面粗糙度 Ra3.2～0.8 μm，加工精度 IT8～IT10，长径比大于 100 的深孔。切削部分一般用高速钢制造，为了提高钻孔效率，也可用硬质合金制造，如图 5-39(b)所示。钻杆用无缝钢管制造。单刃外排屑深孔钻工作时，高压切削液(约 3.5～10 MPa)由钻杆后端的中心孔进入，径月牙孔和切削部分的进油小孔到达切削区，然后迫使切屑随同切削液由 120°的 V 形槽和工件孔壁之间的空间排出。

② 内排屑深孔钻

图 5-40 为内排屑深孔钻。工作时，高压切削液(约 2～6 MPa)由钻杆外圆和工件孔壁间的空隙进入，切屑随同切削液由钻杆的中心孔排出，所以称为内排屑深孔钻。其一般用于加工 ϕ15～120 mm，长径比小于 100，表面粗糙度 Ra3.2 μm，加工精度 IT6～IT9 的深孔。由于钻杆为圆形，刚性好，切屑不与孔壁摩擦，故生产率和加工质量均比单刃外排屑深孔钻高。切削部分刀齿可以是焊接式硬质合金刀片(图 5-40(a)所示)，也可以是可转位刀片(图 5-40(b)所示)。刀齿在钻头直径上交错排列起分屑作用，若在焊接式刀齿前刀面上磨出断屑台或采用有断屑槽的可转位刀片，切屑将折断成 C 形屑，便于排出。钻头外圆上所焊硬质合金导向块起导向作用，保证了钻孔的直线性。

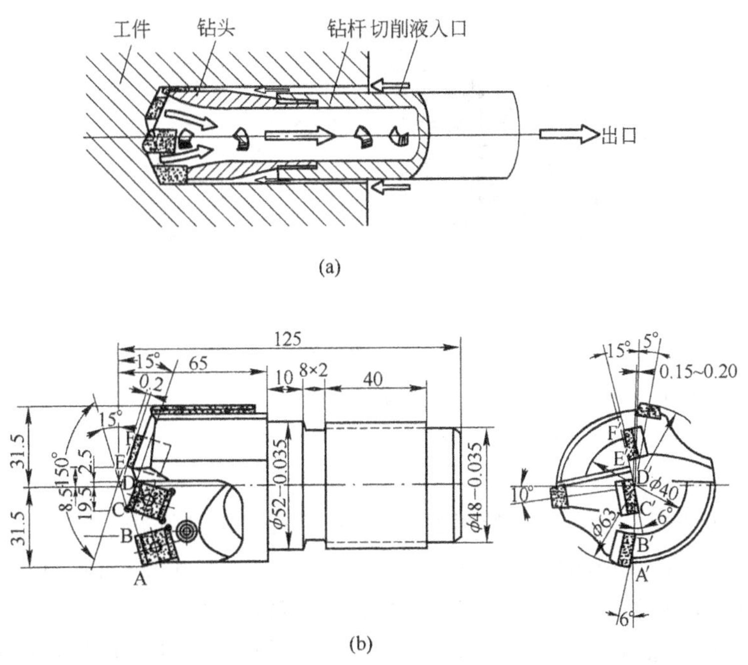

图 5-40　内排屑深孔钻

③ 喷吸钻

图 5-41 所示喷吸钻是 20 世纪 60 年代初期研制的一种新型深孔钻。它成功地利用了流体喷射效应原理排屑，故切削液的压力可以较低(一般为 1～2 MPa)。焊接式硬质合金刀片或者可转位硬质合金刀片在钻头直径上交错排列，起分屑作用。刀齿前刀面上的断屑台或可转位刀片上的断屑槽可将切屑折断成 C 形屑，从内管排出。钻头外圆上所焊硬质合金导向块既起导向作用，也对孔壁有挤压作用，可减小孔壁表面粗糙度。喷吸钻工作时，切削液由压力油口进入，其中 2/3 的切削液由内、外管之间的空隙和钻头上的六个小孔进入切削区，对切削区

和导向部分进行冷却和润滑，另外 1/3 的切削液从内管后端四周的月牙形喷嘴高速喷入内钻管后部，在内钻管中形成一个低压区，将切削区的切削液和切屑吸入内钻管并迅速向后排出。由于喷吸钻很好地解决了深孔加工面临的难题，所以加工精度可达 IT7～IT9，加工粗糙度达 Ra3.2～0.8μm，钻孔直线性可达 0.1/1 000，钻孔生产率比普通麻花钻高 5～10 倍。

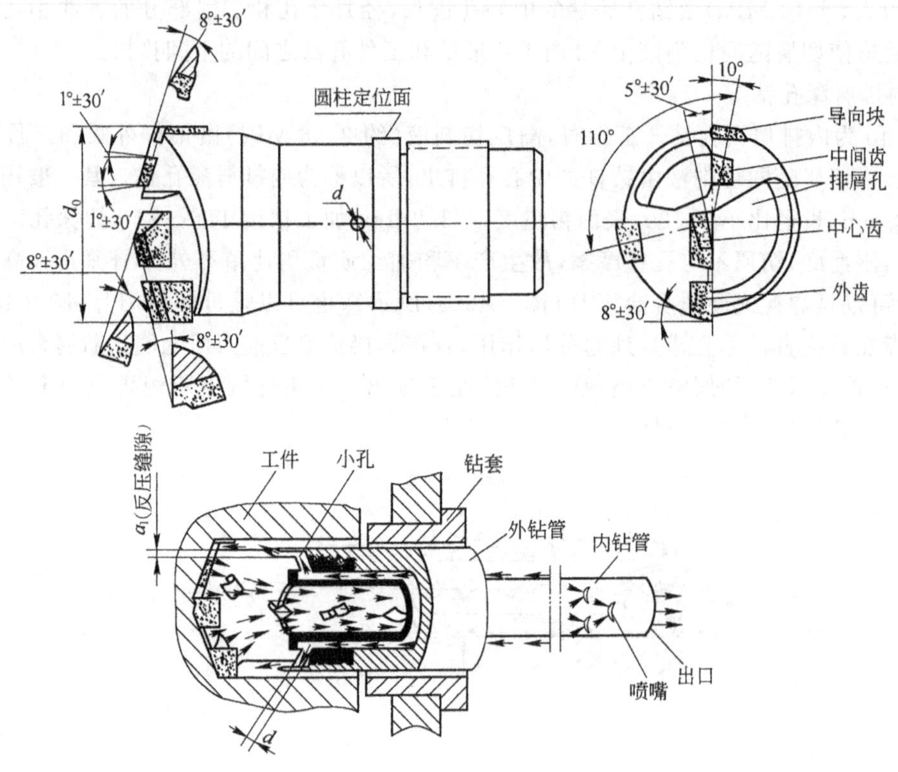

图 5-41　喷吸钻

上述三种深孔钻由生产厂自行设计和制造。

2. 对已有的孔进行再加工的刀具

(1) 扩孔钻

扩孔钻通常用作铰孔或磨孔前的预加工，或对已有的毛坯孔进行扩大。扩孔钻的加工精度可达 IT10～IT11，表面粗糙度可达 Ra6.3～3.2 μm。扩孔钻结构类似于麻花钻，圆锥面上的刀刃为主刃，圆柱面上的螺旋型刀刃为副刀刃，没有横刃。扩孔钻的加工余量小，主刃短，容屑槽浅，刀齿数目多（$Z=3\sim4$），刀体强度高、刚性好，加工质量比麻花钻高。$\phi3$～20 mm 直柄扩孔钻（GB 4256—84）用高速钢制成整体式；$\phi7.8$～50 mm 扩孔钻（GB 1141—84）做成锥柄（如图 5-42(a)所示）；$\phi25$～100 mm 的扩孔钻做成套式结构（GB 1142—84），切削部分材料既可以是焊接式硬质合金刀片（如图 5-42(b)所示），也可以是可转位刀片（如图 5-42(c)所示）。

(2) 锪钻

锪钻结构有以下两种：

① 平底锪钻：可用于加工沉头孔或凸台端面。其结构型式有两种：一种是带可换导柱的锥柄平底锪钻（GB 4261—84），可卸下导柱刃磨刀齿的主后刀面，如图 5-43(a)所示；另一种是带导柱的直柄平底锪钻（GB 4260—84），如图 5-43(b)所示。

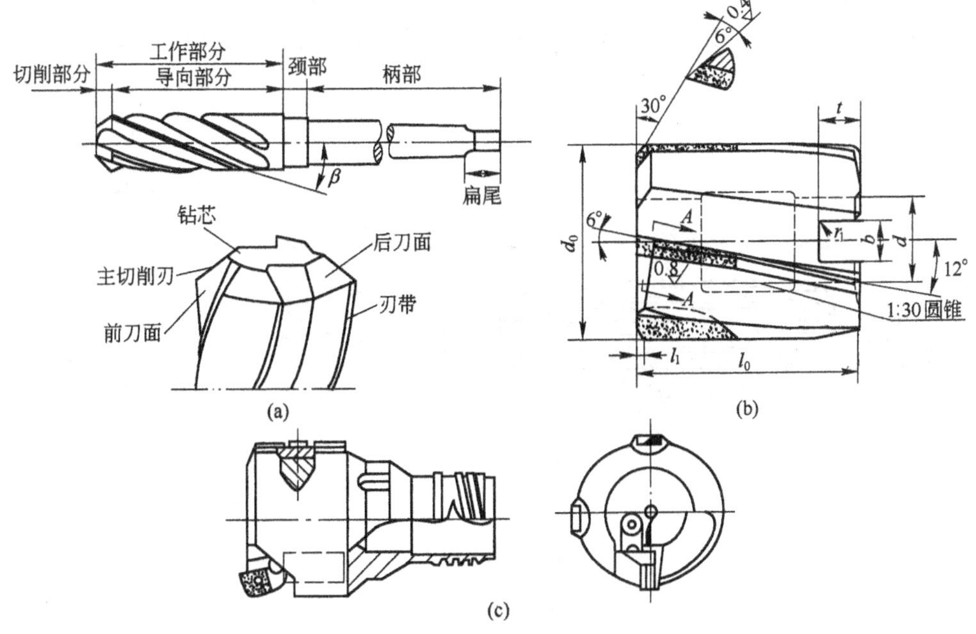

图 5-42　扩孔钻

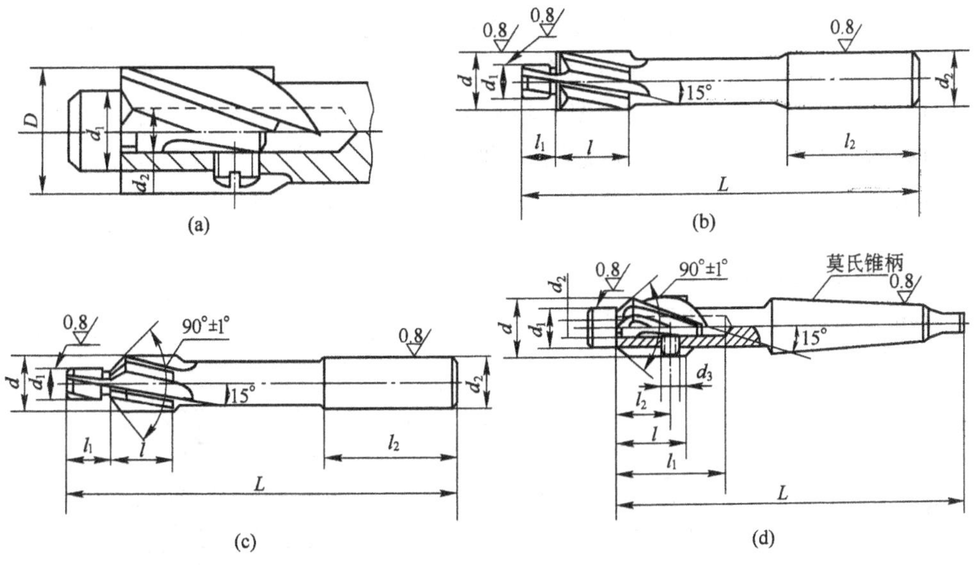

图 5-43　锪钻

② 锥面锪钻：可用于加工锥面或孔口倒角。其结构型式有两种：一种是带导柱直柄 90°的锥面锪钻(4263 GB—84)，如图 5-43(c)所示；另一种是带可换导柱锥柄 90°的锥面锪钻(GB4264—84)，如图 5-43(d)所示。

(3) 铰刀

铰刀是用于孔的半精加工和精加工的刀具，加工精度可达 IT6～IT8，表面粗糙度可达 Ra1.6～0.4 μm。图 5-44 为铰刀的结构图，引导锥的作用是使绞刀容易进入孔中。绞刀的每个刀齿相当于一把有修光刃的车刀，加工钢件时切削部分刀齿的主偏角 $\kappa_r = 15°$，加工铸铁

$\kappa_r=3\sim5^\circ$，铰盲孔 $\kappa_r=45^\circ$。圆柱部分刀齿有刃带，刃带宽度 $\beta_{\sigma1}=0.2\sim0.4$ mm，刃带与刀齿的前刀面的交线为副刀刃，副刀刃的副偏角 $\kappa_r'=0$（修光刃），副后角 $\alpha_0'=0^\circ$，所以铰刀加工孔的表面粗糙度很小。

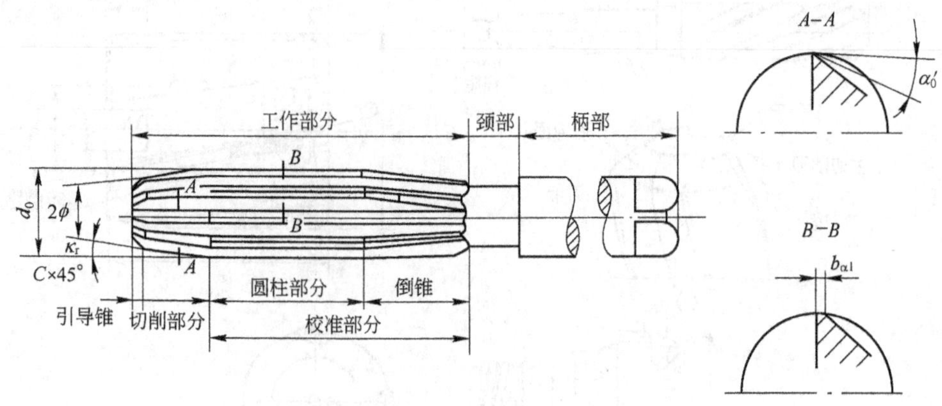

图 5-44　铰刀的组成

铰刀按用途分类可分为手铰刀和机铰刀。图 5-45(a)所示为整体高速钢手铰刀，它的切削部分主偏角很小（$\kappa_r=30'\sim1^\circ30'$），所以切削部分很长，颈部很短，柄部有方头以便套装扳手；图 5-45(b)所示为直径可调的铰刀，常用于机修。图 5-45(c)所示为整体高速钢机铰刀，它的工作部分很短，颈部长，柄部为锥柄。大直径铰刀做成套式结构，刀齿切削部分材料可以是高速钢（如图 5-45(d)所示），也可以是硬质合金（如图 5-45(e)所示）。铰刀按被加工孔的形状分类可分为圆柱孔铰刀和圆锥孔铰刀。图 5-45 (a)、(b)、(c)、(d)、(e)为加工圆柱孔的铰刀。圆锥孔铰刀有两种：一种是加工 1∶50 锥销孔的锥铰刀。另一种为如图 5-45(f)所示的加工莫氏锥孔的莫氏锥铰刀。莫氏锥铰刀的粗铰刀刀齿后刀面上开有分屑槽，以便分屑；莫氏精铰刀无分屑槽。铰刀已标准化，由工具厂生产。

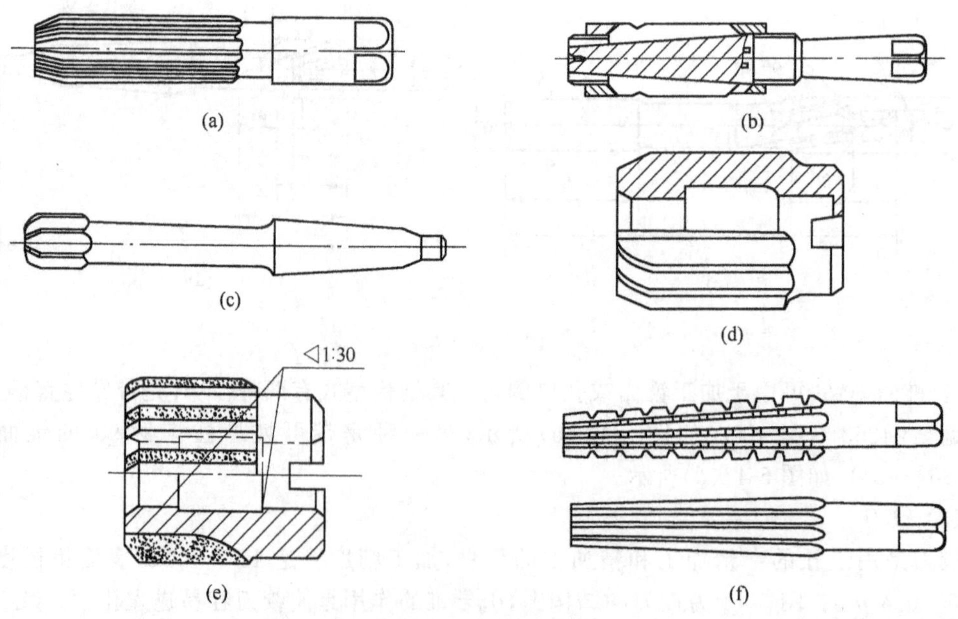

图 5-45　不同种类的铰刀

(4) 镗刀

镗刀是用在车床、铣床、镗床、组合机床上对孔进行再加工的刀具。镗孔范围很广,既可粗镗也可半精镗、精镗;既可镗小孔也可镗大孔,特别是加工大直径孔,镗刀几乎是惟一的刀具。镗孔精度可达 IT6～IT7,加工表面粗糙度可达 Ra1.6～0.8 μm,若镗刀上有修光刃,加工表面粗糙度可达 Ra0.4 μm。

镗刀可分为单刃镗刀和双刃镗刀。图 5-46(a)所示为镗通孔的单刃镗刀;图 5-46(b)为镗盲孔的单刃镗刀;图 5-46(c)为单刃微调镗刀,多用于坐标镗床、数控机床上加工箱体类零件的轴承孔,松开紧固螺钉,旋转有精密刻度的精调螺母,可将镗刀调到所需直径后再拧紧紧固螺母即可镗孔。单刃镗刀的结构简单,制造容易,调整方便,能纠正被镗孔轴线的偏斜。

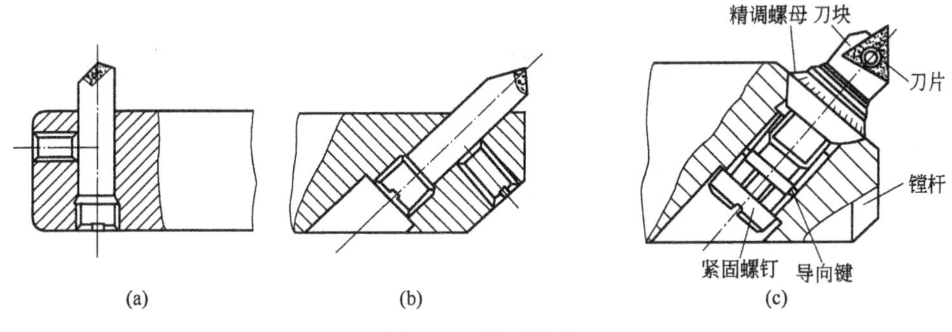

图 5-46 单刃镗刀

用于孔的精加工的双刃镗刀又称为浮动镗刀。图 5-47 所示为镗孔精度要求较高的可转位调节式浮动镗刀,松开紧固螺钉可通过调整螺母调整镗刀的直径 D,调好后再次拧紧螺钉即可镗孔。浮动镗刀镗孔时,镗刀块可在镗杆的方孔中稍许浮动,使径向切削力自动平衡,刀块自动定心,从而补偿了由于刀具安装误差或镗杆径向跳动引起的加工误差。但由于镗刀块可在镗杆方孔中移动,所以不能纠正孔轴线的偏斜。

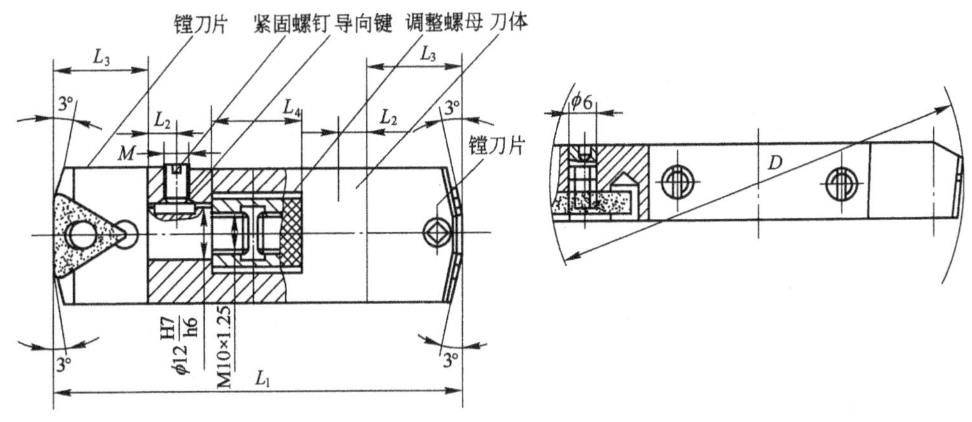

图 5-47 浮动镗刀

图 5-47 所示的浮动镗刀,其主偏角 $\kappa_r=3°$,副偏角 $\kappa'_r=0$(修光刃),所以加工后孔的表面粗糙度很小。镗刀由生产厂自行设计、制造。

3. 孔加工复合刀具

孔加工复合刀具是由两把以上的同类型或不同类型的单个孔加工刀具复合后同时或按先后顺序完成不同工序(或工步)的刀具。这种刀具目前在组合机床及其自动线上获得了广泛的应用。

(1) 孔加工复合刀具的类型

① 同类刀具复合的孔加工复合刀具

图 5-48(a)所示为复合钻;图 5-48(b)所示为复合扩孔钻;图 5-48(c)所示为复合铰刀;图 5-48(d)为复合镗刀。

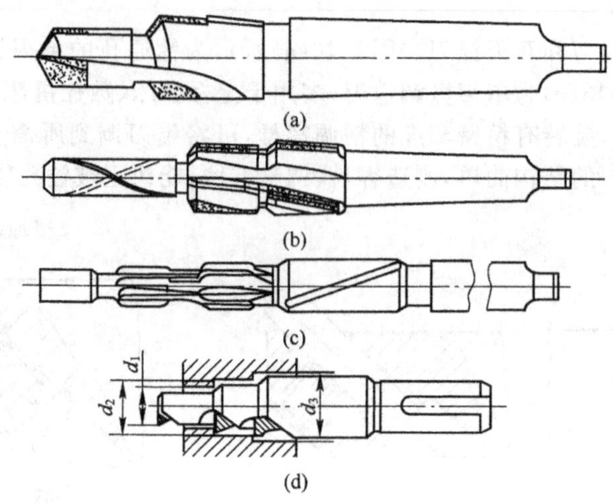

图 5-48　由同类刀具复合的孔加工刀具

② 不同类刀具复合的孔加工复合刀具

图 5-49(a)所示为钻—扩复合刀具;图 5-49 (b)为钻铰复合孔加工刀具;图 5-49(c)所示为扩—铰复合孔加工刀具;图 5-49(d)所示为钻—扩—铰复合孔加工刀具。

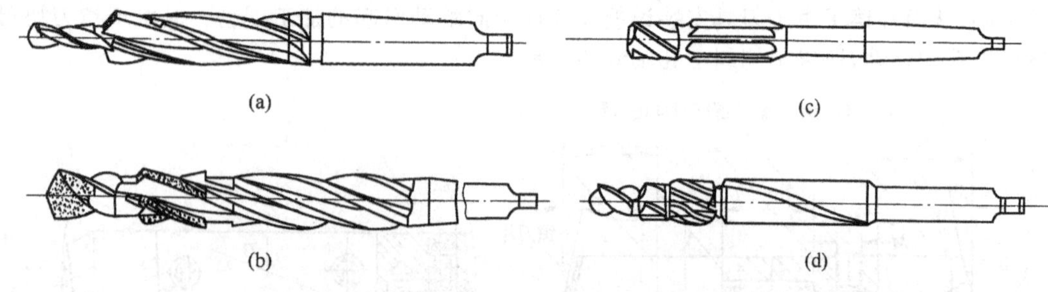

图 5-49　由不同类刀具复合时的孔加工刀具

(2) 孔加工复合刀具的特点

① 生产率高:用同类刀具复合的孔加工刀具同时加工几个表面能使机动时间重合;用不同类刀具复合的孔加工复合刀具对一个或几个表面按顺序进行加工时能减少换刀时间,因此孔加工复合刀具的生产率很高。

② 用孔加工复合刀具加工时,可保证各加工表面之间获得较高的位置精度。如孔的同轴度、端面与孔轴线的垂直度等。此外,采用孔加工复合刀具能减少工件安装次数或夹具的转位次数,减小工件的定位误差,提高了加工精度。

③ 采用孔加工复合刀具可以集中工序,从而减少了机床台数或工位数,对于自动线则可大大减少投资、降低加工成本。

4. 拉刀

拉削是最常见的金属切削加工方法之一,能加工如图 5-50 所示的各种内、外表面。拉削

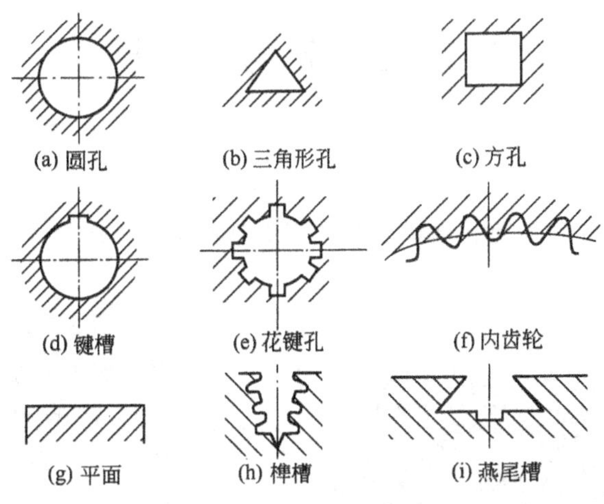

图 5-50

时，由于后一个刀齿（或一组刀齿）比前一个刀齿（或一组刀齿）高一个齿升量 f_z，所以工件上多余金属被刀齿一层层切除，如图 5-51(a)所示，从而达到所需要的尺寸精度和表面粗糙度。与其他切削加工方法相比较，拉削有以下特点：

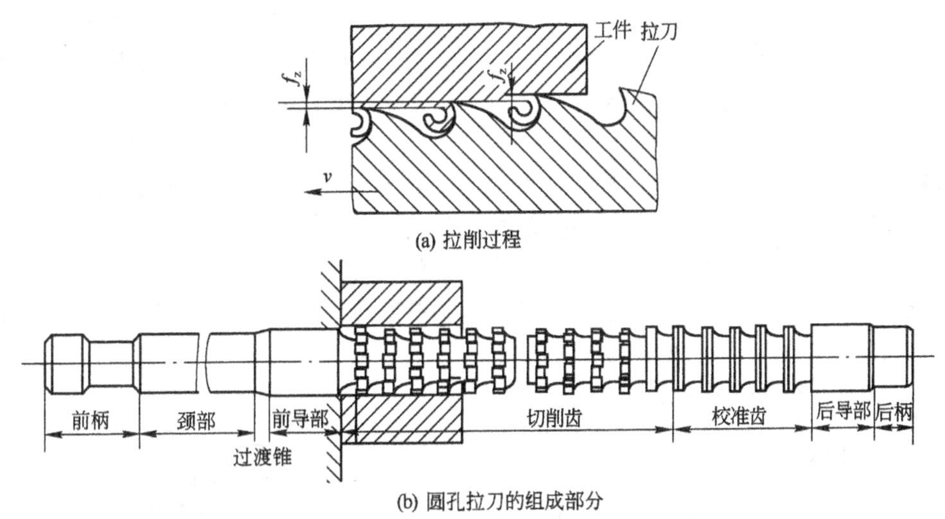

图 5-51　圆孔拉刀

(1) 生产率高：以图 5-51(b)所示的圆孔拉刀为例，切削部分有粗切齿、过渡齿、精切齿，拉削时同时工作齿数多($Z_e=3\sim8$)，刀刃工作长度大，一次行程可以完成孔的粗加工、半精加工和精加工，所以生产率很高。

(2) 加工精度高，加工表面粗糙度小：由于拉刀精切齿齿升量很小($f_z=0.005\sim0.015$ mm)，所以加工精度可达 IT7～IT9，校准齿除校准孔的尺寸之外，其刃带对工件孔壁有挤压作用，所以加工表面粗糙度小(可达 Ra2.5～1.25 μm)。

(3) 拉刀耐用度高：因为拉削时的切削速度低，产生的切削热少，切削温度低，刀齿磨损慢，所以刀具耐用度高。

拉刀是专用刀具，必须由生产厂自行设计、制造，也可委托工具厂设计、制造。

5.5 刨床与插床

5.5.1 刨床

刨床主要用于刨削各种平面和沟槽。其主要类型有牛头刨床和龙门刨床。本节主要介绍龙门刨床。

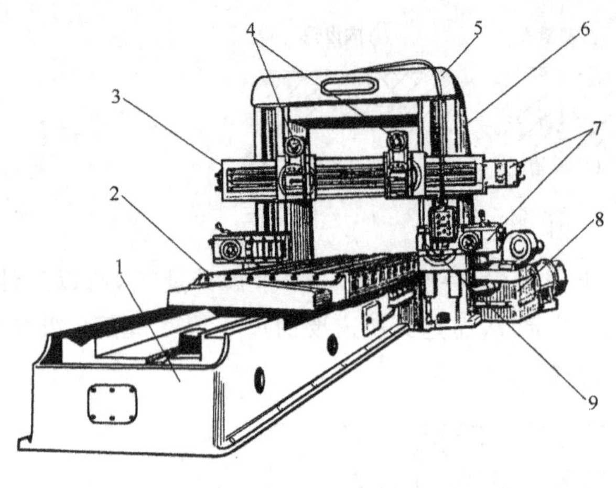

图 5-52 龙门刨床

图 5-52 所示为龙门刨床，主要用于加工大型或重型零件上的各种平面、沟槽和各种导轨面。它由床身 1、工作台 2、立柱 6、横梁 3、顶梁 5、立刀架 4、侧刀架 9、进给箱 7 及主传动部件 8 等组成。加工时，工件装夹在工作台 2 上，工作台的往复直线运动是主运动。立刀架 4 在横梁 3 的导轨上间歇地移动是横向进给运动，以刨削工件的水平平面。刀架上的滑板可使刨刀上、下移动，作切入运动或刨削竖直平面。滑板还能绕水平轴线调整一定的角度，以加工倾斜平面。装在立柱 6 上的侧刀架 9 可沿立柱导轨作间歇移动，以刨削竖直平面。横梁 3 可沿立柱升降，以调整工件与刀具的相对位置。

大型龙门刨床往往还附有铣削头和磨削头等部件，以使工件在一次安装中完成刨、铣及磨平面等工作。这种机床又称为龙门刨铣床或龙门刨铣磨床，其工作台既可作快速的主运动（刨削），又可作慢速的进给运动（铣削或磨削）。

龙门刨床的主参数是最大刨削宽度。

5.5.2 插床

图 5-53 是插床的外形图，它可以理解为立式刨床，其主运动是滑枕带动插刀沿垂直方向所作的直线往复运动。滑枕 2 向下移动为工作行程，向上为空行程。滑枕导轨座 3 可以绕销轴 4 在小范围内调整角度，以便加工倾斜的内外表面。床鞍 6 及溜板 7 可分别作横向及纵向进给，圆工作台 1 可绕垂直轴线旋转，完成圆周进给或进行分度。圆工作台的分度用分度装置 5 实现。

插床主要用于加工工件的内表面，如内孔中键槽及多边形孔等，有时也用于加工成形内、外表面。

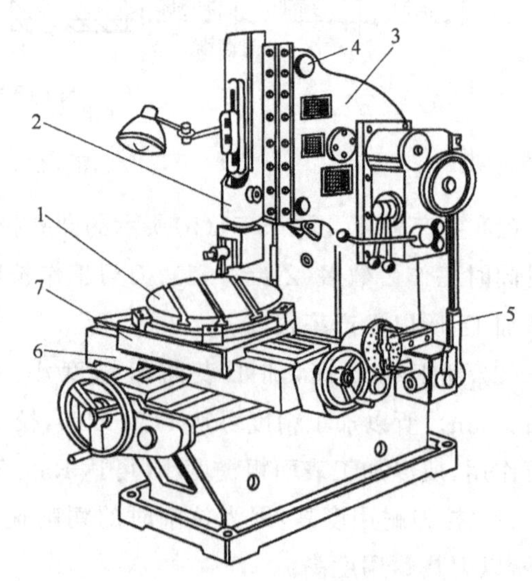

图 5-53 插床

5.6　铣床与铣刀

5.6.1　铣床

铣床可以加工平面（水平面、垂直面等）、沟槽（键槽、T 型槽、燕尾槽等）、多齿零件上的齿槽（齿轮、链轮、棘轮、花键轴等）、螺旋形表面（螺纹和螺旋槽）及各种曲面（如图 5-54 所示）。铣床在结构上要求有较高的刚度和抗振性，因为一方面由于铣削是多刃连续切削，生产率较高；另一方面，每个刀刃的切削过程又是断续的，切削力周期性变化，容易引起机床振动。

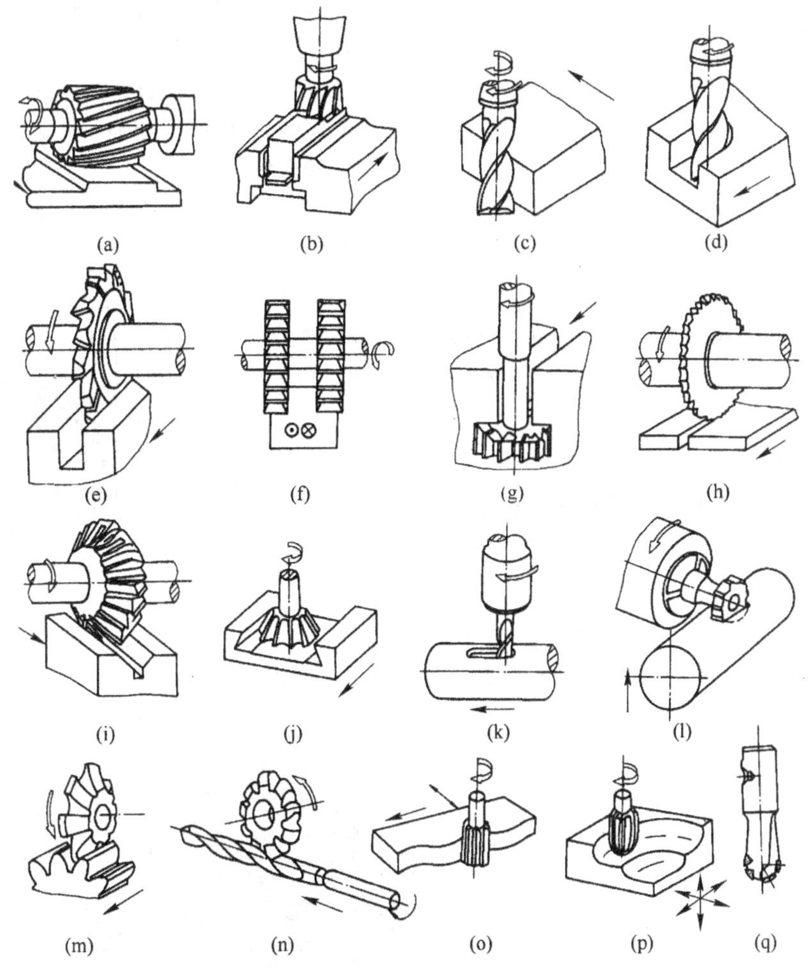

图 5-54　铣床加工的典型表面

铣床的主要类型有：卧式升降台铣床、立式升降台铣床、龙门铣床、数据铣床、工具铣床和各种专门化铣床。

1. 卧式升降台铣床

图 5-55 是卧式升降台铣床的外形图，其主轴是水平的。床身 1 固定在底座 8 上，用于安装和支承机床各部件，床身内装有主运动变速传动机构、主轴组件以及操纵机构等。床身 1 顶部的导轨上装有悬梁 2，可沿主轴轴线方向调整其前后位置，悬梁上装有刀杆支架，用于支承

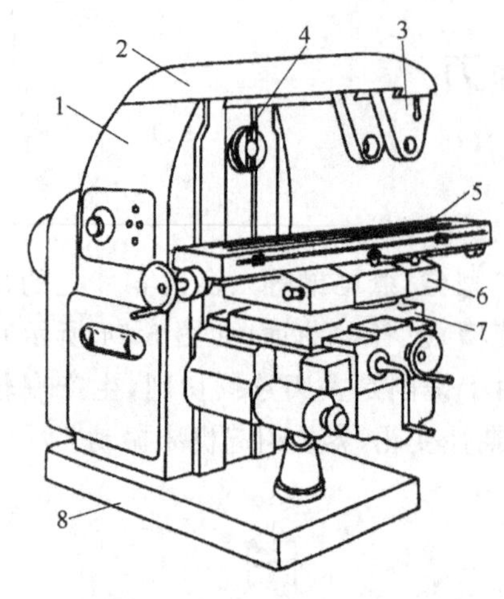

图 5-55 卧式升降台铣床

刀杆的悬伸端。床主轴 4 铣带动铣刀旋轴。升降台 7 安装在床身 1 的垂直导轨上，可以上下（垂直）移动，升降台内装有进给运动变速传动机构以及操纵机构等。升降台上的水平导轨上装有床鞍 6，可沿平行主轴 3 的轴线方向（横向）移动。工作台 5 装在床鞍 6 的导轨上，可沿垂直于主轴轴线方向（纵向）移动。因此，固定在工作台上的工件在相互垂直的三个方向之一实现进给运功或调整位移。

万能升降台铣床与卧式升降台铣床的结构基本相司，只是在工作台 5 与床鞍 6 之间增加了一层转台。转台可相对于床鞍在水平面内调整一定的角度（调整范围为 ±45°）。工作台可沿转台上部的导轨移动，当转台偏转一角度，工作台可作斜向进给，以便加工螺旋槽等表面。

2. 立式升降台铣床

图 5-56 是常见的一种立式升降台铣床，它的主轴是竖直布置的。其工作台 3、床鞍 4 及升降台 5 的结构与卧铣式升降台铣床相同。铣头 1 可根据加工要求在垂直平面内调整角度，主轴 2 可沿其轴线方向进给或调整位置。这种铣床可用端铣刀或立铣刀加工平面、斜面、沟槽、台阶、齿轮、凸轮等表面。

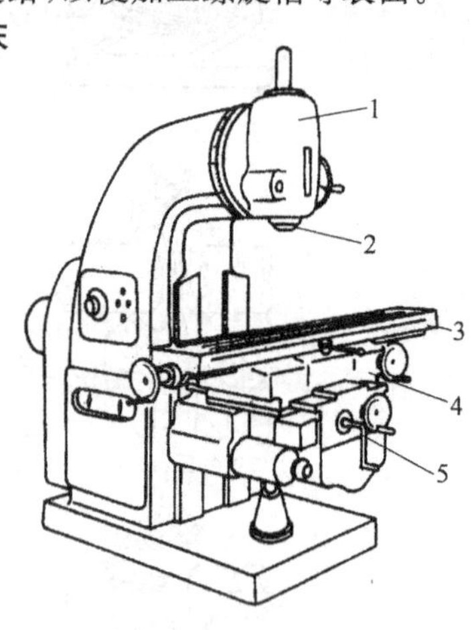

图 5-56 立式升降台铣床

3. 龙门铣床

图 5-57 是龙门铣床的外形图，它是一种大型铣床，主要用于加工大型工件上的平面和沟槽。一般在龙门式框架上有 3～4 个铣头。每个铣头都是一个独立的运动部件，其中包括单独的电动机、变速机构、传动机构、操纵机构及主轴等部分。铣头可以分别在横梁或立柱上移动，用以作横向或垂

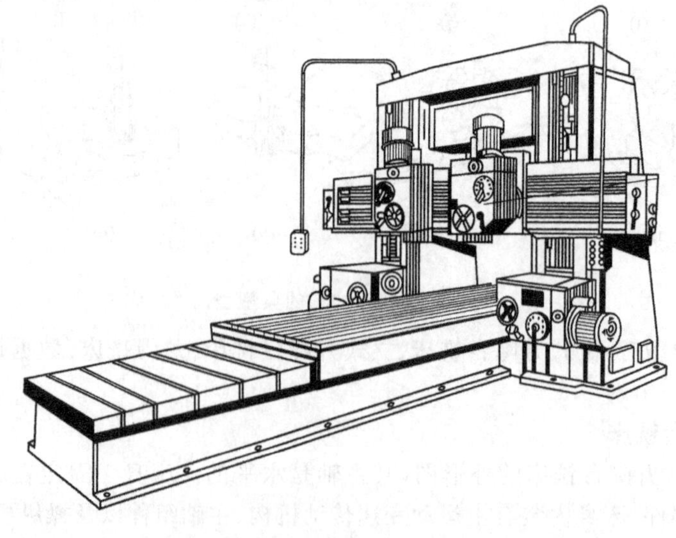
图 5-57 龙门铣床

直进给运动及调整运动。铣刀可沿铣头的主轴套筒移动实现轴向进给运动。横梁可沿立柱作垂直调整运动。加工时，工作台带动工件作纵向进给运动，工件从铣刀下通过后，就被加工出来。龙门铣床刚度高，可以用多个铣头同时加工几个工件或几个表面。因此，龙门铣床的生产率比较高，特别适用于批量生产。

4. 数控铣床

XK5040 是立式升降台数控铣床，在数控系统的控制下实现 x、y、z 三坐标联动。因此主要用于复杂形状表面的加工，如轮、样板、模具和弧形槽等平面曲线和空间曲面；也可以作坐标铣削和孔加工。图 5-58 是该数控铣床的传动系统图。主运动由交流异步电动机驱动，其传动路线表达式为：

$$\underset{(1440)}{\text{电机}} - \frac{\phi115}{\phi240} - \text{II} - \begin{Bmatrix} \frac{16}{39} \\ \frac{19}{36} \\ \frac{22}{33} \end{Bmatrix} - \text{III} - \begin{Bmatrix} \frac{18}{47} \\ \frac{28}{37} \\ \frac{39}{26} \end{Bmatrix} - \text{IV} - \begin{Bmatrix} \frac{19}{71} \\ \frac{82}{38} \end{Bmatrix} - \text{V} - \frac{29}{29} - \text{VI} - \frac{63}{47} - \text{VII}(\text{主轴})$$

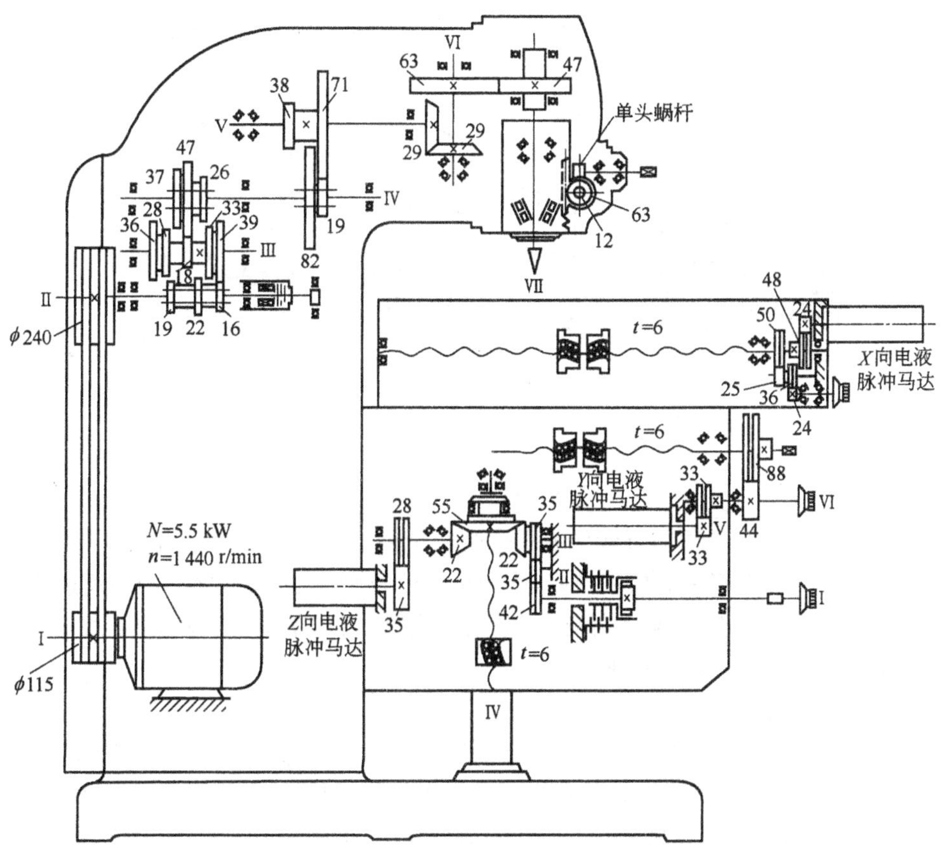

图 5-58　XK5040 的传动系统图

工作台的 x、y、z 三个坐标方向的进给运动由电液脉冲马达驱动，通过减速齿轮、滚珠丝杠进行驱动。马达的步距角为 1.2°。新的数控铣床的 x、y、z 三个坐标轴已改用直流或交流伺服马达驱动。

5.6.2 铣刀

铣刀是一种应用很广泛的多齿旋转刀具。铣削时铣刀作旋转运动，工件作进给运动。与刨削相比铣削有下述特点：铣刀刀齿轮流间隙地参加工作，同时工作的刀刃长度大，且无空行程；使用的切削速度较高，生产率高，加工表面粗糙度小。此外，铣刀种类很多，按用途分类可分为下述三类：

1. 加工平面的铣刀

图 5-59(a)所示为高速钢圆柱铣刀加工平面。这种铣刀允许的切削速度低，刀具安装后的刚性差，容易产生振动，所以铣削宽度 a_e 和铣削深度以 a_p 受到限制，生产率低；刀齿上无修光刃，加工表面粗糙度低。铣平面用的高速钢圆柱铣刀正在被可转位硬质合金端铣刀代替。

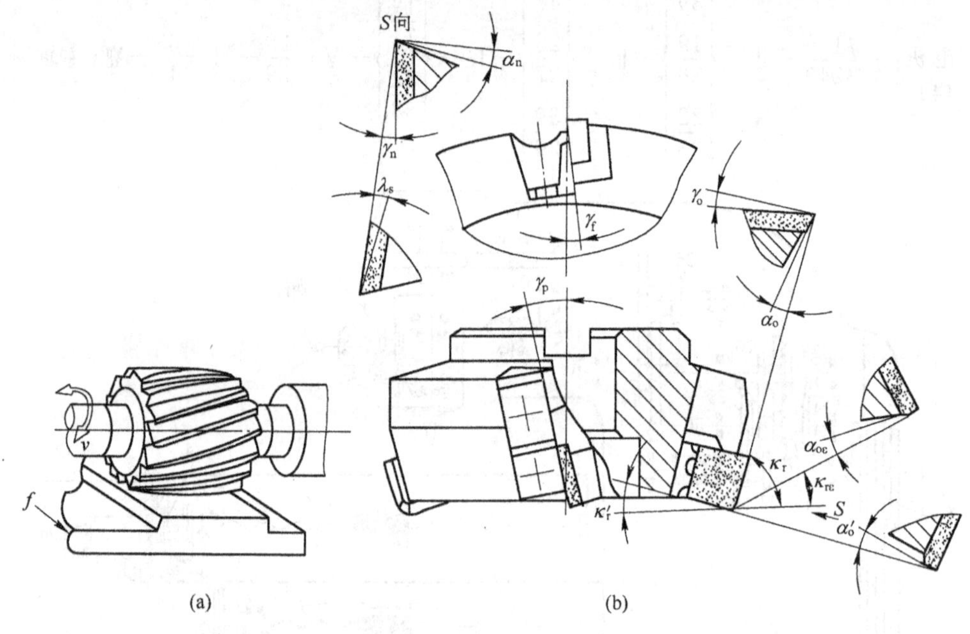

图 5-59 平面铣刀

图 5-59(b)所示为铣平面的可转位硬质合金端铣刀。这种刀具直径可以做得很大。此外铣削宽度可以很大；刀具安装后的刚性好，采用可转位硬质合金刀片，允许的切削速度高，所以生产率高；刀片上有过渡刃，散热条件好，刀具耐用度高；刀齿上有修光刃，所以加工表面粗糙度小，总之是值得大力推广的平面加工刀具。

2. 加工沟槽的铣刀

加工沟槽的铣刀种类很多，常见的有如图 5-60(a)所示的槽铣刀；图 5-60(b)所示的直齿三面刃铣刀；图 5-60(c)所示的错齿三面刃铣刀；图 5-60(d)所示的立铣刀；图 5-60(e)所示的键槽铣刀；图 5-60(f)所示的单角铣刀；图 5-60(g)所示的双角铣刀。这些刀具圆柱面上或圆锥面上的刀刃为主刀刃，端面上的刀刃为副刀刃。用钝后可重磨主后刀面。加工沟槽的铣刀已标准化，由工具厂生产。

3. 成型铣刀

成型铣刀用在铣床上加工成型表面，图 5-61(a)所示的为凸半圆铣刀，图 5-61(b)、(c)、(d)、(e)所示的为加工复杂形面的成型铣刀。成形铣刀是专用刀具，由牛产厂自行设计、制造。

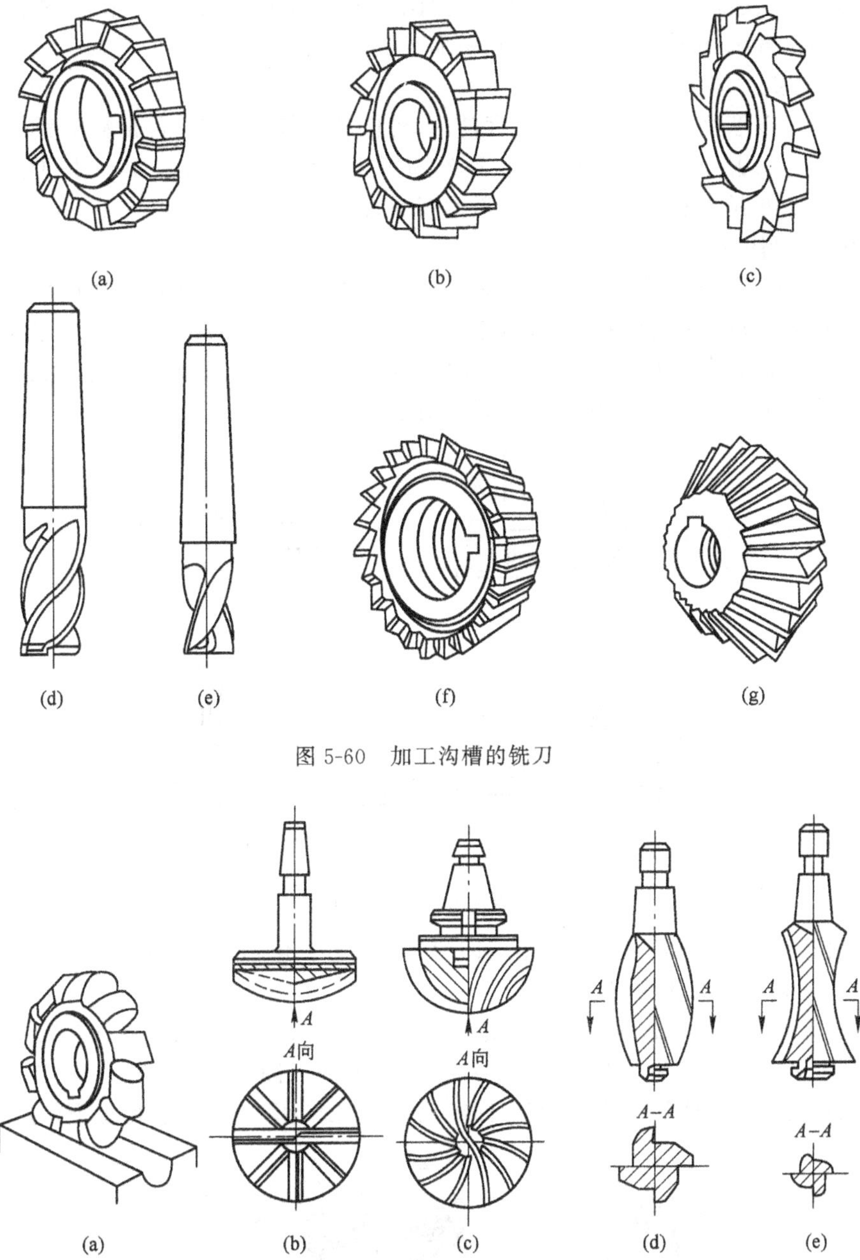

图 5-60　加工沟槽的铣刀

图 5-61　成形铣刀

5.7　磨　　床

用磨料或磨具(砂轮、砂带、油石和研磨料)作为切削工具进行切削加工的机床统称为磨床。磨床广泛应用于零件的精加工,尤其是淬硬钢件、高硬度特殊材料及非金属材料(如陶瓷)的精加工。随着科学技术的发展,特别是精密铸造与精密锻造工艺的进步,使得磨床有可能直接将毛坯磨成成品。此外,高速磨削和强力磨削工艺的发展,进一步提高了磨削效率,因此,磨床的使用范围日益扩大。

磨床的种类很多，主要类型有外圆磨床、内圆磨床、平面磨床、工具磨床、刀具和刃具磨床，以及各种专门化磨床、珩磨机、研磨机和超精加工机床等。

1. 外圆磨床

外圆磨床可以磨削 IT6～IT7 级精度的内、外圆柱和圆锥表面，表面粗糙度在 Ra1.25～0.08 μm之间。外圆磨床的主要类型有普通外圆磨床、万能外圆磨床、无心外圆磨床、宽砂轮外圆磨床和端面外圆磨床等，其主参数是最大磨削直径。

(1) 磁型外圆磨床

图 5-62 是万能型外圆磨床典型加工示意图。图中表示了各种典型表面加工时，机床各部件的相对位置关系和所需要的各种运动，它们是①磨外圆砂轮的旋转运动 $n_{砂}$；②磨内孔砂轮的旋转运动 $n_{内}$；③工件旋转运动 $f_{周}$；④工件纵向往复运动 $f_{纵}$；⑤砂轮横向进给运动 $f_{横}$（往复纵磨时是周期间歇运动；切人磨削时是连续进给运动）。

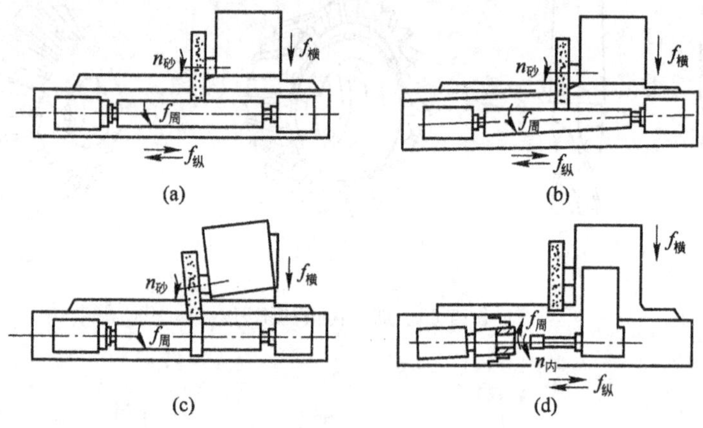

图 5-62　万能外圆磨床加工示意图

此外，机床还有两个辅助运动：为了装卸和测量工件方便，砂轮架的横向快速进退运动；为了装卸工件，尾架套筒的伸缩移动。

图 5-63 所示为 M1432A 型万能外圆磨床外形图，在床身 1 的纵向导轨上装有工作台 3，工作台台面上装有头架 2 和尾架 5，用以夹持不同长度的工件，头架带动工件旋转。工作台由液压系统驱动沿床身导轨往复移动，使工件实现纵向进给运动。工作台由上下两层组成，其上

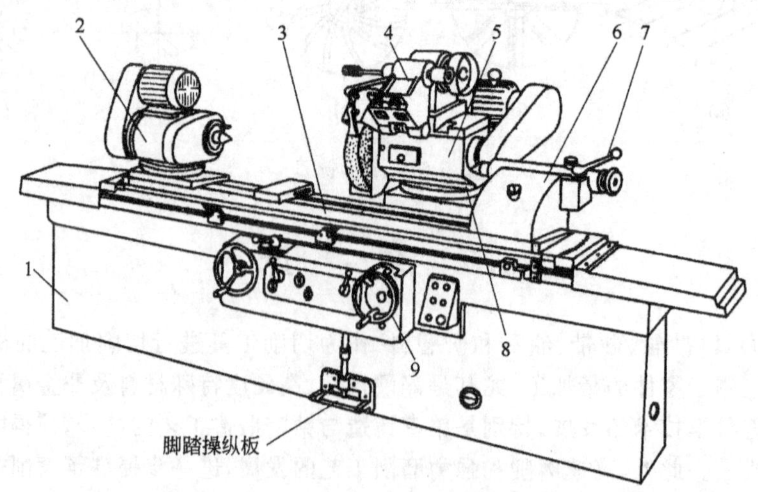

图 5-63　M1432A 型万能外圆磨床外形图

部可相对于下部水平面内偏转一定的角度(一般不超过±10°),以便磨削锥度不大的圆锥面。砂轮架5由砂轮主轴及其传动装置组成,安装在横向导轨上,摇动手轮9,可使其横向运动,也可利用液压系统实现周期横向进给运动或快进、快退。砂轮架还可在滑鞍8上转动一定的角度以磨削短圆锥面。图5-63中内圆磨具4处于抬起状态,磨内圆时再放下。尾座6和头架2的前顶尖一起支承工件。

(2) 无心外圆磨床

由于磨削时工件不用顶尖定心和支承,而由工件的被磨削外圆面定位,托板支撑进行磨削,所以称为无心外圆磨床。图5-64所示为无心外圆磨削的加工示意图,工件4放在磨削砂轮1与导轮3之间,由托板2支承进行磨削。导轮是用树脂或橡胶为粘结剂制成的刚玉砂轮,不起磨削作用,它与工件之间的摩擦系数较大,靠摩擦力带动工件旋转,实现圆周进给运动。导轮的线速度在10～50 m/min范围内。砂轮的转速很高,从而在砂轮和工件间形成很大的相对速度,即磨削速度。

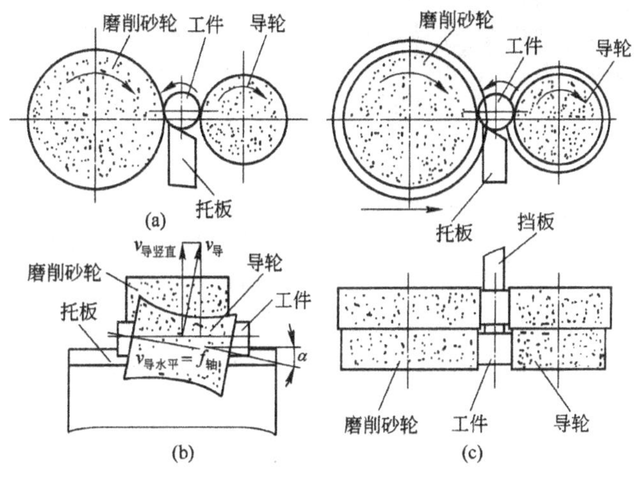

图5-64 无心外圆磨削的加工示意图

磨削时,工件的中心应高于磨削砂轮与导轮的中心连线(高出工件直径的15%～25%),使工件和导轮、砂轮的接触相当于是在假想的V形槽中转动,以避免磨削出棱圆形工件。

图5-65是无心外圆磨床的外形图,它由导轮架6、磨削砂轮架3、托板4、砂轮修正器2、导

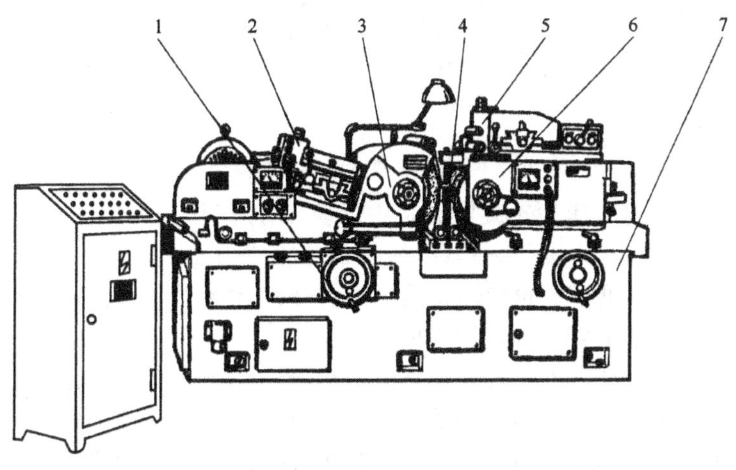

图5-65 无心外圆磨床外形

轮修正器 5、进给机构手轮 1 及床身 7 等部分组成。

无心外圆磨床与外圆磨床相比，有下列优点：①生产率高，因工件省去了打中心孔的工序且装夹省时，导轮和托板沿全长支承工件，因此能磨削刚度较差的细长工件，并可用较大的切削用量；②磨削表面的尺寸精度、几何形状精度较高，表面粗糙度值小；③容易实现自动化生产。

2. 内圆磨床

内圆磨床主要用于磨削圆柱孔和圆锥孔，其主参数是最大磨削内孔直径。它的主要类型有普通内圆磨床、无心内圆磨床、行星内圆磨床及专用内圆磨床。

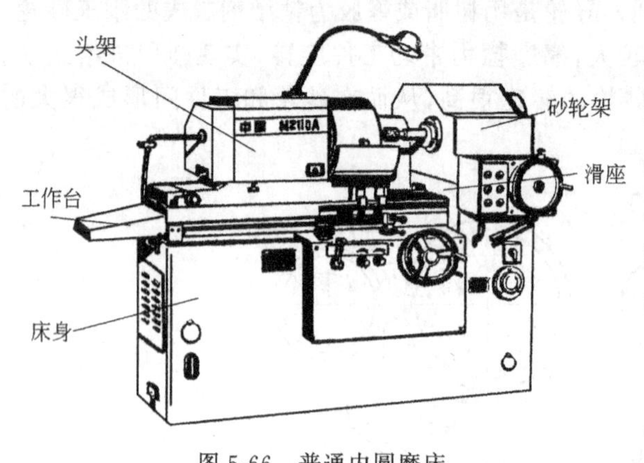

图 5-66　普通内圆磨床

普通内圆磨床应用广泛，图 5-66 是一种常见的布局型式。磨床的工件头架安装在工作台上，随工作台一起往复移动，完成纵向进给运动。磨床砂轮架安装在工作台上作纵向进给运动。工件头架可绕垂直轴线调整角度，以便磨削锥孔，其横向进给运动由砂轮架实现。

3. 平面磨床

平面磨床主要有四种类型，即卧轴矩台式平面磨床、立轴矩台式平面磨床、立轴圆台式平面磨床和卧轴圆台式平面磨床。

(1) 卧轴矩台式平面磨床工件由矩形电磁工作台吸住。砂轮旋转 n 是主运动，工作台纵向往复运动 f_1 和砂轮架横向运动 f_2 是进给运动，砂轮架竖直运动 f_3 是切入运动，如图 5-67(a)所示。

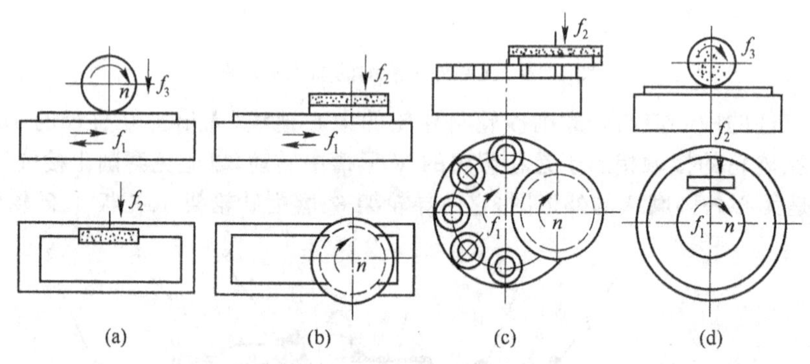

图 5-67　平面磨床的加工示意图

(2) 立轴矩台式平面磨床砂轮旋转 n 是主运动，矩形工作台纵向往复运动 $f1$ 是进给运动，砂轮架间歇的竖直运动 f_2 是切入运动，如图 5-67(b)所示。

(3) 立轴圆台式平面磨床砂轮旋转 n 是主运动，圆工作台转动 f_1 是圆周进给运动，砂轮架间歇的竖直运动 f_2 是切入运动，如图 5-67(c)所示。

(4) 卧轴圆台式平面磨床砂轮旋转 n 是主运动，圆工作台转动 f_1 是圆周进给运动，砂轮架连续径向运动 f_2 是径向进给运动，间歇的竖直运动 f_3 是切入运动，如图 5-67(d)所示。此外，工作台的回转中心线可调整至倾斜位置，以便磨削锥面，例如磨削圆锯片的侧面。

目前，最常见的平面磨床为卧轴矩台式平面磨床和立轴圆台式平面磨床。

图 5-68 是卧轴矩台式平面磨床的外形图。它的砂轮主轴是内连式异步电动机的轴，电动机的定子就装在砂轮架 3 的壳体内，砂轮架可沿滑座 4 的燕尾导轨作横向间歇进给运动(可手动或液动)。滑座 4 与砂轮架 3 一起可沿立柱 5 的导轨作间歇的垂直切入运动。工作台 2 沿床身 1 的导轨作纵向往复运动(液压传动)。

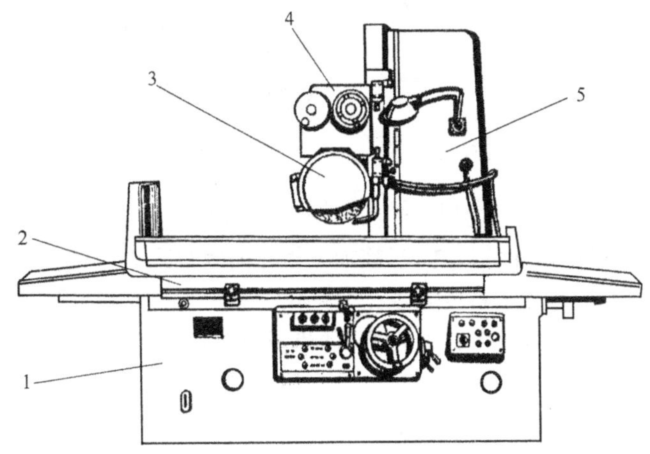

图 5-68　卧轴矩台式平面磨床

5.8　齿轮加工机床与齿轮刀具

5.8.1　齿轮加工机床

齿轮加工机床是加工齿轮轮齿的基本设备。按照被加工齿轮的形状，齿轮加工机床可分为圆柱齿轮加工机床和圆锥齿轮加工机床。圆柱齿轮加工机床主要有滚齿机、插齿机等；圆锥齿轮加工机床有加工直齿锥齿轮的刨齿机、铣齿机、拉齿机和加工弧齿锥齿轮的铣齿机；用来精加工齿轮齿面的机床有研齿机、剃齿机和磨齿机等。

1. 齿轮加工方法

根据齿形形成的原理，齿轮加工方法可分为成形法和展成法两类。

(1) 成形法

成形法是用与被加工齿轮齿槽形状相同的成形刀具切削轮齿。图 5-69(a)所示的是用盘形齿轮铣刀形成齿廓渐开线(母线)加工直齿圆柱齿轮。为了铣出一定长度的齿槽，需要两个运动，即盘形齿轮铣刀的旋转运动，该运动又称为主运动，其速度用 v_c 表示；铣刀沿齿轮坯的轴向移动，该运动又称为进给运动，进给量用 f 表示，两个都是简单运动。铣完一个齿槽后，铣刀退回到原位，齿轮坯作分度运动——转过 $360°/Z$(Z 是被加工齿轮的齿数)，然后再铣下一个齿槽，直到全部齿槽铣削完毕。

当加工的齿轮模数较大时，常用指状齿轮铣刀铣齿轮。所需运动与盘形铣刀相同，如图 5-68(b)所示。

(2) 展成法

展成法亦称包络法，是利用齿轮的啮合原理进行的。把齿轮的啮合副(齿条—齿轮，齿轮—齿轮)中的一个转化为刀具，另一个转化为工件，并强制刀具与工件严格地按照运动关系啮合(作展成运动)，则刀具切削刃在各瞬时位置的包络线就形成了工件的齿廓线。展成法切削齿轮，其

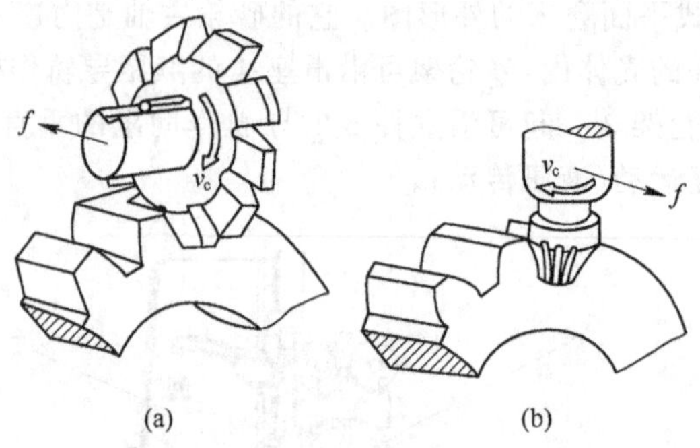

图 5-69　成形法加工齿轮

刀具的切削刃相当于齿条或齿轮的齿廓，与被加工齿轮的齿数无关，只需一把刀具就能加工出模数相同而齿数不同的齿轮，其加工精度和生产率都比成形法高，因而应用也最广泛。

采用展成原理加工齿轮的机床有滚齿机、插齿机、磨齿机、剃齿机和珩齿机等。

2. 滚齿机

滚齿机广泛用于加工直齿和斜齿圆柱齿轮，又是惟一能加工蜗轮的齿轮加工机床。加工不同齿形的传动系统也不同，滚齿机的传动系统必须保证能实现上述各种齿面加工所需的运动。

1）滚齿原理

滚齿机是用齿轮滚刀根据展成原理来加工齿轮渐开线齿廓的。如图 5-70 所示，为将图中这对啮合传动副中的一个齿轮的齿数减少到几个或一个，螺旋角 β 增大到很大时，它就成了蜗杆。再将蜗杆开槽并铲背，就成为齿轮滚刀。当滚刀与工件按确定的关系相对运动时，滚刀的切削刃便在工件上滚切出齿槽，形成渐开线齿面。滚齿时的成形运动是滚刀旋转运动和工件旋转运动组成的复合运动，这个复合运动称为展成运动。为了得到所需的渐开线齿廓和齿轮齿数，滚齿时滚刀和工件之间必须保持严格的相对运动关系，即当滚刀转过一转时，工件应该相应地转 $K/Z_{工}$（K 为滚刀头数，$Z_{工}$ 为工件齿数）转。

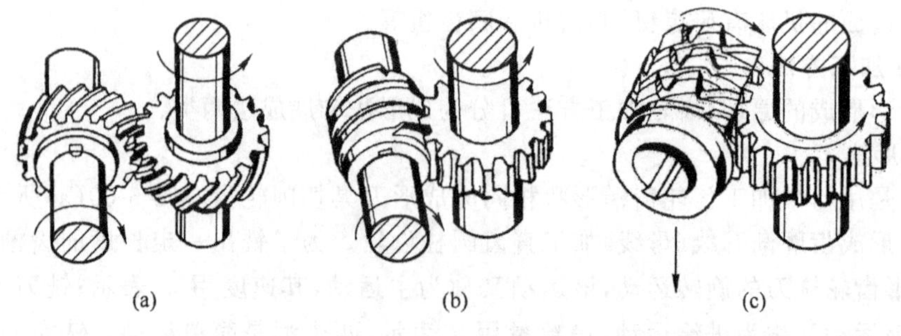

图 5-70　滚齿原理

2）加工直齿圆柱齿轮的传动原理

图 5-71 为滚切直齿圆柱齿轮的传动原理图。根据表面成形原理，加工直齿圆柱齿轮的成形运动必须包括形成渐开线齿廓的展成运动和形成直线形齿线的运动。

① 展成运动传动链：渐开线齿廓是靠滚刀的旋转运动 B_{11} 和工件的旋转运动 B_{12} 组成复合运动形成的。滚刀和工作台之间的传动联系属“内联系”传动链。这个传动联系包括由点 4 至点 5、点 6 至点 7 的固定传动比传动以及点 5 至点 6 的传动比（u_x）可变换的换置机构。这个传动联系称为展成运动传动链。根据所选择的滚刀头数 K 和被加工齿轮的齿数 $Z_{工}$ 来调

整换置机构的传动比 u_x。所以，这个换置机构影响所加工的渐开线形状，是用来调整渐开线成形运动的轨迹参数的。

② 主运动传动链：即从电动机通过传动件把运动和动力传至展成运动传动链，它属于外联系传动链。这个传动联系是由点 1 至点 4，其中包括换置机构 u_v，其传动比值 u_v 用来调整渐开线成形运动的速度参数。速度参数的大小取决于滚刀材料及直径、工件材料及硬度、模数、精度和表面粗糙度值等。

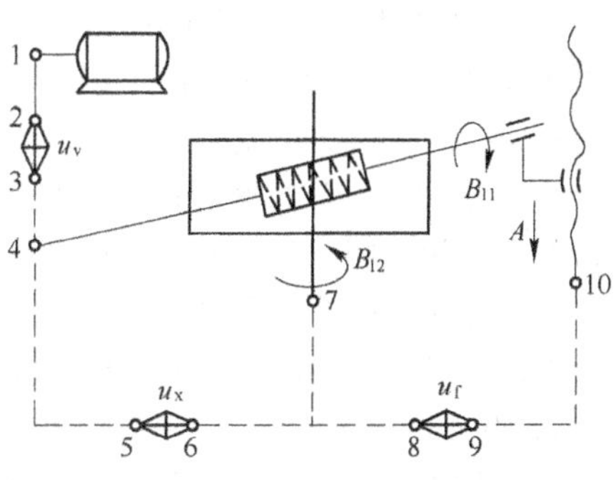

图 5-71　滚切直齿圆柱齿轮的传动原理

③ 轴向进给运动传动链滚刀的旋转和滚刀（刀架）沿工件轴线方向的竖直进给运动形成直线导线的运动。通常把加工工件（也就是装工件的工作台）作为间接动力源，传动刀架使它作轴向移动，以避免影响齿面加工的表面粗糙度值。轴向进给运动传动链为：工件—7—8—u_f—9—10—刀架升降丝杠－刀架，它是外联系传动链。在确定刀架移动速度时，以工件每转一转的刀架轴向移动量来计算，称为轴向进给量，由选择换置机构的传动比 u_f 保证。

3）滚切斜齿圆柱齿轮的传动原理

斜齿圆柱齿轮与直齿圆柱齿轮相比，其端面上齿廓是渐开线齿形，而齿长方向不是一条直线，是螺旋线。由此而知：斜齿圆柱齿轮与直齿圆柱齿轮的不同之处仅在于导线的形状。滚切斜齿圆柱齿轮的传动原理如图 5-72 所示，在滚切斜齿圆柱齿轮时，除需要有展成运动、主运动和轴向进给运动以外，为了形成螺旋线齿线，在滚刀作轴向进给运动的同时，工件还应作附加旋转运动 B_{22}，而且这两个运动之间必须保持确定的关系，即滚刀移动一个工件螺旋线导程时，工件应准确地附加转过一转。

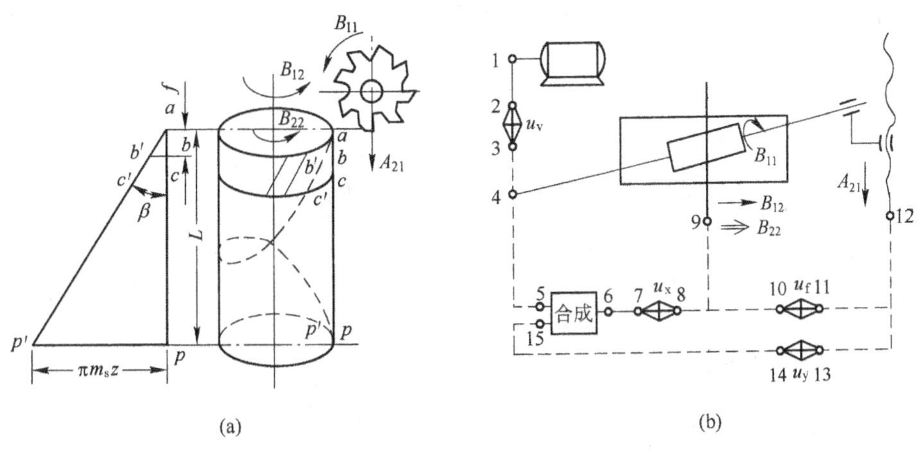

图 5-72　滚切斜齿圆柱齿轮传动原理

滚切斜齿圆柱齿轮的传动原理如图 5-72(a)所示，设工件螺旋线为右旋，当刀架带着滚刀沿工件轴向进给 f(mm)，滚刀从点 a 到点 b 时，为了能切出螺旋线齿线，应使工件的点 b' 到点 b，即在工件原来的旋转运动 B_{12} 的基础上，再附加转动 bb'。当滚刀进给至点 c 时，工件应附加转动 cc'。依此类推，当滚刀进给至 p 点，即滚刀进给一个工件螺旋线导程 L 时，工件上的 p' 点应转到 p 点，就是说工件应附加转 1 转。附加运动 B_{22} 的方向，与工件在展成运动中的旋转运动 B_{12} 方向或者相同，或者相反，这取决于工件螺旋线方向及滚刀进给方向。如果 B_{22} 和 B_{12}

同向，计算时附加运动取+1转；反之，若B_{22}和B_{12}方向相反，则取−1转。由上述分析可知，滚刀的轴向进给运动A_{21}和工件的附加运动B_{22}是形成螺旋线齿线所必需的运动，它们组成一个复合运动——螺旋轨迹运动。

由图5-72(b)可知，滚切斜齿圆柱齿轮时，展成运动、主运动以及轴向进给运动传动链与加工直齿圆柱齿轮相同，只是刀架与工件之间增加了一条附加运动传动链：刀架（滚刀移动A_{21}）—12—13—u_y—14—15—合成—6—7—8—9—工作台（工件附加转动B_{22}），显然，这条传动链属于内联系传动链。传动链中的换置机构u_y用于适应工件螺旋线导程L和螺旋方向的变化。

4）滚刀的安装

在滚齿时，要求滚刀的刀齿螺旋线方向与工件齿槽方向必须一致，这是沿齿向进给切出全齿长的条件。所以，加工前要调整滚刀的安装角。

图5-73为螺旋滚刀加工直齿圆柱齿轮的安装角。滚刀位于工件前面，滚刀的螺旋升角为λ_0。从几何关系可知，滚刀安装角$\delta=\lambda_0$。角度的偏转方向与刀齿的螺旋方向有关。

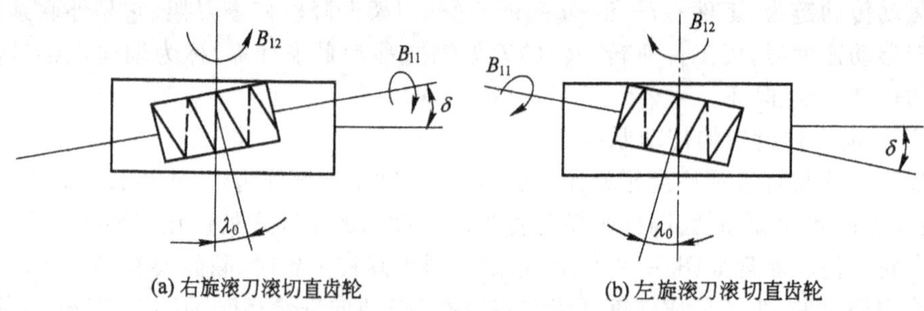

图5-73　螺旋滚刀加工直齿圆柱齿轮安装角

用滚刀加工斜齿圆柱齿轮时，由于滚刀和工件的螺旋方向都有左、右方向之分，所以它们之间共有四种不同的组合，如图5-74所示。则有$\delta=\beta\pm\lambda_0$，式中β为被加工齿轮螺旋角。

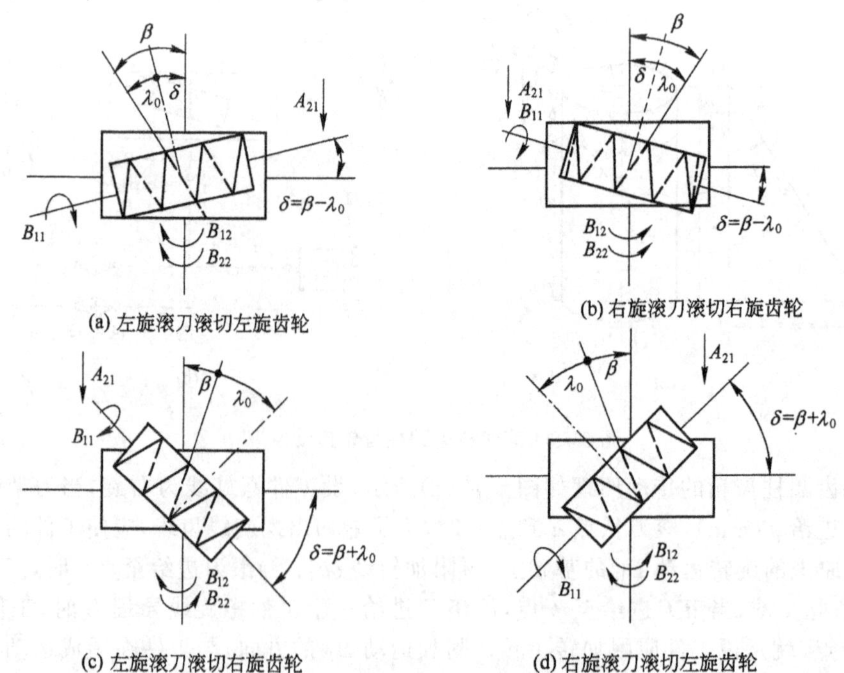

图5-74　螺旋滚刀加工斜齿圆柱齿轮安装角

当被加工的斜齿轮与滚刀的螺旋线方向相反时取“+”号，方向相同时取“－”号。

滚切斜齿轮时，应尽量采用与工件螺旋方向相同的滚刀，使滚刀安装角较小，有利于提高机床运动平稳性及加工精度。

5）Y3150E 型滚齿机

Y3150E 型滚齿机主要用于滚切直齿和斜齿圆柱齿轮，使用蜗轮滚刀时，还可以手动径向进给滚切蜗轮。

图 5-75 是 Y3150E 型滚齿机外形图。图中：1 是床身，2 是立柱，3 是刀架。刀架上装有滚刀主轴 4，滚刀装在滚刀主轴上作旋转运动。刀架可以沿立柱上的导轨上下作直线运动，以实现竖直进给，还可以绕自己的水平轴线转位，以实现对滚刀安装角的调整。工件装在工作台 7 的心轴 6 上，随工作台旋转。后立柱 5 和工作台装在同一溜板上，可沿床身 1 的导轨作水平方向的移动，用以调整不同直径的工件轴线的安装位置，使其与滚刀轴线的距离符合滚切要求；当用径向进给切削蜗轮时，这个水平移动是径向进给。

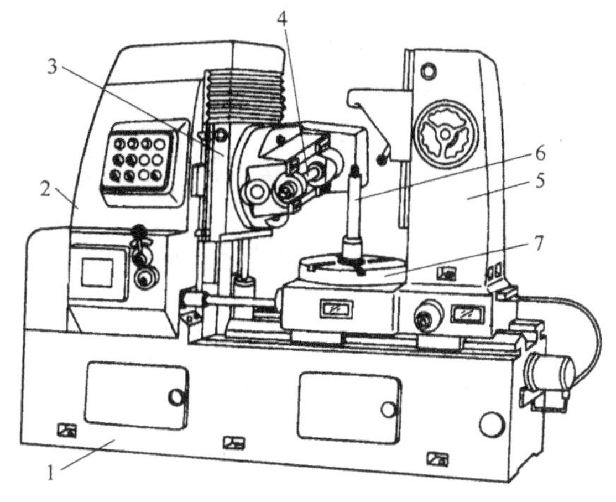

图 5-75　Y3150F 型滚齿机

图 5-76 所示是 Y3150E 型滚齿机的传动系统图。传动系统中分析计算任一条传动链的

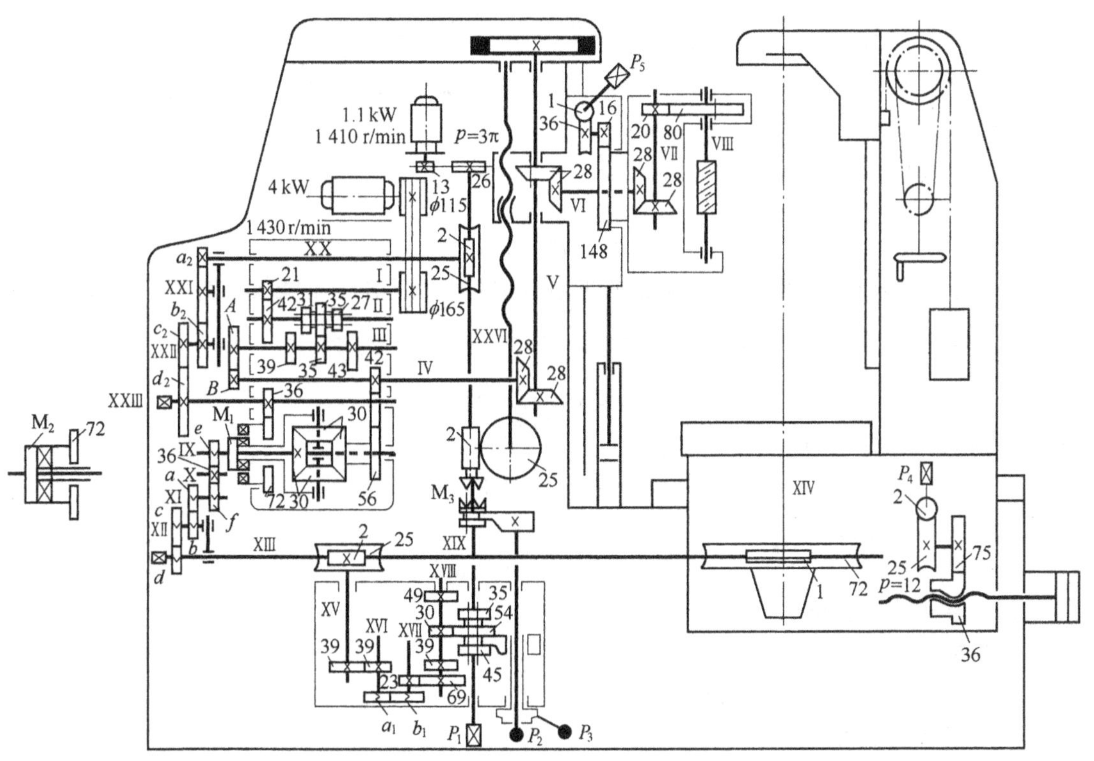

图 5-76　Y3150E 滚齿机传动系统图

具体步骤是：确定末端件，即这条动链的首、末件；确定首、末件的计算位移；对照传动系统图，列出运动平衡式，在列运动平衡式之前，可先列出其传动路线表达式；根据运动平衡式计算换置机构的传动比。这个步骤也适用于计算其他机床的传动链。

(1) 滚切直齿圆柱齿轮的传动链及换置计算

① 主运动传动链

• 找末端件：电动机—滚刀。

• 确定计算位移：$n_{电}$(r/min)—$n_{刀}$(r/min)。

• 列出运动平衡式：根据计算位移关系及传动路线，可得以下运动平衡式：

$$n_{电}\times\frac{115}{165}\times\frac{21}{42}\times n_{变}\times\frac{\mathrm{A}}{\mathrm{B}}\times\frac{28}{28}\times\frac{28}{28}\times\frac{28}{28}\times\frac{20}{80}=n_{刀}(1\ 430\ \mathrm{r/min})$$

式中，$n_{刀}$ 为滚刀转速。

• 计算换置式：将上面的运动平衡式化简得

$$u_v=u_{变}\times\frac{\mathrm{A}}{\mathrm{B}}=\frac{n_{刀}}{124.583}$$

只要确定了 $n_{刀}$，就可计算出 u_0 的值，并由此确定出变速箱中啮合的齿轮对和挂轮的齿数。Y3150E 型滚齿机提供的主变速挂轮 A/B 分别为 22/44、33/33 和 44/22。

② 展成运动传动链

• 找末端件：滚刀—工件

• 确定计算位移：$\frac{1}{K}r$(滚刀)—$\frac{1}{Z_{工}}$r(工件)。

• 列出运动平衡式：

$$\frac{1}{k}\times\frac{80}{20}\times\frac{28}{28}\times\frac{28}{28}\times\frac{28}{28}\times\frac{42}{56}\times u_{合成}\times\frac{e}{f}\times\frac{a}{b}\times\frac{c}{d}\times\frac{1}{72}=\frac{1}{Z_{工}}$$

式中，$u_{合成}$表示通过合成机构的传动比。当加工直齿圆柱齿轮时，以轴Ⅸ端使用短齿爪式离合器 M_1，M_1 将合成机构的转臂与轴Ⅸ连成一体，此时 $u_{合成}=1$。

• 计算换置式：

$$u_x=\frac{a}{b}\times\frac{c}{d}\times\frac{f}{e}\times\frac{24K}{Z_{工}}$$

式中 e、f 为结构挂轮，根据被加工齿轮的齿数选取，用以调整 u_x 的数值，使其不会过大或过小，便于挂轮的选取。$\frac{a}{b}\times\frac{c}{d}$称为分齿挂轮。当 $5\leqslant Z_{工}/K\leqslant 20$ 时，取

$$e=48\quad f=24$$

当 $21\leqslant Z_{工}/K\leqslant 142$ 时，取

$$e=36\quad f=36$$

当 $Z_{工}/K\geqslant 143$ 时，取

$$e=24\quad f=48$$

③ 进给运动传动链

• 找末端件：工件(工作台)—刀架

• 确定计算位移：1 r—f mm

• 列出运动平衡式：

$$1\times\frac{72}{1}\times\frac{2}{25}\times\frac{39}{39}\times\frac{a_1}{b_1}\times\frac{23}{69}\times u_{进}\times\frac{2}{25}\times 3\pi=f$$

• 计算换置式：

$$u_f=\frac{a_1}{b_1}\times u_{进}=\frac{f}{0.4608\pi}$$

式中，f 为轴向进给量，单位符号为 mm/r。$u_{进}$ 为进给箱轴 XVII—XIX 之间的传动比，共有三种：49/35、30/54、39/45。

进给量 f 是根据工件材料、加工精度及铣削方式（顺铣或逆铣）等情况确定的。选定了 f 值就可确定出轴向进给挂轮 a_l/b_1，及进给箱中变速组 $u_{进}$ 的传动比值。

(2) 滚切斜齿圆柱齿轮的传动链及换置

滚切斜齿圆柱齿轮与滚切直齿圆柱齿轮的传动链基本相同，只是增加了一条差动运动传动链。这时将短齿离合器 M_1 换成长齿离合器 M_2，M_2 的端面齿长度足够同时与合成机构壳体（系杆 H）的端面齿及空套在壳体上的齿轮 Z72 的端面齿相啮合，使它们联接在一起，系杆 H 与外部接通。由展成运动传动链和差动传动链传来的运动分别通过齿轮 256 和 Z_{72} 输入合成机构，运动合成后由 IX 轴输出。

如图 5-77 所示，若以 n_{56}、n_{72}、n_{IX} 分别代表齿轮 Z56、Z72 和轴 IX 的转速，则按差动轮系的转化法可得

$$\frac{n_a-n_{72}}{n_{56}-n_{72}}=\frac{30}{30}\times\frac{30}{30}=-1$$

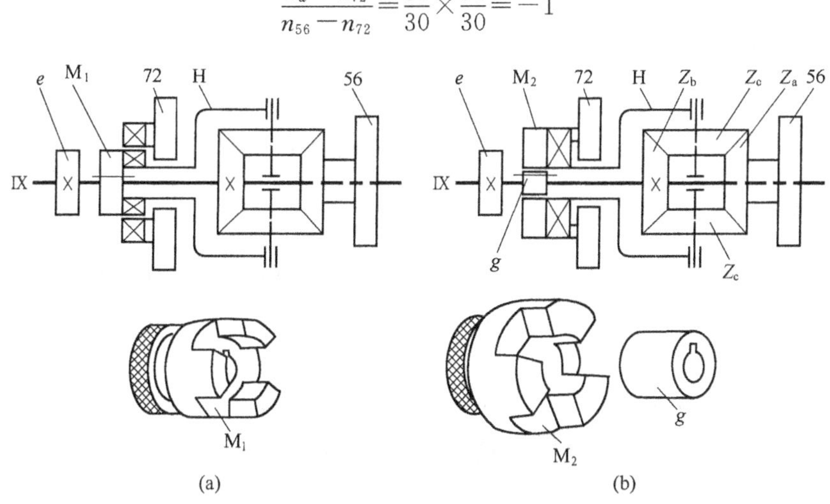

图 5-77　Y3150E 型滚齿机的合成机构

按上式可求得 2 个传动比，若 $n_{72}=0$，则

$$u_{合1}=\frac{n_a}{n_{56}}=-1$$

若 $n_{56}=0$，则

$$u_{合2}=\frac{n_a}{n_{72}}=2$$

$u_{合1}$、$u_{合2}$ 分别为展成运动链和差动传动链通过合成机构的传动比。

① 主运动传动链

其与滚切直齿圆柱齿轮的运动传动链完全相同。

② 展成运动传动链

这里只需用 $u_{合1}=-1$ 取代 $u_{合}$，其余与滚切直齿圆柱齿轮完全相同。

③ 进给运动传动链

它与滚切直齿圆柱齿轮完全相同。

④ 差动传动链

- 找末端件:刀架—工件
- 定计算位移:L mm—1 r(附加)

$$L=\frac{\pi m_{端} Z_{工}}{\tan\beta} \qquad m_{端}=\frac{m_{法}}{\cos\beta}$$

因而

$$L=\frac{\pi m_{端} Z_{工}}{\tan\beta\cdot\cos\beta}=\frac{\pi m_{法} Z_{工}}{\sin\beta}$$

式中:$m_{端}$——齿轮的端面模数;

$m_{法}$——齿轮的法面模数;

β——齿轮的螺旋角。

- 列出运动平衡式:

$$\frac{L}{3\pi}\times\frac{25}{2}\times\frac{2}{25}\times\frac{a_2}{b_2}\cdot\frac{c_2}{d_2}\times\frac{36}{72}\times u_{合成}\times\frac{e}{f}\cdot u_x\times\frac{1}{72}=1$$

式中,u_x 为分齿挂轮$\frac{a}{b}\times\frac{c}{d}$的传动比,$u_x=\frac{a}{b}\times\frac{c}{d}=\frac{f}{e}\times\frac{24k}{Z_{工}}$。

对于差动运动传动链,$u_{合成}=u_{合2}=2$。

- 计算换置式:

$$u_y=\frac{a_2}{b_2}\times\frac{c_2}{d_2}=9\times\frac{\sin\beta}{m_{法}\ k}$$

式中,$\frac{a_2}{b_2}\times\frac{c_2}{d_2}$称为差动挂轮。

由附加运动传动链传给工件的附加运动方向,可能与展成运动中的工件转向相同,或者相反,因此在安装挂轮时,可根据机床说明书的规定使用惰轮。

(3) 刀架快速运动传动链

刀架可以通过快速电动机作快速升降运动,来调整刀架位置及实现快进和快退。此外,在加工斜齿圆柱齿轮时,通过启动快速电动机,经附加运动传动链传动工作台旋转,可以检查工作台附加运动的方向是否正确。

刀架快速移动的传动路线为:快速电动机—13/26—M3—2/25—ⅩⅪ(刀架轴向进给丝杠)。

3. 插齿机

插齿机用于加工内啮合和外啮合的直齿、斜齿圆柱齿轮,尤其适用于加工内齿轮和多联齿轮中的小齿轮,装上附件后还可以加工齿条,但插齿机不能加工蜗轮。

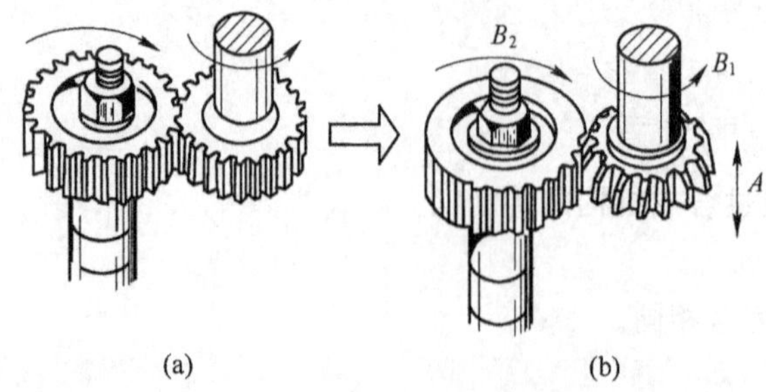

图 5-78 插齿原理及加工时所需要的成形运动

插齿机的工作原理类似一对相啮合的圆柱齿轮,其中一个齿轮作为工件,另一个是“特殊的”齿轮(插齿刀),它的模数和压力角与被加工齿轮完全相同,且在端面磨有前角,齿顶及齿侧均磨有后角。图 5-78 所示为插齿原理及插齿时所需要的成形运动。

当插齿机插直齿时,所需要的展成

运动分解为刀具的旋转运动 B_1 和工件的旋转运动 B_2 以形成渐开线齿廓。插齿刀上下往复运动 A 是一个简单的成形运动，以形成轮齿齿面的直导线。当插斜齿轮时，插齿刀主轴在一个专用的螺旋导轨上上下移动，由于导轨的作用，插齿刀还有一个附加转动，用以形成斜齿圆柱齿轮的螺旋线导线。

插齿机除了必须的插削主运动和展成运动以外，还需要让刀运动、径向切入运动和圆周进给运动。

(1) 让刀运动：插齿刀向上运动(空行程)时，为了避免擦伤工件齿面及减少刀具的磨损，刀具和工件之间应该让开一定间隙，而在插齿刀向下开始工作行程之前，应迅速恢复到原位，以便刀具进行下一次切削，这种让开和恢复原位的运动称为让刀运动。

(2) 径向切入运动：开始插齿时，如插齿刀立即径向切人工件至全齿深，将会因切削负载过大而损坏刀具和工件。为了避免这种情况，工件应该逐渐地移向插齿刀(或插齿刀移向工件)，作径向切入运动。当刀具切人工件至全齿深后，径向切入运动停止，然后工件再旋转一整转，便能加工出全部完整的齿廓。

(3) 圆周进给运动：插齿刀转动的快慢决定了工件轮坯转动的快慢，同时也决定了插齿刀每次切削的负荷，所以插齿刀的转动称为圆周进给运动。圆周进给量的大小用插齿刀每次往复行程中，刀具在分度圆圆周上所转过的弧长表示。降低圆周进给量将会增加形成齿廓的刀刃切削次数，从而减小表面粗糙度，提高齿廓曲线精度。

图 5-79 为插齿机的传动原理图。图中点 8 到点 11 是展成运动传动链；点 4 到点 8 是圆周进给传动链；由电动机轴上的点 1 曲柄盘(偏心轮)到点 4 之间的传动链是机床的主运动传动链，由它确定插齿刀每分钟上下往复的次数(速度)。让刀运动及径向切入运动不直接参与工件表面的形成过程，因此没有在图中表示。

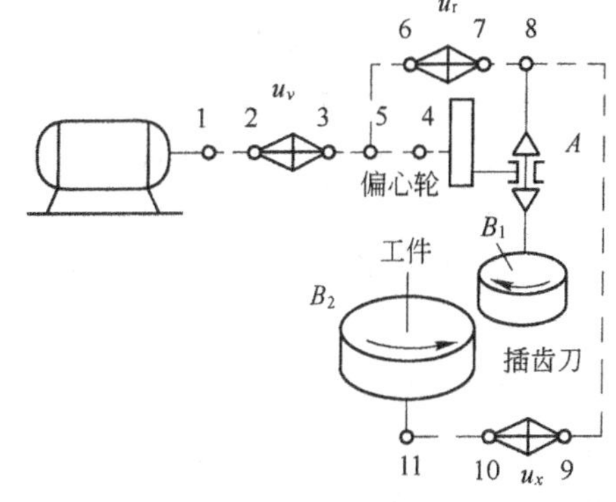

图 5-79　插齿机的传动原理图

4. 磨齿机

磨齿机多用于对淬硬齿轮齿面的精加工，也可直接在齿坯上磨出齿廓表面。磨齿加工能修整齿轮预加工的各项误差，其加工精度一般可达 6 级以上。

按齿廓的形成方法，磨齿机通常分为成形砂轮法磨齿和展成法磨齿两大类。

成形砂轮法磨齿机的砂轮截面形状按样板修整成与工件齿间的齿廓形状相同。机床的加工精度主要取决于砂轮截面形状和分度精度，所以对砂轮的修整精度要求很高，且修整难度较大，而且砂轮廓形粗糙度难以保持，因而生产中较少采用。

大多数类型的磨齿机是以展成法来加工齿轮。展成法磨齿机的工作原理如图 5-80 所示，根据所用砂轮形状的不同，有下述几种磨齿机。

(1) 蜗杆砂轮磨齿机

蜗杆砂轮磨齿机用直径很大的修整成蜗杆形的砂轮磨削齿轮，其工作原理与滚齿机相同，但形成齿线的轴向进给运动一般由工件完成。如图 5-80(a)所示，蜗杆形砂轮相当于滚刀与工件一起转动作展成运动 B_{11} B_{12} 磨出渐开线，工件同时作轴向直线往复运动 A_2，以磨削直齿圆柱齿轮的轮齿。若作倾斜运动，就可磨削斜齿圆柱齿轮。这类机床在加工过程中因是连续磨

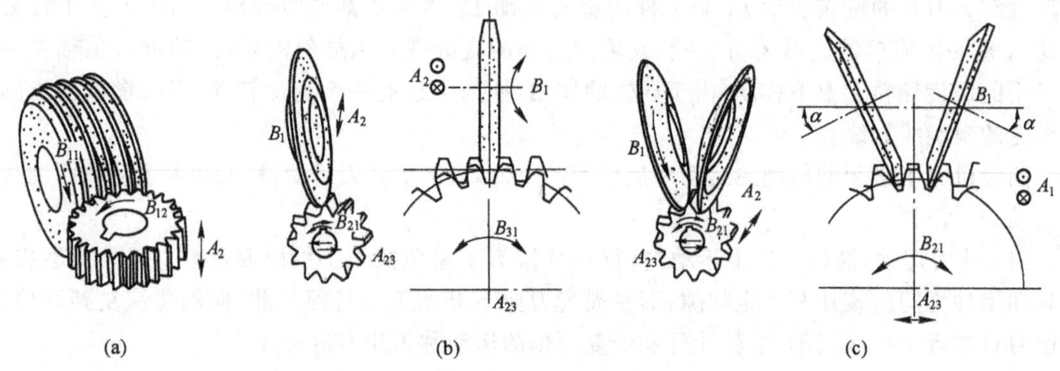

图 5-80 展成法磨齿机的工作原理

削，其生产率很高。但缺点是，砂轮修整困难，难达到高精度；磨削不同模数的齿轮时需要更换砂轮；砂轮的转速很高，联系砂轮与工件的展成传动链如果用机械传动易产生噪声，磨损较快。目前常用的解决方法有两种，一种是用同步电动机驱动；另一种是用数控方式保证砂轮和工件之间严格的速比关系。这种机床适用于中小模数齿轮的成批生产。

（2）锥形砂轮磨齿机

锥形砂轮磨齿机是利用齿条和齿轮啮合原理来磨削齿轮的，它所使用的砂轮轴向截面形状是按照齿条的齿廓修整的。当砂轮旋转并沿工件导线方向作直线往复运动时，砂轮两侧锥面的母线就形成了假想齿条的一个齿廓，如图 5-80(b)所示。加工时，被磨削齿轮在假想齿条上作间隙啮合滚转运动，即被磨削齿轮转动一个齿的同时，其轴心线移动一个齿距的距离，便可磨出工件上一个轮齿一侧的齿面。可见，经多次分度，便能磨出工件上全部轮齿齿面。

（3）双碟形砂轮磨齿机

双碟形砂轮磨齿机用两个碟形砂轮的端平面(实际是宽度约为 0.5 mm 的工作棱边所构成的环形平面)来形成假想齿条的不同轮齿的两侧面，并同时磨削齿槽的左右齿面。如图 5-80(c)所示，在磨削过程中，其成形运动和分度运动与锥形砂轮磨齿机基本相同，但轴向进给运动通常由工件完成。由于砂轮的工作棱边很窄，且为垂直于砂轮轴线的平面，易获得高的修整精度；磨削接触面积小，磨削力小，磨削热很少；机床具有砂轮自动修整与补偿装置，使砂轮能始终保持锐利和良好的工作精度，因此磨齿精度较高，最高可达 4 级，是各类磨齿机中磨齿精度最高的一种。其缺点是砂轮刚性较差，磨削用量受到限制，生产率较低。

5. 剃齿机

剃齿机是利用剃齿刀对未淬火的直齿或斜齿圆柱齿轮进行剃削加工的机床。图 5-80(a)所示为剃齿机的工作原理图。剃齿刀 1 带动工件 2 旋转，工件装在两顶尖之间的心轴上，工作台 3 和 4 作慢速往复运动，工作台每往返一次行程，升降台 5 便作一次垂直进给运动。利用操纵箱，工作台到达行程终点并开始返回行程时，剃齿刀带动工件亦反转。机床具有两个工作台 3 和 4，这样的结构便于修整工件的齿形。工作台 3 利用摆轴与工作台 4 连接在一起，工作台 3 左端有支臂 6，它的上部伸在槽板 7 的槽内，由于槽静止不动，并处于倾斜位置，因此工作台 3 每作一次往复运动，同时摆动一次，因此工件上的齿形可以修整成鼓形。如图 5-81(b)所示，剃齿刀装在高精度的主轴上，它与工件心轴的夹角为 δ。当工件 2 的螺旋角为 β_2，剃齿刀 1 的螺旋角为 β_f 时，则安装角为 $\delta=\beta_2-\beta_f$。δ 值一般为 0°～15°。在剃削直齿圆柱齿轮时，取 $\delta<15°$。一般剃齿刀的螺旋角 β_f 为 5°、10°、15°三种。

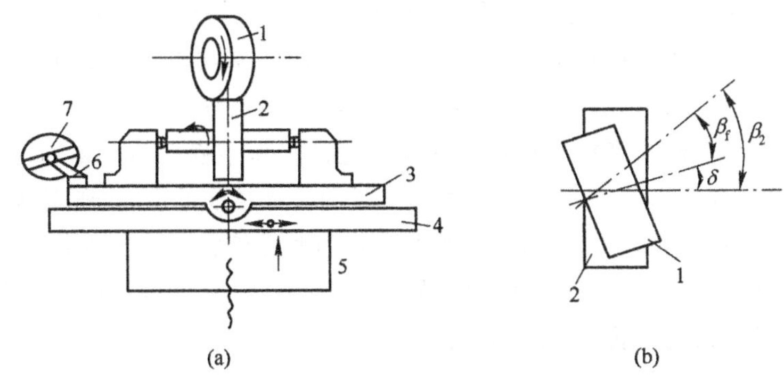

图 5-81　剃齿机工作原理

5.8.2　齿轮刀具

齿轮刀具是用于加工齿轮齿形的刀具。按齿轮齿形的成形方法，可将齿轮刀具分为成形齿轮刀具和展成齿轮刀具两大类。

1. 成形齿轮刀具

这类刀具的切削刃廓形与被加工直齿轮端剖面内的槽形相同。图 5-82 (a)所示为盘形齿轮铣刀，图 5-82(b)所示为指形齿轮铣刀。盘形齿轮铣刀用在一般铣床上加工直齿、斜齿圆柱齿轮和齿条；指形齿轮铣刀用于加工大模数(m＝10～100 mm)的直齿、斜齿圆柱齿轮、人字齿轮。用盘形或指形齿轮铣刀加工斜齿齿轮时，工件齿槽任何剖面中的形状都不和刀具的廓形相同，工件的齿形是由刀具的切削刃在相对于工件运动过程中包络而成的，这种加工方法称为无瞬心包络法。成形齿轮刀具虽然加工精度低、生产率低，但结构简单、成本低廉，所以在单件生产及修配工作中仍有应用。

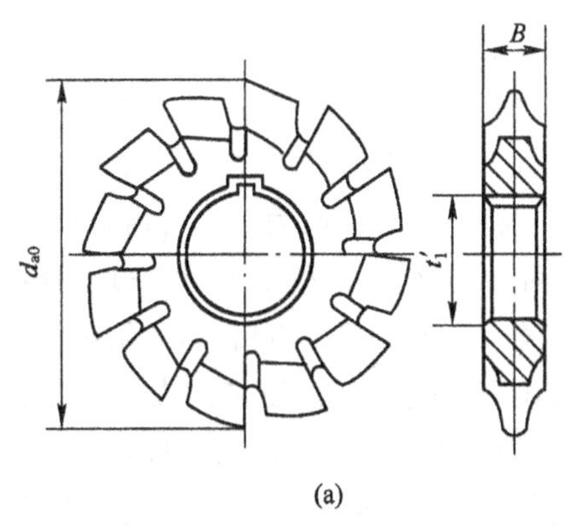

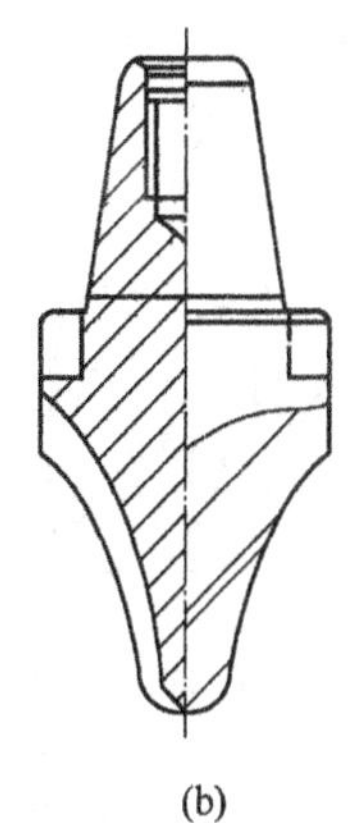

图 5-82　成形齿轮铣刀

2. 展成齿轮刀具

加直齿或斜齿渐开线齿轮的展成刀具有插齿刀、齿轮滚刀、剃齿刀；加工直齿锥齿轮和圆弧齿锥齿轮的展成刀具有成对展成刨刀、成对铣刀、弧齿锥齿轮刀盘；加工非渐开线齿形的展成齿轮刀具有矩形花键滚刀、矩形花键插齿刀等。本书只介绍插齿刀、齿轮滚刀、剃齿刀、花键滚刀，其余刀具可参阅有关参考文献。

(1) 插齿刀

插齿刀的形状很像齿轮，直齿插齿刀像直齿齿轮，斜齿插齿刀像斜齿齿轮。直齿插齿刀有如图 5-83 所示的三种结构型式，图(a)所示为盘形直齿插齿刀，用于加工直齿齿轮和大直径内齿轮；图(b)所示为碗形直齿插齿刀，它和盘形插齿刀的区别在于刀体沉孔较深，便于容纳紧固螺母，避免在加工双联齿轮的小齿轮时螺母碰到工件；图(c)所示为锥柄直齿插齿刀，主要用于加工内齿轮。插齿刀的精度等级根据被加工齿轮的工作平稳性精度来选用，AA 级用于加工 6 级精度的齿轮，A 级和 B 级分别用于加工 7 级和 8 级精度的齿轮，所选插齿刀的模数、压力角应等于被加工齿轮的模数和压力角。选取插齿刀时应校验被加工的齿轮副啮合时是否会产生过渡曲线干涉；用旧插齿刀加工齿轮时被加工齿轮是否会产生根切；用变位系数较小的插齿刀加工齿轮时被切齿轮是否会产生顶切。

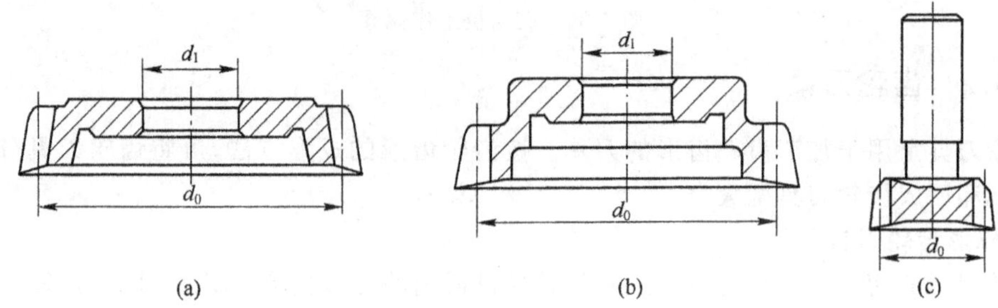

图 5-83　直齿插齿刀

(2) 齿轮滚刀

齿轮滚刀是用于加工渐开线外啮合直齿齿轮和斜齿齿轮最常用的刀具。

① 齿轮滚刀的基本蜗杆

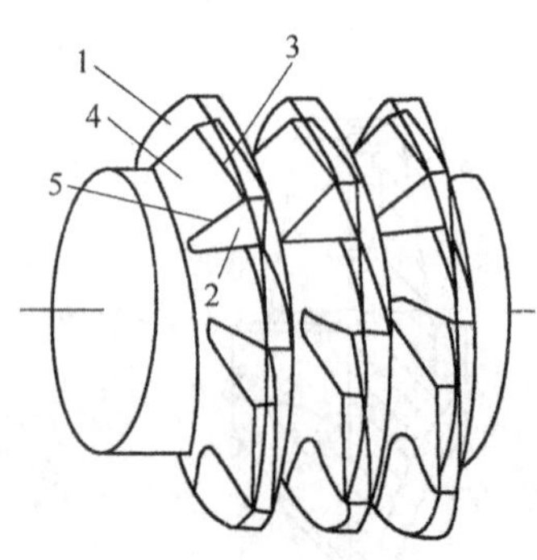

图 5-84　滚刀的基本蜗杆

齿轮滚刀可做成单头，也可做成多头，它们各相当于一个或多个齿、螺旋角很大的而且牙齿又很长的斜齿圆柱齿轮。由于齿很长，可以绕本身轴线转几圈，因而形成了蜗杆形状，如图 5-84 中 1 所示，5 为切削刀。为了使这个蜗杆能起切削作用，需要在蜗杆轴线方向开出多条容屑槽，这些容屑槽把蜗杆螺纹分割成很多段，每一段为一个刀齿，每个刀齿有一个前刀面 2，前刀面 2 与螺纹面的交线为刀刃。这些刀具无后角仍无法加工齿轮，为了使刀齿有后角，还需要通过铲齿方法铲削顶后刀面和两个侧后刀面，使其缩在蜗杆 1 的螺纹面以内(图 5-84 中，3 为顶后刀面，4 为侧后刀面，它们都缩在基本蜗杆 1 的螺纹面以内)，但滚刀的顶刃和侧刃必须落在这个相当于斜齿圆柱齿轮的螺纹面上，这个蜗杆 1 称为滚刀的基本蜗杆。基本蜗杆为右旋的称为右旋滚刀，基本蜗杆为左旋的称为左旋滚刀。

基本蜗杆螺旋面为渐开螺旋面的蜗杆称为渐开线蜗杆，用这种蜗杆经开槽铲齿形成的滚刀称为渐开线滚刀。从理论上讲渐开线滚刀才能加工出渐开线齿形，但这种滚刀制造困难，生产中几乎不用它，而是用阿基米德基本蜗杆或法向直廓基本蜗杆经开槽铲齿制成的阿基米德滚刀或法向直廓滚刀。由于阿基米德基本蜗杆或法向直廓基本蜗杆螺旋面的形成原理与渐开线基本蜗杆螺旋面的形成原理不同，因此螺旋面形状不同，用它们制成的滚刀加工出来的齿轮会产生齿形误差；但是当滚刀分圆柱螺纹升角 λ_0 很小时，加工误差很小，同模数、同压力角的阿基米德滚刀加工出的齿轮齿形误差小于法向直廓滚刀，故生产中加工齿轮都是阿基米德滚刀。

② 齿轮滚刀的结构及参数

齿轮滚刀的结构分为两大类，中小模数（$m \leqslant 10$ mm）的滚刀一般都做成整体结构，图 5-85(a)所示为用得最多的整体高速钢滚刀。整体硬质合金滚刀由于制造困难，韧性较差和价格昂贵，所以只制成模数较小的滚刀，用于加工仪表齿轮。对于模数较大的滚刀，为了节省刀具材料，一般多做成镶齿结构，如图 5-85(b)所示。精加工滚刀一般做成单头，为了提高生产率，粗加工滚刀也可做成多头，滚刀头数用 Z_0。表示，工具厂生产的滚刀为单头。滚刀的螺旋方向有右旋的，也有左旋的，为了减小安装角右旋滚刀应加工右旋齿轮，左旋滚刀应加工左旋齿轮，滚刀分圆螺旋升角用 λ_0 表示，工具厂生产的滚刀为右旋滚刀。齿轮滚刀的容屑槽形式都做成直槽，如图 5-85(a)、(b)所示，以便滚刀的制造和重磨。滚刀的顶刃前角）γ_p 一般做成零度，也有做成正前角的。标准齿轮滚刀的直径有两种系列，Ⅰ型直径较大，用于制造 AA 级精密滚刀，这种滚刀可以加工 7 级精度的齿轮；Ⅱ型直径较小，适用于制造 A、B、C 级精度的滚刀，分别用于加工 8、9、10 级精度的齿轮。齿轮滚刀的模数应等于被加工齿轮的模数。大批、大量生产的汽车、拖拉机齿轮，齿形加工常采用滚→剃→珩工艺。剃前齿轮常采用剃前滚刀加工，为了在剃齿时不让剃齿刀齿顶参加切削以免损坏剃齿刀，剃前齿轮齿根应有微量沉切，沉切量 δ_2 很小，一般 $\delta_2 = 0.01 \sim 0.04$ mm。为了使剃齿时被剃齿轮齿顶不产生毛刺，剃前齿轮的齿顶应修缘，修缘量 $\delta_1 = 0.03 \sim 0.1$ mm。剃前齿轮齿形如图 5-86(a)所示，加工这种剃前齿轮齿形的剃前滚刀齿形在齿顶处有凸角，齿根处有修缘刃如图 5-86(b)所示。剃前滚刀是专用刀具，由生产厂设计、制造。

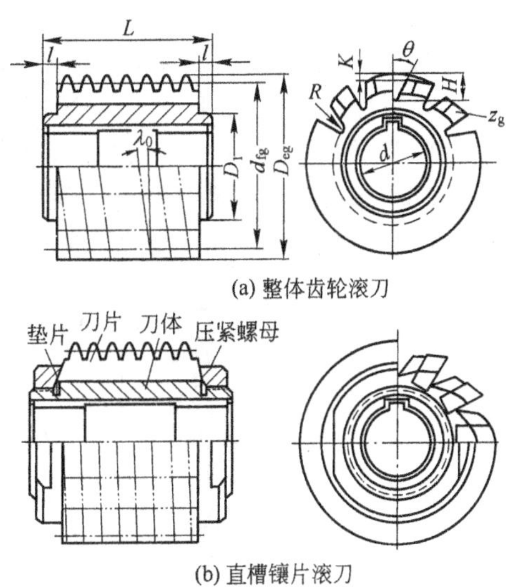

(a) 整体齿轮滚刀

(b) 直槽镶片滚刀

图 5-85 齿轮滚刀

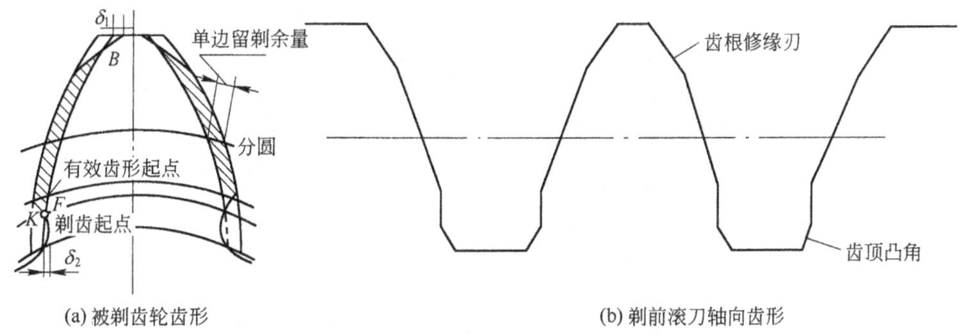

(a) 被剃齿轮齿形

(b) 剃前滚刀轴向齿形

图 5-86 剃前滚刀齿形和被剃齿轮齿形

③ 剃齿刀

剃齿是用于精加工齿形的一种方法，所用刀具称为剃齿刀。剃齿刀实际上是一个由高速钢制造的在其齿面上加工有许多容屑槽的高精度变位螺旋齿轮。容屑槽与齿面的交线为切削刃，剃齿刀加工齿轮的过程属于螺旋齿轮啮合过程，螺旋齿轮啮合时齿面接触点有相对滑动，所以剃齿刀齿面与齿轮齿面产生相对滑动时，剃齿刀的切削刃就从工件上切削切屑。剃齿刀的结构形式有两种：图 5-87 所示为闭槽剃齿刀（刀齿两侧面上容屑槽不贯通），用于加工中等模数的齿轮；图 5-88 所示为通槽剃齿刀，用于加工模数 $m \leqslant 1.75$ 的齿轮。所谓通槽剃齿刀是指剃齿刀圆周上有圆环形或螺旋形槽子，槽的轴向截面是矩形的或梯形的。剃齿刀的精度等级有 A、B 级，分别用于加工 6～8 级精度的齿轮，加工表面粗糙度 Ra0.4～0.8 μm。闭槽剃齿刀的切削刃用钝后重磨齿面和齿顶圆，重磨后齿形变薄，外径减小；通槽剃齿刀用钝后重磨刀齿的前刀面，重磨后齿形和外径都不改变。剃齿生产率很高，大约 1～3 分钟可加工一个齿轮，每次重磨后可加工约 1 500 个齿轮，所以在大批、大量生产中应用很多。

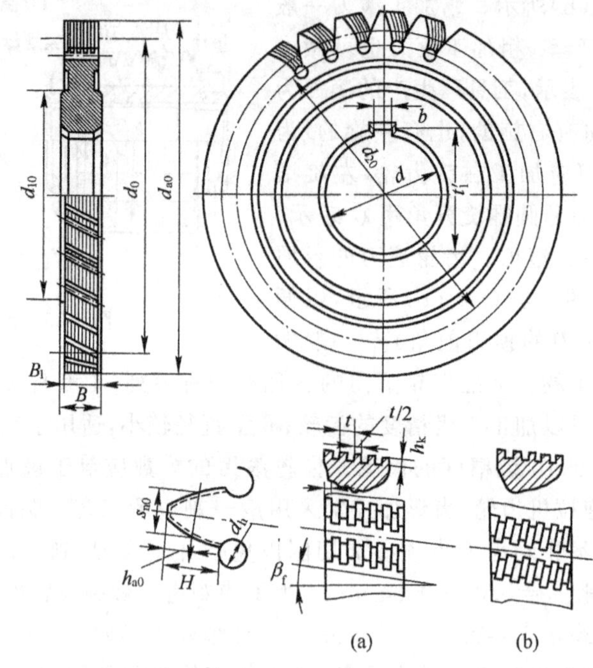

图 5-87　闭槽剃齿刀

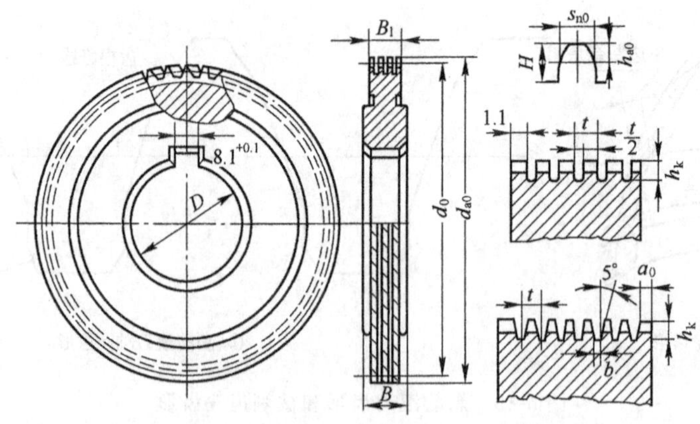

图 5-88　通槽剃齿刀

④ 花键滚刀

加工花键轴键槽的滚刀称为花键滚刀。花键滚刀加工花键轴的原理属于螺旋齿轮啮合原理，因为刀齿在滚刀上成螺旋形分布，加工花键轴时刀齿螺旋方向应与花键轴齿槽方向一致，因而刀具轴线与工件轴线空间相错正好构成螺旋齿轮啮合。滚花键所需运动与滚齿轮所需运动完全相同。图 5-89(a)所示为普通花键滚刀加工外径定心的花键轴，工件上有节圆，其半径为 r'，刀具上有节线，加工花键时刀具节线与工件节圆作纯滚动，滚刀的曲线侧刃包络出花键的键侧，刀齿齿顶加工花键的小径，这时的啮合线为曲线。图 5-90(a)所示为带角花键滚刀加工内径定心的花键轴，与普通花键滚刀相比较，带角花键滚刀每个刀齿只在齿顶多了两个凸角。花键滚刀是专用刀具，必须由生产厂自行设计、制造或委托工具厂设计、制造。

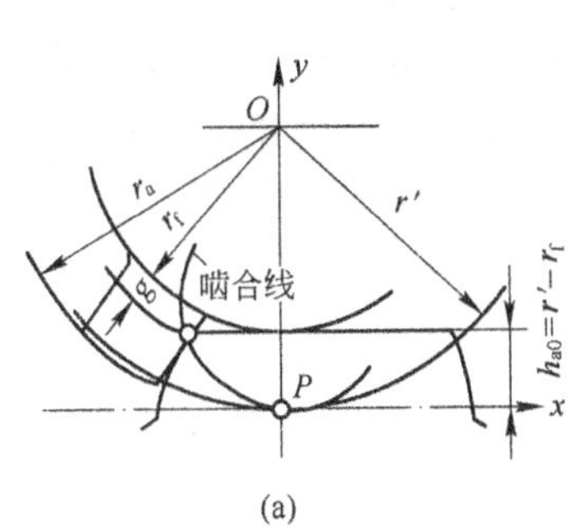

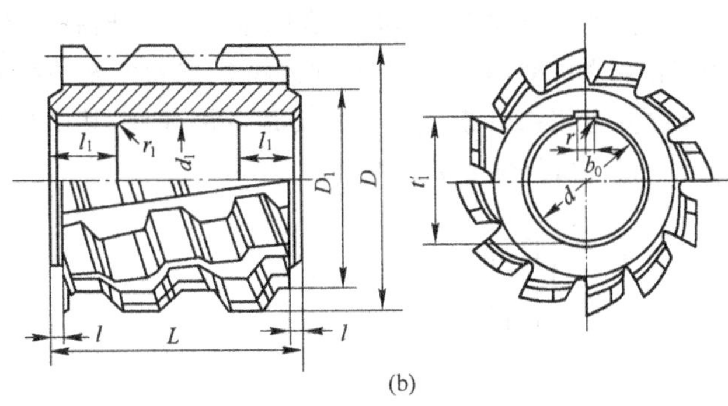

图 5-89　普通花键滚刀

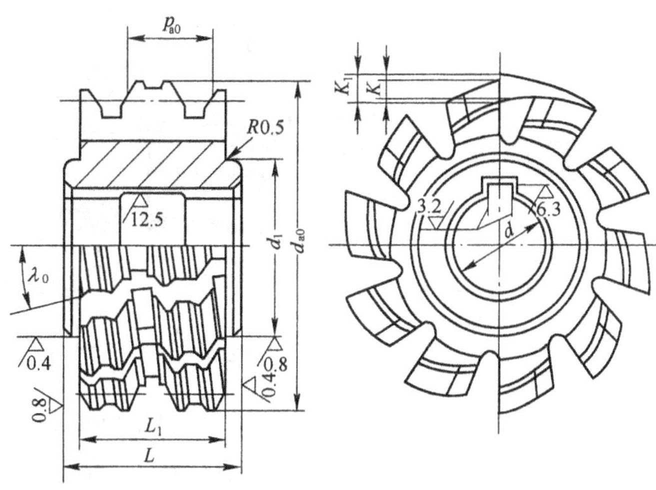

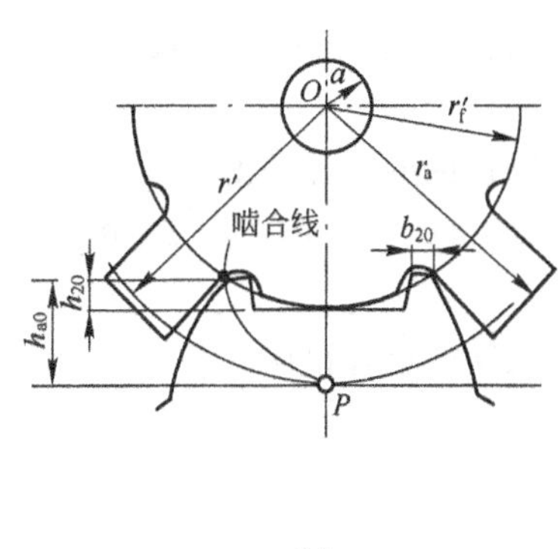

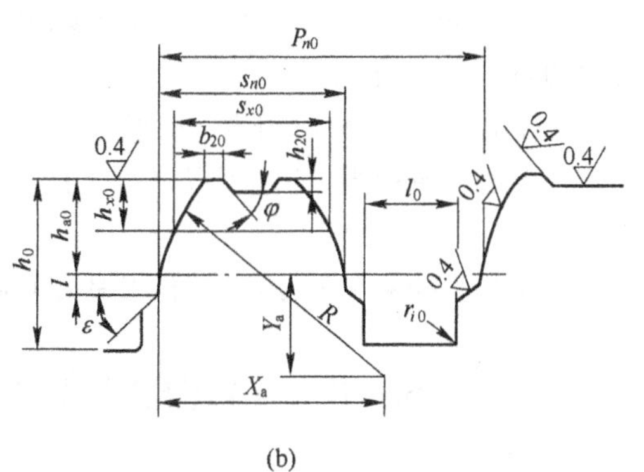

图 5-90　带角花键滚刀

5.9 组 合 机 床

组合机床是以系列化、标准化的通用部件为基础,配以少量的专用部件组成的专用机床。它适宜于在大批、大量生产中对一种或几种类似零件的一道或几道工序进行加工。这种机床既具有专用机床的结构简单、生产率和自动化程度较高的特点,又具有一定的重新调整能力,以适应工件变化的需要。组合机床可以对工件进行多面、多主轴加工,一般是半自动的。图5-91所示是立卧复合式三面钻孔组合机床,用于同时钻工件的两侧面和顶面上的许多孔。机床由侧底座1、立柱底座2、立柱3、动力箱5、滑台6及中间底座7等通用部件,以及主轴箱4、夹具8等主要专用部件组成。而即使是专用部件,其中也有不少零件是通用件或标准件,因此,给设计、制造和调整带来很大方便。

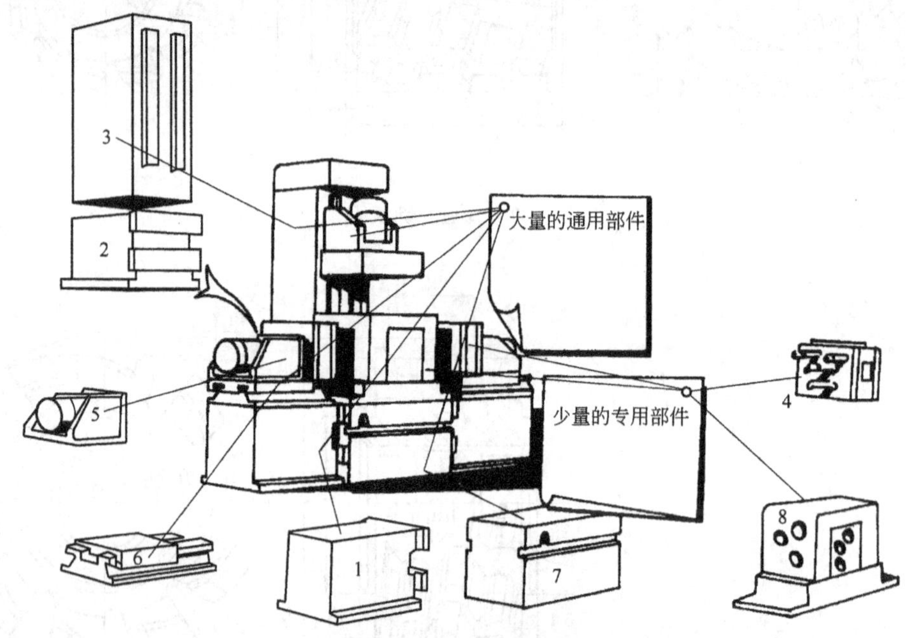

图 5-91 组合机床的组成

组合机床与专用机床和通用机床相比,有如下特点:

(1) 组合机床中有70%~90%的通用零、部件。这些零、部件是经过精心设计和长期生产实践考验的,所以工作稳定而且可靠。

(2) 设计组合机床时,通用零、部件可以选用,不必设计,所以机床的设计周期短。

(3) 由于这些通用零、部件可以成批生产,预先制造好,因此,机床的生产周期短,并可降低成本。

(4) 当被加工对象改变时,可以利用原有的通用零、部件组成新的组合机床。

5.10 TH5632型立式镗铣加工中心

1. 机床布局及用途

TH5632型立式镗铣加工中心是一种具有自动换刀装置的数控立式镗铣机床,该机床的另一名称是 JCS018，它采用了软件固定型计算机控制的 FANUC-BESK7CM 数控系统。把工件一次装卡在工作台上，可自动连续地完成铣、钻、镗、铰、锪、攻丝等多种工序的加工。该机床适用于小型板类、盘类、模具类等复杂工件的多品种中小批量加工，也可加工小型箱体类工件。

机床外型图如图 5-92 所示。在床身 1 的后部固定着框式立柱 9，主轴箱 5 可沿立柱导轨作升降运动（z 轴），滑座 2 在床身前部作横向（前后）运动（y 轴），工作台 3 在滑座 2 上作纵向（左右）运动（x 轴）。自动换刀装置（刀库 6 和换刀机械手 7）装在立柱左前部，其后部是数控柜 8，立柱右侧面装驱动电柜 4（电源、伺服系统等）。

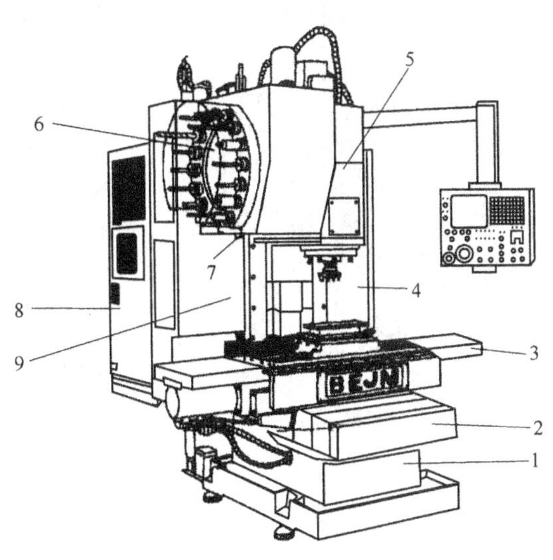

图 5-92　TH5632 型立式加工中心

2. 机床传动系统

图 5-93 所示为机床传动系统图。主传动系统比较简单，无级调速交流主轴伺服电动机（5.5 kW）经两级塔带轮 ϕ183.6/ϕ119 和 ϕ183.6/ϕ239，三联 V 带传动直接驱动主轴。塔带轮传动比为 1/2 和 1。当传动比为 1/2（图示位置）时，主轴转速为 22.5～2 250 r/min；当传动比为 1 时，主轴转速为 45～4 500 r/min。传动用的三联 V 带一次成型，彼此长度相等，受力均匀，因而承载能力比多根 V 带（截面积之和相等）高，允许的线速度也高。由于机床无齿轮传动，主轴运转时振动小、噪声低。伺服进给系统也很简单，即由直流伺服电动机（1.4 kW）经联轴节直接驱动滚珠丝杠旋转，再由螺母变为工作台等移动部件的直线运动。移动部件的移动速度和运动方向均由直流伺服电动机所决定。

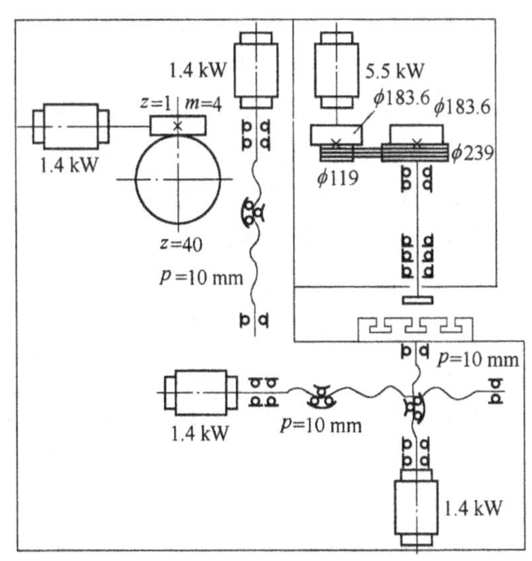

图 5-93　TH5632 型立式加工中心传动系统

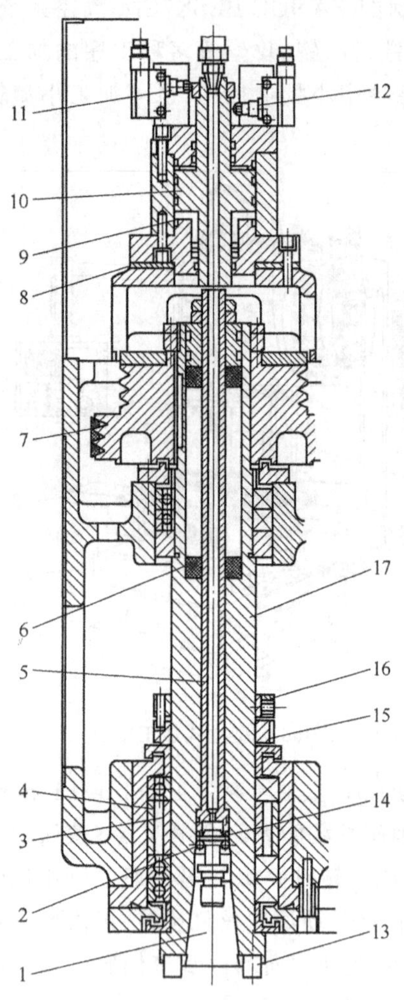

图 5-94　TH5632 型立式加中心主轴组件

3. 主轴组件

图 5-94 为主轴箱结构图。主轴采用双支承结构。前支承有三个向心推力球轴承，前端两个球轴承大口向下，承受径向载荷和向上的轴向载荷。因此主轴为前端定位，受热向后伸长，对加工精度影响很小。前支承的三个球轴承间隙量靠修磨隔套 3、4 来保证，螺母 15 调整间隙，调好间隙后用锁紧螺母 16 紧固防松。7 为皮带轮，转换动力。后支承为一对向心推力球轴承，小口相对。后支承仅承受径向载荷，故外国轴向不定位，沿轴向可浮动。主轴轴承均采用润滑脂润滑。轴承这种配置型式可使主轴具有良好的高速性能，且成本较低。

为实现刀具的自动装卸，机床主轴有刀具的自动夹紧机构、切屑清除装置和主轴准停装置。

刀具的自动夹紧机构如图 5-94 所示，它由拉杆 5 和头部的四个钢球 2、碟形弹簧 6、活塞 10 及螺旋弹簧 9 等组成。刀杆 1 采用 7∶24 的大锥度锥柄，在锥柄的尾部轴颈被拉紧的同时，通过锥面的定心将刀杆夹紧在主轴 17 的端部。大锥度的锥柄既利于定心，也为松夹带来了方便。夹紧时，活塞 10 的上端无油压，弹簧 9 使活塞 10 向上移动到图示位置。碟形弹簧 6 使拉杆 5 上移至图示位置，钢球 2 进入刀杆尾部拉钉的环形槽内，将刀杆拉紧。需要换刀时，压力油进入油缸上腔，推动活塞 10 下移，前进约 4 mm 后即开始推动拉杆 5 下移，直到钢球进入主轴锥孔上部的 $\phi37$ 环槽内(如图 5-95 所示)，这时钢球已不能约束拉钉 14 的头部。拉杆 5 继续下移，拉杆的头部 a 面与拉钉 14 的顶端接触，把刀具从主轴锥孔中推出。行程开关 12 发出信号，机械手即可将刀具取出。修磨调整垫 8 可保证当活塞行程到终点时拉杆的 a 面与拉钉的顶端接触。

在主轴自动换刀的同时，机床自动清除主轴孔内的切屑和灰尘。这是自动换刀过程中的一个不容忽视的问题。如果在主轴锥孔内掉进了切屑或其他污物，在拉紧刀具的时候主轴锥孔表面和刀具的锥柄就会被划伤，甚至使刀具发生偏斜，破坏了刀具的定位精度，影响工件的加工精度。为此，该机床采用了压缩空气吹屑。当机械手把刀杆从主轴锥孔中取出后，压缩空气通过活塞和拉杆的中孔，把主轴锥孔吹净。

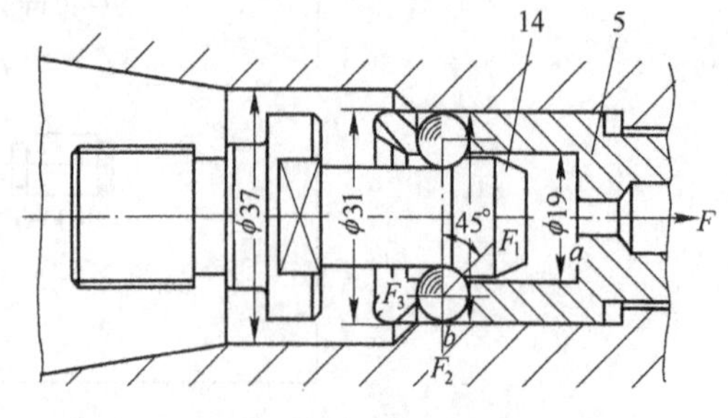

图 5-95　主轴锥孔结构

行程开关 11、12 用于发出夹紧和松开刀杆的信号。

刀杆夹紧机构用弹簧夹紧，液压放松，可保证在工作中如果突然断电，刀杆不会自动松脱。

夹紧时，活塞杆端部与拉杆 5 的上端部之间留有一定的间隙(约为 4 mm)，以防止主轴旋转时端面摩擦。

由于切削转矩是通过主轴的端面键 13 传递的，这就要求在每次自动装卸刀具时，都必须使刀柄上的键槽对准主轴的端面键，因此主轴停止时应具有准确定位功能，即准停功能。该机床采用磁传感器装置进行主轴定位，如图 5-96 所示。图中，在塔带轮 1 的上端面安装一个厚垫片 4，在垫片 4 上装有一个体积很小的发磁体 3。在主轴箱箱体的准停位置上装一个磁传感器 2。当主轴需要停车换刀时，数控装置发出主轴定向准停指令，通过主轴伺服装置控制主轴伺服电动机降速，主轴以缓慢的速度旋转，发磁体 3 发出主轴位置信息，磁传感器 2 接收此位置信息，并反馈至主轴伺服装置。当发磁体 3 对准磁传感器 2 时，磁传感器接收的信号最强，这时主轴伺服装置发出停止指令，使主轴准确地停止在规定的周向位置上。这种准停装置的定位精度是±1°，且结构简单，定位迅速。

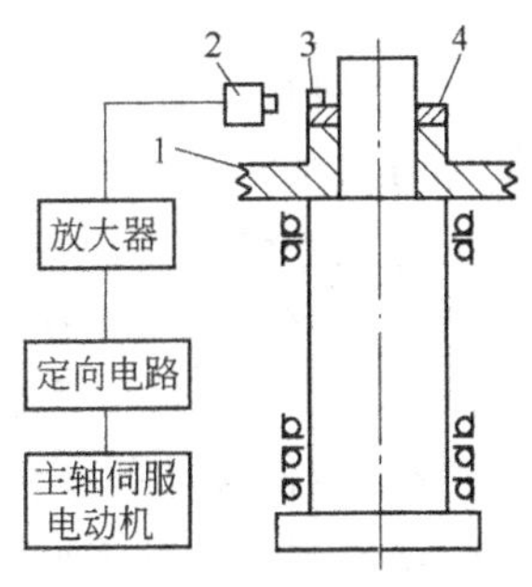

图 5-96　主轴准停原理图

4. 伺服进给系统

该机床的三个进给运动坐标轴(x,y,z)均采用宽调速直流伺服电动机驱动的滚珠丝杠伺服系统，任意两坐标均可以联动。除滚珠丝杠长度不相等外，其结构基本相同。图 5-97 所示为 z 轴伺服进给系统。

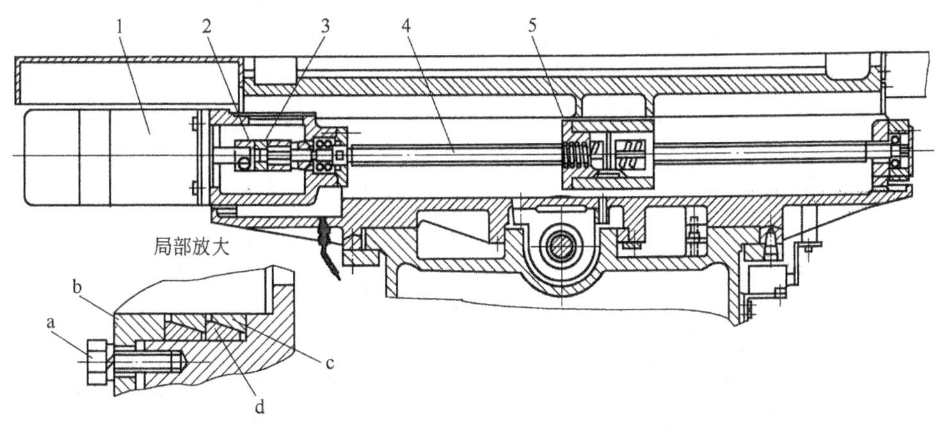

图 5-97　x 向伺服进给系统

直流伺服电动机 1 经锥环无键联接 2、十字滑块联轴器 3 驱动滚珠丝杠 4 旋转，经螺母 5 带动工作台等移动部件实现直线运动。锥环无键联接见图 5-97 所示局部放大图。图中，c 和 d 是互相配合的锥环。拧紧螺钉 a，经环 b 压紧锥环，使内锥环 d 的内锥孔与外锥环 c 的锥面靠摩擦力联接电动机轴与十字滑块联轴器。锥环的对数可根据所需传递的转矩选择。这样的结构可使电动机轴和十字滑块法兰上均不用加工出键槽，两者之间位置可任意调节，装卸方便，且无传动间隙。

十字滑块联轴器可以补偿电动机轴与滚珠丝杠中心的径向偏移量，但两轴不应有较大的角位移，即应保证两轴轴线的平行度，其中十字滑块的传动间隙可通过数控系统的间隙补偿功能予以消除。

滚珠丝杠的直径为 40 mm、导程为 10 mm，双支承结构。左支承为成对的向心推力球轴承，背靠背安装，大口向外，承受径向和双向的轴向载荷。该轴承为日本 NSK 公司生产的滚珠丝杠专用轴承，型号为 7306ATDBP5C9。右支承为一个 D60305 型向心球轴承，外圈轴向不定位，仅承受径向载荷。这种轴承配置型式结构简单，丝杠升温后向右伸长，但其轴向刚度比两端固定方式的滚珠丝杠要低。

伺服进给系统为半闭环控制，采用旋转变压器进行位置检测，测速发电机作为速度反馈元件。旋转变压器的分解精度为每转 2 000 个脉冲，由电动机轴到旋转变压器的升速比为 5∶1，滚珠丝杠导程为 10 mm，因此，位置检测分辨率为 10/(2 000×5)＝0.001 mm。数控机床导轨类型的选择，应使移动部件在低速时不发生爬行现象，有利于提高定位精度和减小反向不灵敏区；同时，还要提高导轨面间的阻尼以抑制机床的振动。这就要求导轨的摩擦系数要小，动、静摩擦系数的差值要小，在低速区摩擦系数随速度的增加而降低的现象不明显，导轨副间应有较大的阻尼。TH5632 型数控机床的工作台与滑座之间为燕尾形导轨，滚珠丝杠位于两导轨的中间；滑座与床身之间为矩形导轨；工作台与滑座之间、滑座与床身之间，以及立柱与主轴箱之间的滑动导轨，均采用氟化乙烯贴塑导轨。这种导轨基本上满足了数控机床的上述要求；同时，这种导轨具有自润滑性能，即使润滑不充分，也不会发生咬焊现象。它的质地较软，金属碎屑一旦进入导轨之间，也可嵌入塑料，不致刮伤金属导轨面。实践证明，x、y 两轴以最低进给速度 1 mm/min 运动时，也无爬行现象发生。机床工作一段时间后，由于导轨磨损而出现过大间隙时，为避免影响加工精度与性能，可采用镶条调整装置。

5. 自动换刀装置

TH5632 型加工中心的自动换刀装置，可提高机床的适应性和加工效率。在加工过程中，根据换刀指令，在控制系统管理下，可实现自动更换主轴刀具。

自动换刀装置安装在立柱的左侧上部，由刀库和机械手两部分组成。圆盘式刀库（如图 5-98所示）由直流伺服电动机 1 经锥环无键联接 2、十字滑块联轴器 3、蜗杆 4、蜗轮 8，带动

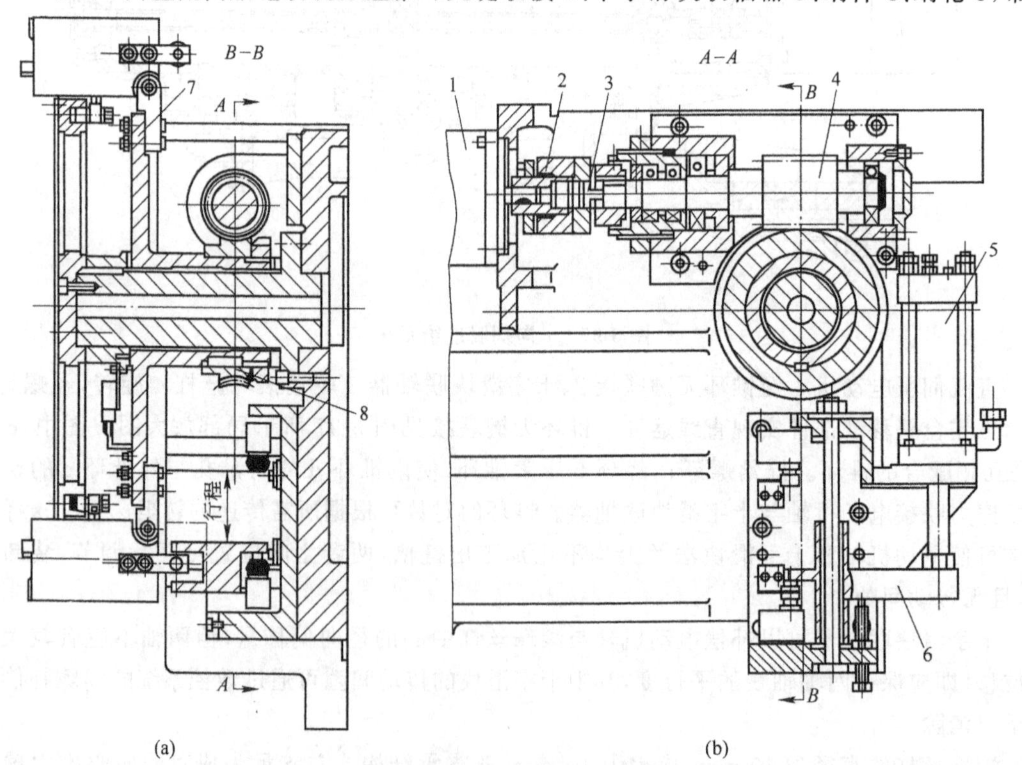

图 5-98　刀库结构简网

圆盘7和盘上的16个刀套6旋转。刀套在刀库上处于水平位置，但主轴是立式的（如图5-99所示），因此，应使处于换刀位置（刀库圆盘7的最下位置）的刀套旋转90°，使刀头向下。实现这个动作靠气缸5来完成，见图5-98(b)。

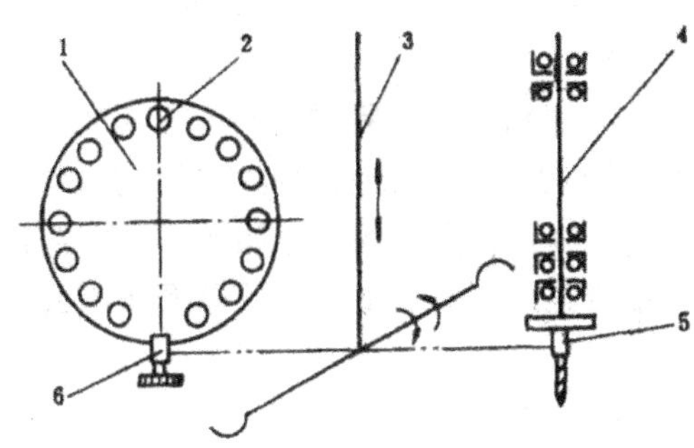

图5-99　自动换刀装置示意图

思考题与习题

1. 指出下列机床型号中各位字母和数字代号的具体含义：

CG6125B　　XK5040　　Y3150E

2. 画简图表示用下列方法加工所需表面时，需要哪些成形运动？其中哪些是简单运动？哪些是复合运动？

(1) 用成形车刀车削外圆锥面；

(2) 用尖头车刀纵、横向同时运动车外圆锥面；

(3) 用钻头钻孔；

(4) 用拉刀拉削圆柱孔；

(5) 插齿刀插削直齿圆柱齿轮。

3. 在CA6140型卧式车床上车削下列螺纹：

(1) 米制螺纹 $P=3$ mm；$P=8$ mm，$K=2$；

(2) 英制螺纹 $a=4\frac{1}{2}$扣/in；

(3) 模数螺纹 $m=4$ mm，$K=2$；

(4) 米制螺纹 $P=48$ mm。

写出其传动路线表达式，并说明车削这些螺纹时，可采用的主轴转速范围及其理由。

4. 分析CA6140型卧式车床的传动系统。

(1) 证明 $f_{横}\approx 0.5f_{纵}$；

(2) 计算主轴高速转动时能扩大的螺纹倍数，并进行分析；

(3) 分析车削径节螺纹时的传动路线，列出运动平衡式，说明为什么此时能车削出标准的径节螺纹；

(4) 当主轴转速分别为40、160及400 r/min时，能否实现螺距扩大4及16倍，为什么？

(5) 为什么用丝杠和光杠分别担任切削螺纹和车削进给的传动？如果只用其中的一个，既切削螺纹又传动进给，将会有什么问题？

(6) 为什么在主轴箱中有两个换向机构？能否取消其中一个？溜板箱内的换向机构又有

什么用处？

(7) 说明 M_3、M_4 和 M_5 的功用，是否可取消其中之一？

(8) 溜板箱中为什么要设置互锁机构？

5. 在滚齿机上加工一对斜齿轮时，当一个齿轮加工完成后，在加工另一个齿轮前应当进行哪些挂轮计算和机床调整工作？

6. 简述 TH5632 型加工中心主轴刀具夹紧、松开、换刀及准停的工作原理。

7. 标准群钻的结构有什么特点？为什么能提高钻孔效率？

8. 深孔加工的特点是什么？深孔钻在结构上应如何考虑？它有哪几种类型？

9. 绞刀比麻花钻和扩孔钻能获得较高加工质量的原因是什么？

第六章　机械加工精度

机械产品质量是通过一些特性指标来体现的，其中有一些指标是可以定量测定的。零件的加工质量是整个产品质量的基础，它直接影响机器的工作性能和寿命。因此，分析研究影响机械加工质量的因素及其规律，采取相应的工艺措施，是保证零件加工质量的重要任务。

零件的机械加工质量，包括加工精度与加工表面质量两大方面。机械加工表面质量问题，前面已经论述，此处论述与机械加工精度有关的内容。

6.1　机械加工精度的概念

6.1.1　机械加工精度的含义及内容

机械加工精度是指零件经过加工后的尺寸、几何形状以及各表面相互位置等参数的实际值与理想值相符合的程度，而它们之间的偏离程度则称为加工误差。加工精度在数值上通过加工误差的大小来表示，精度和误差是对同一问题两种不同的说法，两者的概念是相关联的。即精度愈高，误差愈小；反之精度愈低，误差就愈大。

零件的几何参数包括几何形状、尺寸和相互位置三个方面，故加工精度包括：

(1) 尺寸精度：限制加工表面与其基准间尺寸误差不超过一定的范围。

(2) 几何形状精度：限制加工表面宏观几何形状误差，如圆度、圆柱度、平面度、直线度等。

(3) 相互位置精度：限制加工表面与其基准间的相互位置误差，如平行度、垂直度、同轴度、位置度等。

在相同的生产条件下所加工出来的一批零件，由于加工中各种因素的影响，其尺寸、形状和表面相互位置不会绝对准确和完全一致，总是存在着一定的加工误差。同时，从满足产品的工作要求和使用性能出发，零件也并不要求加工得绝对准确，在达到所要求的公差范围的前提下，要采取合理的经济加工方法，以提高机械加工的生产率和经济性。因此，应研究精度规律，分析影响精度的各个工艺因素，从而可以控制加工精度。

6.1.2　机械加工误差分类

1. 系统误差与随机误差

从误差是否被人们掌握来分，可分为系统误差和随机误差(又称偶然误差)。凡是误差的大小和方向均已掌握的，则为系统误差，它可以用代数和来进行综合。系统误差又可以分为常值系统误差和变值系统误差。常值系统误差的数值是不变的，例如，由于采用近似加工方法所带来的加工理论误差，机床、夹具、刀具和量具的制造误差等都是常值系统误差。例如，用直径 $\varphi 20\,\mathrm{mm}$ 的铰刀铰孔，铰刀本身直径偏大 0.01 mm，则整批零件被铰的孔都将偏大 0.01 mm，这时的常值系统误差则为 +0.01 mm。变值系统误差是误差的大小和方向按一定规律变化，可按线性变化，也可按非线性变化。例如，刀具在正常磨损时，其磨损值与时间成线性正比关系，它是线性变值系统误差；而刀具受热伸长，其伸长量和时间是指数曲线关系，它是非线性变值系统误差，但它们的规律都是已掌握的。凡是没掌握规律的误差，则为随机误差。有可能是掌握了误差的大小但不掌握其方向或掌握了误差的方向而不掌握其大小，它不能用代数和来进行综合，只能用数理统计的方法来处理。例如，由于内应力的重新分布所引起的工件变形、零件毛坯由于材质不匀所引起的变形等都是随机误差。系统误差与随机误差之间的分界线不是固定不变的，随着科学技术的向前发展，人们对误差的规律逐渐掌握，随机误差不断向系统误差转移。

2. 静态误差与切削状态误差

从误差是否与切削状态有关来分，可分为静态误差与切削状态误差。工艺系统在不切削状态下所出现的误差，通常称为静态误差，例如机床的几何精度和传动精度等。工艺系统在切削状态下所出现的误差，通常称为切削状态误差，例如机床在切削时的受力变形和受热变形等。

6.2 获得加工精度的方法

1. 试切法

操作工人在每一工步或走刀前进行对刀，然后切出一小段，测量其尺寸是否合适，如不合适，将刀具的位置调整一下，再试切一小段，直至达到尺寸要求后才加工这一尺寸的全部表面(如图 6-1 所示)。试切法的生产率低，要求工人的技术水平较高，因此多用于单件、小批量生产。

2. 调整法

先按规定尺寸调整好机床、夹具、刀具和工件的相对位置及进给行程，从而保证在加工时自动获得尺寸。这种方法在加工时不再进行试切，生产率大大提高，其精度主要决定于机床、夹具的精度和调整误差。

调整法可以分为静调整法和动调整法两类。

(1) 静调整法

静调整法又称为样件法。它是在不切削的情况下，用对刀块或样件来调整刀具的位置。例如，在组合机床上或镗床上，用对刀块来调整镗刀的位置，以保证镗孔的直径尺寸(如图 6-2 所示)；又如在铣床上用对刀块来调整刀具的位置，保证工件的高度尺寸，为了避免刀具与对刀块相撞，可用塞规来调整(如图 6-3 所示)。

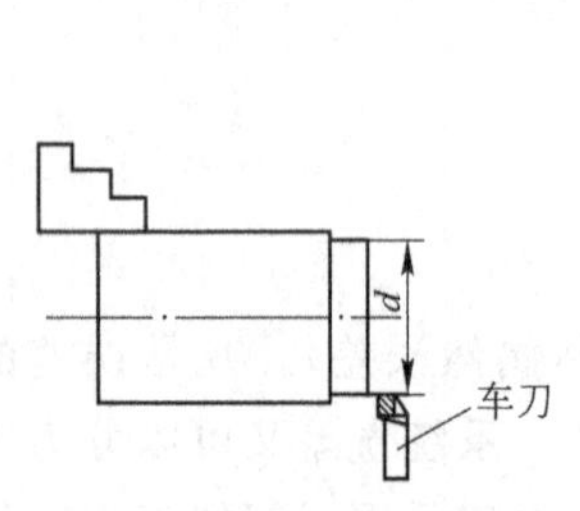

图 6-1　试切法

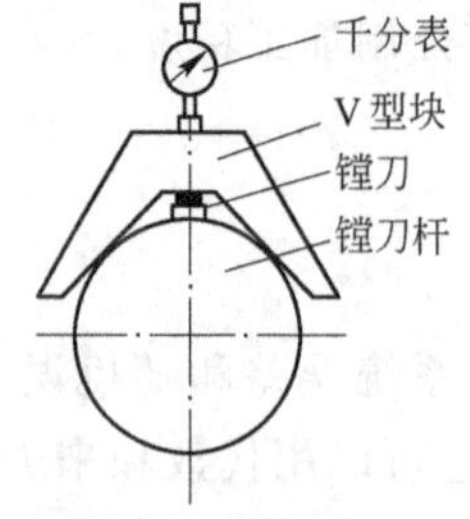

图 6-2　镗孔时的静调整法对刀

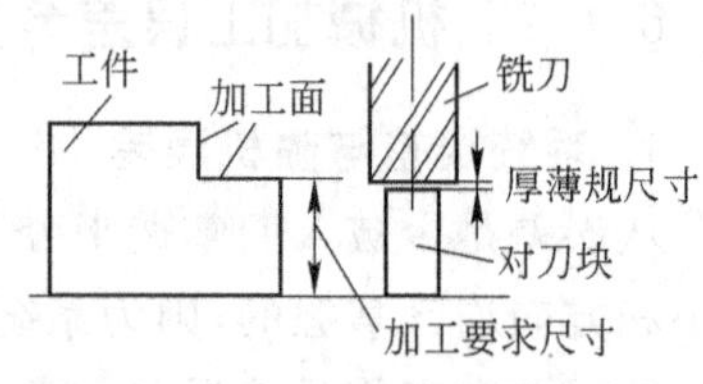

图 6-3　铣削时的静调整法对刀

在六角车床、组合机床、自动车床及铣床上，有时用行程挡块来调整尺寸。这也是一种静调整法，一般来说其调整精度较低。

（2）动调整法

动调整法又称为尺寸调整法。它是按试切零件进行调整，直接测量试切零件的尺寸，可以试切一件或一组零件，所有试切零件合格，即调整完毕，然后进行加工。这种方法多用于大批和大量生产。动调整法由于考虑了加工过程中的影响因素，其精度比静调整法高。

3．定尺寸刀具法

定尺寸刀具法大多用定尺寸的孔加工刀具，如用钻头、镗刀块、拉刀及铰刀等来加工孔。有些孔加工刀具可以获得非常高的精度，生产率也非常高。由于刀具有磨损，磨损后尺寸就不能保证，因此成本较高，多用于大批、大量生产中。另外，用成形刀具加工也属于这一类。

4．自动控制法

在加工过程中，边加工边自动测量加工尺寸，达到要求时就立即停止加工，这就是自动控制法（或称主动测量法）。图 6-4 示出了在外圆磨床上进行主动测量的情况。这种方法精度高，质量稳定，生产率高，多用于大批量生产；同时，对前一工序的加工精度要有一定的要求。

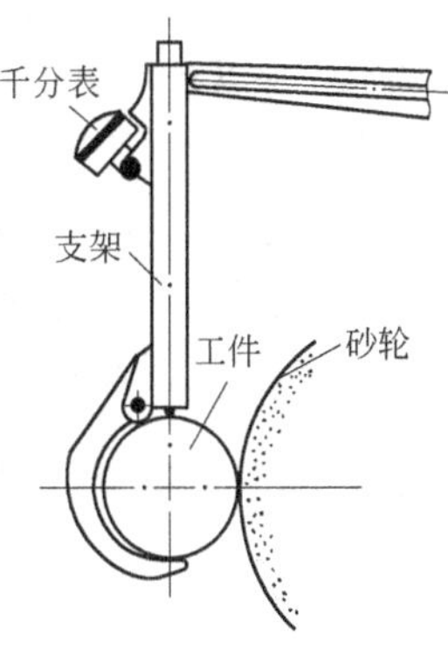

图 6-4　主动测量法

6.3　影响加工精度的因素

零件的加工精度主要取决于工艺系统（机床、夹具、刀具及工件组成的系统）的结构要素和运行方式。一般来说，形状精度由机床精度和刀具精度来保证；位置精度主要取决于机床精度、夹具精度和工件的装夹精度。因此，工艺系统中的各种误差，会在不同的具体条件下，以不同的程度反映到加工工件上，形成加工误差。所以，工艺系统的误差称为原始误差。机械加工过程中可能出现的原始误差如表 6-1 所示。

表 6-1　机械加工过程中可能出现的原始误差

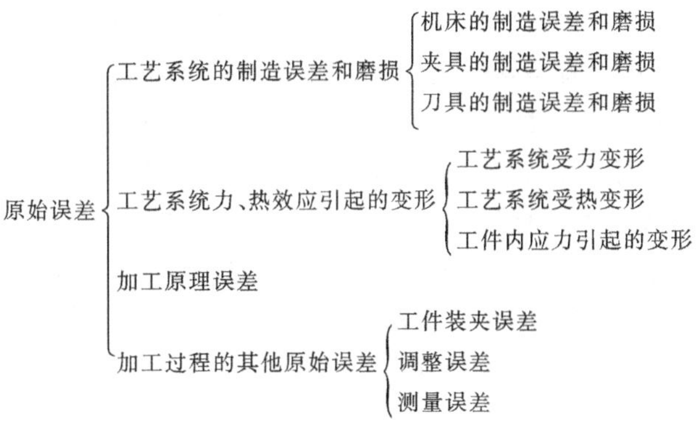

- 原始误差
  - 工艺系统的制造误差和磨损
    - 机床的制造误差和磨损
    - 夹具的制造误差和磨损
    - 刀具的制造误差和磨损
  - 工艺系统力、热效应引起的变形
    - 工艺系统受力变形
    - 工艺系统受热变形
    - 工件内应力引起的变形
  - 加工原理误差
  - 加工过程的其他原始误差
    - 工件装夹误差
    - 调整误差
    - 测量误差

6.3.1　加工原理误差对加工精度的影响

加工原理误差是由于采用了近似的加工运动或者近似的刀具轮廓而产生的。例如，在普通公制丝杆的车床上车削模数制或英制螺纹时，用近似的传动比配置挂轮来得到导程值时，加工方法本身就带来了传动误差。又如，用阿基米德滚刀代替渐开线滚刀切削渐开线齿轮、渐开线花键轴时，由于制造阿基米德滚刀的基本蜗杆螺纹面的形成原理与制造渐开线滚刀的基本蜗杆螺纹面的形成原理不同,因而这两种基本蜗杆的螺纹面形状不同。阿基米德基本蜗杆轴向截面为直线,渐开线基本蜗杆轴向截面为曲线,所以用阿基米德基本蜗杆制造的阿基米德滚刀加工渐开线齿轮会产生齿形误差。

用成形刀具加工复杂的曲线表面时,要使刀刃做出完全符合理论曲线的轮廓,有时非常困难,所以往往采用圆弧、直线等简单、近似的线型。例如,齿轮模数铣刀的成形面轮廓就不是纯粹渐开线,所以有一定的原理误差。再如,数控机床上,加工复杂轮廓曲线和曲面,采用直线或圆弧插补方法以折线来逼近所要求的曲线和曲面等。

可见在实际生产中,有时存在加工原理误差。因为采用近似的加工方法,往往使工艺设备简单,工艺容易实现,有利于从总体上提高加工精度和降低生产成本,因此,只要包括加工原理误差在内的加工误差总和不超过规定的精度要求,采用近似的加工方法就被认为是合理的。

6.3.2 工艺系统的制造误差和磨损对加工精度的影响

工艺系统中机床、刀具、夹具本身的制造误差及磨损将对工件的加工精度有不同程度的影响。

1. 机床的制造精度和磨损

(1) 导轨误差

导轨是机床中确定主要部件相对位置的基准,也是运动的基准,它的各项误差直接影响被加工工件的精度。例如,车床的床身导轨,在水平面内有了弯曲以后,在纵向切削过程中,刀尖的运动轨迹相对于工件轴心线之间就不能保持平行,当导轨向后凸出时,工件上则产生鞍形加工误差;而当导轨向前凸出时,则产生鼓形加工误差。

导轨在垂直平面内的弯曲对加工精度的影响就不大一样,它小到可以忽略不计的程度,类似于车刀安装平面是否通过工件中心的影响。

(2) 主轴误差

机床主轴是工件或刀具的位置基准和运动基准,它的误差直接影响着工件的加工精度。对于主轴的要求,集中到一点,就是在运转的情况下它能保持轴心线的位置稳定不变,也就是所谓回转精度。主轴的回转精度不但和主轴部件的制造精度(包括加工精度和装配精度)有关,而且还和受力后主轴的变形有关,并且随着主轴转速的增加,还需要解决主轴轴承的散热问题。

在主轴部件中,由于存在着主轴轴颈的圆度误差、轴颈的同轴度误差、轴承本身的各种误差、轴承之间的同轴度误差、主轴的挠度和支承端面对轴颈轴心线的垂直度误差等原因,主轴在每一瞬时回转轴心线的空间位置都是变动的,也就是说,存在着回转误差。

主轴的回转误差可以分为四种基本形式:纯径向跳动、纯角度摆动、纯轴向窜动和轴心漂移(见图 6-5)。不同形式的主轴回转误差对加工精度的影响不同;同一形式的回转误差在不同的加工方式(例如车削和镗削)中对加工精度的影响也不一样。下面举一个简单情况下的特例来说明镗削时的情况(见图 6-6):镗杆旋转,工件不转。

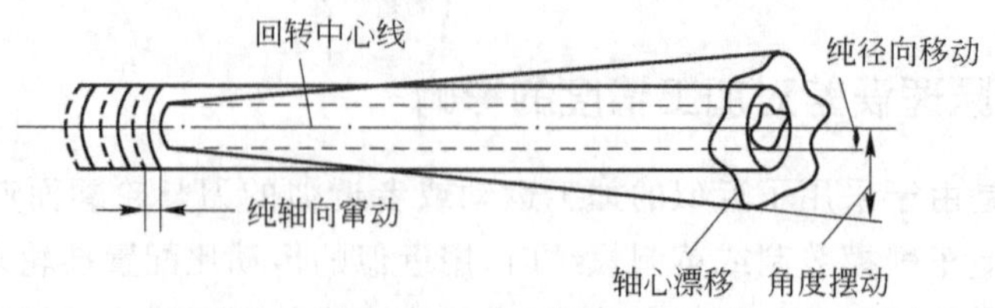

图 6-5　主轴回转误差的基本形式

设由于主轴纯径向跳动而使主轴轴心线在 y 坐标方向上作简谐直线运动，其频率与主轴每秒钟的转数相同，振幅为 A；再设主轴中心偏移最大（等于 A）时，镗刀尖正好通过水平位置 1，则当镗刀再转过一个 φ 角时（位置 1′），刀尖轨迹的水平分量和垂直分量各为

$$y = A\cos\varphi + R\cos\varphi = (A+R)\cos\varphi$$

$$z = R\sin\varphi$$

$$\frac{y^2}{(R+A)^2} + \frac{z^2}{R^2} = 1 \qquad (6\text{-}1)$$

公式(6-1)是一个椭圆方程式即镗出的孔成椭圆形，如图 6-6 中虚线所示。同样也可以证明当主轴中心偏移最大时镗刀尖在别的位置的情况下，镗出的孔也成椭圆形。

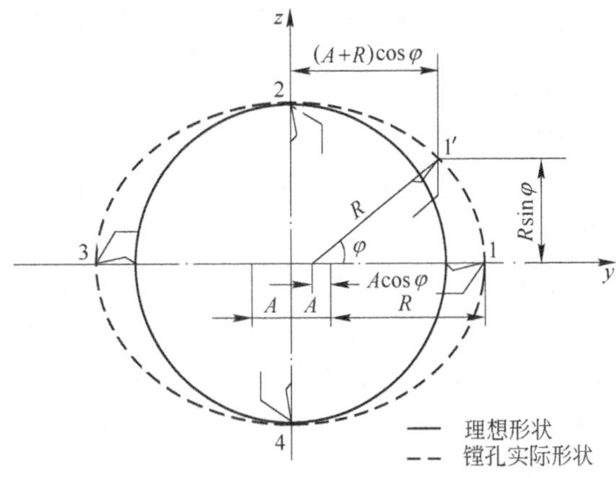

图 6-6 纯径向跳动对镗孔的影响

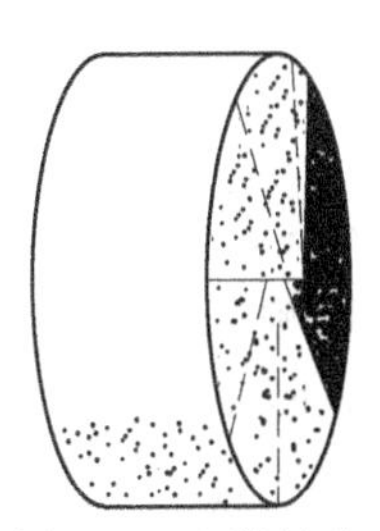

图 6-7 主轴轴向窜动对端面的影响

主轴的纯轴向窜动对于孔加工和外圆加工并没有影响，但在加工端面时，造成端面与内外圆不垂直。主轴每转一周，就要沿轴向窜动一次，向前窜动的半周中形成了右螺旋面，向后窜动的半周中形成了左螺旋面（见图 6-7），最后切出了如同端面凸轮一般的形状，而在端面中心附近出现一个凸台。在这种情况下车削螺纹，也必然会产生单个螺距内的周期误差。

当主轴具有纯角度摆动时，车削加工仍然能够得到一个圆的工件，但工件有锥度，而在镗削加工时，镗出的孔则将是椭圆形的。

2. 刀具的制造误差和尺寸磨损

一般的定尺寸刀具如钻头、扩孔钻、铰刀、镗刀块和圆孔拉刀等，其制造误差将直接影响加工尺寸精度，这些刀具磨损后加工尺寸就会产生变化，而且其中某些刀具难以修复或补偿，使用一段时间后便只能改为较小尺寸的刀具。

而一般的刀具如车刀、立铣刀、镗刀等，其制造误差不会影响加工尺寸，工件精度主要靠刀具位置的调整（即对刀）来保证。但是这些刀具的尺寸磨损将对加工精度产生影响，如产生锥度误差等。

为了减少刀具尺寸磨损对加工精度的影响，可以采取如下措施：

(1) 进行尺寸补偿。在数控机床上可以比较方便地进行刀具尺寸补偿，它不仅可以补偿尺寸磨损，而且可以补偿刀具刃磨后的尺寸变化，如立铣刀、圆盘铣刀等。

(2) 降低切削速度，增长刀具寿命。

(3) 选用耐磨性较高的刀具材料。

3. 夹具的制造误差和磨损

夹具的制造精度主要表现在定位元件、对刀装置和导向元件等本身的精度以及它们之间的相对位置精度。定位元件确定了工件与夹具之间的相对位置，对刀装置和导向元件确定了刀具与夹具之间的相对位置，通过夹具就间接确定了工件和刀具之间的相对位置，从而保证了加工精度。夹具中定位元件、对刀装置和导向元件的磨损会直接影响加工精度。

6.3.3 工艺系统受力变形对加工精度的影响

1. 刚度的概念

机械加工过程中，工艺系统在切削力和其他外力的作用下，会产生相应的变形，从而破坏刀具和工件之间已调整好的相对位置和成形运动的位置，使加工后的工件产生尺寸和几何形状误差。

工艺系统在切削力等外力的作用下产生变形，包括系统各环节产生的弹性变形和各环节的连接处的接触变形。其变形的大小不但取决于作用力的大小，而且也取决于工艺系统抵抗其作用力的能力，即工艺系统的刚度。从影响机械加工精度的观点出发，工艺系统的刚度是指：工艺系统在切削力综合作用下的 y 方向（加工表面的法线方向）的切削分力 F_y 与 y 方向的变形的比值，即

$$k_{系统}=\frac{F_y(切削力在\ y\ 方向的分力)}{y(在\ F_x、F_y、F_z\ 共同作用下的\ y\ 方向的变形)}$$

式中：$k_{系统}$——工艺系统的度；

F_y——切削表面法线方向的切削分力；

y——刀具切削刃在加工表面法线方向的位移。

由于切削过程中切削力是变化的，工艺系统在动态下产生的变形不同于静态下的变形，这样就有动刚度和静刚度的区别。工艺系统的动刚度和静刚度特性对加工精度影响极大。工艺系统的动刚度主要造成工艺系统的振动，而工艺系统的振动则主要影响加工表面质量。下面只讨论工艺系统的静刚度及其对加工精度的影响。

2. 切削力作用点的位置变化产生的误差

现以在车床顶尖间加工光轴为例进行分析。假定在切削过程中切削力的大小保持不变；车刀悬伸很短，受力后的弯曲变形在法向上的分量极小，可忽略不计，于是工艺系统的受力变形就取决于机床的受力变形和工件的受力变形，下面分别阐述它们对加工精度的影响。

机床受力变形对加工精度的影响可用如图 6-8(a)所示的情况来分析。在车床的两顶尖间车削短而粗的光轴时，由于工件刚度大，忽略工件的变形。当车刀进给过程中，在相距头架任意位置 x 时，工件的轴心线由 AB 位移到 $A'B'$，此时头架、尾架、刀架受力分别为

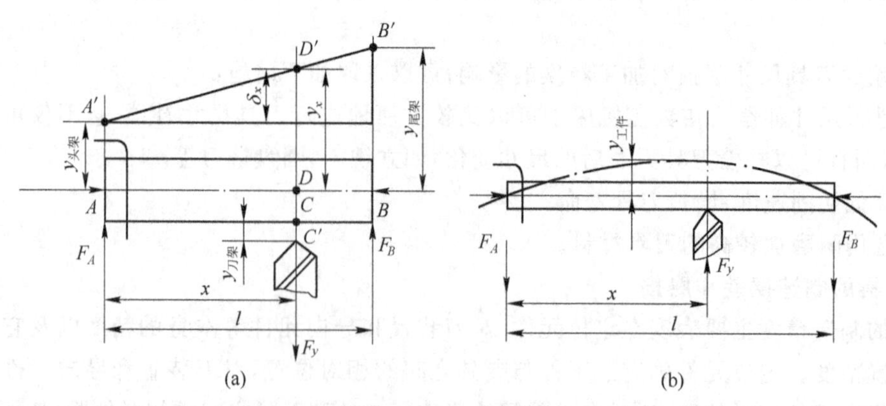

图 6-8 工艺系统受力变形随施力点位置的变化情况

$$F_{头架}=F_A=F_y\left(\frac{l-x}{l}\right)$$

$$F_{尾架}=F_B=F_y\left(\frac{x}{l}\right)$$

$$F_{刀架}=F_y$$

头架、尾架、刀架受力变形分别为

$$y_{头架}=\frac{F_y}{k_{头架}}\left(\frac{l-x}{l}\right) \tag{6-2}$$

$$y_{尾架}=\frac{F_y}{k_{头架}}\left(\frac{x}{l}\right) \tag{6-3}$$

$$y_{刀架}=\frac{F_y}{k_{刀架}} \tag{6-4}$$

车刀切削到 x 处时，机床在 y 方向的总变形为

$$y_{机床}=y_x+y_{刀架}$$

其中

$$y_x=y_{头架}+\delta_x$$

又因 $\delta_x=(y_{尾架}-y_{头架})\dfrac{x}{l}$，故 $y_x=y_{头架}+(y_{尾架}-y_{头架})\dfrac{x}{l}$，因此

$$y_{机床}=y_{头架}+(y_{尾架}-y_{头架})\frac{x}{l}+y_{刀架}$$

将式(6-2)、(6-3)、(6-4)代入上式，整理后得

$$y_{机床}=F_y\left[\frac{1}{k_{头架}}\left(\frac{l-x}{l}\right)^2+\frac{1}{k_{尾架}}\left(\frac{x}{l}\right)^2+\frac{1}{k_{刀架}}\right] \tag{6-5}$$

此时机床的刚度为

$$k_{机床}=\frac{1}{\dfrac{1}{k_{头架}}\left(\dfrac{l-x}{l}\right)^2+\dfrac{1}{k_{尾架}}\left(\dfrac{x}{l}\right)^2+\dfrac{1}{k_{刀架}}} \tag{6-6}$$

从式(6-5)和(6-6)可以看出，机床变形及刚度是车刀切削位置的二次函数，且为一抛物线方程式，即车刀刀刃所走的轨迹为抛物线，故车削出的工件呈鞍形。

工件受力变形对加工精度的影响可用如图 6-8(b)所示的情况来分析。在两顶尖间车削细长轴时，由于工件刚性很差，忽略机床的变形，则工艺系统的变形完全取决于工件的变形。此时，可近似将工件看作受集中载荷作用的两端支承的简单梁。由材料力学公式可知，车刀削点 x 处时，工件的受力变形为

$$y_{工件}=\frac{F_y}{3EI}\frac{(l-x)^2x^2}{l}$$

式中：E——工件材料的弹性模量，对钢 $E=2\times10^5$ MPa；

I——工件横截面的惯性矩，对轴 $I=\dfrac{\pi d^4}{64}$ mm^4。

显然，当车刀处于工件两端($x=0$ 或 $x=1$)时，$y_{工件}=0$；位于中间($x=1/2$)时，$y_{工件}=y_{max}=\dfrac{F_yl^3}{48EI}$。此时车出的工件呈腰鼓形。

在一般情况下，机床、工件产生的变形常同时存在，此时工艺系统的总变形为

$$y_{系统}=F_y\left[\frac{1}{k_{头架}}\left(\frac{l-x}{l}\right)^2+\frac{1}{k_{尾架}}\left(\frac{x}{l}\right)^2+\frac{1}{k_{刀架}}+\frac{(l-x)^2x^2}{3EIl}\right]$$

工艺系统刚度为

$$k_{系统}=\frac{1}{\frac{1}{k_{头架}}\left(\frac{l-x}{l}\right)^2+\frac{1}{k_{尾架}}\left(\frac{x}{l}\right)^2+\frac{1}{k_{刀架}}+\frac{(l-x)^2x^2}{3EIl}}$$

由此可见，工艺系统的刚度在沿工件轴向的各个位置上是不同的，因此加工零件的各个面上的直径尺寸也不一致，从而造成了加工后零件的圆柱度误差。

3. 切削力大小的变化而引起的误差

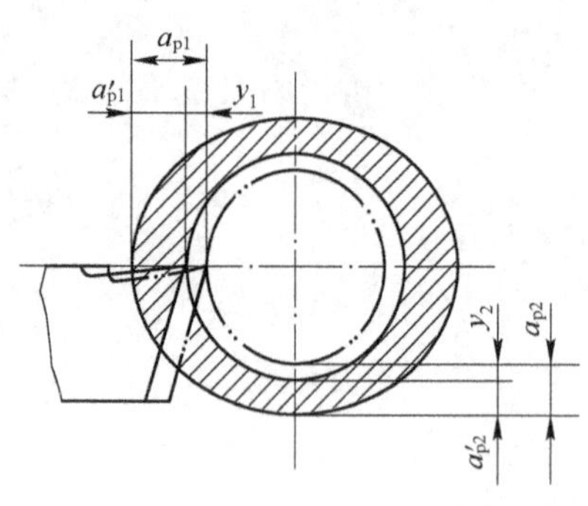

图 6-9 毛坯形状误差的复映

由于毛坯加工余量不均匀，或由于其他原因，引起切削力和工艺系统受力变形发生变化，致使工件产生尺寸误差和形状误差。如车削一个横截面为椭圆形的毛坯，如图 6-9 所示，车削前将车刀调整到图中双点划线所示，在工件每一转中，毛坯的长半径处有最大 a_{p1}，短半径处有最小切深 a_{p2}。因此，切削力 F_y 随着切深的变化由最大值 F_{y1} 变到最小值 F_{y2}，引起工艺系统相应的变形也由最大值 y_1 变为最小值 y_2（工艺系统刚度可近似地看作常量），致使工件产生相应的椭圆形误差，这种现象称为“误差复映”。由图 6-9 中可以看出：

毛坯半径误差 $$\Delta_{坯}=a_{p1}-a_{p2}$$

工件半径误差 $$\Delta_{工}=y_1-y_2=\frac{1}{k_{系统}}(F_{y1}-F_{y2})$$

根据切削力公式，径向力 F_y 可表示为

$$F_y=\lambda F_z=\lambda C_{F_z}a_p^{x_{F_z}}f^{y_{F_z}}K_{F_z}$$

式中：λ——F_y/F_z 的比值；

C_{F_z}——与被加工材料和切削条件有关的系数；

a_p——切削深度；

f——进给量；

x_{F_z}、y_{F_z}——指数（一般 $x_{F_z}=1$，$y_{F_z}=0.75$）；

K_{F_z}——各种因素对切削力的修正系数的乘积。

故 $$\Delta_{工}=y_1-y_2=\frac{1}{k_{系统}}(F_{y1}-F_{y2})=\frac{\lambda C_{F_z}f^{0.75}K_{F_z}}{k_{系统}}(a'_{p_1}-a'_{p_2})$$

其中 a'_{p_1}、a'_{p_2} 分别为毛坯横截面长和短半径处的实际切深。由于 y_1、y_2 远小于实际切深，故可用理论切深代替实际切深，得

$$\Delta_{工}=\frac{\lambda C_{F_z}f^{0.75}K_{F_z}}{k_{系统}}(a'_{p_1}-a'_{p_2})$$

$$\frac{\Delta_{工}}{\Delta_{坯}}=\frac{\lambda C_{F_z}f^{0.75}K_{F_z}}{k_{系统}}=\varepsilon \tag{6-7}$$

ε 定量地反映了毛坯误差经加工之后的减少程度，称为“误差复映系数”。从式(6-7)中可以看出，工艺系统刚度愈高，则 ε 愈小，也就是毛坯误差复映在工件上的误差愈小。

当毛坯误差较大，加工过程分成几次走刀进行时，若每次走刀的复系数为 $\varepsilon_1,\varepsilon_2,\cdots,\varepsilon_n$，则

总的复映系数为

$$\varepsilon_{总}=\varepsilon_1\varepsilon_2\cdots\varepsilon_n$$

于是最后的加工误差为

$$\Delta_{工}=\varepsilon_1\varepsilon_2\cdots\varepsilon_n\Delta_{坯}$$

由于 y 总是小于 a_p，所以复映系数 ε 总是小于 1。可见随着走刀次数增多，加工误差也就愈小，但小到一定程度时，即使再增加走刀次数，也不再起作用了，此时其他原始误差的影响将起主要作用。

根据生产实际，可采取下列措施减小工艺系统受力变形，如提高机床部件或夹具部件的刚度以及提高零件间连接表面的接触精度；当工件刚度成为产生加工误差的薄弱环节时，应采用合理的加工方法或装夹，以提高工件加工时的刚度；当机床部件、夹具部件刚度或工件刚度的提高受到条件限制时，则应尽量设法减小径向力 F_y 等。

除切削力对系统变形产生影响外，传动力、惯性力、夹紧力、重力、内应力等均对加工精度产生影响。

6.3.4　工艺系统热变形对加工精度的影响

在机械加工过程中，引起工艺系统热变形的热源可分为两大类（见表 6-2），即内部热源和外部热源。

表 6-2　工艺系统的热源

工艺系统的热源	内部热源	切削热
		摩擦热（导轨副、齿轮副、轴承副、丝杆螺母副、液压系统等）
		电机等
	外部热源	环境温度（气温变化、局部室温差、空气流动等）
		辐射热源（阳光、照明灯、暖气设备等）

工艺系统在上述热源的影响下，常产生复杂的热变形，使工件和刀具相对位置、切削运动、切削深度以及切削力均发生变化，从而产生加工误差。据统计，在精密加工中，由于热变形引起的加工误差约占总误差的 40%～70%。因此，在近代精密机床设计和精密加工工艺中，控制热变形对加工精度的影响往往成为重要的课题。

1. 机床热变形对加工精度的影响

各类机床的结构和工作条件相差很大，而且引起机床热变形的主要热源和变形特性亦有所不同，但对加工精度影响最大的仍然是主轴部件、床身导轨以及两者的相对位移。例如，车床的主要热源是主轴箱内的轴承、齿轮、离合器的摩擦热及箱内油池的油温。对床身来说，其热源主要来自主轴箱，主轴箱和床身热变形的结果使主轴轴线抬高和倾斜。图 6-10 所示为 CA6140 车床的热变形。图 6-11 所示为该车床在主轴转速 1 200 r/min 下，主轴抬高和倾斜量与运转时间的关系。主轴轴线的抬高（约 140 μm）不在误差敏感方向，对加工精度影响不大，主轴轴线的水平偏移相对来说较小，约为 18 μm，倾斜量为（0.3～0.8）μm/300 mm，但由于它处于误差敏感方向，所以对加工精度的影响是不容忽视的。

减小机床热变形的主要措施是：在机床结构设计上，如条件许可，尽量将热源从工艺系统中分离出去，使之成为独立的单元；尽量消除或减小关键部件在误差敏感方向的热位移；均衡关键部件的温度场；采用必要的冷却、通风散热装置等；在工艺措施上，在车间布置取暖设备时，应避免机床受热不均匀；对精密机床应安装在恒温室中使用；让机床在开动后空转一段时间，达到或接近热平衡时再进行加工等。

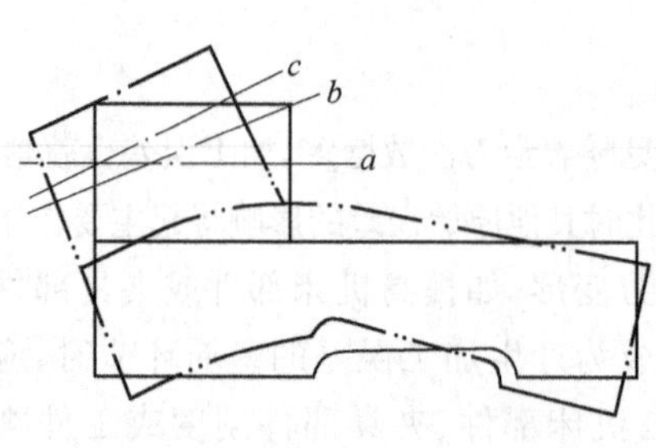

图 6-10 CA6140 车床的热变形

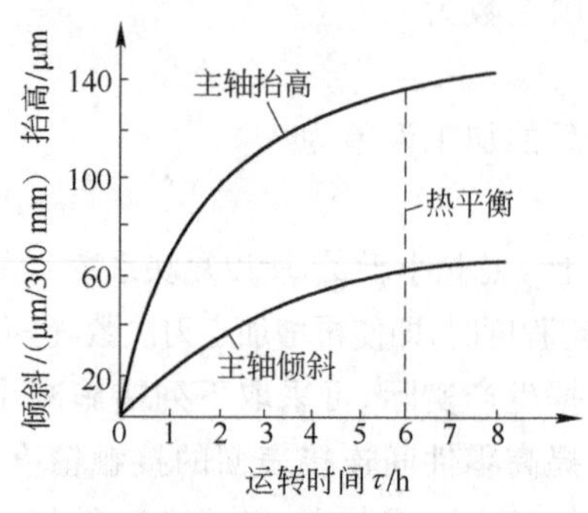

图 6-11 主轴抬高和倾斜量与运转时间的关系

2. 刀具热变形对加工精度的影响

刀具的热变形主要是由切削热引起的。虽然传给刀具的切削热只占总热量很小的一部分,但由于热量集中在切削部分,刀体热容量小,有时刀具切削部分会有很高的温升(可达1000℃以上),对加工精度的影响是不可忽视的。

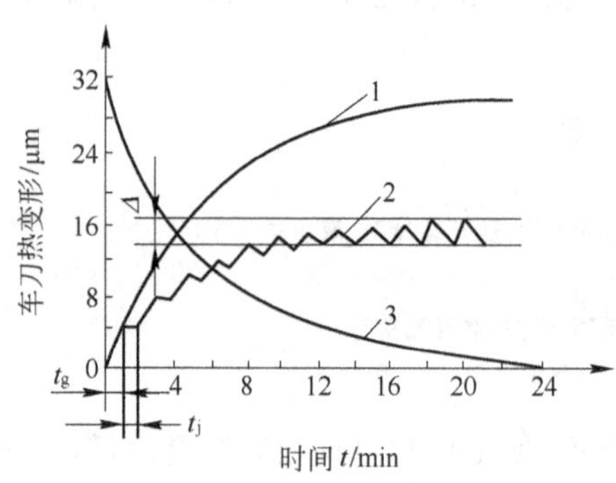

图 6-12 车刀热变形

1—连续切削;2—间断切削;3—冷却;

t_g—切削时间; t_j—间断时间

图 6-12 所示为车削时车刀的热变形曲线。曲线 1 为车刀在连续车削时的变形过程,在切削初期刀具热变形增加很快,随后变得缓慢,经过 10～20 min 后,便趋于热平衡。一般粗加工刀具热变形量可达 0.03～0.05 mm,主要影响工件的尺寸精度。车削长工件时,产生几何形状误差(锥度),但与刀具磨损产生的误差在方向上恰好相反,相互可起到一定的补偿作用,故在一般情况下,这个误差并不严重。曲线 2 为车刀间断切削时的变形过程,如在自动车床上切削的刀具,由于有短暂的停歇时间,故刀具热变形曲线有热胀冷缩双重特性,总的热变形量比连续切削时的热变形要小一些,最后趋于稳定,并在 Δ 范围内变动。曲线 3 表示车刀连续切削停止后,刀具冷却的变形过程。

为了减小刀具的热变形,应合理选择切削用量和刀具切削几何参数,并给以充分的冷却和润滑,以减少切削热,降低切削温度。

3. 工件热变形对加工精度的影响

切削热是工件热变形的主要热源,随着工件形状、尺寸大小以及加工方法的不同,传入工件的热量也不一致,其温升和热变形对加工精度的影响也不尽相同。对一些几何形状简单且对称的零件,如轴、盘套类等零件,加工时切削热较均匀地传入工件,其热变形基本一致。此时,按下式计算工件的热变形量:

$$\Delta L = a_1 L \Delta t$$

式中:ΔL——工件的热变形量;

a_1——工件材料的线膨胀系数(在温度 $t=293\sim373$ K 时,钢为 $12\times10^{-6}\ \mathrm{K}^{-1}$;铸铁为 $11\times10^{-6}\ \mathrm{K}^{-1}$);

L——工件在热变形方向上的尺寸；

Δt——工件温升。

工件的热变形可分为两种情况：一种情况是受热均匀的工件，如车、磨外圆等，热变形主要影响尺寸精度；另一种情况是受热不均匀的工件，如刨削、铣削、磨削平面等，工件单面受热，上下表面之间形成温差而变形，因而引起几何形状误差。

图 6-13(a)为磨削薄板平面的情况。工件长度为 L，厚度为 H，工件上下表面温差为 $\Delta t = t_1 - t_2$，工件变形成向上凸起的形状。以 f 表示热变形量，由图 6-13(b)中所示几何关系可得

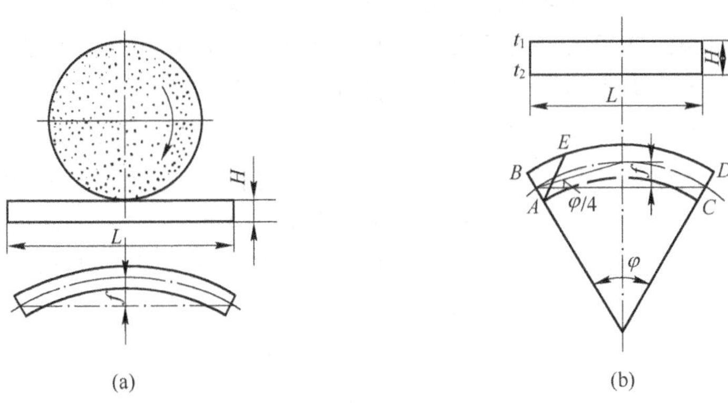

图 6-13　纯径向跳动对镗孔的影响

$$f = \frac{1}{2} L \sin \frac{\varphi}{4} \approx \frac{L\varphi}{8}$$

作 $AE /\!/ CD$，BE 可近似等于 L 的热伸长量 ΔL，则有

$$BE \approx \Delta L = a_1 \Delta t L$$

$$\varphi = \frac{BE}{AB} \approx \frac{a_l \Delta t L}{H}$$

故

$$f = \frac{L\varphi}{8} = \frac{a_l \Delta t L^2}{8H} \tag{6-8}$$

从式(6-8)可以看出，不均匀受热时，工件长度对受热变形量的影响为平方关系，比之均匀受热时对加工精度的影响大得多。但由于 L、H、a_1 均为工件的结构和材料所决定，故欲减小热变形，只能从减小温差 Δt 着手。

减小工件的热变形主要从减少切削热、缩短对工件的热作用时间以及改善散热条件等方面来考虑，如及时进行刀具的刃磨和砂轮的修整，不让过分磨钝的刀刃和磨粒参加切削，以减少切削热；提高切削速度，使大部分热量由切屑带走，以减少传入工件上的热量；在切削区内供给充分的冷却液，迅速散热；合理安排工艺，粗精加工分开，工件在精加工前有充分时间进行冷却；使工件夹紧状态下有伸缩的自由(如采用弹簧后顶尖)等。

6.3.5　工艺系统残余应力的影响

零件在没有外加载荷的情况下，其内部仍存在的应力称为残余应力。这种应力的特点是：始终要求处于相互平衡的状态；在自然气候影响下会逐渐地消失。具有残余应力的零件在外观一般没有什么表现，只有当应力大到超过材料的强度极限时，才会在零件表面出现裂纹。零件中的残余应力，往往在开始时都处于平衡状态，但一旦失去原有的平衡，则会重新分布以达

到新的平衡。应力的重新分布或自行消失会引起零件相应地变形。例如,有些零件加工后,经过一段时间就出现了变形;有的机器装配时检验是合格的,但出厂不久或使用一段时期后,就发现精度有明显下降,这大都和零件内部存有残余应力有关。

下面就产生内应力的几种外部来源及其特点加以分析。

1. 毛坯制造中产生的内应力

在铸、锻、焊、热处理等加工过程中,由于各部分冷热收缩不均匀以及金相组织转变引起的体积变化,使毛坯内部产生了相当大的内应力。毛坯的结构愈复杂,各部分的厚度愈不均匀,散热的条件相差愈大,则在毛坯内部产生的内应力也愈大。具有内应力的毛坯由于内应力暂时处于相对平衡的状态,在短时期内还看不出有什么变动。但在切削去除某些表面部分以后,就打破了这种平衡,内应力重新分布,零件就明显地出现了变形。

图 6-14(a)所示为一个内外壁厚相差较大的铸件。在浇铸后,它的冷却过程大致如下:由于壁 1 和壁 2 比较薄,散热较易,所以冷却较快。壁 3 比较厚,所以冷却较慢。当壁 1 和壁 2 从塑性状态冷却到弹性状态时(约在 620℃左右),壁 3 的温度还比较高,尚处于塑性状态。所以壁 1 和壁 2 收缩时壁 3 不起阻挡变形的作用,铸件内部不产生内应力。当壁 3 也冷却到弹性状态时,壁 1 和壁 2 的温度已经降低很多,收缩速度变得很慢。但这时由于壁 3 收缩较快,则受到了壁 1 和壁 2 的阻碍。因此,壁 3 受到拉应力,壁 1 和壁 2 受到压应力,形成了相互平衡的状态。如果在这个铸件的壁 2 上开一个口,如图 6-14(b)所示,则壁 2 的压应力消失,铸件在壁 3 和壁 1 的内应力作用下,壁 3 收缩,壁 1 伸长,铸件就发生弯曲变形,直至内应力重新分布达到新的平衡为止。推广到一般情况,各种铸件都难免产生冷却不均匀而形成的内应力,铸件的外表面总比中心部分冷却得快。特别是有些铸件,如机床床身,为了提高导轨面的耐磨性,采用局部激冷的工艺使它冷却得更快一些,以获得较高的硬度,这样在铸件内部形成的内应力也就更大一些。若导轨表面经过精加工刨去一层,就像在图 6-14(b)中的铸件壁 2 上开口一样,引起了内应力的重新分布并产生弯曲变形。但这个新的平衡过程需要较长的一段时间才能完成,因此尽管导轨经过精加工去除了这个变形的大部分,但铸件内部还在继续转变,合格的导轨面渐渐地就丧失了原有的精度。为了克服这种内应力重新分布而引起的变形,特别是对大型和精度要求高的零件,一般在铸件粗加工后进行时效处理,然后再精加工。

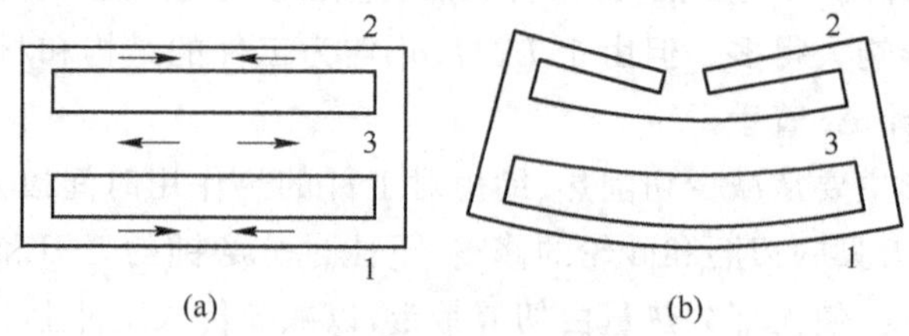

图 6-14　铸件因几应力而引起的变形

2. 冷校直带来的内应力

丝杠一类的细长轴经过车削以后,棒料在轧制中产生的内应力要重新分布,产生弯曲,如图 6-15(a)所示。冷校直就是在原有变形的相反方向加力 F,使工件向反方向弯曲,产生塑性变形,以达到校直的目的。在力 F 的作用下,工件内部的应力分布如图 6-15(b)所示,即在轴心线以上的部分产生了压应力(用"—"号表示),在轴心线以下的部分产生了拉应力(用"+"表示)。在轴心线和上下两条虚线之间是弹性变形区域,应力分布成直线;在虚线以外是塑性变形区域,应力分布成曲线。当外力 F 去除以后,弹性变形部分本来可以完全消失,但因塑性变形部分恢复不了，内外层金属就起了互相牵制的作用，产生了新的内应力平衡状态，如图6-15(c)所示。所以说，冷校直后的工件虽然减少了弯曲，但是依然处于不稳定状态，再加工一次后，又会产生新的弯曲变形。为了从根本上消除冷校直带来的不稳定的缺点，对于高精度的丝杠，根本不允许像普通精度丝杠那样采用冷校直工序，而是采用加粗的棒料经过多次车削和时效处理来消除内应力。也可以用热校直来代替冷校直，这样不但提高了丝杠的质量，而且提高了生产率。这种热校直工艺是结合工件正火处理进行的，即工件在正火温度下放到平台上用手动压力机进行校直。

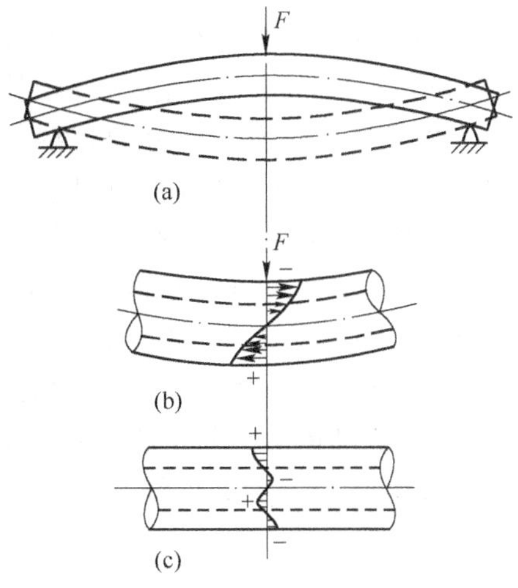

(a)

(b)

(c)

图 6-15　校直引起的内应力

为了减少或消除残余应力，可采取如下的措施：

(1) 合理设计零件的结构

在机器零件的结构设计中，应尽量减少其各部分的壁厚差以减少在铸、锻件毛坯制造中产生的残余应力。

(2) 采取时效处理

目前消除残余应力的办法，主要是毛坯制造之后，粗、精加工或其他工序之间，停留一段时间进行时效处理。不同零件所需的时效时间是不同的，有的需要几个小时即可，但对一些大型零件，如床身、箱体等则需要很长时间。为此，对大型零件的毛坯，往往是放到室外进行较长时间的自然时效，以达到充分变形和逐渐消除残余应力的目的。但对正在加工的大型零件，则往往为避免长期占用车间生产面积，而采取加快时效速度的人工时效方法。

6.4　加工误差的分析与控制

对加工误差进行分析的目的在于将系统性误差和随机性误差这两大类加工误差分开，确定系统性误差的数值和随机性误差的范围，从而找出造成加工误差的主要因素，以便采取相应的措施提高零件的加工精度。目前，加工误差的分析方法基本有两类，即分析计算法和统计分析法。

6.4.1　分析计算法

分析计算法主要用于确定各个单因素所造成的加工误差。此方法是在分析产生加工误差因素的基础上，建立并使用原始误差与加工误差间的数学关系式，从而算出该因素所造成的加工误差。对于单项的系统误差，一般都可以采用这个方法进行计算。

实际生产中，经常是各种因素都在起作用，且有的因素对加工误差还有一定的抵消作用。此时对于加工误差的分析宜采用统计分析法。

6.4.2　统计分析法

统计分析法就是在加工一大批工件中抽检一定数量的工件(样件)，并运用数理统计的方法对检查结果进行数据处理，从中找出规律性的东西，进而找到解决加工精度问题的途径。常用的统计分析法有两种：分布图分析法和点图分析法。

1. **分布图分析法**

生产中，由于随机误差的影响，在调整好的机床（如自动机）上加工一批工件时，其尺寸的实际数值是不相同的。随机抽查一定数量（n 个）工件，并加以一一度量，然后按尺寸的大小分成若干组，每组中工件的尺寸规定在一定的间隔范围内。同一尺寸间隔的工件数量，称为频数，以 m 表示。频数 m 与抽查样件数 n 之比，称为频率。若以频数（或频率）为纵坐标，工件尺寸间隔的中间值为横坐标，则可求得若干点，将这些点连接起来，便可得到如图 6-16 中实线所示的折线图。若将样件数量增加，同时又将尺寸间隔减小，则作出的折线就非常接近光滑曲线，这就成为实际加工尺寸分布曲线，如图 6-16 中虚线所示。

大量生产实践表明，在调整好的机床上加工一批工件，如加工进行情况正常，其实际加工尺寸的分布大都遵循正态分布规律。所以在用统计分析法研究加工误差问题时，广泛应用如图 6-17 所示的“正态分布曲线”，其方程式为

$$y=\frac{1}{\sigma\sqrt{2\pi}}e^{-\frac{1}{2}\left(\frac{x-\overline{x}}{\sigma}\right)^2} \tag{6-9}$$

式中：y——尺寸分布的概率密度；

x——样件尺寸；

$\overline{x}$——样件平均尺寸（分散范围中心），$\overline{x}=\frac{1}{n}\sum_{i=1}^{n}x_i$；

σ——均方根差，$\sigma=\sqrt{\frac{1}{n}\sum_{i=1}^{n}(x_i-\overline{x})^2}$；

n——样件数（样件数目应足够多，例如 100～200 件）。

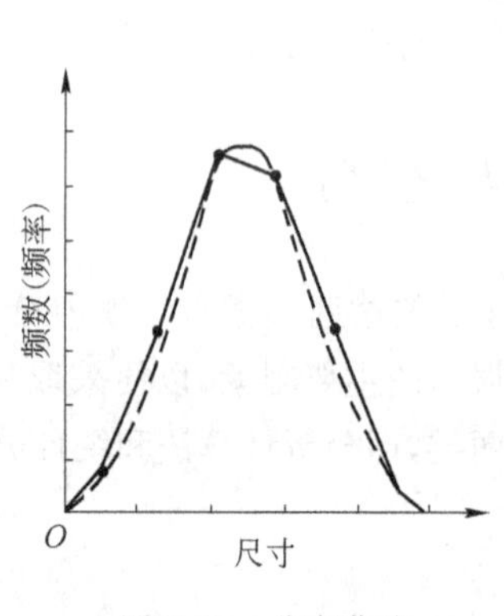

图 6-16　分布曲线

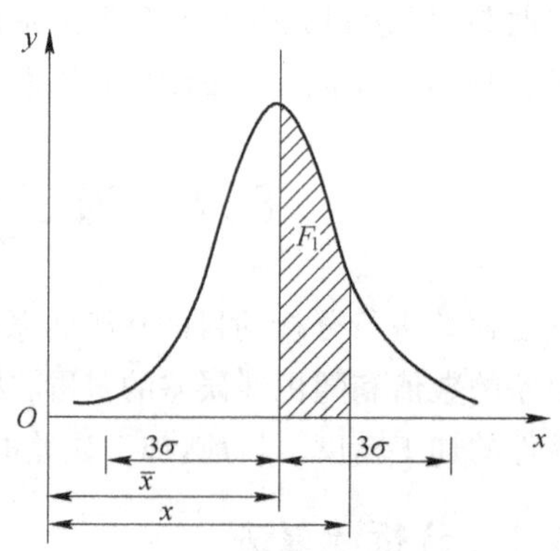

图 6-17　正态分布曲线

正态分布曲线具有下列特点：

（1）曲线呈钟形，中间高，两边低，远离分散中心的工件是少数。

（2）曲线以样件平均尺寸 $\overline{x}$ 为中线，两边对称。这表示尺寸大于 $\overline{x}$ 和小于 $\overline{x}$ 同间距范围内的概率是相等的。

（3）$\overline{x}$、σ 为分布曲线的两个特征参数。$\overline{x}$ 确定工件尺寸分散范围中心的位置，即影响曲线的位置，反映了工艺调整位置的不同，如图 6-18(a)所示。σ 值的大小表示工件尺寸分散范围的大小，即影响曲线的形状，反映了工艺系统误差分散的程度，如图 6-18(b)所示。若 σ 值大，尺寸分散范围大，则曲线形状宽而平坦；若 σ 值小，尺寸分散范围小，则曲线陡而窄。

（4）正态分布曲线所包含的总面积代表了全部工件（100%），即

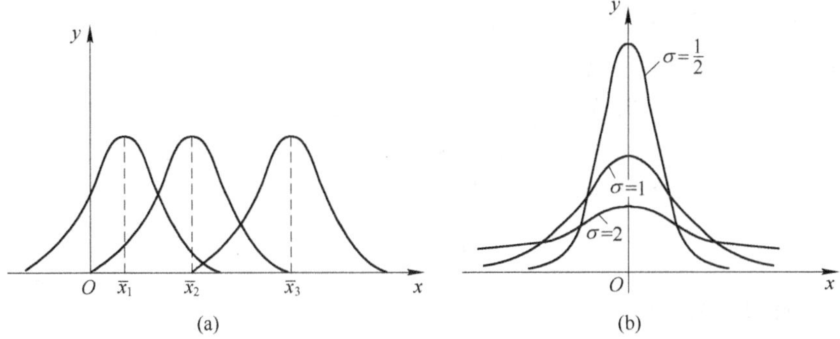

图 6-18　$\overline{x}$、σ 值对正态分布曲线的影响

$$F=\int_{-\infty}^{+\infty} y\mathrm{d}y=\frac{1}{\sigma\sqrt{2\pi}}\int_{-\infty}^{+\infty}\mathrm{e}^{-\frac{1}{2}\left(\frac{x-\overline{x}}{\sigma}\right)^2}\mathrm{d}x=1$$

图 6-17 中阴影部分的面积 F_1 表示尺寸从 $\overline{x}$ 到 x 的工件的概率,即

$$F_1=\frac{1}{\sigma\sqrt{2\pi}}\int_{\overline{x}}^{x}\mathrm{e}^{-\frac{1}{2}\left(\frac{x-\overline{x}}{\sigma}\right)^2}\mathrm{d}x \tag{6-10}$$

在实际计算时,可以直接采用前人已经作出的积分表(见表 6-3)。

表 6-3　$F=\frac{1}{\sigma\sqrt{2\pi}}\int_{\overline{x}}^{x}\mathrm{e}^{-\frac{1}{2}\left(\frac{x-\overline{x}}{\sigma}\right)^2}\mathrm{d}x$

$\frac{x-\overline{x}}{\sigma}$	F	$\frac{x-\overline{x}}{\sigma}$	F	$\frac{x-\overline{x}}{\sigma}$	F	$\frac{x-\overline{x}}{\sigma}$	F	$\frac{x-\overline{x}}{\sigma}$	F
0.00	0.000 0	0.20	0.079 3	0.60	0.225 7	1.00	0.341 3	2.00	0.477 4
0.01	0.004 0	0.22	0.087 1	0.62	0.232 4	1.05	0.353 1	2.10	0.482 1
0.02	0.008 0	0.24	0.094 8	0.64	0.238 9	1.10	0.364 3	2.20	0.486 1
0.03	0.012 0	0.26	0.102 3	0.66	0.245 4	1.15	0.374 9	2.30	0.489 3
0.04	0.016 0	0.28	0.110 3	0.68	0.251 7	1.20	0.384 9	2.40	0.491 8
0.05	0.019 9	0.30	0.117 9	0.70	0.258 0	1.25	0.394 4	2.50	0.493 8
0.06	0.023 9	0.32	0.125 5	0.72	0.264 2	1.30	0.403 2	2.60	0.495 3
0.07	0.027 9	0.34	0.133 1	0.74	0.270 3	1.35	0.411 5	2.70	0.496 5
0.08	0.031 9	0.36	0.140 6	0.76	0.276 4	1.40	0.419 2	2.80	0.497 4
0.09	0.035 9	0.38	0.148 0	0.78	0.282 3	1.45	0.426 5	2.90	0.498 1
0.10	0.039 8	0.40	0.155 4	0.80	0.288 1	1.50	0.433 2	3.00	0.498 65
0.11	0.043 8	0.42	0.162 8	0.82	0.203 9	1.55	0.439 4	3.20	0.499 31
0.12	0.047 8	0.44	0.170 0	0.84	0.299 5	1.60	0.445 2	3.40	0.499 66
0.13	0.051 7	0.46	0.177 2	0.86	0.305 1	1.65	0.450 5	3.60	0.499 841
0.14	0.055 7	0.48	0.181 4	0.88	0.310 6	1.70	0.455 4	3.80	0.499 928
0.15	0.059 6	0.50	0.191 5	0.90	0.315 9	1.75	0.459 9	4.00	0.499 968
0.16	0.063 6	0.52	0.198 5	0.92	0.321 2	1.80	0.464 1	4.50	0.499 997
0.17	0.067 5	0.54	0.200 4	0.94	0.326 4	1.85	0.467 8	5.00	0.499 999 97
0.18	0.071 4	0.56	0.212 3	0.96	0.331 5	1.90	0.471 3	—	—
0.19	0.075 3	0.58	0.219 0	0.98	0.336 5	1.95	0.474 4	—	—

从表 6-1 可以看出，如果某工序加工出的一批工件，其尺寸分布符合正态分布曲线时，工件加工误差在 $\pm3\sigma$ 以内的工件数可达总数的 99.73%（$=2\times0.49865$），也就是工件尺寸在 $\pm3\sigma$ 以外的工件数只占总数的 0.27%，这在实际生产中是完全允许的。因此，$\pm3\sigma$（或 6σ）在研究加工误差时应用很广，是一个很重要的概念。它表示某种加工方法所产生的工件尺寸分散范围，即加工误差；也可表示某种加工方法的平均经济加工精度或工序能力 P。即工序能力 $P=6\sigma$。

工序能力的大小由工序能力系数 C_P 表示，即

$$C_P=\frac{T}{6\sigma} \tag{6-11}$$

式中：T——工件尺寸的公差；

σ——加工尺寸的均方根误差。

当样件数 n 很小时，σ 的估计值为

$$S=\sqrt{\frac{1}{n-1}\sum_{i=1}^{n}(x_i-\overline{x})^2} \tag{6-12}$$

根据工序能力系数 C_P 的大小，可以将工序能力分为五个等级。

(1) 特级工艺，$C_P>1.67$，工序能力过高。

当 $C_P=1.67$ 时，$T=1.67\times6\sigma\approx10\sigma$，这时尺寸落在 $\pm5\sigma$ 以外的概率仅为 0.000 000 3，几乎不会出废品。工序能力过高，意味着使用的工艺装备及其调整精度过高，切削用量较小等，但加工不经济。

(2) 一级工艺，$1.67\geqslant C_P>1.33$，工序能力足够，不合格率小于十万分之六。

(3) 二级工艺，$1.33\geqslant C_P>1.00$，工序能力勉强，不合格率在千分之三以下，必须密切注意。

(4) 三级工艺，$1.00\geqslant C_P>0.67$，工序能力不足，可能出少量不合格品，必须采取措施。

(5) 四级工艺，$0.67>C_P$，工序能力严重不足，不合格率达到 4.56% 以上，必须加以改进或选择能满足要求的加工方法。

例 6-1 某柴油发动机曲轴 4 个连杆轴颈直径，要求为 $\varphi(75.14\pm0.01)$mm，热处理后精磨 194 件，统计分析数据见表 6-4。试计算合格与不合格品率。

表 6-4 曲轴连杆轴径加工误差统计分析

轴径	Ⅰ	Ⅱ	Ⅲ	Ⅳ
$\overline{x}/\mu$m	−0.023	−0.253	−0.651	−0.562
S/μm	2.481	2.674	2.828	2.506
C_P	1.346	1.247	1.178	1.330

由表 6-4 知，分布中心与公差带中心的偏差为负值，所加工的这批轴颈直径尺寸均偏小，其中有超出公差范围的成为废品。如图 6-19 中阴影线部分的面积为废品率。

每一轴颈所对应的废品率不同，以轴颈Ⅳ为例，计算步骤如下：

$$\frac{x-\overline{x}}{\sigma}=\frac{10-0.562}{2.506}=3.77$$

查表 6-3，得 $f=0.499\,928$。这说明落在分布曲线左半部（见图 6-19）中合格品的概率为 49.999 28%。因此，根据正态分布曲线的对称性质，可得轴颈Ⅳ的直径尺寸合格率为

$$0.5+0.499\,928=0.999\,928=99.992\,8\%$$

废品率(因为轴颈尺寸小而无法修复)为

$$0.5-0.499\ 928=0.000\ 072=0.007\ 2\%$$

同理可求出Ⅰ、Ⅱ、Ⅲ轴颈直径尺寸的合格品率与废品率,四轴颈中最大废品率应作为曲轴的总的废品率。

本实例表明,曲轴连杆轴颈的磨削工序的工序能力属于二级工艺,必须密切注意工艺过程。一般常采用自动测量与数显装置,监视加工状态,以便于保证加工质量。

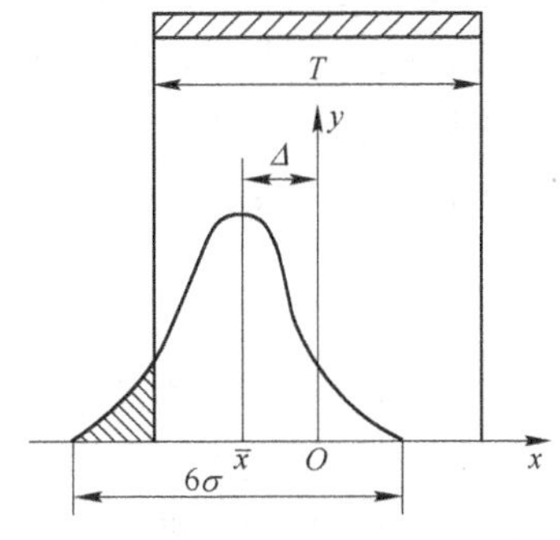

图 6-19 分布中心与公差中心不重合

分布图分析法的缺点是:

(1) 没有考虑工件加工先后顺序,难以把变值系统性误差和随机性误差区分开来。

(2) 必须等到一批工件加工完毕后,才能绘制分布图,不能在加工过程中及时提供控制精度的信息。

2. 点图分析法

点图是定期地按加工顺序逐个地测量一批工件的尺寸,以量得的尺寸(或加工误差)为纵坐标,以工件的加工序号为横坐标,将检验结果标点在一定格式的图表上面绘制成工件加工误差随时间变化的图形。点图可分为单值点图与 $\bar{x}-R$ 点图,现分别进行说明。

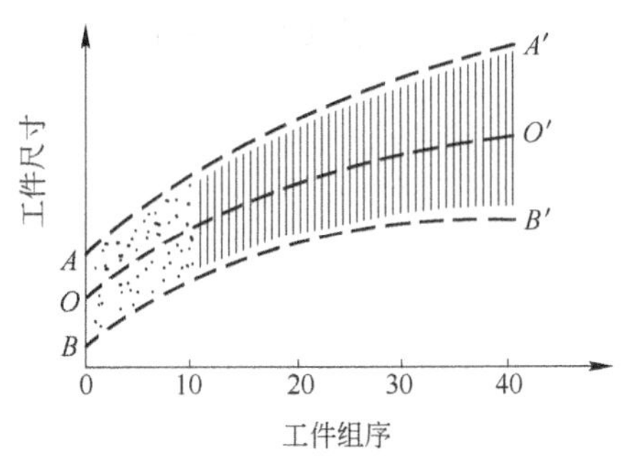

图 6-20 单值点图

如果将顺次加工出的 n 个工件编为一组,以工件分组的序号为横坐标,以工件尺寸或误差为纵坐标,将每一组内 n 个工件的尺寸大小分别标点在同一组号的垂直线上,则该点图称为“按组序的单值点图”,如图 6-20 所示。这种点图的长度可大为缩短,而且可以看出每个工件尺寸(或加工误差)的变化与加工时间的关系。

为了能清楚地揭示出加工过程中工件误差的性质与变化趋势,在点图的上、下极限作包络线 AA'、BB' 及中线 OO'。两包络线的宽度表示每一瞬时加工误差的分散范围,它反映了每瞬时的随机性误差的大小。中线 OO' 表示每瞬时的分散中心,其变化情况反映变值系统性误差随时间变化的规律,其起始点 O 的位置则反映常值系统性误差的影响。

在加工质量控制中,常把平均尺寸和分散范围的情况,分别用二个图来表示。前者称为 $\bar{x}$ 图,是将组内 n 件工件尺寸的平均值标在纵坐标上,并用虚线画出上、下控制线,用实线作出中心线;后者称为 R 图,是将组内 n 件工件中的最大尺寸与最小尺寸的差值(称为极差)标在纵坐标上,并用虚线画出上控制线,用实线作出中心线,将 $\bar{x}$ 图与 R 图合在一起就成为 $\bar{x}-R$ 图,如图 6-21 所示。

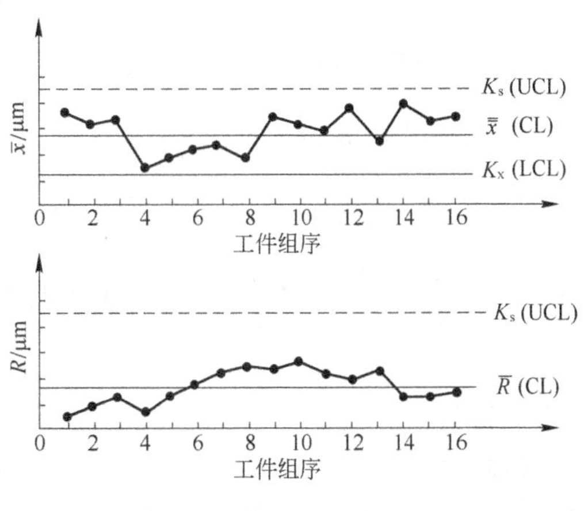

图 6-21 $\bar{x}-R$ 图

由于 $\bar{x}$ 在一定程度上代表了瞬时的分散中心,故 $\bar{x}$ 点图主要反映加工过程中瞬时分散中心位置的变化趋势。R 在一定程度上代表了尺寸分散范围，故 R 点图可反映出随机性误差及其变化趋势。因此，$\bar{x}$ 图和 R 图联合起来使用，可以预报不合格品出现的可能性，它是控制连续生产工艺稳定性的有力工具。

在 $\bar{x}$ 图中，一个组也叫一个样本，其平均值 $\bar{x}$ 的平均值 $\bar{\bar{x}}$ 为

$$\bar{\bar{x}} = \frac{1}{k}\sum_{i=1}^{k}\bar{x}_i \tag{6-13}$$

式中：$\bar{x}_i$——第 i 个小样本的平均值；

k——小样本的个数。

至于 σ，可以用样本极差 R 的平均值 $\overline{R}$ 来估计，有

$$\sigma \approx a_n \overline{R} \tag{6-14}$$

式中：a_n——常数，可由表 6-5 查得。

表 6-5　a_n、A_2、D_3、D_4 值

n/件	a_n	A_2	D_3	D_4
4	0.486	0.73	0	2.28
5	0.430	0.58	0	2.11
6	0.395	0.48	0	2.00

为了描述小样本平均值的分散程度，需要知道 $\bar{x}$ 的标准差 $\sigma_{\bar{x}}$。由数理统计学可知

$$\sigma_{\bar{x}} = \frac{\sigma}{\sqrt{n}} \approx \frac{a_n}{\sqrt{n}}\overline{R} \tag{6-15}$$

式中：
$$\overline{R} = \frac{1}{k}\sum_{i=1}^{k}R_i \tag{6-16}$$

为小样本极差的 R_i 的平均值。

根据 $\pm 3\sigma$ 的概念，$\bar{x}$ 图的上、下控制线为

$$\bar{\bar{x}} \pm 3\sigma_{\bar{x}} = \bar{\bar{x}} \pm 3a_n\overline{R}/\sqrt{n}$$

至此，可确定 $\bar{x}$ 控制图的控制线：

中心线　　$\mathrm{CL} = \bar{\bar{x}}$

上控制线　　$\mathrm{UCL} = \bar{\bar{x}} + A_2\overline{R}$

下控制线　　$\mathrm{LCL} = \bar{\bar{x}} - A_2\overline{R}$

式中：A_2——常数，$A_2 = 3\dfrac{a_n}{\sqrt{n}}$，可由表 6-5 查得。

在 R 控制图中，R 的控制线为

$$\overline{R} \pm 3\sigma_R = \overline{R}\left(1 \pm 3\frac{\sigma_R}{\overline{R}}\right)$$

令 $D_3 = 1 - 3\dfrac{\sigma_R}{\overline{R}}$，$D_4 = 1 + 3\dfrac{\sigma_R}{\overline{R}}$，则 R 图的控制线为

中心线　　$\mathrm{CL} = \overline{R}$

上控制线　　$\mathrm{UCL} = D_4\overline{R}$

下控制线　　$\mathrm{LCL} = D_3\overline{R}$

其中，D_3、D_4 可由表 6-5 查得。

6.4.3　机床调整及调整尺寸的计算

在一批零件加工前必须调整机床，在加工过程中，根据 $\overline{x}-R$ 图常需重新调整机床。

调整机床时，首先要解决刀具或砂轮位置的调整尺寸，此时的调整尺寸以 L_t 表示。调整时，按工件尺寸的公差带中心值尺寸，即平均尺寸 L_M 来调整，考虑到存在测量误差和调整误差，调整尺寸为

$$L_t = L_M \pm \frac{T_t}{2} \tag{6-17}$$

式中：T_t——调整公差。

图 6-22 表明了机床调整尺寸和调整公差与工件尺寸及公差的关系。L_{max}、L_{min} 分别为工件最大和最小尺寸，σ 为这批零件加工尺寸的均方根误差，n 为小样本的容量。调整时，试切 n 个($n=2\sim8$)试件。为了保证加工精度，任何一次调整后加工的一批工件，其加工尺寸的分布曲线，必须在尺寸公差范围内。图 6-22 示出了调整极限尺寸下加工的工件尺寸的分布曲线。从图中不难看出，为了保证加工精度要求，调整公差 T_t 需规定在区间(a,b)内，有

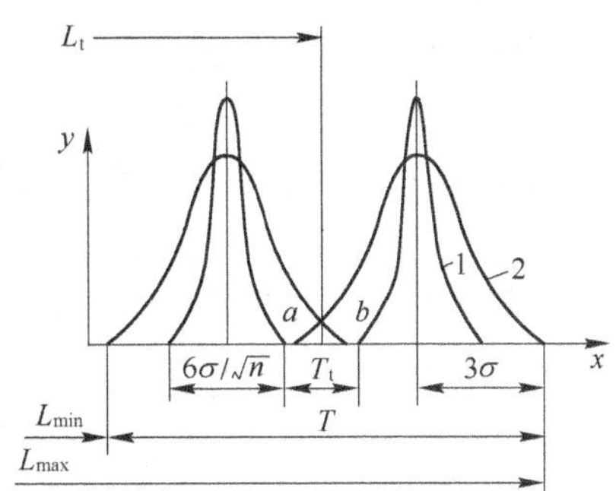

图 6-22　机床调整尺寸关系

1—小样本平均值的分布曲线；

2—整批工件尺寸的分布曲线

$$T_t = T - 6\sigma\left(1 + \frac{1}{\sqrt{n}}\right) \tag{6-18}$$

式中：T——工件尺寸公差。

若考虑试件测量误差 Δc，则有

$$T_t = T - 6\sigma\left(1 + \frac{1}{\sqrt{n}}\right) - \Delta c \tag{6-19}$$

在采用 $\overline{x}-R$ 控制图时，可用下式计算 L_t：当系统误差为递增函数时，

$$L_t = \overline{\overline{x}} - \frac{2a_n\overline{R}}{\sqrt{n}}$$

当系统误差为递减函数时，

$$L_t = \overline{\overline{x}} + \frac{2a_n\overline{R}}{\sqrt{n}}$$

对于不稳定的工艺过程，如刀具的磨损等，可能使工件尺寸超差，这时需重新调整机床。例如，车削一批工件的外圆，由于刀具受热变形和刀具尺寸磨损，存在变值系统误差使总体瞬时分布中心随时间变化，同时瞬时分布范围也随时间变化。如图 6-23 所示，a 表示刀具热变形引起的误差，b 表示刀具尺寸磨损引起的误差。图中的粗线代表 $\overline{x}$ 的变化规律，阴影部分代表各瞬间的分散范围。车削外圆时，开始因刀具受热伸长使工件尺寸缩小，而后刀具逐渐磨损使尺寸增大。与此同时，由于刀具磨损，切削力增大等原因，使工件尺寸的瞬时分散范围也逐渐扩大。开始调整时间(t_1)，瞬时

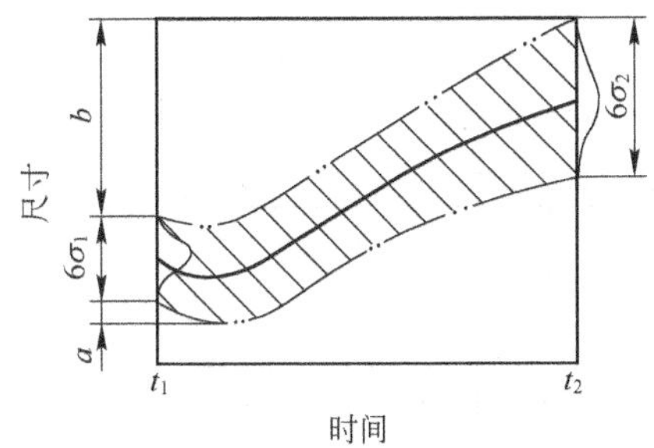

图 6-23　外圆车削加工的精度变化

分布的标准差为 σ_1；第二次调整时间(t_2)的标准差为 σ_2。调整机床时，必须考虑误差 a、b。此时调整尺寸的公差为

$$T_t = T - (a+b) - 6\sigma\left(1+\frac{1}{\sqrt{n}}\right) \tag{6-20}$$

由此可见，n 越少，T_t 也越小，所以调整试件件数稍多一些为好。

6.4.4 保证和提高加工精度的途径

对加工误差进行分析计算或统计分析，弄清了原始误差对加工误差(表现误差)的影响程度，则为减少加工误差、提高加工精度指明了方向。

尽管减少加工误差的措施很多，但从技术上看，可将它们分为两大类。

(1) 误差预防：指减少原始误差或减少原始误差的影响，亦即减少误差源或改变误差源至加工误差之间的数量转换关系。实践与分析表明，精度要求高于某一程度后，利用误差预防技术来提高加工精度所花费的成本将成指数地增长。

(2) 误差补偿：在现存的表现误差条件下，通过分析、测量，进而建立数学模型，以这些信息为依据，人为地在系统中引入一个附加的误差源，使之与系统中现存的表现误差相抵消，以减少或消除零件的加工误差。从提高机械加工精度考虑，在现有工艺系统的条件下，误差补偿技术是一种行之有效的方法，特别是借助微型计算机辅助技术，可达到更好的效果。

1. 误差预防技术

常用的工艺方法有以下几种：

(1) 合理采用先进工艺装备

为了减少原始误差，需要针对零件的加工精度要求，合理采用先进的工艺和设备。首先，在设计零件的加工工艺过程时，必须对每道工序的加工能力进行评价。对加工能力较低的工序，或者更换为加工能力较高的工序，或者采取改进措施提高工序的加工能力。

(2) 直接减少原始误差

这是生产中应用很广的一种基本方法，即是在查明影响加工精度的主要原始误差因素之后，设法对其直接进行消除或减少。例如，当用三爪卡盘夹持薄壁套筒时，应在套筒外面加过渡环，避免产生由夹紧变形所引起的加工误差；又如，在加工细长轴时，因工件刚度低，容易产生弯曲变形和振动。为了减少因吃刀抗力使工件弯曲变形所产生的加工误差，除采用跟刀架外，还采用反向进给的切削方法(如图 6-24 所示)，使 F_x 对细长轴起拉伸作用，同时由于应用弹性的尾座顶尖，因此不会把工件压弯；采用大进给量和较大的主偏角车刀，增大 F_x 力，工件在强有力的拉伸作用下，还能消除径向颤动，使切削平稳。

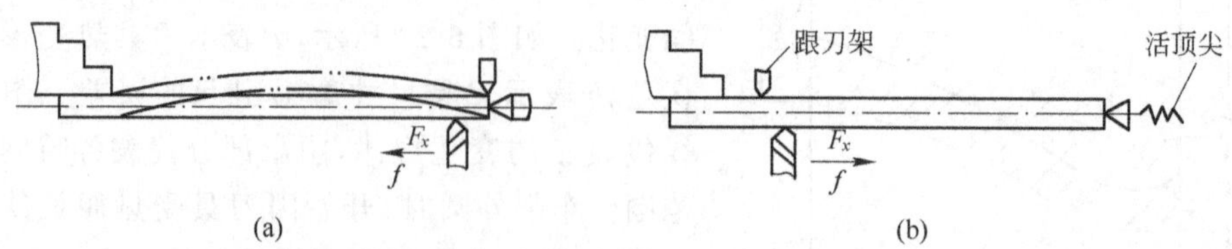

图 6-24 顺向进给和反向进给车削细长轴的比较

(3) 误差转移法

例如，在成批生产中，可以采用专用的工夹具或其他辅助装置，在一般精度机床上，加工出精度较高的工件来。常见的是用镗模夹具来加工箱体零件的孔系，此时工件的加工精度完全决定于镗杆和镗模的制造精度，而与机床的精度关系不大，这样就形成了误差的转移。

(4) 误差分组法

这个方法的实质就是把毛坯按误差的大小分为 n 组，这样每组毛坯误差的范围就缩小至原来的 $1/n$。然后按各组的误差范围分别调整刀具相对于工件的位置，使各组工件的尺寸分散范围中心基本上一致，于是整批工件的尺寸分散就比分组调整以前小得多了。这种方法比直接提高本工序的加工精度要简便易行一些。

(5)“就地加工”法

例如，在六角车床制造中，转塔上六个装刀具的孔，其轴心线必须保证和机床主轴旋转中心线重合，而六个平面又必须与主轴中心线垂直。如果按传统的精度分析与精度保证方法，单个地确定各自的制造精度，不仅使原始误差小到难以控制的程度，而且装配后的表现误差仍将达不到要求。因此，生产中采用“就地加工”法。此方法是对这些重要表面在装配之前不进行精加工，等转塔装配到机床上后，再在自身机床上对这些表面作精加工，即在自身机床主轴上装上镗刀杆和能作径向进给的小刀架对这些表面作精加工，保证了所需的精度，这种“自干自”的就地加工法在不少场合中应用。如龙门刨床、牛头刨床，为了使它们的工作台面分别对横梁和滑枕保持平行的位置关系，都是装配后在自身机床上进行“自刨自”的精加工，平面磨床的工作台面也是装配后作“自磨自”的最终加工。

(6) 误差平均法

此方法是利用有密切联系的表面之间的相互比较和相互修正或者利用互为基准进行加工，以达到很高的加工精度。如配合精度要求很高的轴和孔、丝杠与螺母，常采用研磨方法来达到。在研磨过程中，研具与工件表面间相互研磨，就是很典型的误差平均法的例子。再如三块一组的标准平板，是用相互对研、配刮的方法加工出来的，因为三个表面能够分别两两密合，只有在都是精确平面的条件下才有可能。还有诸如直尺、角度规等高精度量具和工具也都是采用误差平均法来制造的。

2. 误差补偿技术

如前所述，误差补偿是人为地引入一附加输入，用以抵消现有系统的固有误差，从而消除或减少系统表现误差对零件加工精度的影响。因此，一个误差补偿系统必须包含三个主要的功能装置：①误差信号发生装置，它产生出固有误差的误差图；②信号同步装置，保证所附加的输入与系统固有误差同步，即在每一时刻，误差值相等且相位相差 180°；③运动合成装置，它实现附加输入与固有误差的合成。不同误差补偿系统有不同的技术方案，但以上三种功能装置是必备的。

图 6-25 所示为高精度丝杠磨削误差的微机补偿系统，这个系统只用于补偿丝杠磨床传动链误差，因为它是影响丝杠导程误差的主要因素。

磁栅盘 3 和磁栅尺 10 通过磁感应头 5 测量出传动链误差，经单片机进行处理，得到传动链误差的误差图。在线性位移方向上有多个(图上为两个)磁感应头，它们是为了实现“接力”测量用的。这样，实现了误差信号发生功能。利用磁栅盘上的零位信号与磁栅尺上的信号，通过计算机软件，实现同步功能。误差补偿信号控制步进电机，继而驱动差动螺母产生补偿运动，实现运动合成功能。

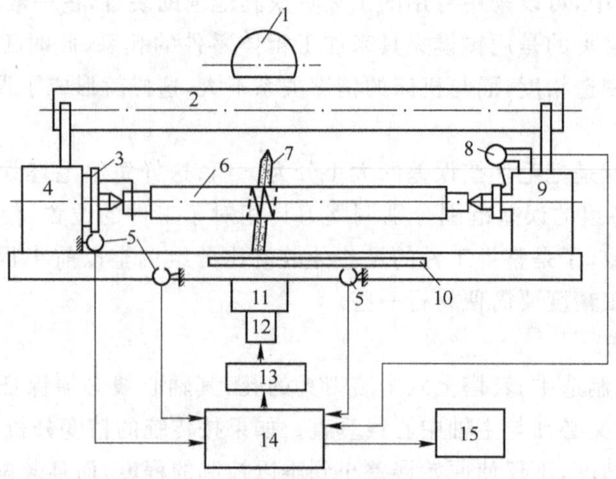

图 6-25　丝杆磨削误差的微机补偿系统

1—喷嘴；2—油槽；3—磁栅盘；4—头架；5—磁感应头；6—丝杆；7—砂轮；8—位移传感器；9—尾架；10—磁栅尺；11—运动合成装置；12—步进电机；13—功放电源；14—单片机；15—记录仪

思考题与习题

1. 什么是加工精度？什么是加工误差？两者有何区别与联系？
2. 什么是加工原理误差？举例说明。
3. 什么是工艺系统刚度？工艺系统受力变形对加工精度的影响有哪些？
4. 什么是误差复映？如何减小误差复映的影响？
5. 试述分布曲线法与点图法的特点、应用及各自解决的主要问题。
6. 常用的误差预防工艺方法有哪些？

第七章　机械加工工艺规程的制订

工艺就是制造产品的方法，机械制造工艺过程一般是指零件的机械加工工艺过程和机器的装配工艺过程，把工艺过程按一定的格式用文件的形式固定下来就是机械加工工艺规程。生产规模的大小、工艺水平的高低、工厂长期形成的工艺经验的继承以及解决各种工艺问题的方法和手段都要通过机械加工工艺规程来体现。机械加工工艺规程必须保证零件的加工质量，达到设计图纸规定的各项技术要求，同时还应该具有较高的生产率和经济性。因此，机械加工工艺规程设计是一项重要的工作，要求设计者必须具备丰富的生产实践经验和广博的机械制造工艺基础理论知识。

一般在制订工艺规程时，应根据零件产量和现有的设备条件，综合考虑加工质量、生产率和经济性要求，经过反复分析对比，确定最优或最适合的工艺过程。

7.1　制订机械加工工艺规程的方法和步骤

制订机械加工工艺规程的步骤和基本内容如下：

(1) 分析被加工零件的原始资料。原始资料包括：零件图和产品的整套装配图、产品质量验收标准、产品的生产纲领与生产类型、毛坯有关资料、工厂的现场生产条件，如加工设备和工艺装备的规格及性能、工人的技术水平、专用设备及工艺装备的制造能力、国内外生产技术的状况以及有关工艺手册与图册等。

通过分析产品零件图及有关的装配图，了解零件在产品中的功用。在此基础上，进一步审查图纸的完整性与正确性，例如图纸是否有足够的视图，尺寸、公差是否标注齐全，若有错误和遗漏，应及时提出修改意见。

同时，还要分析零件的技术要求，如被加工表面的尺寸精度和几何形状精度，各个被加工表面之间的相互位置精度，被加工表面的表面质量、热处理要求等。通过分析，了解这些技术要求的作用，从中找出主要的技术要求以及在工艺上难以达到的技术要求，特别是对制订工艺方案起决定作用的技术要求。

在分析技术要求时，还要考虑到影响达到技术要求的主要因素，进一步明了制订工艺规程时应解决的主要问题，为制订合理的工艺规程做好准备。

(2) 分析零件的制造工艺性，审查和改善零件的结构工艺性。零件的结构工艺性是影响零件在加工过程中能否经济合理地被加工出来的一项基本特性。许多功能完全相同而结构工艺性不同的零件，它们的加工方法与制造成本常常有着很大的差别，所以应仔细检查零件的结构工艺性，必要时提出修改意见。

目前，对零件结构工艺性的分析大多采用定性分析法，即定性地比较不同结构的工艺性，如表 7-1 所示。

表 7-1　结构工艺性比较

序号	(A) 结构工艺性不好	(B) 结构工艺性好	说　明
1	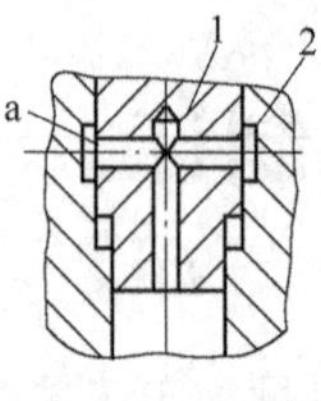 a 1 2	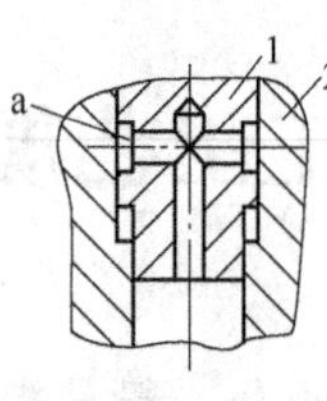 a 1 2	在结构(A)中,件 2 上的凹槽 a 不便于加工和测量。宜将凹槽 a 改在件 1 上,如结构(B)
2	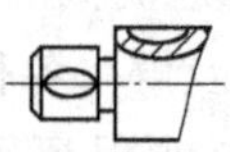	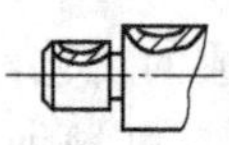	键槽的尺寸、方位相同,则可在一次装夹中加工出全部键槽,以提高生产效率
3	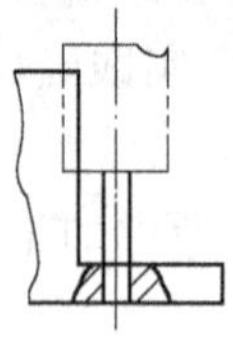	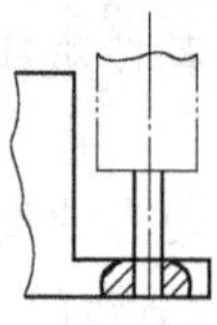	在结构(A)的加工面不便于引进刀具
4	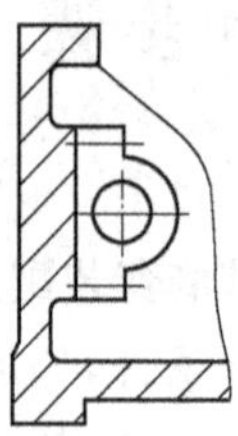	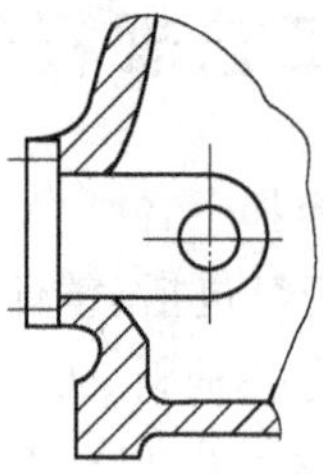	箱体类零件的外表面比内表面容易加工,应以外部连接表面代替内部连接表面
5	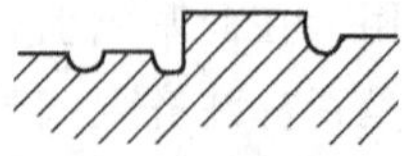	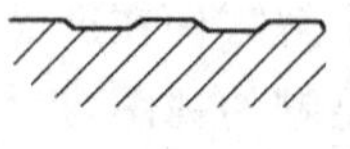	结构(B)的三个凸台表面,可在一次走刀中加工完毕
6		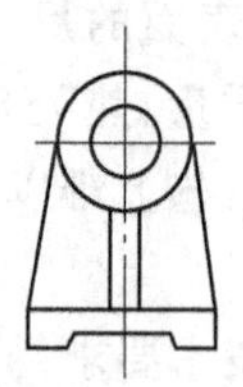	结构(B)底面的加工劳动量较小,且有利于装夹平稳、可靠
7	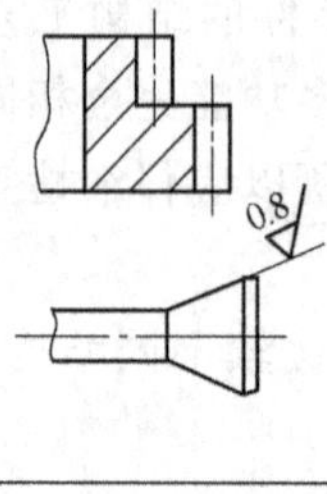 0.8	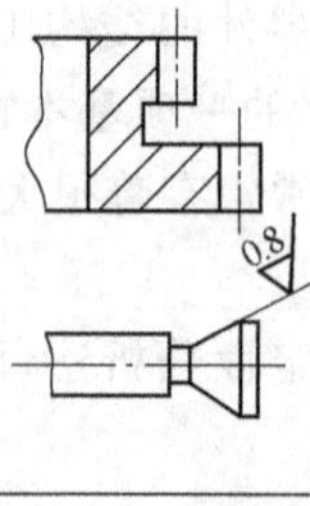 0.8	结构(B)有退刀槽,保证了加工的可能性,减少刀具(砂轮)的磨损

续表

序号	(A) 结构工艺性不好	(B) 结构工艺性好	说　　明
8	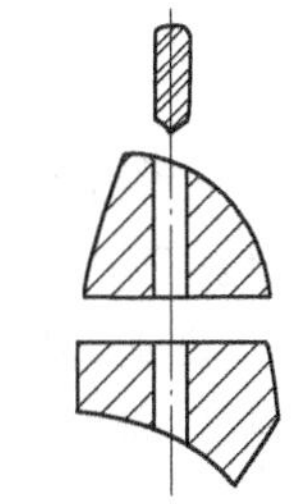	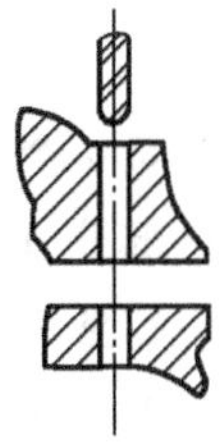	加工结构(A)上的孔时钻头容易引偏
9	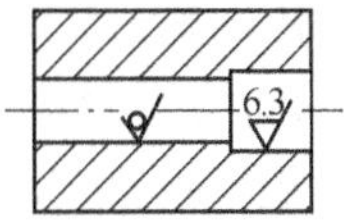 6.3	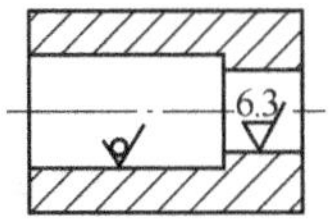 6.3	加工表面与非加工表面之间要留有台阶,便于退刀
10	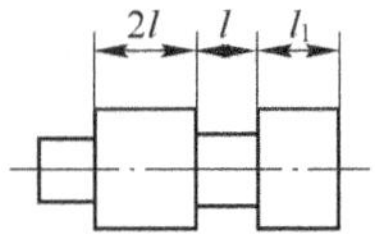 $2l$　l　l_1	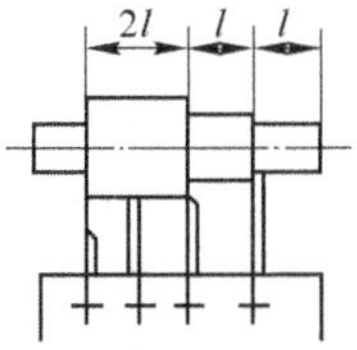 $2l$　l　l	加工表面长度相等或成倍数,直径尺寸沿一个方向递减,便于布置刀具,可在多刀半自动车床上加工,如结构(B)所示
11	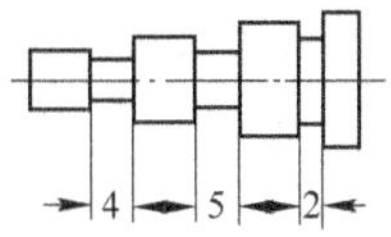 4　5　2	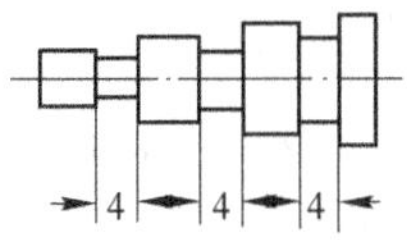 4　4　4	凹槽尺寸相同,可减少刀具种类,减少换刀时间,如结构(B)所示

(3) 计算生产节拍。生产节拍是指在流水生产中,相继完成两件制品之间的时间间隔。通常可以根据零件的年生产纲领和年工作时间,计算出零件的生产节拍。

(4) 选择毛坯。根据零件材料、结构工艺性、生产节拍等,确定采用铸件、锻件、型材、焊件等。

(5) 选择定位基准与定位基面。

(6) 确定单个表面的加工路线。如孔加工、平面加工、外圆加工等的加工路线。

(7) 确定零件的加工路线。即完成整个零件所有加工面的加工路线。

(8) 计算与确定加工余量。

(9) 计算工序尺寸及其公差。

(10) 选择加工设备、刀具、量具和夹具等。

(11) 选择切削用量。即确定切削速度、进给量与调整尺寸等。

(12) 计算工时定额。如果工时超过生产节拍,可重新改变切削用量,继而重新选择设备等。

(13) 评价各种工艺路线。从选择毛坯到确定工时定额的各个步骤,有多种选择的可能性。为了评价并选定最优的工艺路线,需要根据特定的要求,通过分析对比,最后将选定的工艺路线填入工艺卡片中。

7.2 机械加工工艺过程的组成

机械加工工艺过程一般可以分为工序、安装、工位、工步和走刀。

1. 工序

工序是指一个(或一组)工人在一个工作地点对一个(或同时对几个)工件连续完成的那一部分加工过程。工作地、工人、零件和连续作业是构成工序的四个要素,其中任一要素的变更即构成新的工序。对同一个零件,同样的加工内容可以有不同的工序安排,例如图 7-1 所示零件的加工内容是:①加工小端面;②对小端面钻中心孔;③加工大端面;④对大端面钻中心孔;⑤车大端外圆;⑥对大端倒角;⑦车小端外圆;⑧对小端倒角;⑨铣键槽;⑩去毛刺。这些加工内容可以安排在两个工序中完成(如表 7-2 所示),也可以安排在四个工序中完成(如表 7-3 所示),还可以有其他安排。工序安排和工序数目的确定与零件的技术要求、零件的数量和现有工艺条件等有关。

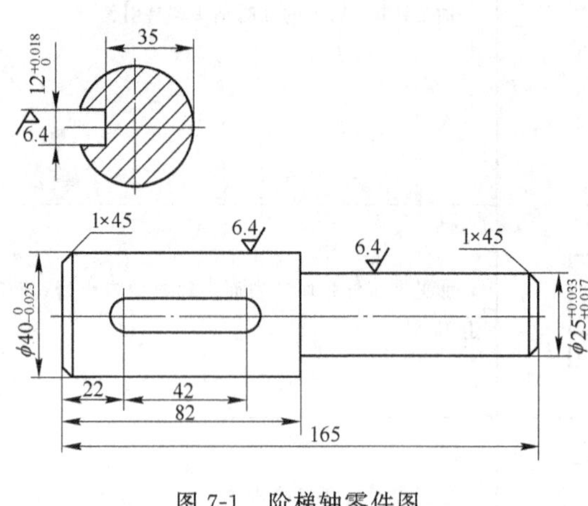

图 7-1 阶梯轴零件图

表 7-2 阶梯轴第一种工序安排方案

工 序 号	工 序 内 容	设 备
1	加工小端面,钻小端面中心孔,粗车小外圆,对小端倒角;加工大端面,钻大端面中心孔,粗车大外圆,对大端倒角;精车外圆	车 床
2	铣键槽,手工去毛刺	铣 床

表 7-3 阶梯轴第二种工序安排方案

工 序 号	工 序 内 容	设 备
1	加工小端面,钻小端面中心孔,粗车小外圆,对小端倒角	车 床
2	加工大端面,钻大端面中心孔,粗车大外圆,对大端倒角	车 床
3	精车外圆	车 床
4	铣键槽,手工去毛刺	铣 床

2. 安装

在同一个工序中,工件每定位和夹紧一次所完成的那部分加工称为一个安装。在一个工序中,工件可能只需要安装一次,也可能需要安装几次。例如表 7-2 中的工序 1,需有四次定位和夹紧,才能完成全部工序内容,因此该工序共有四个安装(如表 7-4 所示);表 7-2 中工序 2 是在一次定位和夹紧下完成全部工序内容,故该工序只有一个安装(如表 7-4 所示)。

表 7-4　工序和安装

工序号	安装号	工序内容	设备
1	1	车小端面,钻小端面中心孔,粗车小端外圆,倒角	车床
	2	车大端面,钻大端面中心孔,粗车大端外圆,倒角	
	3	精车大端外圆	
	4	精车小端外圆	
2	1	铣键槽,手工去毛刺	铣床

3. 工位

在工件的一次安装中,通过分度(或移位)装置,使工件相对于机床床身变换加工位置,我们把每一个加工位置上所完成的工艺过程称为工位。在一个安装中,可能只有一个工位,也可能需要有几个工位。

图 7-2 所示为通过立轴式回转工作台使工件变换加工位置的例子。在该例中,共有 4 个工位,依次为装卸工件、钻孔、扩孔和铰孔,实现了在一次安装中进行钻孔、扩孔和铰孔加工。

4. 工步

在一个工位中,加工表面、切削刀具、切削速度和进给量都不变的情况下所完成的加工,称为一个工步。

图 7-3 所示为在六角自动车床上加工零件的一个工序,包括六个工步。

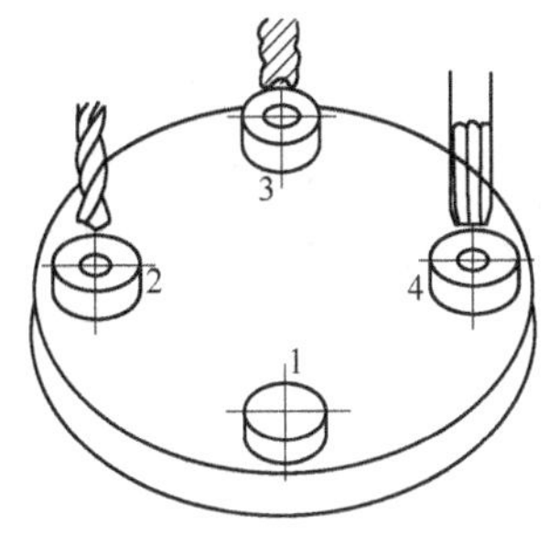

图 7-2　多工位安装

工位 1：装卸工件；工位 2：钻孔；

工位 3：扩孔；　　工位 4：铰孔

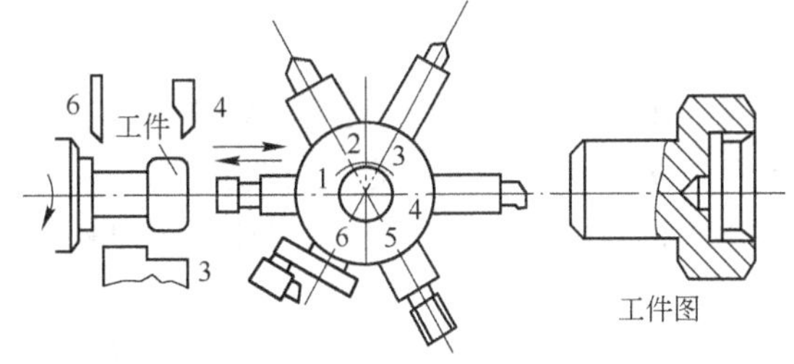

图 7-3　包括六个工步的工序

5. 走刀

在一个工步中,有时因所切去的金属层很厚而不能一次切完,为此需分几次进行切削,这时每次切削就称为一次走刀。

7.3　生产类型与机械加工工艺规程

机械加工工艺规程的详细程度与生产类型有关,不同的生产类型由产品的生产纲领来区别。

1. 生产纲领

产品的生产纲领就是年生产量。生产纲领及生产类型与工艺过程的关系十分密切,生产纲领不同,生产规模也不同,工艺过程的特点也相应而异。

零件的生产纲领通常按下式计算：

$$N=Qn(1+\alpha+\beta) \tag{7-1}$$

式中：N——零件的生产纲领(单位为件/年)；

Q——产品的年产量(单位为台/年)；

n——每台产品中，该零件的数量(单位为件/台)；

α——备品率；

β——废品率。

生产纲领是设计或修改工艺规程的重要依据，是车间(或工段)设计的基本文件。

2. 生产类型

机械制造业的生产类型一般分为三类，即大量生产、成批生产和单件生产。其中，成批生产又可分为大批生产、中批生产和小批生产。显然，产量愈大，生产专业化程度应该愈高。

表 7-5 按重型机械、中型机械和轻型机械的年生产量列出了不同生产类型的规范。

表 7-5 各种生产类型的规范

生产类型	零件的生产纲领/(件/年)		
	重型机械	中型机械	轻型机械
单件生产	≤5	≤20	≤100
小批生产	>5～100	>20～200	>100～500
中批生产	>100～300	>200～500	>500～5 000
大批生产	>300～1 000	>500～5 000	>5 000～50 000
大量生产	>1 000	>5 000	>50 000

从表中可以看出，生产类型的划分一方面要考虑生产纲领即年生产量；另一方面还必须考虑产品本身的大小和结构的复杂性。例如，一台重型龙门铣床比一台台钻要复杂得多，制造工作量也大得多。生产 20 台台钻只能属于单件生产，而生产 20 台重型龙门铣床则属于小批生产了。

从工艺特点上看，单件生产其产品数量少，种类、规格较多，大多数工作地的加工对象是经常改变的，很少重复；成批生产其产品数量较多，产品的结构和规格可以预先确定，而且在某一段时间内是比较固定的，生产可以分批进行，大部分工作地的加工对象是周期轮换的；大量生产其产品数量很大，产品的结构和规格比较固定，产品生产可以连续进行，大部分工作地的加工对象是单一不变的。

3. 机械加工工艺规程的作用

一般来说，大批、大量生产类型要求有细致和严密的组织工作，因此要求有比较详细的机械加工工艺规程。单件小批生产由于分工比较粗，因此其机械加工工艺规程可以简单一些。但是，不论生产类型如何，都必须有章可循，即都必须有机械加工工艺规程。这是因为：

(1) 它是指导生产的主要技术文件，生产的计划、调度，工人的操作、质量检查等都是以机械加工工艺规程为依据，一切生产人员都不得随意违反机械加工工艺规程。

(2) 它是生产准备工作和生产管理工作的主要依据。例如，技术关键的分析与研究，刀、夹、量具的设计、制造或采购，原材料、毛坯件的制造或采购，设备改装或新设备的购置或订做等，这些工作都必须根据机械加工工艺规程来展开。

(3) 它是新建或扩建工厂的原始资料。根据机械加工工艺规程确定机床的种类和数量，确定机床的布置和动力配置，确定生产面积和工人的数量等。

(4) 它有利于积累、交流和推广行之有效的生产经验。

所有的机械加工工艺规程几乎都要经过不断的修改与补充才能得以完善，只有这样才能不断吸取先进经验，保持其合理性。

4. 机械加工工艺规程的格式

通常，机械加工工艺规程被填写成表格(卡片)的形式。在我国，各机械制造厂使用的机械加工工艺规程表格的形式不尽一致，但是其基本内容是相同的。在单件小批生产中，一般只编写简单的机械加工工艺过程卡片(如表 7-6 所示)；在中批生产中，多采用机械加工工艺卡片(如表 7-7 所示)；在大批大量生产中，则要求有详细和完整的工艺文件，要求各工序都要有机械加工工序卡(如表 7-8 所示)；对半自动及自动机床，则要求有机床调整卡；对检验工序，则要求有检验工序卡等。

表 7-6　机械加工工艺过程卡片

<table>
<tr><td rowspan="4">(工厂名)</td><td rowspan="4">机械加工工艺过程卡片</td><td colspan="2">产品名称及型号</td><td></td><td colspan="2">零件名称</td><td></td><td>零件图号</td><td colspan="2"></td></tr>
<tr><td rowspan="3">材料</td><td>名称</td><td></td><td rowspan="2">毛坯</td><td>种类</td><td></td><td rowspan="2">零件重量
kg</td><td>毛重</td><td></td><td>第　页</td></tr>
<tr><td>牌号</td><td></td><td>尺寸</td><td></td><td>净重</td><td></td><td>共　页</td></tr>
<tr><td>性能</td><td colspan="2"></td><td colspan="2">每台件数</td><td></td><td colspan="2">每批件数</td><td></td></tr>
</table>

<table>
<tr><td rowspan="2">工序号</td><td rowspan="2">工序内容</td><td rowspan="2">加工
车间</td><td rowspan="2">设备名称
及编号</td><td colspan="3">工艺装备名称及编号</td><td rowspan="2">技术
等级</td><td colspan="2">时间定额/min</td></tr>
<tr><td></td><td></td><td></td><td>单　件</td><td>准备终结</td></tr>
<tr><td></td><td></td><td></td><td></td><td></td><td></td><td></td><td></td><td></td><td></td></tr>
<tr><td rowspan="2">更改内容</td><td colspan="9"></td></tr>
<tr><td colspan="9"></td></tr>
</table>

<table>
<tr><td>编制</td><td></td><td>校对</td><td></td><td>审核</td><td></td><td>会签</td><td></td></tr>
</table>

表 7-7　机械加工工艺卡片

<table>
<tr><td rowspan="4">(工厂名)</td><td rowspan="4">机械加工工艺卡片</td><td colspan="2">产品名称及型号</td><td></td><td colspan="2">零件名称</td><td></td><td>零件图号</td><td colspan="2"></td></tr>
<tr><td rowspan="3">材料</td><td>名称</td><td></td><td rowspan="2">毛坯</td><td>种类</td><td></td><td rowspan="2">零件重量
kg</td><td>毛重</td><td></td><td>第　页</td></tr>
<tr><td>牌号</td><td></td><td>尺寸</td><td></td><td>净重</td><td></td><td>共　页</td></tr>
<tr><td>性能</td><td colspan="2"></td><td colspan="2">每台件数</td><td></td><td colspan="2">每批件数</td><td></td></tr>
</table>

<table>
<tr><td rowspan="2">工
序</td><td rowspan="2">安
装</td><td rowspan="2">工
步</td><td rowspan="2">工序
内容</td><td rowspan="2">同时加
工零件
数</td><td colspan="4">切 削 用 量</td><td rowspan="2">设备
名称
及
编号</td><td colspan="3">工艺装备名称及编号</td><td rowspan="2">技术
等级</td><td colspan="2">时间定额/min</td></tr>
<tr><td>切削
深度
mm</td><td>切削
速度
m/
min</td><td>转速
r/min 或
双行程
数/min</td><td>进给量
mm/r 或
mm/min</td><td>夹具</td><td>刀具</td><td>量具</td><td>单件</td><td>准备终结</td></tr>
<tr><td></td><td></td><td></td><td></td><td></td><td></td><td></td><td></td><td></td><td></td><td></td><td></td><td></td><td></td><td></td><td></td></tr>
<tr><td rowspan="2">更改内容</td><td colspan="15"></td></tr>
<tr><td colspan="15"></td></tr>
</table>

<table>
<tr><td>编制</td><td></td><td>校对</td><td></td><td>审核</td><td></td><td>会签</td><td></td></tr>
</table>

表 7-8 机械加工工序卡片

<table>
<tr><td rowspan="2">(工厂名)</td><td rowspan="2" colspan="2">机械加工工序卡片</td><td>产品型号</td><td></td><td colspan="2">领(部)件图号</td><td colspan="1"></td><td colspan="2">第 页</td></tr>
<tr><td>产品名称</td><td></td><td colspan="2">领(部)件图号</td><td></td><td colspan="2">共 页</td></tr>
<tr><td rowspan="11" colspan="3">(工 序 简 图)</td><td>车 间</td><td colspan="2">工序号</td><td colspan="2">工序名称</td><td colspan="2">材料牌号</td></tr>
<tr><td></td><td colspan="2"></td><td colspan="2"></td><td colspan="2"></td></tr>
<tr><td>毛坯种类</td><td colspan="2">毛坯外形尺寸</td><td colspan="2">每料件数</td><td colspan="2">每台件数</td></tr>
<tr><td></td><td colspan="2"></td><td colspan="2"></td><td colspan="2"></td></tr>
<tr><td>设备名称</td><td colspan="2">设备型号</td><td colspan="2">设备编号</td><td colspan="2">同时加工件数</td></tr>
<tr><td></td><td colspan="2"></td><td colspan="2"></td><td colspan="2"></td></tr>
<tr><td>夹具编号</td><td colspan="2">夹具名称</td><td colspan="4">切 削 液</td></tr>
<tr><td></td><td colspan="2"></td><td colspan="4"></td></tr>
<tr><td rowspan="2">工位器具编号</td><td rowspan="2" colspan="2">工位器具名称</td><td colspan="4">工 序 工 时</td></tr>
<tr><td colspan="2">单 件</td><td colspan="2">准 终</td></tr>
<tr><td></td><td colspan="2"></td><td colspan="2"></td><td colspan="2"></td></tr>
<tr><td rowspan="2">工步号</td><td rowspan="2">工 步 内 容</td><td rowspan="2">工艺装备</td><td rowspan="2">主轴转速
r/min</td><td rowspan="2">切削速度
m/min</td><td rowspan="2">进给量
mm/r</td><td rowspan="2">切削深度
mm</td><td rowspan="2">进给
次数</td><td colspan="2">工步工时</td></tr>
<tr><td>机动</td><td>辅助</td></tr>
<tr><td></td><td></td><td></td><td></td><td></td><td></td><td></td><td></td><td></td><td></td></tr>
<tr><td>编制</td><td></td><td>校对</td><td></td><td>审核</td><td></td><td>会签</td><td colspan="3"></td></tr>
</table>

一般情况下单件小批生产的工艺文件简单一些，而且是用机械加工工艺过程卡片来指导生产的。但是，对于产品的关键零件或复杂零件，即使是单件小批生产也应制订较详细的机械加工工艺规程(包括填写工序卡和检验卡等)，以确保产品质量。

7.4 定位基准的选择

基准是机械制造中应用得十分广泛的一个概念，是用来确定生产对象上几何要素之间的几何关系所依据的那些点、线或面。设计时零件尺寸的标注、制造时工件的定位、检查时尺寸的测量，以及装配时零、部件的装配位置等都要用到基准的概念。

从设计和工艺两个方面看，可把基准分为两大类，即设计基准和工艺基准。

7.4.1 设计基准

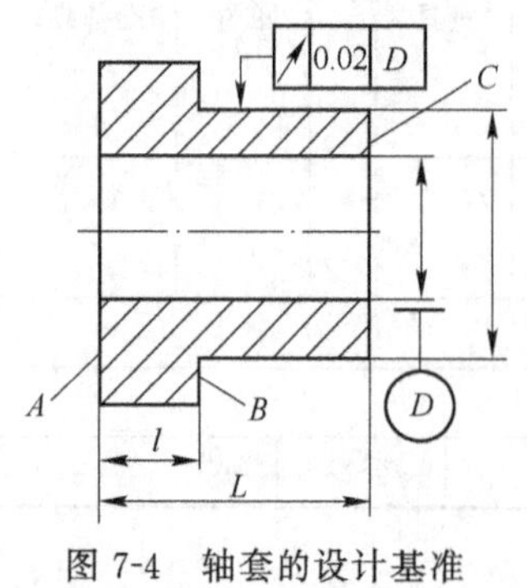

图 7-4 轴套的设计基准

设计基准是设计图样上所采用的基准。设计人员常常根据零件的工作条件和性能要求，结合加工的工艺性，选定设计基准，确定零件各几何要素之间的几何关系和其他结构尺寸及技术要求，设计出零件图。例如，图7-4所示的轴套零件，端面 B 和 C 的位置是根据端面 A 确定的，所以端面 A 就是端面 B 和 C 的设计基准；内孔的轴线是外圆径向跳动的设计基准。有时，零件的一个几何要素的位置需由几个设计基准来确定。又如，图7-5所示主轴箱箱体图样，孔Ⅰ和孔Ⅱ的轴线的设计基准是底面 A

和导向面 B,孔Ⅲ的轴线的设计基准是孔Ⅰ和孔Ⅱ的轴线。

7.4.2 工艺基准

工艺基准是工艺过程中所采用的基准。根据用途不同工艺基准可以分为以下几种:

(1) 工序基准。在工序图上用来确定本工序所加工表面加工后的尺寸、形状、位置的基准。如图 7-6 所示钻 $\phi12$ mm 孔工序图,要求 $\phi12$ mm 孔轴线距离 $\phi24$ mm 孔轴线的位置尺寸为 $L\pm\Delta L$,距离 B 面为 1,则 $\phi24$ mm 孔轴线和 B 面就是钻 $\phi12$ mm 孔的工序基准。

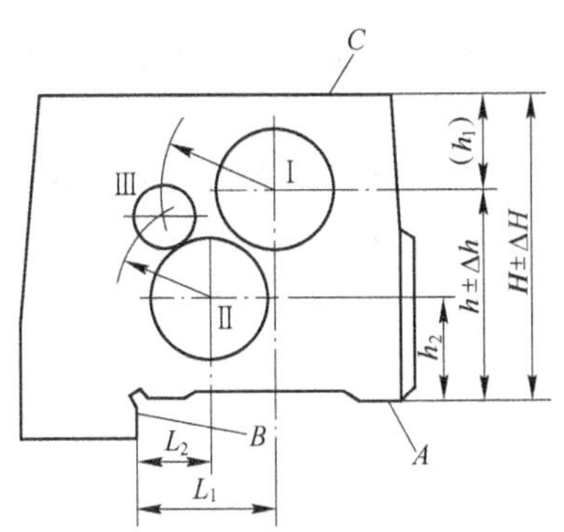

图 7-5 主轴箱箱体的设计基准

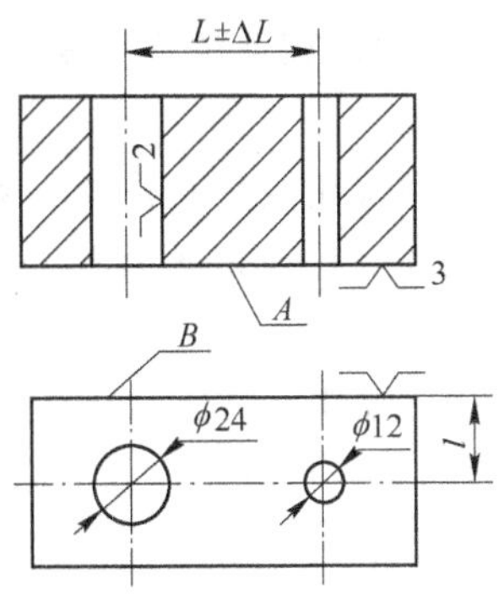

图 7-6 工序基准与定位基准

(2) 定位基准。在加工中用作定位的基准。如图 7-6 中,在钻 $\phi12$ mm 孔时,底面 A、$\phi24$ mm 孔轴线和 B 面就是定位基准。有时定位基准是中心要素,如球心、轴线,中心平面等。它们不像轮廓要素那样直观,但是客观存在的。工件定位时常用定位基面来体现。例如,轴类零件的定位基准常常是公共轴线。定位时通过定位基面中心孔与顶尖的接触来体现。

(3) 测量基准。测量时所采用的基准,如图 7-7 所示。

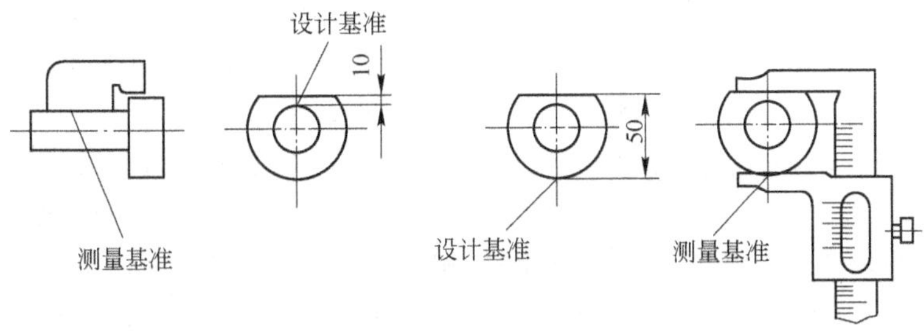

图 7-7 测量基准

(4) 装配基准。装配时用来确定零件或部件在产品中的相对位置所采用的基准。例如,图 7-5 中主轴箱箱体是以底面 A 和导向面 B 来确定在机床床身上的垂直位置和纵向位置,因此 A、B 面是装配基准。

7.4.3 精基准的选择

1. "基准重合"原则

应尽量选用被加工表面的设计基准作为精基准,即"基准重合"的原则。这样可以避免因基准不重合而引起的误差 Δ_{bc}。

例如,图 7-5 所示的主轴箱,箱体上主轴孔Ⅰ的中心高为 $h \pm \Delta h$,这一设计尺寸的设计基准是底面 A。在选择精基准时,若镗主轴孔工序以底面 A 为定位基准,则定位基准与设计基准重合,可以直接保证尺寸 $h \pm \Delta h$。若以顶面 C 为定位基准,则定位基准与设计基准不重合,这时直接保证的尺寸为 $H \pm \Delta H$,而设计尺寸 $h \pm \Delta h$ 是间接保证的,即只有当 H 和 h_1 两个尺寸加工好以后才能得到 h。所以尺寸 h 的精度决定于尺寸 H 和 h_1 的精度。尺寸 h 的误差中含有定位基准与设计基准不重合而产生的误差 Δ_{bc},它将影响设计尺寸 h 达到所要求的精度。

2. "基准统一"原则

应选择多个表面加工时都能使用的定位基准作为精基准,即"基准统一"的原则。这样便于保证各加工表面间的相互位置精度,避免基准变换所产生的误差,并简化夹具的设计制造工作。

例如,轴类零件采用顶尖孔作统一基准加工各外圆表面;又如,机床床头箱多采用底面和导向面加工各轴孔,而一般箱体形零件常采用一大平面和两个距离较远的孔为精基准来完成各种工序的加工。

3. "互为基准"原则

当两个表面的相互位置精度及其自身的尺寸与形状精度都要求很高时,可采用这两个表面互为基准,反复多次进行精加工。例如,精密齿轮高频淬火后,为消除淬火变形,提高齿面与轴孔的精度,并保证齿面淬硬层的深度和厚度均匀,则在磨削加工时就以齿面定位磨削轴孔,再以轴孔定位磨削齿面。这样可以保证轴孔与齿面有较高的相互位置精度。

4. "自为基准"原则

在某些要求加工余量尽量小而均匀的精加工工序中,应尽量选择加工表面本身作为定位基准。例如,磨削床身导轨面时,为了保证导轨面上耐磨层的一定厚度及均匀性,则可用导轨面自身找正定位进行磨削,如图 7-8 所示。另外,如用浮动镗刀镗孔、圆拉刀拉孔、珩磨及无心磨床磨削外圆等,都是以加工表面本身作为定位基准的实例。要注意的是,加工表面与其他表面之间的位置精度应由先行工序保证。

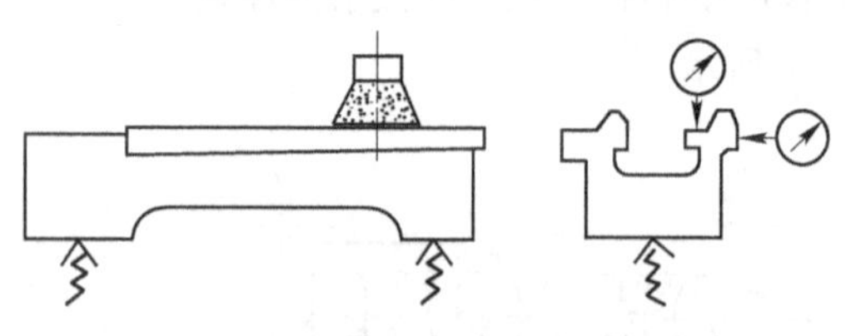

图 7-8 床身导轨面自为基准

此外,精基准的选择还应便于工件的装夹与加工,减少工件变形及简化夹具结构。需要指出的是,上述四条选择精基准的原则,有时是相互矛盾的。例如,保证了基准统一就不一定符合基准重合等等。在使用这些原则时,要具体情况具体分析,以保证主要技术要求为出发点,合理选用这些原则。

7.4.4 粗基准的选择

一般粗基准应按下述具体情况进行选择。

(1) 若工件必须首先保证某重要表面的加工余量均匀,则应选该表面为粗基准。

例如,车床床头箱主轴孔的精度要求很高,要求在加工主轴孔时余量均匀,使加工时的切削力和工艺系统的弹性变形均匀。这样就会有利于保证高的尺寸精度和形状精度。因此选用主轴孔为粗基准加工底面(或顶面),再以底面(或顶面)为基准加工主轴孔。

(2) 在没有要求保证重要表面加工余量均匀的情况下,若零件上每个表面都要加工,则应以加工余量最小的表面作为粗基准。这样可使这个表面在加工中不致因加工余量不足,造成加工后仍留有部分毛面，致使工件报废。例如，铸造和锻造的轴套，通常孔的加工余量较大，这时就以外圆表面为粗基准来加工内孔。

(3) 在没有要求保证重要表面加工余量均匀的情况下，若零件有的表面不需要加工时，则应以不加工表面中与加工表面的位置精度要求较高的表面为粗基准。若既需保证某重要表面加工余量均匀，又要求保证不加工表面与加工表面的位置精度，则仍按本原则处理。

(4) 选作粗基准的表面，应尽可能平整和光洁，不能有飞边、浇口、冒口及其他缺陷，以便定位准确，装夹可靠。

(5) 粗基准在同一尺寸方向上通常只允许使用一次，否则定位误差太大。但是，当毛坯是精密铸件或精密锻件，毛坯质量高，而工件加工精度要求又不高时，可以重复使用某一粗基准。

7.5　工艺路线的制订

7.5.1　加工经济精度与加工方法的选择

了解各种加工方法所能达到的经济精度及表面粗糙度是拟定零件加工工艺路线的基础。

1. 加工经济精度

各种加工方法（车、铣、刨、磨、钻、镗、铰等）所能达到的加工精度和表面粗糙度，都是在一定范围内的。任何一种加工方法，只要精心操作、细心调整、选择合适的切削用量，其加工精度就可以得到提高，其加工表面粗糙度值就可以减小。但是，加工精度提得愈高，表面粗糙度值减得愈小，所耗费的时间与成本也会愈大。

生产上加工精度的高低是用其可以控制的加工误差的大小来表示的。加工误差和加工成本之间成反比例关系，因此，每种加工方法都有一个加工经济精度问题。

所谓加工经济精度是指在正常加工条件下（采用符合质量标准的设备、工艺装备和标准技术等级的工人，不延长加工时间）所能保证的加工精度和表面粗糙度。各种加工方法的加工经济精度和表面粗糙度可参阅《金属机械加工工艺人员手册》。

2. 加工方法的选择

选择加工方法要综合考虑下面几个方面的因素：各加工表面所要达到的精度、表面粗糙度、硬度；工件的结构形状和加工面的尺寸；生产类型；车间现有设备情况；各种表面加工方法所能达到的精度和表面粗糙度等。

加工方法的选择可归纳为以下几个原则：

(1) 所选加工方法的经济精度及表面粗糙度应与加工表面的要求相适应。

(2) 所选加工方法应能保证加工表面的几何形状精度与表面相互位置精度要求。

(3) 所选加工方法应与零件材料的可加工性相适应。

(4) 所选加工方法应与生产类型相适应。

(5) 所选加工方法应与本厂现有生产条件相适应。

选择加工方法不能脱离本厂现有设备状况和工人的技术水平，既要充分利用现有设备，也要注意不断地对原有设备和工艺进行技术改造，挖掘企业潜力。

7.5.2　加工顺序的安排

零件上的全部加工表面应用一个合理的加工顺序进行加工，这对保证零件质量、提高生产率、降低加工成本都至关重要。

1. 工序顺序的安排原则

(1) 先加工基准面,再加工其他表面

这条原则有两个含义:①工艺路线开始安排的加工面应该是选作定位基准的精基准面,然后再以精基准定位,加工其他表面。②为保证一定的定位精度,当加工面的精度要求很高时,精加工前一般应先精修一下精基准。例如,精度要求较高的轴类零件(如机床主轴、丝杠、汽车发动机曲轴等),其第一道工序就是铣端面,打中心孔,然后以顶尖孔定位加工其他表面;再如,箱体类零件(如车床主轴箱、汽车发动机中的汽缸体、汽缸盖、变速箱壳体等)也都是先安排定位基准面的加工(多为一个大平面,两个销孔),再加工孔系和其他平面。

(2) 一般情况下,先加工平面,后加工孔

这条原则的含义是:①当零件上有较大的平面可以作定位基准时,可以先加工出来作定位面,以面定位,加工孔。这样可以保证定位稳定、准确,安装工件往往也比较方便。②在毛坯面上钻孔,容易使钻头引偏,因而若该平面需要加工,则应在钻孔之前先加工平面。

(3) 先加工主要表面,后加工次要表面

这里所说的主要表面是指设计基准面,主要工作面;次要表面是指键槽、螺孔等其他表面。次要表面和主要表面之间往往有相互位置要求。因此,一般要在主要表面达到一定的精度之后,再以主要表面定位加工次要表面。要注意的是,“后加工”的含义并不一定是整个工艺过程的最后。

(4) 先安排粗加工工序,后安排精加工工序

对于精度和表面质量要求较高的零件,其粗精加工阶段应该分开。

2. 热处理工序及表面处理工序的安排

(1) 对于改善金相组织和切削性能而进行的热处理工序(如退火、正火、调质等),应安排在切削加工之前。

(2) 对于消除内应力而进行的热处理工序(如人工时效、退火、正火等),一般安排在粗加工之后,精加工之前。有时为减少运输工作量,对精度要求不太高的零件,把去除内应力的人工时效或退火安排在切削加工之前(即在毛坯车间)进行。但对于精度要求特别高的零件,在粗加工和半精加工过程中要经过多次去除内应力退火,在粗、精磨过程中还要进行多次人工时效。

(3) 对于提高零件表面硬度的热处理工序(如淬火、渗碳淬火等),一般安排在半精加工之后,精加工之前;对渗氮,因其氮化层较薄,经渗氮后的磨削余量小,故一般安排在粗磨之后,精磨之前进行。对于整体淬火的零件,淬火前应将所有切削加工的表面加工完。因为淬硬后,再切削就有困难了。对于那些变形小的热处理工序(例如高频感应加热淬火、渗氮),有时允许安排在精加工之后进行。

(4) 对于提高零件表面耐磨性或耐腐蚀性而安排的热处理工序,以及以装饰为目的而安排的热处理工序和表面处理工序(如镀铬、阳极氧化、镀锌、发蓝处理等),一般都放在工艺过程的最后。

3. 其他工序的安排

检查和检验工序、去毛刺、平衡、清洗工序等也是工艺规程的重要组成部分。

(1) 检查和检验工序一般安排在:①零件加工完毕之后;②从一个车间转到另一个车间的前后;③工时较长或重要的关键工序的前后。

除了一般性的尺寸检查(包括形、位误差的检查)以外,X 射线检查、超声波探伤检查等多用于工件(毛坯)内部的质量检查,一般安排在工艺过程的开始。磁力探伤、荧光检验主要用于工件表面质量的检验,通常安排在精加工的前后进行。密封性检验、零件的平衡、零件的重量检验一般安排在工艺过程的最后阶段进行。

(2) 切削加工之后,应安排去毛刺处理。

(3) 工件在进入装配之前,一般都应安排清洗。

(4) 采用磁力夹紧工件的工序(如在平面磨床上用电磁吸盘夹紧工件),工件被磁化,应安排去磁处理,并在去磁后进行清洗。

7.5.3　工序集中程度的确定

在安排工序时还应考虑工序中所包含加工内容的多少。在每道工序中所安排的加工内容多,则一个零件的加工只集中在少数几道工序里完成,这时工艺路线短,称为工序集中。反之,在每道工序里安排的内容少,一个零件的加工分散在很多工序里完成,这时工艺路线长,称为工序分散。

1. 工序集中的特点

(1) 在工件的一次装夹中,可以加工好工件上多个表面。这样,可以较好地保证这些表面之间的相互位置精度;同时可以减少装夹次数和辅助时间,并减少工件在机床之间的搬运次数和工作量,有利于缩短生产周期。例如,加工中心机床就可以实现在一次装夹中完成工件的多种加工。

(2) 可以减少机床和夹具的数量,并相应地减少操作工人,节省车间面积,简化生产计划和生产组织管理工作。

2. 工序分散的特点

(1) 机床设备及工装夹具比较简单,调整比较容易,能较快地更换、生产不同的产品。

(2) 生产工人易于掌握生产技术,对工人的技术水平要求较低。

一般情况下,单件、小批生产多遵循工序集中的原则,大批、大量生产则为工序集中与工序分散两者兼有。但从今后的发展看,随着数控机床应用的普及,工序集中程度将日益增加。

7.5.4　加工阶段的划分

当零件的精度要求比较高时,若将加工面从毛坯面开始到最终的精加工或精密加工都集中在一个工序中连续完成,则难以保证零件的精度要求或浪费人力、物力资源。这是因为:

(1) 粗加工时,切削层厚,切削热量大,无法消除因热变形带来的加工误差,也无法消除因粗加工留在工件表层的残余应力产生的加工误差。

(2) 后续加工容易把已加工好的加工面划伤。

(3) 不利于及时发现毛坯的缺陷。若在加工最后一个表面时才发现毛坯有缺陷,则前面的加工就浪费了。

(4) 不利于合理地使用设备。把精密机床用于粗加工,使精密机床会过早地丧失精度。

(5) 不利于合理地使用技术工人。高技术工人完成粗加工任务是人力资源的一种浪费。

因此,通常可将高精零件的工艺过程划分为几个加工阶段。根据精度要求的不同,可以划分为下面几个阶段:

(1) 粗加工阶段

在粗加工阶段,主要是去除各加工表面的余量,并做出精基准,因此这一阶段关键问题是提高生产率。

(2) 半精加工阶段

在半精加工阶段减小粗加工中留下的误差,使加工面达到一定的精度,为精加工做好准备。

(3) 精加工阶段

在精加工阶段,应确保尺寸、形状和位置精度达到或基本达到(精密件)图纸规定的精度要求以及表面粗糙度要求。

(4) 精密、超精密加工和光整加工阶段

对那些精度要求很高的零件,在工艺过程的最后安排珩磨或研磨、精密磨、超精加工、金刚石车、金刚镗或其他特种加工方法加工,以达到零件最终的精度要求。

高精度零件的中间热处理工序,自然地把工艺过程划分为几个加工阶段。

7.6 加工余量、工序尺寸及公差的确定

1. 加工总余量(毛坯余量)与工序余量

毛坯尺寸与零件设计尺寸之差称为加工总余量。加工总余量的大小取决于加工过程中各个工步切除金属层厚度的总和。每一工序所切除的金属层厚度称为工序余量。加工总余量和工序余量的关系可用下式表示:

$$Z_{\Sigma} = Z_1 + Z_2 + \cdots + Z_n = \sum_{i=1}^{n} Z_i \tag{7-2}$$

式中:Z_{Σ}——加工总余量;

Z_i——工序余量;

n——工序或工步数目。

其中,Z_1 为第一道粗加工工序的加工余量,它与毛坯的制造精度有关(实际上是与生产类型和毛坯的制造方法有关)。若毛坯制造精度高(例如大批、大量生产的模锻毛坯),则第一道粗加工工序的加工余量就小;若毛坯制造精度低(例如单件、小批生产的自由锻毛坯),则第一道粗加工工序的加工余量就大(具体数值可参阅有关的毛坯余量手册)。

工序加工余量有下面两种情况:

(1) 在平面上,加工余量为非对称的单边余量。

对于外表面,$Z=a-b$,如图 7-9(a)所示。

对于内表面,$Z=b-a$,如图 7-9(b)所示。

(2) 在回转表面(外圆及孔)上,加工余量为对称余量。

对于轴,$2Z=d_a-d_b$,如图 7-9(c)所示。

对于孔,$2Z=d_b-d_a$,如图 7-9(d)所示。

上面的公式中,$2Z$——直径上的加工余量;d_a——上工序或工步加工表面的直径;d_b——本工序或工步加工表面的直径。

在加工过程中,实际切去的余量大小是变化的。因此,加工余量又分为公称加工余量 Z、最大加工余量 Z_{max} 和最小加工余量 Z_{min},如图 7-10 所示。

最小加工余量,就是保证该工序加工表面的精度和表面质量所需切除的金属层的最小深

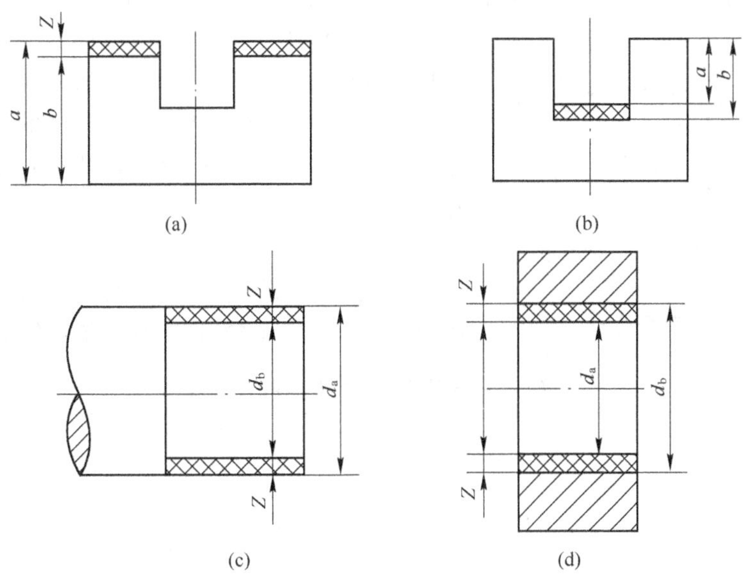

图 7-9　单边余量与双边余量

度。由图 7-10 可知

$$Z_{min}=a_{min}-b_{max}$$

$$Z_{max}=a_{max}-b_{min}$$

加工余量变化的公差则为

$$T_Z= Z_{max}-Z_{min}=a_{max}-a_{min}+b_{max}-b_{min}=T_a+T_b$$

式中：T_Z——加工余量的公差；

T_a、T_b——分别为上工序、本工序加工尺寸的公差。

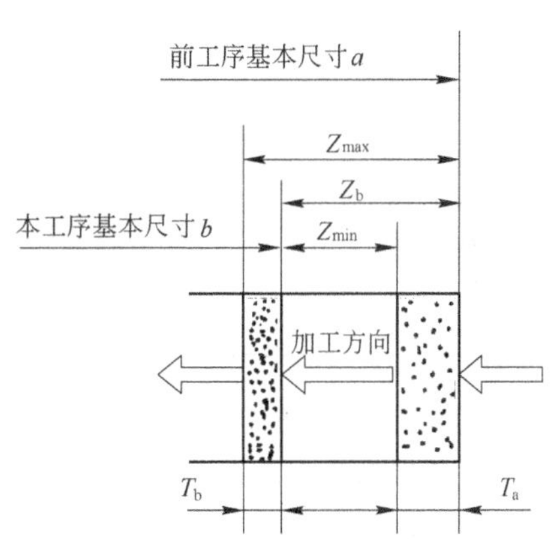

图 7-10　加工余量及公差

对于某工序加工尺寸(工序尺寸)的公差，一般按“入体原则”标注，即对被包容面(轴)，最大加工尺寸就是基本尺寸，取上偏差为零；而对包容面(孔)，最小加工尺寸就是基本尺寸，取下偏差为零。

在图 7-10 中，本工序的最大加工尺寸为基本尺寸 b，因此公称余量 Z 为

$$Z=a_{max}-b_{max}= Z_{min}+T_a$$

即本工序的公称余量为本工序的最小余量与上工序的加工尺寸公差之和。

但应注意，在毛坯的基本尺寸上一般都注为双向偏差。因此，在计算总加工余量时，第一道工序的公称余量不考虑毛坯尺寸的全部公差，而只用“入体”方向的允许偏差，即外表面用“负”部分，内表面用“正”部分。

由上所述可知，一般所说的工序余量都是公称余量。由工艺手册直接查出的加工余量和计算切削用量时所用的加工余量也是公称余量。但在计算第一道工序的切削用量时，却采用最大余量，因为这道工序的余量公差很大，对切削过程的影响也很大。

2. 影响加工余量的因素

影响加工余量的因素如图 7-11 所示，包括以下几项：

(1) 加工表面上的表面粗糙度 R_y 和表面缺陷层的深度 H_a。表面上原有的 R_y+H_a 应在

本工序加工时切除，它的大小与所用的加工方法有关，其实验数据如表 7-9 所示。

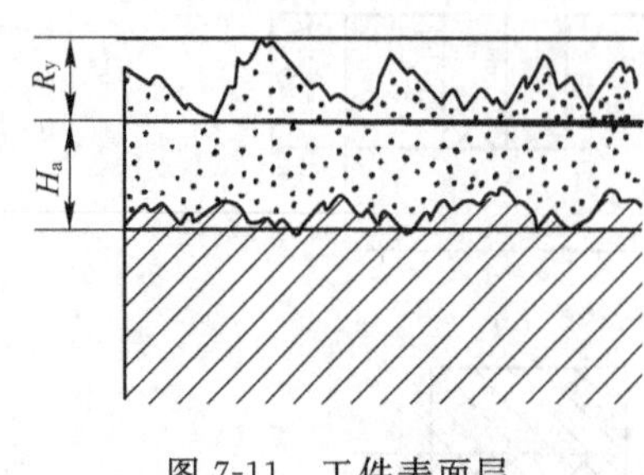

图 7-11 工件表面层

(2) 加工前或上工序的尺寸公差 T_a。在加工面上存在着各种几何形状误差，如圆度、圆柱度等。这些误差的大小一般均包含在上工序的公差 T_a 的范围内，所以应将 T_a 计入加工余量，其数值可从工艺手册中按经济精度查得。

(3) 加工前和上工序各表面间相互位置的空间偏差 ρ_a。这项误差包括轴心线的弯曲、偏移、偏斜以及平行度、垂直度等。ρ_a 的数值与加工方法有关，可根据有关资料查得或用计算法作近似计算。如图 7-12 所示的轴类零件，其轴线有直线度误差 δ，则加工余量必须至少增加 2δ 才能保证该轴在加工后消除弯曲的影响。因此，细长轴因内应力而变形，其加工余量比用同样方法加工的一般短轴要大些。

表 7-9 各种加工方法的 R_y 和 H_a 的数据

加工方法	R_y	H_a	加工方法	R_y	H_a
粗车内外圆	15～100	40～60	粗　刨	15～100	40～50
精车内外圆	5～45	30～40	精　刨	5～45	25～40
粗车端面	15～225	40～60	粗　插	25～100	50～60
精车端面	5～24	30～40	精　插	5～45	35～50
钻　孔	45～225	40～60	粗　铣	15～225	40～60
粗扩孔	25～225	40～60	精　铣	5～45	25～40
精扩孔	25～100	30～40	拉　削	1.7～3.5	10～20
粗　铰	25～100	25～30	切　断	45～225	60
精　铰	8.5～25	10～20	研　磨	0～1.6	3～5
粗　镗	25～225	30～50	超级光磨	0～0.8	0.2～0.3
精　镗	5～25	25～40	抛　光	0.06～1.6	2～5
磨外圆	1.7～15	15～25			
磨内圆	1.7～15	20～30	闭式模锻	100～225	500
磨端面	1.7～15	15～25	冷　拉	25～100	80～100
磨平面	1.7～15	20～30	高精度辗压	100～225	300

(4) 本工序加工时的装夹误差 Δ_{zj}。它会影响切削刀具与被加工表面的相对位置，使加工余量不够，所以也应计入加工余量。

由于 ρ_a 和 Δ_{zj} 在空间可有不同的方向，所以在计算余量时应计算两者的矢量和。

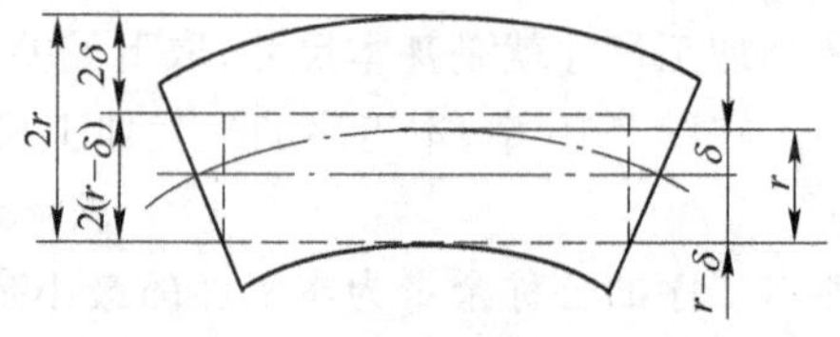

图 7-12 加工余量的影响因素

3. 加工余量的计算

(1) 对于单边余量(加工平面时)

$$Z_b = T_a + (R_y + H_a) + |\rho_a + \Delta_{zj}| \cos \alpha$$

(2) 对于对称双边余量(加工外圆和孔时)

$$2Z_b = T_a + 2Z_{b\,min} = T_a + 2[(R_y + H_a) + |\rho_a + \Delta_{zj}| \cos \alpha]$$

其中 α 是位置偏差 ρ_a 和装夹误差 Δ_{zj} 之和与 Z_b 之间的夹角。

按上述方法计算所得的加工余量是最为经济合理的，但需要有比较全面充分的资料，且计算过程较复杂。所以，在实际生产上，加工余量常是按有关工艺手册和资料结合具体情况加以修正而确定的。

7.7　尺寸链原理

7.7.1　尺寸链的定义和组成

在零件加工或机器装配过程中，由相互关联的尺寸彼此首尾相接形成的封闭尺寸组，称为尺寸链。在零件加工过程中，由同一零件有关工序尺寸所形成的尺寸链，称为工艺尺寸链；在机器设计和装配过程中，由有关零件设计尺寸所形成的尺寸链，称为装配尺寸链。

如图 7-13(a)所示，工件上尺寸 A_1 已加工好，现以底面 A 定位，用调整法加工台阶面 B，保证尺寸 A_2。显然，尺寸 A_1 和 A_2 确定之后，在加工中未予直接保证的尺寸 A_0 也随之而确定。至此，相关联的尺寸 A_1、A_2 和 A_0 就构成了一个封闭的尺寸组，即尺寸链，如图 7-13(b)所示。

组成尺寸链的每一个尺寸，称为尺寸链的环。根据尺寸链中各环形成的顺序和特点，尺寸链的环可分为封闭环和组成环。

封闭环——在零件加工过程或机器装配过程中最终形成的环(或间接得到的环)称为封闭环，如图 7-13 中的 A_0。

组成环——尺寸链中除了封闭环以外的各环称为组成环，如图 7-13 中的 A_1 和 A_2。一般来说，组成环的尺寸是由加工直接得到的。

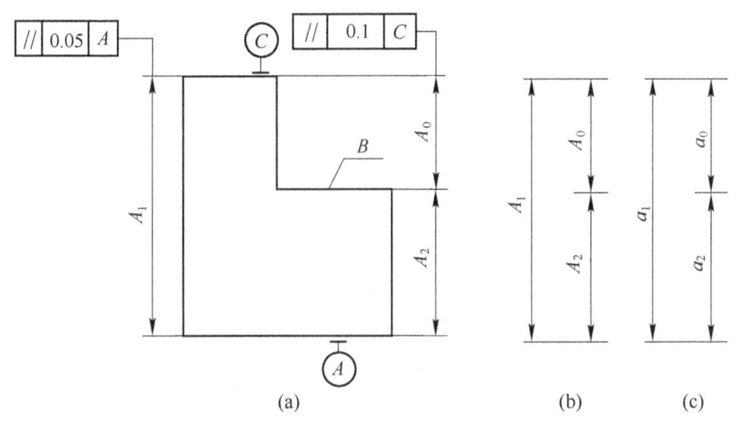

图 7-13　零件尺寸链示例

组成环按其对封闭环的影响又可以分为增环和减环。凡该环变动(增大或减小)引起封闭环同向变动(增大或减小)的环称为增环；反之，由于该环的变动(增大或减小)引起封闭环反向变动(减小或增大)的环称为减环。图 7-13 中的 A_1 为增环，A_2 为减环。

在应用尺寸链原理分析计算时，为了清楚地表示各环之间的相互关系，常常将相互联系的尺寸组合从零件或部件的具体结构中单独抽出，画成尺寸链简图(见图 7-13(b))。尺寸链简图可以不按严格比例画，但应保持各环原有的联系关系。

7.7.2 尺寸链的分类

1. 按尺寸链的形成和应用场合分类

(1) 工艺过程尺寸链。零件按加工顺序先后所获得的各工序尺寸构成的尺寸链，如图7-13(b)所示。

(2) 装配尺寸链。在机器的装配关系中，由直接影响封闭环精度的相关零、部件尺寸所构成的尺寸链。

(3) 工艺系统尺寸链。零件在工艺系统中由机床、夹具、刀具和工件等有关尺寸构成的尺寸链。

以上这三种尺寸链统称为工艺尺寸链。

2. 按尺寸链各环的几何特征和所处空间位置分类

(1) 直线尺寸链。直线尺寸链由彼此平行的直线尺寸所组成，如图7-13(b)所示。

(2) 角度尺寸链。尺寸链各环均为角度。

在一些工艺尺寸链和装配尺寸链的分析中，经常涉及到平行度、垂直度等位置关系，由于表面或轴线间的平行关系相当于0°或180°的角度，而垂直度相当于90°的角度，因而有关垂直度、平行度等位置关系的尺寸链也是角度尺寸链。

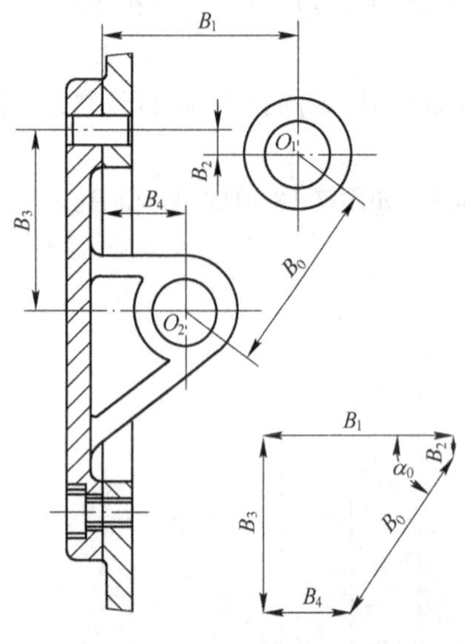

图7-14 平面装配尺寸链

(3)平面尺寸链。这种尺寸链同时具有直线尺寸和角度尺寸。

如图7-14所示的部件装配关系中，孔 O_1 和 O_2 在两个不同零件上，孔心位置分别由 B_1 和 B_2、B_3 和 B_4 所确定。通过装配，将这几个尺寸联系起来，形成了部件的孔心距尺寸 B_0，由此所构成的尺寸链如图中的右下角所示。在这个尺寸链中，参与组成的尺寸不仅有直线尺寸 $B_1 \sim B_4$，还有尺寸 B_1 和 B_2 之间以及 B_3 和 B_4 之间的夹角(其基本值为90°)，而且所得到的封闭环不仅有直线尺寸 B_0，还有角度尺寸 α_0。

若不考虑直线尺寸 B_1 与 B_2、B_3 与 B_4、B_1 与 B_3 之间夹角的误差，则可以列出该平面尺寸链的方程式为

$$B_0 = \sqrt{(B_1 - B_4)^2 + (B_3 - B_2)^2}$$

$$\alpha_0 = \arctan \frac{B_3 - B_2}{B_1 - B_4}$$

(4) 空间尺寸链。组成环位于几个不平行平面的尺寸链中。对于这种尺寸链，要将它们的尺寸投影到封闭环方向上，变成平面尺寸链或直线尺寸链再进行计算。

3. 按尺寸链间的相互联系形态分类

(1) 独立尺寸链。尺寸链的所有环都只属于一个尺寸链，其变化不会影响其他尺寸链。

(2) 并联尺寸链。这种尺寸链由两个或两个以上的尺寸链通过公共环联系起来。可以分为：

① 公共环是各尺寸链的组成环，如图7-15(a)所示。

② 公共环在一个尺寸链中是封闭环，而在另一个尺寸链中是组成环，如图7-15(b)所示。在该并联尺寸链中，C_0 是 C 尺寸链的封闭环，但在 D 尺寸链中，$D_1(=C_0)$ 则是组成环。可见，

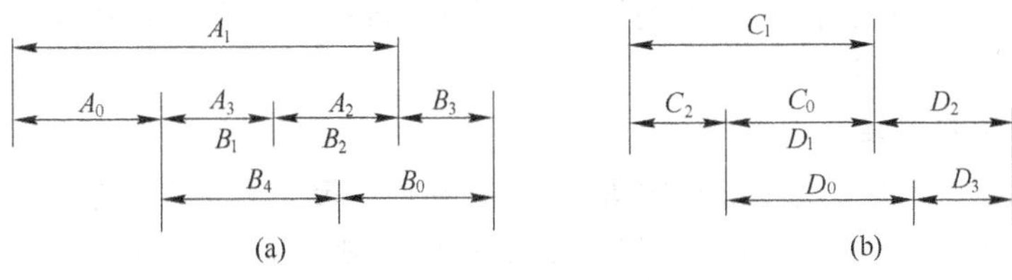

图 7-15　平面装配尺寸链

$D_1(=C_0)$作为中间变量，可将 D 尺寸链和 C 尺寸链中的全部尺寸联系起来。

7.7.3　尺寸链的计算方法

尺寸链的计算方法有极值法和概率法两种。

1. 极值法计算尺寸链

(1) 各环基本尺寸的计算

尺寸链封闭环的基本尺寸等于各增环基本尺寸和各减环基本尺寸的代数和。即

$$A_0 = \sum_{i=1}^{m} A_i - \sum_{j=m+1}^{n-1} A_j \tag{7-3}$$

式中：n——尺寸链中包括封闭环在内的总环数；

m——增环的环数；

$m+1 \sim n-1$——减环的环数。

(2) 各环极限尺寸的计算

封闭环的最大极限尺寸等于各增环的最大极限尺寸和各减环的最小极限尺寸的代数和，而封闭环的最小极限尺寸则等于各增环的最小极限尺寸和各减环的最大极限尺寸的代数和。即

$$A_{0\max} = \sum_{i=1}^{m} A_{i\max} - \sum_{j=m+1}^{n-1} A_{j\min} \tag{7-4}$$

$$A_{0\min} = \sum_{i=1}^{m} A_{i\min} - \sum_{j=m+1}^{n-1} A_{j\max} \tag{7-5}$$

(3) 各环公差的计算

由式(7-4)减去式(7-5)得

$$TA_0 = \sum_{i=1}^{m} TA_i + \sum_{j=m+1}^{n-1} TA_j = \sum_{i=1}^{n-1} TA_i \tag{7-6}$$

由式(7-6)可知，封闭环的公差 TA_0 等于所有组成环的公差 TA_i 之和。

(4) 各环极限偏差的计算

封闭环的极限偏差 ESA_0 和 EIA_0，由式(7-4)、(7-5)分别减去式(7-3)得到

$$ESA_0 = \sum_{i=1}^{m} ESA_i - \sum_{j=m+1}^{n-1} EIA_j \tag{7-7}$$

$$EIA_0 = \sum_{i=1}^{m} EIA_i - \sum_{j=m+1}^{n-1} ESA_j \tag{7-8}$$

即封闭环的上偏差 ESA_0 等于所有增环上偏差之和减去所有减环下偏差之和，而封闭环的下偏差 EIA_0 则等于所有增环下偏差之和减去所有减环上偏差之和。

极值法是按误差综合的两种最不利情况，即各增环均为最大极限尺寸而各减环均为最小极限尺寸的情况，或各增环均为最小极限尺寸而各减环均为最大极限尺寸的情况来计算封闭

环极限尺寸的方法。这种方法的特点是简便、可靠;缺点是封闭环公差较小,当组成环数目较多时,将使组成环的公差过于严格。

2. 概率法计算尺寸链

一批零件在加工过程中由于随机因素的影响,其加工尺寸总是在一定范围内变动,若各组成环均为独立的随机变量,其误差都遵循正态分布规律,则其封闭环的误差也是正态分布。由概率理论可知,各随机变量之和的均方根误差 σ_0 与各随机变量的均方根误差 σ_i 之间的关系为

$$\sigma_0 = \sqrt{\sum_{i=1}^{n-1}\sigma_i^2} \tag{7-9}$$

如果取公差 $T=6\sigma$,则封闭环的公差 T_0 和各组成环的公差 T_i 之间的关系将是

$$T_0 = \sqrt{\sum_{i=1}^{n-1}T_i^2} \tag{7-10}$$

设各环公差相等,即 $T_i = T_M$,则可得各组成环的平均公差 T_M 为

$$T_M=\frac{T_0}{\sqrt{n-1}}=\frac{\sqrt{n-1}}{n-1}T_0 \tag{7-11}$$

与极值法相比较,概率法计算可将组成环公差扩大到 $\sqrt{n-1}$ 倍。但实际上,由于各组成环的尺寸分布曲线不一定呈正态分布,所以实际扩大的倍数小于 $\sqrt{n-1}$,且公差带的中心也有所偏移。

7.7.4 工艺尺寸链的计算

在机械加工过程中,合理地确定各工序尺寸公差及技术条件,对于保证产品质量、提高生产率和降低制造成本是十分重要的。当加工过程中存在基准转换时,要确定工序尺寸及公差就需要用到尺寸链的知识。

1. 与保证设计尺寸有关的工艺尺寸计算

在进行表面最终加工时,若所选的工艺基准与设计基准不重合,就需要进行工艺尺寸换算。下面就几种常见的情况加以讨论。

(1) 工艺基准与设计基准不重合的尺寸换算

例 7-1 如图 7-13(a)所示零件,表面 A 和表面 C 已加工好,现加工表面 B,要求保证尺寸 $A_0=25_0^{+0.25}$ mm 及平行度要求 0.1 mm。显然表面 B 的设计基准是表面 C,但是表面 C 不宜作定位基准,故选表面 A 为定位基准。在采用调整法加工时,为了调整刀具位置以及便于反映加工中的问题,通常将表面 B 的工序尺寸及平行度要求从定位表面 A 注出,即以 A 面为工序基准标注工序尺寸 A_2 及平行度公差 T_{a_2}。试确定工序尺寸 A_2 及平行度公差 T_{a_2}。

解 在采用调整法加工表面 B 时,直接控制的是工序尺寸 A_2 和平行度 a_2,而设计尺寸 $A_0=25_0^{+0.25}$ mm 及平行度公差 $T_{a_0}=0.1$ mm 则是通过尺寸 A_1 和 A_2 以及平行度公差 T_{a1} 和 T_{a_2} 间接保证的。因此在由 A_1、A_2 和 A_0 组成的直线尺寸链(如图 7-13(b)所示)中,A_0 为封闭环,A_1 和 A_2 为组成环;在由平行度 a_1、a_2 和 a_0 构成的角度尺寸链(如图 7-13(c)所示)中,a_0 为封闭环,a_1 和 a_2 为组成环。

根据已知条件:$A_1=60_{-0.1}^{0}$ mm,$A_0=25_0^{+0.25}$ mm,$T_{a_1}=0.05$ mm,$T_{a_0}=0.1$ mm,分别求解图 7-13(b)和(c)的尺寸链,可求出

$$A_2=34.9_{-0.15}^{0}\ \text{mm}$$

$$T_{a_2}=0.05\ \text{mm}$$

上面的例子讨论的是工序基准(定位基准)与设计基准不重合时工序尺寸的换算问题,下面的例子将要讨论工序基准(测量基准)与设计基准不重合时的工序尺寸换算问题。

例 7-2　如图 7-16(a)所示零件,设计尺寸为 $50^{0}_{-0.17}$ mm 和 $10^{0}_{-0.36}$ mm。因为尺寸 $10^{0}_{-0.36}$ mm 不好测量,改测尺寸 x。试确定 x 的数值及公差。

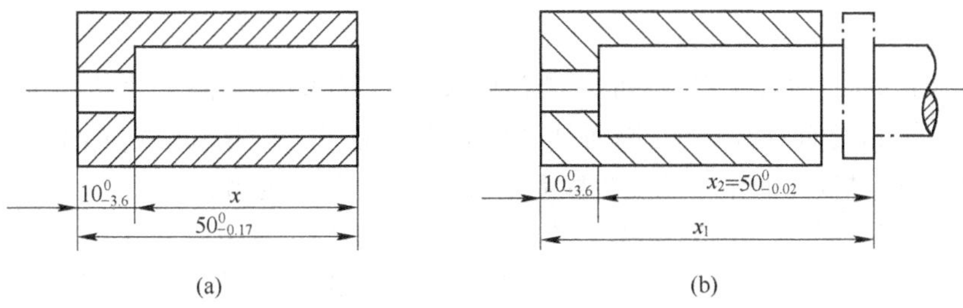

图 7-16　测量尺寸链示例

解　本例中尺寸 $10^{0}_{-0.36}$ mm、$50^{0}_{-0.17}$ mm 和 x 构成一直线尺寸链。由于尺寸 $50^{0}_{-0.17}$ mm 和 x 是直接测量得到的,因而是尺寸链的组成环。尺寸 $10^{0}_{-0.36}$ mm 是测量过程中间接得到的,因而是封闭环。该尺寸链环数较少,可采用极值算法求出:

$$x=40^{+0.19}_{0}\ \text{mm}$$

即为了保证设计尺寸 $10^{0}_{-0.36}$mm 合乎要求,应规定测量尺寸 x 落在上面计算的结果范围内。

但在实际生产中可能会出现这样的情况:x 值虽然超出了 $40^{+0.19}_{0}$ mm 的范围,但尺寸 $10^{0}_{-0.36}$ mm 不一定超差。例如,若 $x=40.36$ mm,尺寸 50 mm 刚好为最大值,此时尺寸10 mm 在公差带下限位置,并未超差。这就出现了所谓的"假废品"。亦即只要测量尺寸 x 超差量小于或等于其他组成环公差之和时,就有可能出现假废品。为此,需要对这些零件进行复检,如图 7-16(b)所示。此时可能通过测量尺寸 x_1 来间接确定尺寸 $10^{0}_{-0.36}$ mm。若专用量具尺寸 $x_2=50^{0}_{-0.02}$ mm,则由 b 尺寸链可求出(极值法)$x_1=60^{-0.02}_{-0.36}$ mm。

(2) 标注工序尺寸的基准是尚待加工的设计基准

例 7-3　如图 7-17(a)所示零件键槽深度尺寸为 $62.6^{+0.25}_{0}$ mm,与保证此尺寸有关的工序尺寸和加工顺序是:

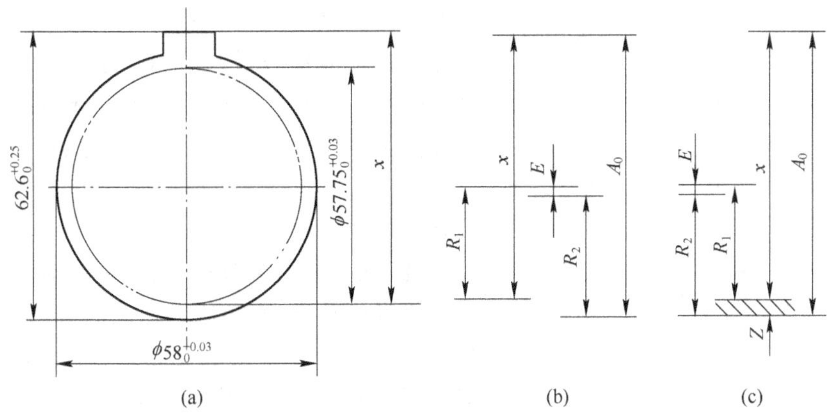

图 7-17　内孔与键槽的工艺尺寸链

(1) 拉内孔至 $D_1=\phi57.75_{0}^{+0.03}$ mm，即半径尺寸为 $R_1=28.875_{0}^{+0.015}$ mm；

(2) 拉键槽，保证尺寸 x；这时的工序尺寸只能从留有磨削余量的内孔下母线注出，就是说标注工序尺寸的基准是还需继续加工的设计基准；

(3) 热处理(为简化起见，不考虑热处理后内孔的变形误差)；

(4) 磨内孔，保证设计尺寸 $D_2=\phi58_{0}^{+0.03}$ mm(即 $R_2=29_{0}^{+0.015}$ mm)，并最后间接保证键槽深度尺寸 $62.6_{0}^{+0.25}$ mm。

试确定工序尺寸 x 及其公差。

解 由图 7-17(a)的有关尺寸，可以建立起如图 7-17(b)所示的尺寸链。在该尺寸链中，设计尺寸 62.6 mm 是间接保证的，因而是尺寸链的封闭环。又由于孔的拉削直径 D_1 与磨削直径 D_2 之间是通过彼此的中心线发生联系的，故在尺寸链中各改以半径 R_1 和 R_2 示出，且以各自的中心线作为半径尺寸的基准线。考虑到磨孔后的中心(磨孔时以齿轮的节圆定位)不可能与拉孔中心完全重合，故另以组成环 E 来表示两中心的距离，其基本尺寸为零。设同轴度误差为 0.05 mm，则有

$$E=0\pm0.025\ \text{mm}$$

用极值算法求解上述尺寸链，将已知条件($R_1=28.875_{0}^{+0.015}$ mm，$R_2=29_{0}^{+0.015}$ mm，$62.6_{0}^{+0.25}$ mm，$E=0\pm0.025$ mm)代入，得到

$$x=62.475_{+0.04}^{+0.21}=62.515_{0}^{+0.17}\ \text{mm}$$

本例中，由于工序尺寸 x 是从还需加工的设计基准标出的，所以与设计尺寸之间有一个半径磨削余量的差别。利用这个余量，可将图 7-17(b)所示的尺寸链分解成为两个简单的并联尺寸链来处理。如图 7-17(c)所示，其中 Z 为公共环。

在由 R_1、R_2 和 Z 组成的尺寸链中，半径余量 Z 的大小取决于半径尺寸 R_1、R_2 及两孔同轴度误差 E，是间接形成的，因而是尺寸链的封闭环，用极值算法解此尺寸链，得到

$$Z=0.1_{-0.015}^{+0.065}\ \text{mm}$$

对于由 Z、x 和 A_0 组成的尺寸链，由于半径余量 Z 作为中间变量已由上述计算确定，设计尺寸 A_0 取决于工序尺寸 x 以及余量 Z，因而在该尺寸链中 A_0 是封闭环，Z 变成了组成环。用极值算法解此尺寸链，得到

$$x=62.515_{0}^{+0.17}\ \text{mm}$$

与前述计算结果相同。由此结果还可以看到，工序尺寸 x 的公差比设计尺寸 A_0 的公差恰好少了一个余量公差的数值。这正是从还需继续加工的设计基准标注工序尺寸时，工序尺寸公差的特点。

(3) 一次加工后需要同时保证多个设计尺寸及公差

例 7-4 如图 7-18(a)所示阶梯轴，A 面是轴向的主要设计基准，直接从它标注的有两个设计尺寸：$40_{0}^{+0.1}$ mm 和 160 ± 0.15 mm。与 A、B、C 三个端面加工有关的工序和工序尺寸是：

(1) 在车削工序中，以精车过的 A 面为测量基准精车 B 面，保证工序尺寸 L_1；以精车过的 B 面为测

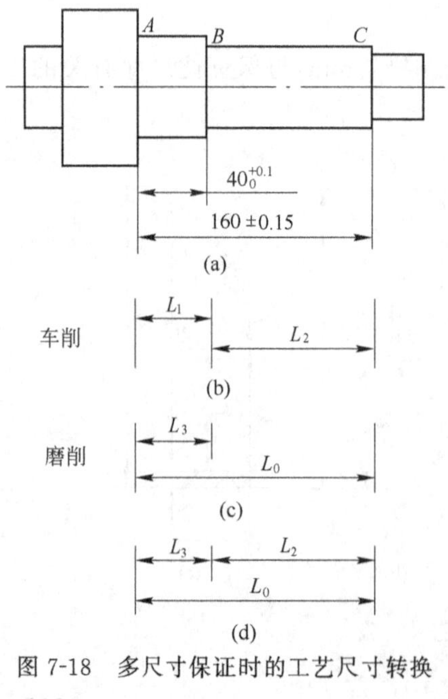

图 7-18 多尺寸保证时的工艺尺寸转换

量基准精车 C 面，保证工序尺寸 L_2（如图(b)所示）；

(2) 在热处理后的磨削工序中，对 A 面进行磨削，磨削时所直接控制的是公差较严的一个设计尺寸，即 $L_3=40_0^{+0.1}$ mm，另一个设计尺寸 160±0.15 mm 则作为封闭环 L_0 被间接保证（如图(c)所示）。

试确定工序尺寸 L_2 及其公差。

解　根据工艺过程可建立以设计尺寸 $L_0=160\pm0.15$ mm 为封闭环的尺寸链，如图(c)、(d)所示。在该尺寸链中，已知：$L_3=40_0^{+0.1}$ mm，$L_0=160\pm0.15$ mm，可求出（极值算法）

$$L_2=120.05_{-0.2}^{0}\ \text{mm}$$

为保证零件表面处理层（渗碳、渗氮、电镀等）深度而进行的工序尺寸及其公差换算也是多尺寸保证问题的一种常见类型。

例 7-5　如图 7-19(a)所示偏心轴零件，表面 A 要求渗碳处理，渗碳层深度规定为 0.5～0.8 mm。零件上与此有关的加工过程如下：

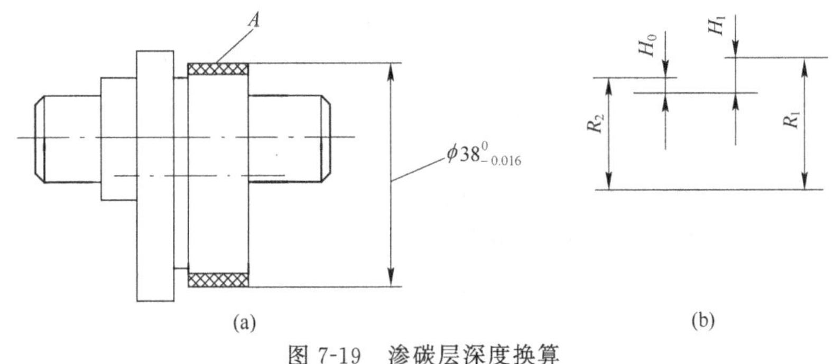

图 7-19　渗碳层深度换算

(1) 精车 A 面，保证尺寸 $\phi38.4_{-0.1}^{0}$ mm；

(2) 渗碳处理，控制渗碳层深度为 H_1；

(3) 精磨 A 面，保证尺寸 $\phi38_{-0.016}^{0}$ mm，同时保证渗碳层深度达到规定的要求。

试确定 H_1 的数值。

解　根据工艺过程，可以建立如图 7-19(b)所示的工艺尺寸链（忽略精磨 A 面与精车 A 面的同轴度误差），其中 H_0 为最终渗碳层深度，是间接保证的尺寸，因而是尺寸链的封闭环。根据已知条件：$R_1=19.2_{-0.05}^{0}$ mm，$R_2=19_{-0.008}^{0}$ mm，$H_0=0.5_0^{+0.3}$ mm，可解出

$$H_1=0.7_{+0.008}^{+0.25}\ \text{mm}$$

即在渗碳工序应保证渗碳层深度为 0.708～0.95 mm。

(4) 余量校核

工序余量的变化大小取决于本工序以及前面有关工序加工误差的大小。在已知工序尺寸及其公差的情况下，用工艺尺寸链计算余量的变化，可以衡量余量是否适应加工情况，防止余量过小或过大。

例 7-6　如图 7-20(a)所示零件，有关轴向尺寸 30±0.02 mm 的加工过程如下：

(1) 精车端面 A，自 B 处切断，保证两端面距离尺寸 $A_1=31\pm0.1$ mm；

(2) 以 A 面定位，精车 B 面，保证两端面距离尺寸 $A_2=30.4\pm0.05$ mm，精车余量为 Z_2；

(3) 以 B 面定位磨 A 面，保证两端面距离尺寸 $A_3=30.15\pm0.02$ mm，磨削余量为 Z_3；

(4) 以 A 面定位磨 B 面，保证最终轴向尺寸 $A_4=30\pm0.02$ mm，磨削余量为 Z_4。

试对余量 Z_2、Z_3、Z_4 进行校核。

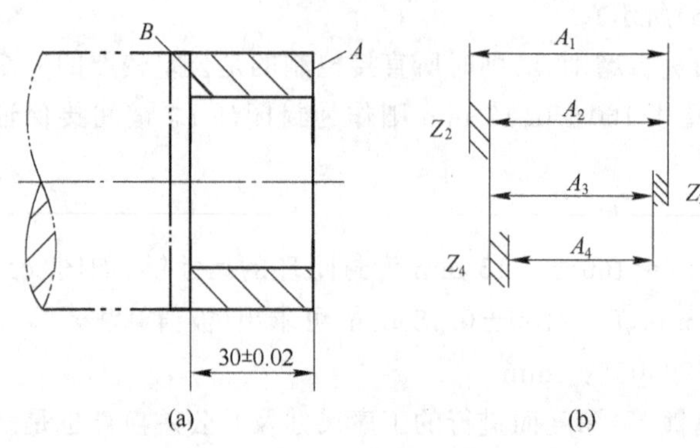

图 7-20　用工艺尺寸链校核余量

解　有关轴向尺寸的工艺尺寸链如图 7-20(b)所示，由于余量是在加工过程中间接保证的，因而是尺寸链的封闭环。

在以 Z_2 为封闭环的尺寸链中，A_1 为增环，A_2 为减环，可求出(极值算法)

$$Z_2=0.6\pm0.15\ \text{mm}$$

在以 Z_3 为封闭环的尺寸链中，A_2 为增环，A_3 为减环，可求出(极值算法)

$$Z_3=0.25\pm0.07\ \text{mm}$$

在以 Z_4 为封闭环的尺寸链中，A_3 为增环，A_4 为减环，可求出(极值算法)

$$Z_4=0.15\pm0.04\ \text{mm}$$

由上述结果可见，磨削时余量偏大，不利于提高生产率和降低成本，为此对各工序尺寸进行适当调整。令 $A_1=30.8\pm0.1$ mm、$A_2=30.25\pm0.05$ mm、$A_3=30.1\pm0.02$ mm、A_4 不变，此时得到各余量为(极值算法)：$Z_2=0.4\sim0.7$ mm、$Z_3=0.08\sim0.22$ mm、$Z_4=0.06\sim0.14$ mm，按此工序尺寸执行，在生产中可以获得满意结果。

2. 用图表法综合计算工序余量、工序尺寸及公差

对于同一位置尺寸方向上具有较多的尺寸，加工时工序基准(测量基准)又需多次转换的零件，由于工序尺寸相互联系较为复杂，其工序尺寸、公差及余量的确定就需要从整个工艺过程的角度，用尺寸链作综合计算。图表法是进行这种综合计算的有效方法。下面结合一个示例介绍这种方法。

例 7-7　图 7-21 所示零件的有关轴向尺寸加工工序如下：

工序 10：轴向以Ⅳ定位粗车Ⅰ面，然后以Ⅰ面为基准粗车Ⅲ面，保证工序尺寸 A_1 和 A_2；

工序 20：轴向以Ⅰ面定位粗车及精车Ⅱ面保证工序尺寸 A_3；粗车Ⅳ面保证工序尺寸 A_4；

工序 30：轴向以Ⅱ面定位精车Ⅰ面保证工序尺寸 A_5；精车Ⅲ面保证工序尺寸 A_6；

工序 40：用靠火花磨削法磨削Ⅱ面，控制磨削余量 Z_7。

试确定各工序尺寸，公差及余量。

解　用图表方法确定各工序尺寸、公差及余量的一般步骤如下：

(1) 根据加工过程画出尺寸联系图

图 7-21(a)的上方为工件简图(对称半个剖面)，并标出了与工艺尺寸链计算有关的轴向设计尺寸。为便于计算，图中已将有关设计尺寸改注成平均尺寸和双向对称偏差标注形式。

图 7-21(a)的下方示出了与各端面加工有关的按加工或尺寸调整顺序排列的工序和工序尺寸代号。从工件简图各端面向下引至加工区域的每条竖线，代表了在不同加工阶段中有余量区别的不同加工表面。工序尺寸箭头指向加工后的已加工表面，用余量符号(画剖面线部分)隔开的上方竖线为该次加工前的待加工面，余量符号按"入体"原则标注。工序尺寸圆点表示工序基准。对于在加工过程中被间接保证的设计尺寸(称为结果尺寸，即尺寸链的封闭环)标注在工序尺寸之下，两端均为圆点，如图中的 R_1 和 R_2。

当某些工序尺寸就是设计尺寸时(例如工序尺寸 A_6)，用方框框出，以区别于待求的未知工序尺寸。在图 7-21 中没有标出与确定毛坯有关的粗加工余量(例如 Z_1、Z_2 等)，这是因为总

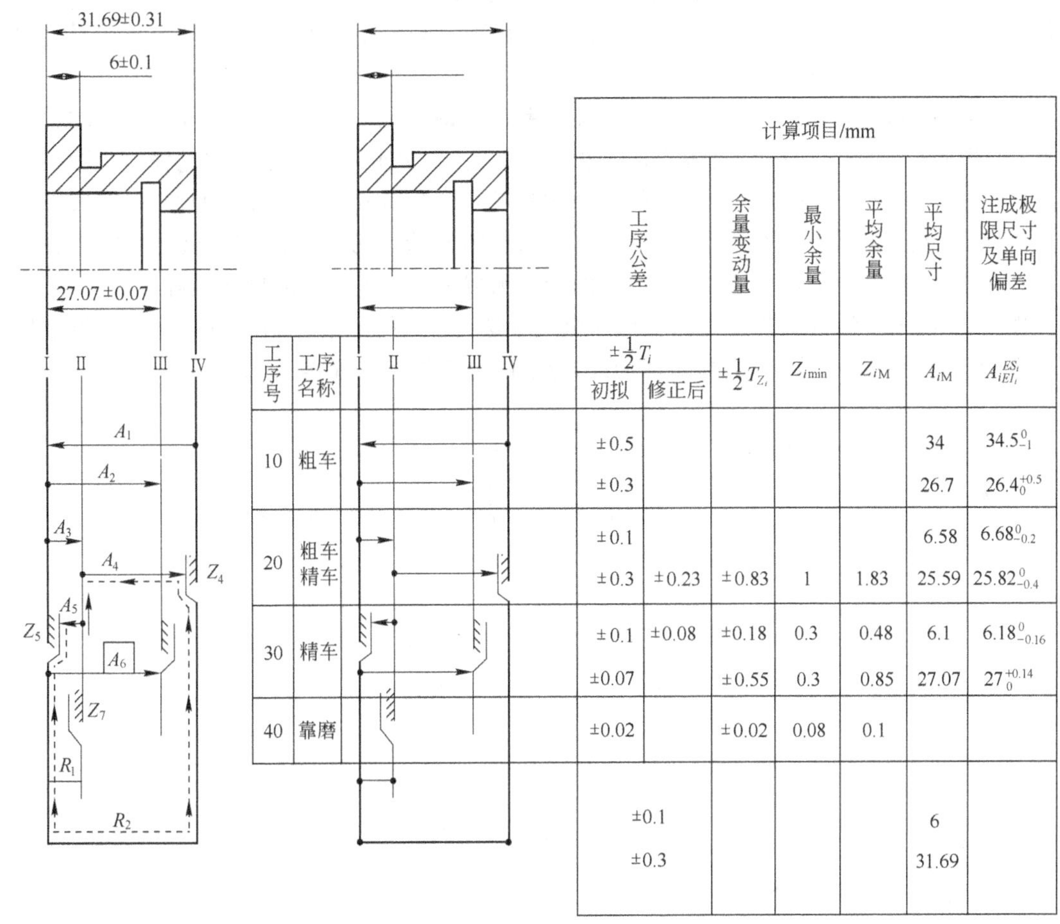

工序号	工序名称	工序公差 $\pm\frac{1}{2}T_i$ 初拟	工序公差 $\pm\frac{1}{2}T_i$ 修正后	余量变动量 $\pm\frac{1}{2}T_{Z_i}$	最小余量 $Z_{i\min}$	平均余量 Z_{iM}	平均尺寸 A_{iM}	注成极限尺寸及单向偏差 $A_{iEI_i}^{ES_i}$
10	粗车	±0.5					34	34.5^{0}_{-1}
		±0.3					26.7	$26.4^{+0.5}_{0}$
20	粗车	±0.1					6.58	$6.68^{0}_{-0.2}$
	精车	±0.3	±0.23	±0.83	1	1.83	25.59	$25.82^{0}_{-0.4}$
30	精车	±0.1	±0.08	±0.18	0.3	0.48	6.1	$6.18^{0}_{-0.16}$
		±0.07		±0.55	0.3	0.85	27.07	$27^{+0.14}_{0}$
40	靠磨	±0.02		±0.02	0.08	0.1		
		±0.1					6	
		±0.3					31.69	

(a) 加工过程尺寸联系图　　(b) 计算项目栏

图 7-21　工序尺寸图表法计算实例

余量通常由查表确定，毛坯尺寸也就相应地确定了。

图中工序 40 为采用靠火花磨削法磨削端面Ⅱ。所谓靠磨是指在磨削端面时，由操作者根据砂轮接触工件时所产生的火花大小，凭经验来判断和控制磨削余量。因此在靠磨时磨削余量 Z_7 是直接保证的，是尺寸链的组成环，故用工序尺寸符号标出（待磨表面是靠磨时的基准面）。

图 7-21(b)为各计算项目栏。

(2) 用追踪方法查找工艺过程全部尺寸链

在通常情况下，工序尺寸是在加工过程中直接保证的，因而是尺寸链的组成环；而余量和结果尺寸是间接得到的，因而是尺寸链的封闭环（靠磨余量是尺寸链的组成环，如前所述）。所谓查找工艺尺寸链，就是要建立以结果尺寸或余量为封闭环的尺寸链。查找方法可采用追踪的方法。

例如，为了查明以结果尺寸 R_2 为封闭环的尺寸链由哪些工序尺寸所组成，可先来分析一下封闭环的两端面是如何加工的。为此可沿封闭环 R_2 的两端所在竖线同步向上，即往前面工序中去追踪查找（图(a)中用虚线箭头表示追踪过程）。于是可以发现，R_2 的左端面是在工序 30 中被加工的，加工时以Ⅱ面为基准按工序尺寸 A_5 加工；而 R_2 的右端面是在工序 20 中被加工出来的，加工时工序尺寸为 A_4，基准也是Ⅱ面。这就说明封闭环 R_2 是由工序尺寸 A_5 和 A_4 作为组成环形成的。

通过本例，可将追踪法归纳如下：在尺寸联系图上沿封闭环的两端同步向上追踪，遇箭头拐弯，并逆箭头方向横向追踪，遇圆点向上折，继续同步向上追踪……重复此过程，直至两条追踪线汇于一点为止。追踪路径所经过的尺寸就是尺寸链的组成环。尺寸链的增减环可以按如下法则判断：左追踪线（所谓"左"、"右"是以追踪线的起始点的左、右为准）遇向左的箭头，则该箭头所在工序尺寸为增环；反之，遇向右的箭头为减环。右追踪线的情况刚好相反。

图 7-22 画出了该例工艺过程的全部 5 个尺寸链，其中图(a)、(b)和(c)的封闭环为余量，称为余量尺寸链；图(d)和(e)的封闭环为结果尺寸，称为结果尺寸链。

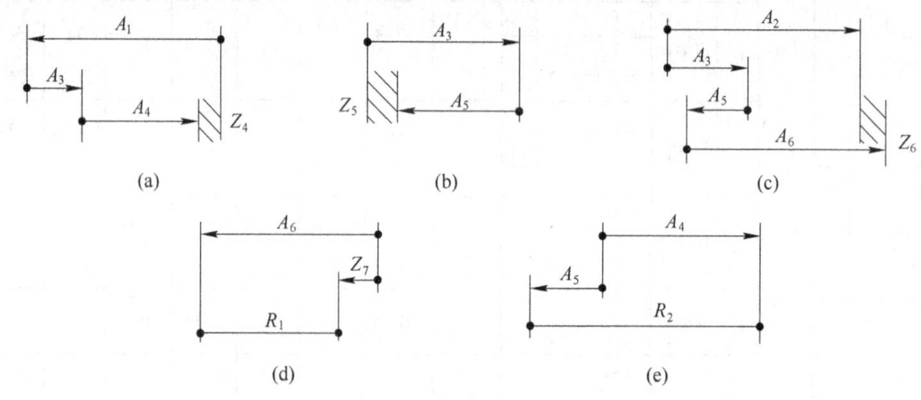

图 7-22 5 个工艺尺寸链

(3) 初拟各工序尺寸公差

如果工序尺寸是设计尺寸，则该工序尺寸公差取图纸所标注的公差（例如工序尺寸 A_6）；对于中间工序尺寸（例如 A_1、A_2、…）的公差可按加工经济精度或按工厂实际情况给出。靠磨余量公差取决于操作工人的技术水平，通常根据现场情况确定。本例中按实际加工情况，取 $Z_7=0.1\pm0.02$ mm。初拟的公差列入工序公差一栏的"初拟"一项中。

(4) 校核结果尺寸公差，修正"初拟"工序尺寸公差

根据已建立的尺寸链和初拟的工序公差，可以计算出作为封闭环的结果尺寸公差。若该值小于或等于图纸所给的公差时，则所拟定的公差可以肯定，否则需要对所拟定的公差加以修正。修正的原则是首先考虑缩小公共环的公差；其次是考虑实际加工可能性，优先压缩那些压缩后不会给加工带来很大困难的组成环公差。对修正后的公差还需要重新进行校核，若不符合要求，还要进行修正，直至所有的结果尺寸公差均得到满足为止。

例如，在本例中对于结果尺寸 R_1 和 R_2 的公差，用初拟工序公差并通过图 7-22(d)和(e)尺寸链计算，均超差。考虑到工序尺寸 A_5 是结果尺寸链 R_1 和 R_2 的公共环，因而首先考虑压缩其公差，如压缩到 ±0.08 mm。压缩后再代入上述两个尺寸链中计算，虽然 R_1 不再超差，但是 R_2 仍超差。又考虑图(e)尺寸链中 A_4 的公差较容易压缩，故将 A_4 公差压缩至 ±0.23 mm。再校核，R_1 和 R_2 均不超差，于是工序尺寸公差肯定下来。修正后的公差记入"工序公差"一栏的"修正后"项中去。

(5) 计算工序余量公差和平均余量

各工序尺寸公差确定之后，即可由余量尺寸链计算出余量公差(或余量变动量)，此值记入"余量变动量"一栏中。余量公差求出后，再根据最小余量求出平均余量，并记入"平均余量"一栏中去。

(6) 计算中间工序平均尺寸

在各尺寸链中首先找出只有一个未知数的尺寸链，并解出此未知数。例如，在图 7-22(d)尺寸链中，R_1 为已知，Z_7 为靠磨余量，也是已知的，只剩下 A_5 一个未知数。解此尺寸链，可求出 A_5 的平均尺寸。在图(e)尺寸链中 R_2 为已知，A_5 求出后也变为已知，于是只剩下一个未知数 A_4，可以解出 A_4。如此进行下去可解出全部未知的工序尺寸。

至此，各工序尺寸、公差及余量已全部确定，并按平均尺寸和对称偏差的形式给出。有时为了符合生产上的习惯，也可将求出的工序尺寸及其公差按入体原则标注成极限尺寸和单向偏差的形式，如计算表中最后一栏所示。

7.8　生产率与技术经济分析

7.8.1　时间定额

时间定额(或称工时定额)是在一定生产条件下制订的为完成单件产品或单个工序所规定的工时。时间定额是安排生产计划、计算产品成本和实行计件工资或实施奖励制度的重要依据之一，也是新建或扩建工厂、车间时决定设备和人员数量的重要资料。合理的时间定额能调动工人的积极性，提高生产率和促进生产的发展。

单件时间定额包括：

(1) 基本时间 $t_{基}$。指直接用于改变工件尺寸、形状和表面质量所需要的时间。对切削加工，$t_{基}$ 就是切除余量所需要的时间，包括切削时间和刀具的切入、切出时间。

(2) 辅助时间 $t_{辅}$。指在每个工序中，工人为完成工作而进行的各种辅助动作所需要的时间。它包括装卸工件、开停机床、改变切削用量、测量工件等所需要的时间。

基本时间与辅助时间之和称为工序操作时间。

(3) 工作地点服务时间 $t_{服}$。指工人在工作班内照管工作地点和为保持正常工作状态所需要的时间。它包括调整和更换刀具、修整砂轮、润滑及擦拭机床，清除切屑等所需的时间。一般按工序操作时间的 $\alpha\%$(约 2%～7%)来估算。

(4) 休息和自然需要时间 $t_{休}$。指在工作班内所允许的必要的休息和生理需要时间。可按工序操作时间的 $\beta\%$(一般取 2%)估算。

上述四部分时间的总和即为单件时间，亦即

$$t_{单件}=t_{基}+t_{辅}+t_{服}+t_{休}=(t_{基}+t_{辅})\left(1+\frac{\alpha+\beta}{100}\right) \tag{7-12}$$

(5) 准备终结时间 $t_{准终}$。指加工一批零件开始时熟悉工艺文件、领取毛坯、安装刀具和夹具、调整机床以及在加工一批零件终结后所需拆下和归还工艺装备、发送成品等所消耗的时间。准备终结时间对一批零件只消耗一次。零件批量 n 越大，分摊到每个零件上的准备终结时间 $t_{准终}/n$ 就越少。所以成批生产的单件工时定额为

$$t_{定额}=t_{单件}+\frac{t_{准终}}{n}=(t_{基}+t_{辅})\left(1+\frac{\alpha+\beta}{100}\right)+\frac{t_{准终}}{n} \tag{7-13}$$

大量生产时,在每个工作地点只完成一个固定工序,不需要上述准备终结时间,所以其单件时间定额为

$$t_{定额}=t_{单件}=(t_{基}+t_{辅})\left(1+\frac{\alpha+\beta}{100}\right) \tag{7-14}$$

7.8.2 提高劳动生产率的工艺措施

劳动生产率是指工人在单位时间内制造合格产品的数量,或指用于制造单件产品所消耗的劳动时间。制订工艺规程时,必须在保证产品质量的同时,提高劳动生产率和降低产品成本,用最低的消耗,生产更多更好的产品。因而提高劳动生产率是一个综合性问题,下面仅就工艺上的一些问题进行介绍。

1. 缩短单件时间定额

缩短单件时间定额可提高劳动生产率,首先应集中精力缩减占工时定额较大的部分。例如,在卧式车床上小批量生产某一零件,基本时间仅占 26%,而辅助时间占 50%,这时应着重在缩减辅助时间上采取措施;如生产批量较大,在多轴自动机床上加工,基本时间占 69.5%,而辅助时间仅占 21%,这时应设法缩减基本时间。

(1) 缩减基本时间

① 提高切削用量。提高切削速度、进给量和切削深度都可以缩减基本时间,减少单件时间。这是广为采用的提高劳动生产率的有效方法。随着刀具材料的改进,为提高切削用量提供了可能。

② 减少切削行程长度。减少切削行程长度也可缩短基本时间。如用几把车刀同时加工同一表面,用宽砂轮做切入法磨削等,生产率均可大大提高。但用切入法加工,要求工艺系统具有足够的刚性和抗振性,横向进给量要适当减小,以防止振动,同时主电机功率也要求增大。

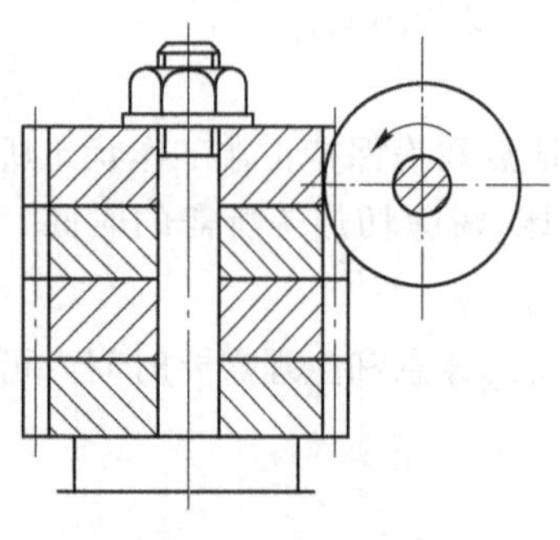

图 7-23 顺序加工

③ 合并工步。即用几把刀具对一个零件的几个表面或用一把复合刀具对同一个表面同时进行加工,由原来需要的若干工步集中为一个复合工步。由于工步的基本时间全部或部分重合,故可减少工序的基本时间;同时还可减少操作机床的辅助时间;并且由于减少了工位数和工件安装次数,因而有利于提高加工精度。

④ 多件加工。多件加工有下列三种方式:

• 顺序多件加工。工件按走刀方向依次安装,如图 7-23所示。这种方式可以减少刀具切入和切出时间,也可减少分摊到每个工件上的辅助时间。

• 平行多件加工。一次走刀可同时加工几个平行排列的工件,如图 7-24 所示。此时加工所需的基本时间和加工一个工件的基本时间相同,所以分摊到每个工件上的基本时间可大大减少。因此,用这种方式提高劳动生产率比顺序加工更为有利。

• 平行顺序加工。该法是上述两种方法的综合,如图 7-25 所示。它适用于工件较小、批量较大的情况。

(2) 缩减辅助时间

若辅助时间在单件时间中占有很大比重,则提高切削用量,对提高生产率不会产生明显效果。因此,进一步提高生产率需从缩减辅助时间入手。

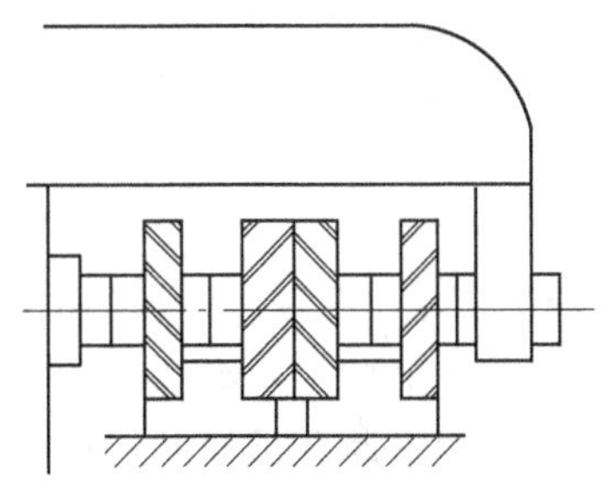

图 7-24　平行多件加工

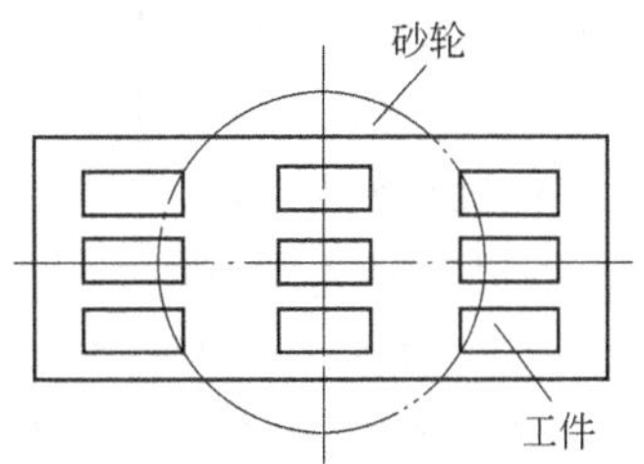

图 7-25　平行顺序加工

① 直接缩减辅助时间。尽可能使辅助动作机械化和自动化,从而减少辅助时间。如采用先进夹具可减少工件的装卸时间。在大批、大量生产中采用气动、液动驱动的高效夹具。对单件、小批生产实行成组工艺,采用成组夹具或通用夹具。

采用主动检验或数字显示自动测量装置能在加工过程中测量工件的实际尺寸,并根据测量结果控制机床进行自动调整,因而减少了加工中的测量时间。

② 间接缩减辅助时间。使辅助时间与基本时间部分或全部重合,以减少辅助时间。如采用往复式进给铣床夹具。如图 7-26 中所示,当工件在工位Ⅰ上加工时,工人在工位Ⅱ上装卸另一工件,切削完毕后,可以立即加工工位Ⅱ上的工件,使辅助时间与基本时间部分重合。

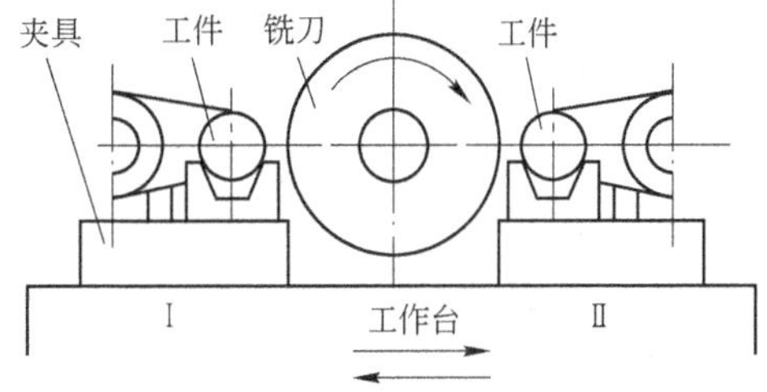

图 7-26　往复式进给加工

(3) 缩减工作地点服务时间

这里主要是指缩减刀具调整和更换刀具的时间,提高刀具或砂轮的使用寿命,使在一次刃磨和修整中可以加工更多的零件,因而缩减了加工每个零件所需的工作地点服务时间。例如,采用各种快换刀夹、刀具微调机构、专用对刀样板以及自动换刀装置等,可以减少刀具的装卸、对刀所需的时间。采用不重磨硬质合金刀片,除减少刀具装卸和对刀时间外,还能节省刃磨时间。

(4) 缩减准备终结时间

在中、小批生产中,由于批量小、品种多,准备终结时间在单件时间中占有较大比重,生产率难以提高。因此,应设法使零件通用化和标准化,以增大批量,或采用成组工艺。

2. 采用先进工艺方法

采用先进工艺或新工艺来提高生产率的方法有:

(1) 对特硬、特脆、特韧材料及复杂型面采用特种加工来提高生产率。例如,用电火花加工锻模、用电解加工锻模、线切割加工冲模等,能减少大量钳工劳动。

(2) 在毛坯制造中采用冷挤压、热挤压、粉末冶金、熔模铸造、压力铸造、精锻和爆炸成形等新工艺,能提高毛坯精度,减少切削加工,节约原材料,经济效益十分显著。因此,提高劳动生产率不能只局限于机械加工本身,要重视毛坯工艺及其他新工艺、新技术的应用,从根本上改革工艺,以提高劳动生产率。

(3) 采用少、无切削工艺代替切削加工方法,例如,用冷挤压齿轮代替剃齿,表面粗糙度可达 Ra1.25～0.63 μm，生产率可提高 4 倍。

(4) 改进加工方法。例如，在大批量生产中采用拉削、滚压代替铣削、铰削和磨削，在成批生产中采用精刨、精磨或金刚镗代替刮研，都能大大提高生产率。如某车床主轴铜轴承套采用金刚镗代替刮研，粗糙度可小于 Ra0.16 μm，圆柱度误差小于 0.003 mm，装配后与主轴接触面积达 80%，生产率可提高 32 倍。

3. 进行高效及自动化加工

自动化是提高劳动生产率的一个极为重要的方向。对大批、大量生产，可采用流水线、自动线的生产方式；对单件、小批生产，多采用数控机床(NC)、加工中心(MC)、柔性制造单元(FMC)及柔性制造系统(FMS)等来进行。它们的共同特点就是用计算机控制，进行部分或全面的自动化生产，实现单件、小批生产的自动化，提高生产率。

无论是大批、大量生产还是单件、小批生产，进行计算机辅助制造(CAM)是一个大方向，其中包括计算机数字控制(CNC)、直接数字控制(DNC)及适应控制(AC)等。进行计算机辅助制造不仅可以提高生产率，而且可以提高加工质量。

7.8.3 工艺过程的技术经济分析

制订工艺规程时，在保证质量的前提下，往往会出现几种不同的方案。其中有些方案生产率很高，但设备和工夹具的投资较大；另一些方案可能投资较省，但生产率较低。因此，不同的方案就有不同的经济效果。为选取给定生产条件下最经济合理的方案，就需要进行技术经济分析。工艺方案的技术经济分析大致可分为两种情况，一是对不同工艺方案进行工艺成本的分析和比较；二是按某些相对技术经济指标进行比较。

对生产规模较大的主要零件工艺过程的技术经济分析，应通过工艺成本和投资指标的估算予以评定。

零件的工艺成本并非实际生产成本，它仅是生产成本中与工艺过程有关的生产费用，与工艺过程无关的费用在工艺方案的经济评价中不予考虑。工艺成本包括可变费用 V(元/件)和不变费用 S(元)两大部分。

- 可变费用 V 与年产量有关，并随年产量的增减而成比例地变动。它包括：毛坯的材料和制造费用、包括奖金在内的操作工人的工资、机床电费、通用机床折旧费和修理费、通用夹具和刀具费用等。但这些费用在工艺方案既定的情况下，分摊到每一产品上的部分一般是不变的。

- 不变费用 S 与年产量的变化没有直接关系。它包括：调整工人的工资、专用机床折旧费和修理费、专用刀具和夹具费用等。由于专用机床和专用工艺装备一般不能用于加工其他零件，当产量不足、负荷不满时，只能闲置不用，而设备折旧费又是固定的，因此当年产量在一定范围内变化时，这些费用基本不变而归于不变费用。但不变费用分摊到单件产品上是变量，产量愈大，每一产品的不变费用就愈少。

若零件的年产量为 N，则全年工艺成本 E 可用下式表示：

$$E=VN+S \tag{7-15}$$

同样，单件工艺成本 E_d 为

$$E_d=V+S/N \tag{7-16}$$

图 7-27 表明，全年工艺成本 E 与年产量 N 成线性关系。图 7-28 表明，单件工艺成本 E_d 与年产量 N 是双曲线的关系。这种双曲线变化关系表明：当 S 值(主要是专用设备费用)一定

时，若生产量较小，则 S/N 与 V 相比在成本中所占比重较大，因此，N 的增大会使成本显著下降，这种情况相当于单件、小批生产（图中曲线中的 A 段）；反之，当生产纲领超过一定范围，使 S/N 所占比重很小，此时需采用高效率生产方案，使 V 减小，才能获得好的经济效果，这相当于大批、大量生产（图中曲线中的 C 段）。

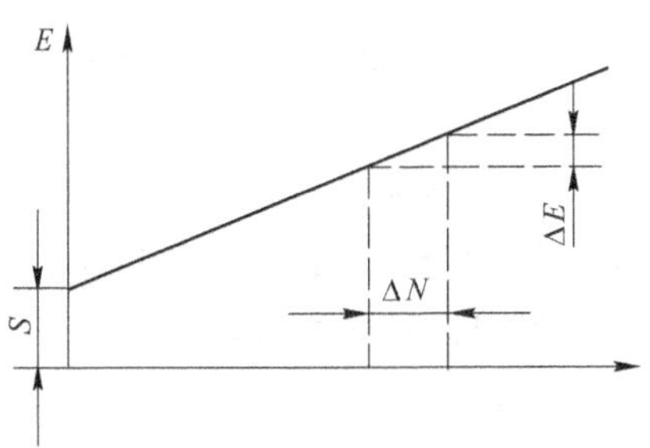

图 7-27　全年工艺成本与年产量的关系

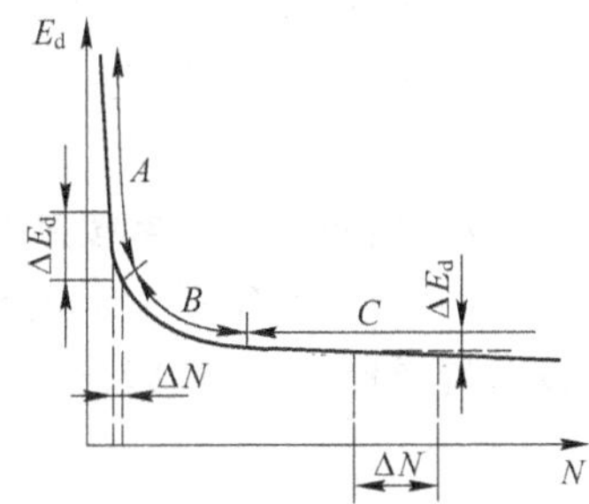

图 7-28　单件工艺成本与年产量的关系

当各种工艺方案的基本投资相近，或在采用现有设备的条件下，工艺成本即可作为衡量各种方案经济性的依据。

用工艺成本衡量不同的工艺方案时，可先分别计算各自的工艺成本，然后求出工艺成本的差额。例如：

$$E_1 = V_1 N + S_1 \tag{7-17}$$

$$E_2 = V_2 N + S_2 \tag{7-18}$$

$$\Delta E = E_1 - E_2 = N(V_1 - V_2) + (S_1 - S_2) \tag{7-19}$$

式中：E_1、E_2——工艺方案Ⅰ与Ⅱ的工艺成本（单位名称：元/年）；

V_1、V_2——工艺方案Ⅰ与Ⅱ的可变费用（单位名称：元/年）；

S_1、S_2——工艺方案Ⅰ与Ⅱ的不变费用（单位名称：元/年）。

工艺成本的差额在工艺方案既定的条件下，是随年产量而变的，如图 7-29 所示。

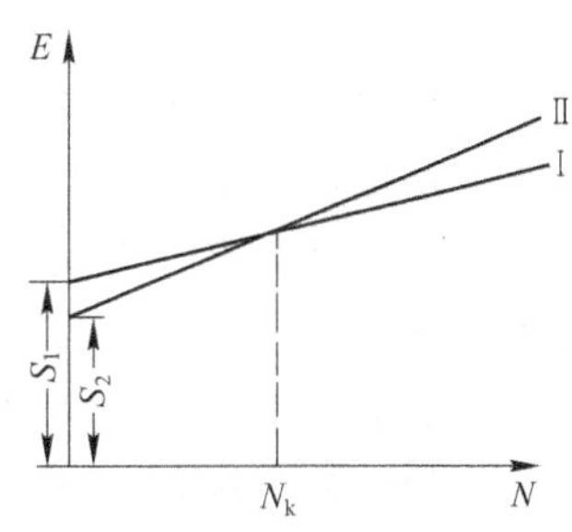

图 7-29　两工艺方案全年工艺成本比较

当年产量小于 N_k 时，方案Ⅰ较方案Ⅱ超支 ΔE；当年产量大于 N_k 时，方案Ⅰ节约 ΔE，N_k 为临界产量，其值可由计算得到。

当 $N = N_k$ 时，$E_1 = E_2$，即 $V_1 N_k + S_1 = V_2 N_k + S_2$，所以

$$N_k = \frac{S_2 - S_1}{V_1 - V_2} \tag{7-20}$$

当比较的两个工艺方案基本投资差额较大时，若单纯比较其工艺成本是难以全面评价其经济性的，必须同时考虑不同方案基本投资差额的回收期限 τ，表示需要多长时间才能将此基本投资因工艺成本降低而收回来。

回收期限 τ 可用下式表示：

$$\tau = \frac{K_1 - K_2}{E_2 - E_1} = \frac{\Delta K}{\Delta E} \tag{7-21}$$

式中：τ——回收期限（单位名称：年）；

ΔK——执行方案Ⅰ增加的投资；

ΔE——采用方案Ⅰ节约的全年工艺成本。

回收期限愈短，经济效益愈好。一般回收期限应满足以下几个条件：

- 回收期限应小于基本投资设备的使用年限。
- 回收期限应小于该产品预定生产的年限。
- 回收期限应小于国家规定的标准。例如，新夹具的标准回收期限为2～3年，新机床的标准回收期限常定为4～6年。

工艺方案技术经济分析也常按某些相对指标进行。这些技术经济指标有：每台机床的年产量、每一工人的年产量、每平方米生产面积的年产量、材料利用系数、设备负荷率，以及工艺装备系数、设备构成比（专用机床与通用机床之比）、原材料消耗和电力消耗等。

思考题与习题

1. 制订工艺规程时，为什么划分加工阶段？

2. 什么是“工序集中”、“工序分散”？什么情况下采用“工序集中”，什么情况下采用“工序分散”？

3. 加工余量如何确定？影响工序间加工余量的因素有哪些？

4. 试述机械加工过程中安排热处理工序的目的及其安排顺序。

5. 说明缩短工时定额、提高生产率的常用措施。

6. 什么是基准？根据作用的不同，基准分为哪几种？

7. 什么是粗基准？其选择原则是什么？

8. 什么是精基准？其选择原则是什么？

9. 切削加工工序安排的原则是什么？

10. 加工轴类零件时，常以什么作为统一的精基准，为什么？

11. 安排箱体类零件的工艺时，为什么一般要依据“先面后孔”的原则？

12. 拟定零件的工艺过程时，应考虑哪些主要因素？

13. 举例说明切削加工对零件结构工艺性的要求。

14. 为什么制定工艺规程时要“基准先行”？精基准要素确定后，如何安排主要表面和次要表面的加工？

15. 试分析下列加工时的定位基准：

(1) 浮动铰刀铰孔；　(2) 浮动镗刀精镗孔；　(3) 珩磨孔；

(4) 攻螺纹；　(5) 无心磨削外圆；

(6) 磨削床导轨面；　(7) 珩磨连杆大头孔；

(8) 箱体零件攻螺纹；(9) 拉孔。

16. 如题图7-1所示零件的尺寸6±0.1 mm不便于测量，生产中一般通过测量尺寸L_3作间接测量。试确定工艺尺寸L_3及其偏差，并分析在这种情况下是否会出现假废品。

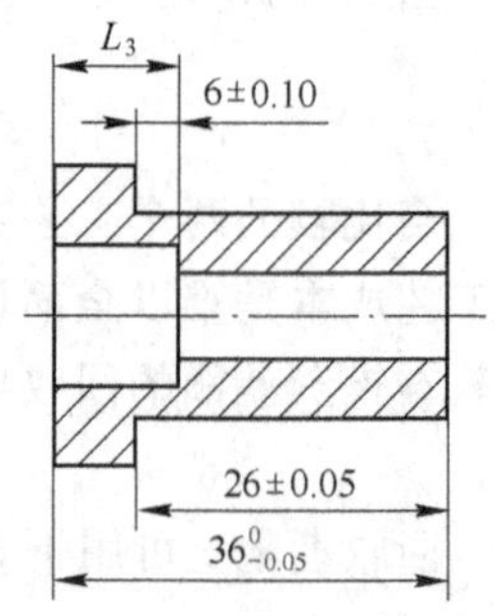

题图7-1　习题16用图

17. 题图7-2所示零件的加工过程如下：

(1) 车外圆至$\phi 80.4^{0}_{-0.10}$ mm；　(2) 铣平面，其深度为H；

(3) 热处理，淬火HRC55～58（不考虑对直径尺寸的影响）；

(4) 磨外圆至 $\phi80^{0}_{-0.04}$ mm。

为保证尺寸 $8^{+0.2}_{0}$ mm，试确定铣平面深度 H 及其偏差。

18. 题图 7-3 所示零件，轴颈 $\phi106.6^{0}_{-0.015}$ mm 上要渗碳淬火。要求零件磨削后保留渗碳层深度为 0.9～1.1 mm。其工艺过程如下：

(1) 车外圆至 $\phi106.6^{0}_{-0.03}$ mm；

(2) 渗碳淬火，渗碳深度为 z_1；

(3) 磨外圆至 $\phi106.6^{0}_{-0.015}$ mm。

试确定渗碳工序渗碳深度 z_1。

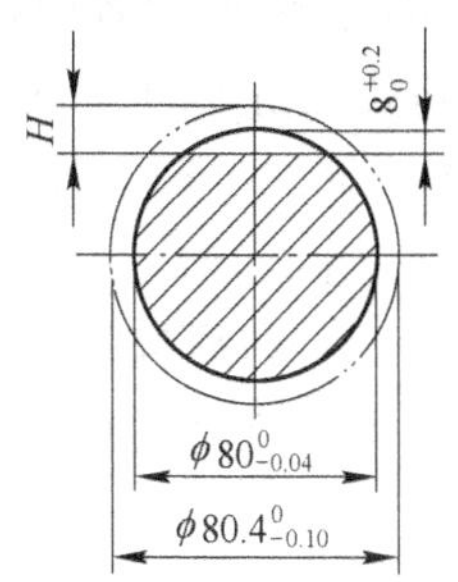

题图 7-2　习题 17 用图

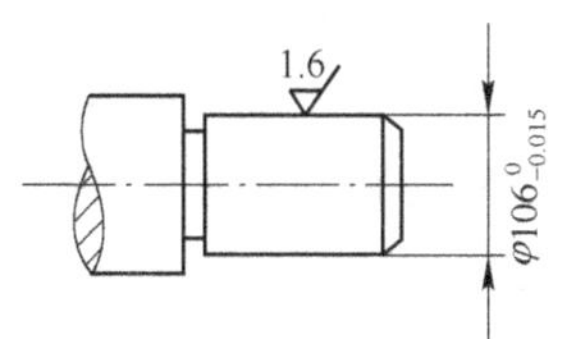

题图 7-3　习题 18 用图

19. 题图 7-4(a)所示零件，通过图(b)至图(h)所示的七道工序加工达到设计要求，即

图(b) 粗车大端面并镗孔保证尺寸 A_1、A_2；

图(c) 粗车小端面及外圆和轴肩保证尺寸 A_3、A_4；

图(d) 精车大端面并精镗孔保证尺寸 A_5、A_6；

图(e) 精车小端面及外圆和轴肩保证尺寸 A_7、A_8；

图(f) 钻孔保证尺寸 A_9；

图(g) 磨内孔保证尺寸 A_{10}；

图(h) 磨外圆和轴肩保证尺寸 A_{11}。

用工艺尺寸图表追踪法对工序尺寸和余量进行综合解算。

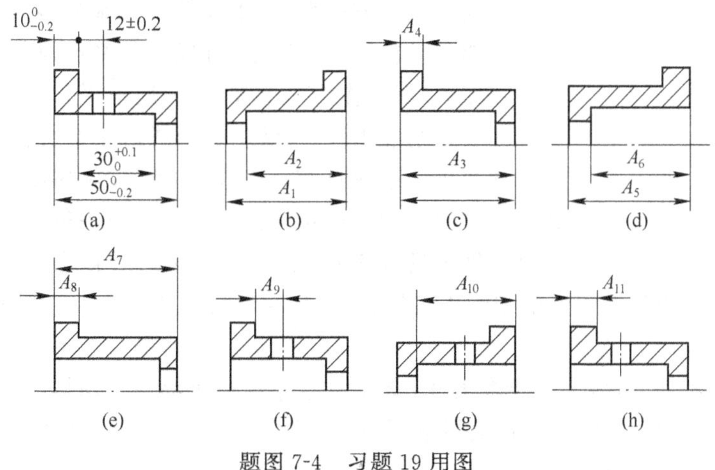

题图 7-4　习题 19 用图

第八章　装配工艺规程的制订

机械产品一般由许多零件和部件组成，根据技术要求，将若干个零件结合成部件或将若干个零件和部件结合成新部件或产品的过程称为装配。前者称为部件装配，后者则称为总装配。如何从零件装配成机器，零件的精度和产品精度的关系以及达到装配精度的方法，这些都是装配工艺所要解决的基本问题。机器装配工艺的基本任务就是在一定的生产条件下，装配出保证质量、有高生产率而又经济的产品。装配是机器生产中的最后一个阶段，包括装配、调试、精度及性能检验、试车等工作。机器的质量最终是通过装配保证的，因此，研究装配工艺过程和装配精度，采用有效的装配方法，制订出合理的装配工艺规程，对保证产品的质量有着十分重要的意义，对提高产品设计的质量有很大的影响。

8.1　装配工艺规程的制订

8.1.1　机器的装配过程

组成机器的最小单元是零件。为了设计、加工和装配的方便，将机器分成部件、组件、套件等组成部分，它们都可以形成独立的设计单元、加工单元和装配单元。

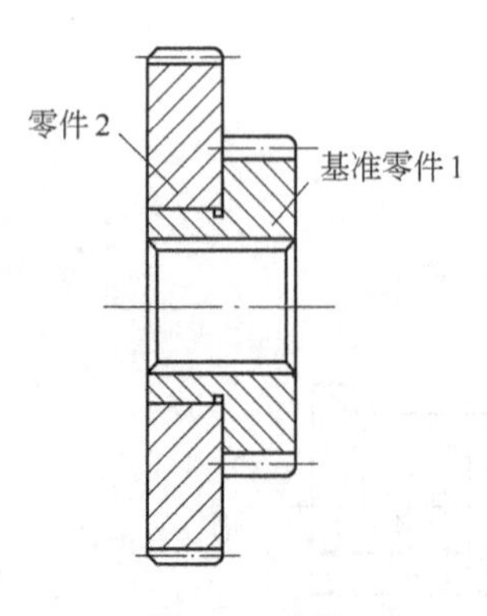

图 8-1　套件

在一个基准零件上，装上一个或若干个零件就构成了一个套件，它是最小的装配单元。每个套件只有一个基准零件，它的作用是联接相关零件和确定各零件的相对位置。为套件而进行的装配工作称为套装。图 8-1 所示的双联齿轮就是一个由小齿轮 1 和大齿轮 2 所组成的套件，小齿轮 1 是基准零件。这种套件主要是考虑加工工艺或材料问题，分成几件制造，再套装在一起，在以后的装配中，就可作为一个零件，一般不再分开。

在一个基准零件上，装上一个或若干个套件和零件就构成一个组件。每个组件只有一个基准零件，它联接相关零件和套件，并确定它们的相对位置。为形成组件而进行的装配称之为组装。有时组件中没有套件，由一个基准零件和若干个零件所组成，它与套件的区别在于组件在以后的装配中可拆，而套件在以后的装配中一般不再拆开，可作为一个零件。

在一个基准零件上，装上若干个组件、套件和零件就构成部件。同样，一个部件只能有一个基准零件，由它来联接各个组件、套件和零件，决定它们之间的相对位置。为形成部件而进行的装配工作称之为部装。

在一个基准零件上，装上若干个部件、组件、套件和零件就成为机器。同样，一台机器只能有一个基准零件，其作用与上述相同。为形成机器而进行的装配工作，称之为总装。如一台车床就是由主轴箱、进给箱、溜板箱等部件和若干组件、套件、零件所组成，而床身就是基准零件。

为了清晰地表示装配顺序，常用装配系统图来表示，它示出了从分散的零件如何依次装配成产品，如图 8-2 所示。装配系统图的画法是，首先画一条较粗的横线，横线的右端箭头指向表示装配单元的长方格，横线的左端表示基准件的长方格；然后按装配顺序由左向右依次将装入基准件的零件、套件、组件和部件引入。装配系统图上加注必要的工艺说明，如焊接、配钻、配刮、冷压和检验等就形成了装配工艺系统图，它是装配工艺规程中的主要文件之一，也是划分装配工序的依据。

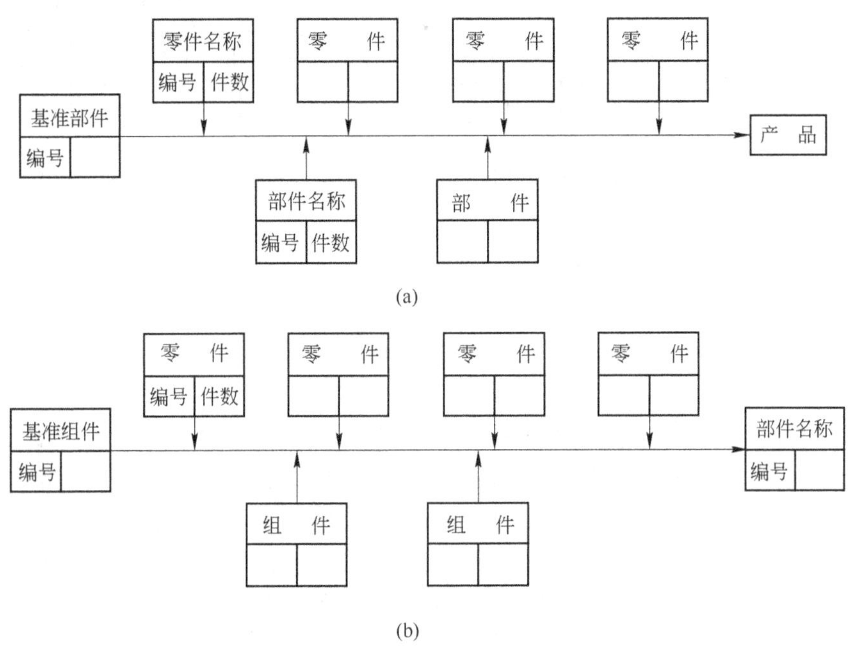

图 8-2　装配系统图

8.1.2　机器的装配精度

1. 机器的装配精度

机器的装配精度可分为几何精度和运动精度两大部分。

(1) 几何精度

几何精度是指尺寸精度和相对位置精度。尺寸精度反映了装配中各有关零件的尺寸和装配精度的关系。相对位置精度反映了装配中各有关零件的相对位置精度和装配相对位置精度的关系。

图 8-3 所示为一台普通卧式车床简图，它要求后顶尖的中心比前顶尖的中心高 0.06 mm。这是装配尺寸精度的一项要求，粗略分析，它同主轴箱前顶尖的高度 A_1、尾架底板的高度 A_2 及尾架后顶尖高度 A_3 有关。

图 8-4 所示为一单缸发动机的结构简图，装配相对位置精度要求活塞外圆的中心线与缸体孔中心线平行。这是一项装配相对位置精度要求，它同活塞外圆中心线与其销孔中心线的垂直度 a_1、连杆小头孔中心线与其大头孔中心线的平行度 a_2、曲轴的连杆轴颈中心线与其主轴颈中心线的平行度 a_3 及缸体孔中心线与其主轴孔中心线的垂直度 a_0 有关。

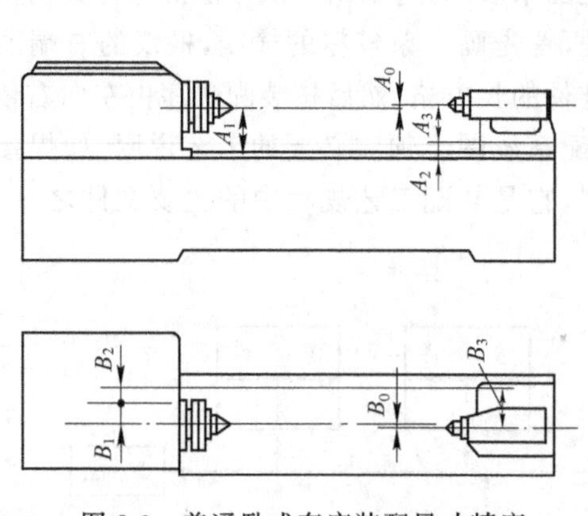

图 8-3 普通卧式车床装配尺寸精度

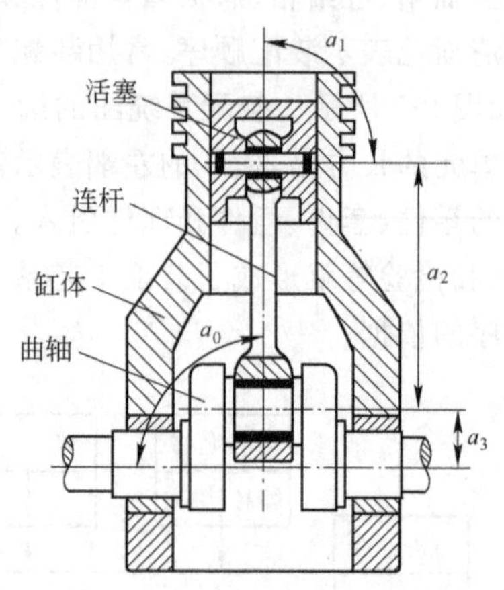

图 8-4 单缸发动机装配相对位置精度

(2) 运动精度

运动精度是指回转精度和传动精度。

回转精度是指机器回转部件的径向跳动与轴向窜动，例如主轴、回转工作台的回转精度，通常都是重要的装配精度。回转精度主要与轴类零件轴颈处的精度、轴承的精度、箱体轴孔的精度有关。

传动精度是指机器传动件之间的运动关系。例如转台的分度精度、滚齿时滚刀与工件间的运动比例、车削螺纹时车刀与工件间的运动关系都反映了传动精度。影响传动精度的主要因素是传动元件本身的制造精度及它们之间的配合精度，传动元件愈多，传动链愈长，影响也就愈大。因此，传动元件应力求最少。典型的传动元件有齿轮、丝杠螺母及蜗轮蜗杆等。对于要求传动精度很高的机器，可采用缩短传动链长度及校正装置来提高传动精度。

实际上机器在工作时由于有力和热的作用，使传动链产生变形，因此传动精度不仅有静态精度，而且有动态精度。

2. 零件精度与装配精度的关系

零件的精度特别是主要零件的加工精度，对装配精度有很大影响。例如，检验如图 8-5 所示的尾座移动对溜板移动的平行度要求。此项装配精度主要取决于床身上的溜板、尾座所借以移动的导轨 A 和 B 之间的平行度以及溜板、尾座与导轨面间的接触精度。床身上相应精度的技术要求，就是根据有关总装精度检验项目的技术要求来确定的。装配精度和与它相关的若干个零部件的加工精度有关，这些零件的加工误差的累积将影响装配精度。合理地规定有关零部件的制造精度，使它们的累积误差仍不超出装配精度所规定的范围，从而简化装配工作，这对于大批量生产是十分重要的。

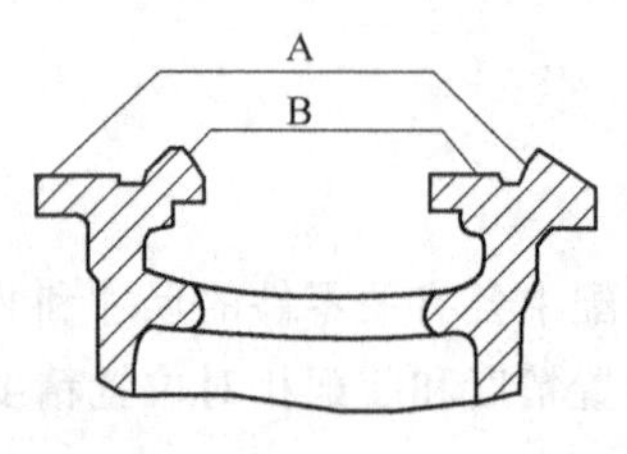

图 8-5 机床导轨

零件的加工精度不仅受工艺条件的影响，而且还受到经济性的限制。当产品装配精度要求较高时，以控制零件的加工精度来保证装配精度的方法，会给零件的加工带来困难，增加成本。这时可按经济加工精度来确定零件的精度要求，使之易于加工；而在装配时采用一定的工艺措施(修配、调整等)来保证装配精度。由图 8-3 可以看出，其等高度误差 A_0 与主轴箱 A_1、尾座 A_3、及底板 A_2 的加工精度有关，并且是这些零件加工误差的累积。但等高度精度要求是很高的，如果靠提高 A_1、A_2、A_3 的尺寸精度来保证是很不经济的，甚至在技术上也是很困难的。比较合理的办法是首先按经济加工精度来确定各零部件的精度要求，然后对某个零件如底板进行适当的修配来保证等高度要求的装配精度。

从以上分析可知，产品的装配精度和零件的加工精度有密切的关系。零件加工精度是保证装配精度的基础，但装配精度并不完全取决于零件的加工精度。装配精度的合理保证，应从产品结构、机械加工和装配工艺等方面进行综合考虑。而装配尺寸链的分析，是进行综合分析的有效手段。一台机器从组装、部装到总装，有很多装配精度要求项目，通常可以用尺寸链的分析方法予以解决。

8.1.3　装配工艺规程的制订步骤

装配工艺规程就是用文件的形式将装配的内容、顺序、检验等规定下来，成为指导装配工作和处理装配工作中所发生问题的依据。它对保证装配质量、生产率和成本的分析、装配工作中的经验总结等都有积极的作用。

装配工艺规程的内容及制订步骤如下所述。

1. 产品图纸分析

从产品的总装图、部装图和零件图了解产品结构和技术要求，审查结构的装配工艺性，研究装配方法，并划分装配单元。

2. 确定生产组织形式

根据生产纲领和产品结构确定生产组织形式。装配生产组织形式可分为移动式和固定式两类，而移动式又可分为强迫节奏和自由节奏两种，如图 8-6 所示。

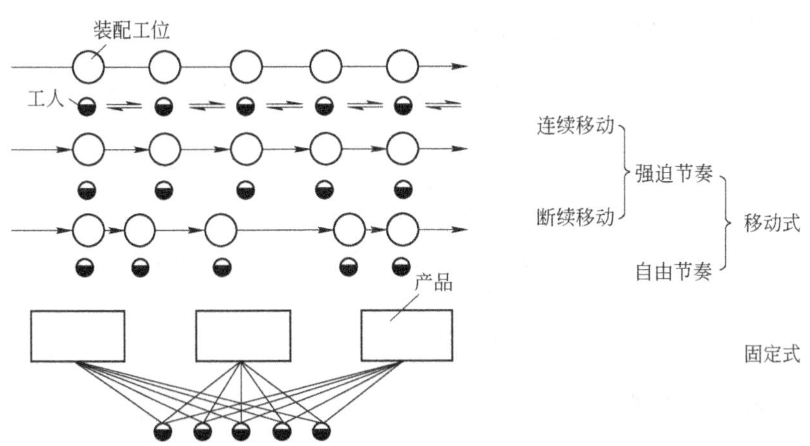

图 8-6　装配生产组织形式

移动式装配流水线工作时产品在装配线上移动，强迫节奏指其节奏是固定的。其又可分为连续移动和断续移动两种方式。各工位的装配工作必须在规定的节奏时间内完成，进行节拍性的流水生产，装配中如出现装配不上或不能在节奏时间内完成装配工作等问题，则立即将装配对象调至线外处理，以保证流水线的流畅，避免产生堵塞。连续移动装配时，装配线做连续缓慢的移动，工人在装配时随装配线走动，一个工位的装配工作完毕后工人立即返回原地。断续移动装配时，装配线在工人进行装配时不动，到规定时间，装配线带着被装配的对象移动到下一工位，工人在原地不走动。移动式装配流水线多用于大批、大量生产，产品可大可小，较多的用于仪器、仪表、汽车、拖拉机等的产品装配。

固定式装配即产品固定在一个工作地上进行装配，它也可能组织流水生产作业，由若干工人按装配顺序分工装配。这种方式多用于机床、汽轮机等成批生产中。

3. 装配顺序的决定

在划分装配单元的基础上决定装配顺序是制订装配工艺规程中最重要的工作，它是根据产品结构及装配方法划分出套件、组件和部件。划分的原则是，先难后易，先内后外，先下后上。最后画出装配系统图。

4. 合理装配方法的选择

装配方法的选择主要是根据生产纲领、产品结构及其精度要求等确定。大批、大量生产多采用机械化、自动化的装配手段；单件、小批生产多采用手工装配。大批、大量生产多采用互换法、分组法和调整法等来达到装配精度的要求；而单件、小批生产多用修配法来达到要求的装配精度。某些要求很高的装配精度在目前的生产技术条件下，仍要靠高级技工手工操作及经验来得到。

5. 编制装配工艺文件

装配工艺文件主要有装配工艺过程卡片、主要装配工序卡片、检验卡片和试车卡片等。装配工艺过程卡片包括装配工序、装配工艺装备和工时定额等。简单的装配工艺过程有时可用装配(工艺)系统图代替。

8.2 装配尺寸链

8.2.1 装配尺寸链的定义和形式

在机器的装配关系中，由相关零件的尺寸或相互位置关系所组成的尺寸链，称为装配尺寸链。

装配尺寸链与工艺尺寸链有所不同。工艺尺寸链中所有尺寸都分布在同一个零件上，主要解决零件加工精度问题；而装配尺寸链中每一个尺寸都分布在不同零件上，每个零件的尺寸是一个组成环，有时两个零件之间的间隙等也构成组成环，因而装配尺寸链主要解决装配精度问题。

装配尺寸链和工艺尺寸链都是尺寸链，有共同的形式、计算方法和解题类型。

8.2.2 装配尺寸链的建立

装配尺寸链的建立就是在装配图上，根据装配精度的要求，找出与该项精度有关的零件及其有关的尺寸，最后画出相应的尺寸链图。通常称与该项精度有关的零件为相关零件，零件上有关的尺寸称为相关尺寸。装配尺寸链的建立是解决装配精度问题的第一步，只有建立的尺寸链正确，求解尺寸链才有意义。

装配尺寸链的建立可以分三个步骤，即判别封闭环、判别组成环和画出尺寸链图。这里以图 8-7 所示的传动箱中传动轴的轴向装配尺寸链为例进行说明。

1. 判别封闭环

图 8-7 所示的传动轴在两个滑动轴承中转动，为避免轴端与滑动轴承端面的摩擦，在轴向要有间隙，为此，在齿轮轴上套入了一个垫圈。从图中可以看出间隙 A_0 的大小与大齿轮、齿

轮轴、垫圈等零件有关，它是由这些相关零件的相关尺寸来决定的，所以间隙 A_0 为封闭环。在装配尺寸链中，由于一般装配精度所要求的项目不是由一个零件决定的，大多与许多零件有关，因此，这些精度项目多为封闭环。所以在装配尺寸链中判断封闭环还是比较容易的。但不能由此得出结论，认为凡是装配精度项目都是封闭环，因为装配精度不一定都有尺寸链的问题。装配尺寸链的封闭环应该如下定义：装配尺寸链中的封闭环是装配过程最后形成的一环，也就是说它的尺寸是由其他环的尺寸来决定的。

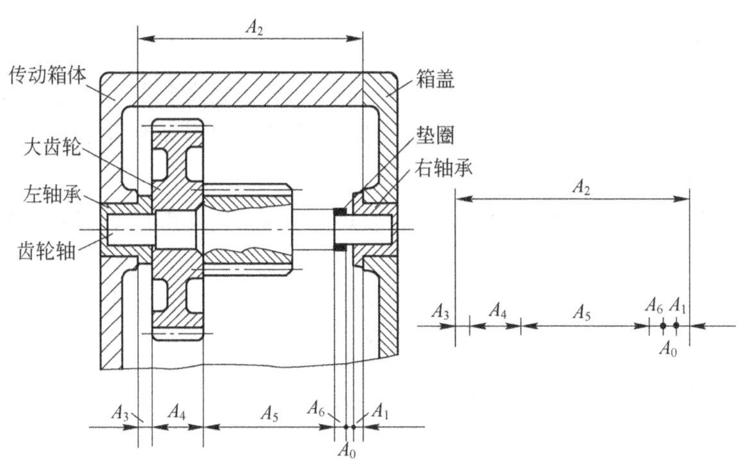

图 8-7　装配中的直线尺寸链

由于在装配精度中，有些精度是两个零件之间的尺寸精度或形位精度，所以封闭环也是对两个零件之间的精度要求，这一点有助于判别装配尺寸链的封闭环。

2. 判别组成环

判别组成环就是要找出相关零件及其相关尺寸。其方法是从封闭环出发，按逆时针或顺时针方向依次寻找相邻零件，直至返回到封闭环，形成封闭环链。但并不是所有相邻零件都是组成环，因此还要判别一下相关零件。如图 8-7 所示的结构，从间隙 A_0 向右，其相邻零件是右轴承、箱盖、传动箱体、左轴承、大齿轮、齿轮轴和垫圈共 7 个零件，但仔细分析一下，箱盖对间隙 A_0 并无影响，故这个装配尺寸链的相关零件为右轴承、传动箱体、左轴承、大齿轮、齿轮轴和垫圈 6 个零件。再进一步找出相关尺寸 A_1、A_2、A_3、A_4、A_5 和 A_6，即可形成尺寸链。

3. 画出尺寸链图

找出封闭环，组成环后，便可画出尺寸链图，同时可清楚地判别增环和减环。根据所建立的尺寸链，就可以求解。

在建立尺寸链的过程中，要遵循下列原则：

(1) 封闭的原则

尺寸链的封闭环和组成环一定要构成一个封闭的环链，在判别组成环时，从封闭环出发寻找相关零件，一定要回到封闭环。

(2) 最短的原则

在装配精度要求既定的条件下，装配尺寸链中组成环数越少，则组成环所分配到的公差就越大，加工就越容易、越经济。所以，在产品结构设计时，应尽可能地使对封闭环精度有影响的有关零件的数目减到最少；也就是说，在满足工作性能的前提下，尽可能使结构简化。在结构既定的条件下来组成装配尺寸链时，应使每一个有关零件只有一个尺寸列入装配尺寸链，这样组成环的数目就仅等于有关零件的数目。

8.3　利用装配尺寸链达到装配精度的方法

利用装配尺寸链来达到装配精度的工艺方法一般可以分为四类，即互换法、分组法、修配法及调整法。

8.3.1　互换法

零件加工完毕经检验合格后，在装配时不经任何调整和修配就可以达到要求的装配精度，这种装配方法就是互换法。互换法中，又分为完全互换法和不完全互换法。

1. 完全互换法

合格的零件在进入装配时，不经任何选择、调整和修配，就可以达到装配精度，称之为完全互换法。

完全互换法的特点是：装配容易，工人技术水平要求不高，装配生产率高，装配时间定额稳定，易于组织装配流水线生产，企业之间的协作与备品问题易于解决。

由于完全互换法装配是用极值法来计算尺寸链，其封闭环的公差与各组成环公差之间的关系是

$$T_0 = \sum_{i=1}^{m} T_i \tag{8-1}$$

因此当环数多时，组成环的公差就较小，使零件精度提高，加工发生困难，甚至不可能达到。所以这种装配方法多用于精度不是太高的短环装配尺寸链。

完全互换法在现代机械制造业中，特别是在大量生产中，应用十分广泛。一方面由于有生产节奏和经济性等要求；另一方面，从使用维修方面考虑有互换性的要求。因此，在汽车、拖拉机、轴承、缝纫机、自行车及轻工家用产品中都广泛采用完全互换装配法。

2. 不完全互换法

当装配精度要求较高而尺寸链的组成环又较多时，如采用完全互换法，则势必使得各组成环的公差很小，造成加工困难，甚至不可能加工。用极值法来分析，装配时所有的零件同时出现极值的几率是很小的。因此可以舍弃这些情况，将组成环的公差适当加大，装配时有为数不多的组件、部件或机械制品装配精度不合格，留待以后再分别进行处理，这种装配方法称之为不完全互换法。

不完全互换法的基本理论就是用统计法，特点是可以扩大组成环的公差并保证封闭环的精度，但有部分制品要进行返修。因此其多用于生产节奏不是很严格的大批量生产中，例如机床制造业及仪器、仪表制造业中用不完全互换装配法较多。

8.3.2　分组法

当封闭环的精度要求很高，用完全互换法或不完全互换法解装配尺寸链时，组成环的公差非常小，使加工十分困难而又不经济。这时可将组成环公差增大若干倍（一般为 3～6 倍），使组成环零件能按经济公差加工，然后再将各组成环按原公差大小分组，按相应组进行装配，这就是分组法。这种方法实质仍是互换法，只不过是按组互换，它既能扩大各组成环的公差，又能保证装配精度的要求。

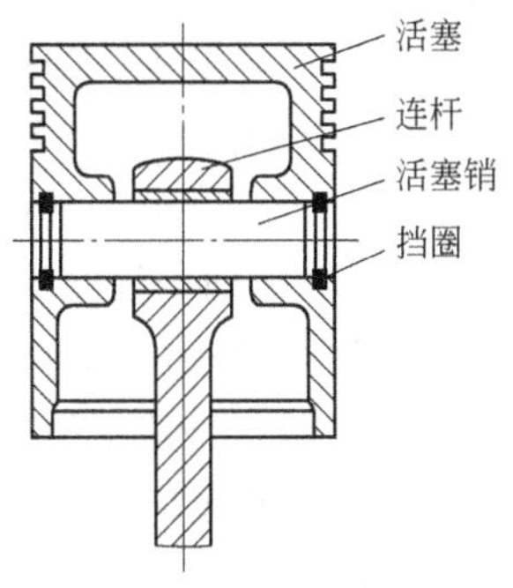

图 8-8　活塞、活塞销和连杆组装图

分组法多用于封闭环精度要求较高的短环尺寸链。一般组成环只有 2～3 个，因此应用范围较窄，而且一般只用于组成环公差都相等的装配尺寸链，例如用于汽车、拖拉机制造业及轴承制造业等大批量生产中。

以汽车发动机中，活塞和活塞销的分组装配为例。如图 8-8 所示，活塞销和活塞销孔为过盈配合。活塞销和活塞销孔的最大过盈量为 0.007 5 mm，最小过盈量为 0.002 5 mm。这就要求活塞销的直径为 $\phi25_{-0.0125}^{-0.0100}$ mm，活塞销孔的直径为 $\phi25_{-0.0175}^{-0.0150}$ mm，公差都为 0.002 5 mm，从而使加工困难。现将它们的公差都扩大 4 倍，活塞销的直径为 $\phi25_{-0.0125}^{-0.0025}$ mm，活塞销孔直径为 $\phi25_{-0.0175}^{-0.0075}$ mm，再分为 4 组，就可实现分组互换法装配，见表 8-1。

表 8-1　活塞销和活塞销孔的分组互换装配

分组互换组别	标志颜色	活塞销孔直径/mm	活塞销直径/mm	配合性质	
				最大过盈/mm	最小过盈/mm
第一组	白	$\phi25_{-0.0100}^{-0.0075}$	$\phi25_{-0.0050}^{-0.0025}$	0.007 5	0.002 5
第二组	绿	$\phi25_{-0.0125}^{-0.0100}$	$\phi25_{-0.0075}^{-0.0050}$		
第三组	黄	$\phi25_{-0.0150}^{-0.0125}$	$\phi25_{-0.0100}^{-0.0075}$		
第四组	红	$\phi25_{-0.0175}^{-0.0150}$	$\phi25_{-0.0125}^{-0.0100}$		

分组法的主要缺点是：测量、分组、保管、运输等各种比较复杂，所需的零件储备量要增大。

8.3.3　修配法

修配法就是将各组成环按经济公差制造，选定一个组成环为修配环(也称为补偿环)，预先留下修配余量，在装配时修配该环的尺寸来满足封闭环的精度要求。因此修配法的实质是扩大组成环的公差，在装配时通过修配来达到装配精度，所以此装配法是不能互换的。修配法中，主要的问题有修配环的选择、修配量的计算及修配环基本尺寸的计算等。

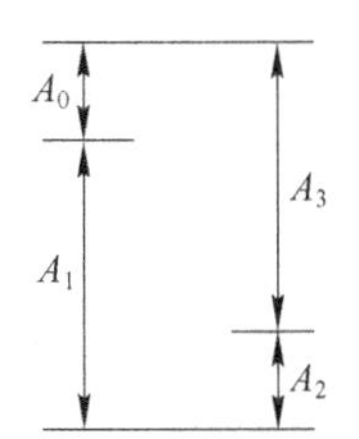

图 8-9　单件修配法

以前述图 8-3 所示的普通车床为例，前后顶尖与导轨的等高度是一个多环尺寸链。在生产中都将它简化为一个四环尺寸链，如图 8-9 所示。图中：

$$A_0=0_{+0.03}^{+0.06}\text{ mm},\quad A_1=160\text{ mm},\quad A_2=30\text{ mm},\quad A_3=130\text{ mm}$$

此项精度若用完全互换法求解，按等公差法算，则

$$T_1=T_2=T_3=\frac{0.03}{m}=0.01\text{ mm}$$

要达到这样的加工精度是比较困难的；若使用不完全互换法求解，也按等公差法进行计算，则

$$T_1=T_2=T_3=\frac{0.03}{\sqrt{m}}=0.017\text{ mm}$$

零件加工仍然困难，因此用修配法来装配。

1. **确定各组成环公差**

各组成环按经济公差制造，确定

$$A'_1=160\pm0.1\ \text{mm},\quad A'_2=30_0^{+0.2}\ \text{mm},\quad A'_3=130\pm0.1\ \text{mm}$$

这是考虑到主轴箱前顶尖至底面以及尾架后顶尖至底面的尺寸精度不易控制，故用双向公差，而尾架底板的厚度容易控制，故用单向公差。由于这项精度要求后顶尖高于前顶尖，故 A_2 取正公差。公差数值按加工的实际可能取就可以了。

2. **选择修配环**

在这几个零件中，考虑尾架底板加工最为方便，故取 A_2 为修配环。A_2 环是一个增环，因此修刮它时会使封闭环的尺寸减小。

3. **修配环基本尺寸的确定**

按照所确定的各组成环公差，用极值法计算封闭环的公差，得出 $A'_0=0_{-0.2}^{+0.4}$ mm。与原来的封闭环要求值 $A_0=0_{+0.03}^{+0.06}$ mm 进行比较，可知：

新封闭环的上偏差 ES'_0 大于原封闭环的上偏差 ES_0，即 $ES'_0>ES_0$。由于是选 A_2 为修配环，它是一个增环，减小它的尺寸会使封闭环的尺寸减小，所以只要修配 A_2 的尺寸就可以满足封闭环的要求。

新封闭环的下偏差 EI'_0 小于原封闭环的下偏差 EI_0，即 $EI'_0<EI_0$。当新封闭环出现下偏差时，尺寸已比原封闭环小，这时由于修配环是增环，减小它的尺寸已无济于事，反而使新封闭环尺寸更小，但又不能使修配环尺寸增大，因为修配法只能将修配环尺寸在装配时现场进行加工来减小。因此，这时只能先增大修配环的基本尺寸来满足 $EI'_0>EI_0$，就可以修配 A_2，使其满足 A_0。

修配环基本尺寸的增加值 ΔA_2 为

$$\Delta A_2=|EI'_0-EI_0|=|-0.2-0.03|=0.23\ \text{mm}$$

$$A''_2=(30+0.23)^{+0.2}=30.23^{+0.2}\ \text{mm}$$

也就是在零件加工时，尾架底板的基本尺寸应增大至 30.23 mm。

所以，在选增环为修配环时，当按各组成环所订经济公差用极值法算出新封闭环 A'_0，若 $EI'_0>EI_0$，则修配环的基本尺寸不必改变（或减小一个数值 $|EI'_0-EI_0|$），否则要增加一个数值 $|EI'_0-EI_0|$。

(4) 修配量的计算

修配量 δ_c 可以直接由 A'_0 和 A_0 算出，即

$$\delta_c=T'_0-T_0=0.6-0.03=0.57\ \text{mm}$$

修配量也可以根据修配环增大尺寸后的数值 A''_2 来计算封闭环 A''_0，再比较后得出

$$A''_2=30.23^{+0.2}=30_{+0.23}^{+0.43}\ \text{mm}$$

由极值法得出 $A''_0=0_{+0.03}^{+0.63}$ mm，与 $A_0=0_{+0.03}^{+0.06}$ mm 进行比较，可知：

最大修配量 $\delta_{c\max}=0.63-0.06=0.57$ mm

最小修配量 $\delta_{c\min}=0$

在机床装配中，尾架底板与床身导轨接触面需要刮研以保证接触点，故必须留有一定的刮研量，取刮研量为 0.15 mm。这时修配环的基本尺寸还应增加一个刮研量，故

$$A'''_2=(A''_2+0.15)^{+0.2}=(30+0.23+0.15)^{+0.2}=30_{+0.38}^{+0.58}\ \text{mm}$$

用极值法可以算出 $A'''_0=0_{+0.18}^{+0.78}$ mm，可得：

最大修配量　　　　　　　$\delta'_{c\,max}=0.78-0.06=0.72$ mm

最小修配量　　　　　　　$\delta'_{c\,min}=0.18-0.03=0.15$ mm

或直接由上面所得的最大、最小修配量 $\delta_{c\,max}$ 和 $\delta_{c\,min}$ 加上 0.15 mm，便可得到 $\delta'_{c\,max}$ 和 $\delta'_{c\,min}$。

8.3.4　调整法

修配法一般是要在现场进行修配，这就限制了它的应用。在大批、大量生产的情况下，可以采用更换不同尺寸大小的某个组成环或调整某个组成环的位置来达到封闭环的精度要求，这就是调整法。所选的组成环称之为调整环。因此，调整法的实质也是扩大组成环的公差，即各组成环按经济公差制造，并保证封闭环的精度，所选的调整环可以是一个，也可以是几个，组成一个调整环系统。

根据调整方法的不同，调整法又可分为可动调整法、固定调整法、误差抵消调整法等。

1. 可动调整法

所谓可动调整法，就是用改变所选定的调节件的位置来达到装配精度的方法。这种方法在机械制造中应用很多。如图 8-10 所示，图(a)是用调节螺钉来调整轴承的间隙；图(b)是通过调节楔块的上下位置调节丝杠与螺母的轴向间隙。

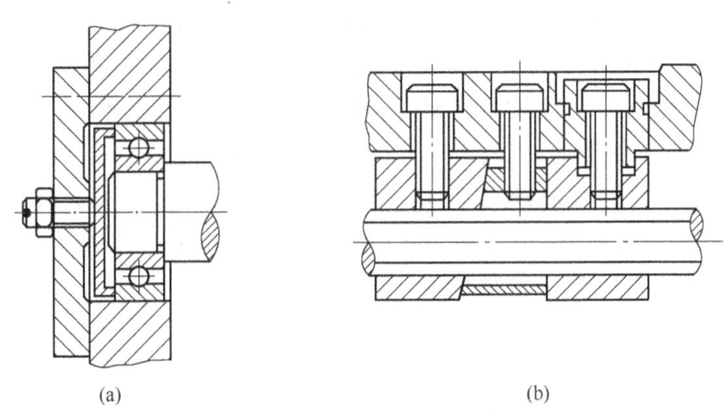

图 8-10　可动调整法示例

2. 固定调整法

固定调整(补偿)件是指按一定尺寸等级制造的一套专用零件(垫圈、垫片或轴套等)。采用固定调整法装配时，选择某一尺寸等级合适的调整件加入装配结构，使之达到装配精度要求。

采用固定调整法时，重要的问题是确定调整件分级数和各级调节件的尺寸大小。下面通过一示例加以说明。

例 8-1　图 8-11 所示部件中，齿轮轴向间隙量要求为0.05～0.15 mm。若采用完全互换法进行装配则分配到 A_1 和 A_2 上去的平均公差只有 0.05 mm(在不采用调整垫片的情况下)，这给零件加工带来一定的困难。现采用调整法进行装配，在结构中设置一调节环 A_K(垫片)。若 A_1 和 A_2 的基本尺寸分别为 50 mm 和 45 mm，按经济加工精度确定的 A_1 和 A_2 的公差分别为 0.15 mm 和 0.1 mm，试确定调整垫片的分级数和各级垫片的厚度。

解　根据题意，画出装配尺寸链如图 8-12(a)所示。在该尺寸链中，将“空位”尺寸(在未装入调节件 A_K 时的轴向间隙，用 A_S 表示)视为中间变量，并可将此尺寸链分解为两个并联的尺寸链，分别如图(b)和(c)所示。

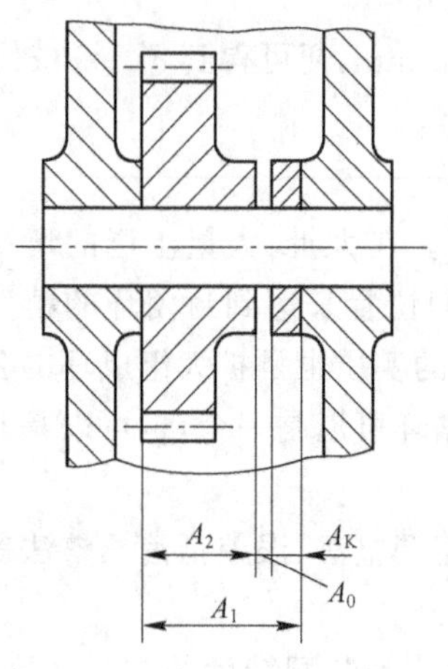

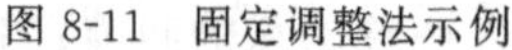

图 8-11　固定调整法示例

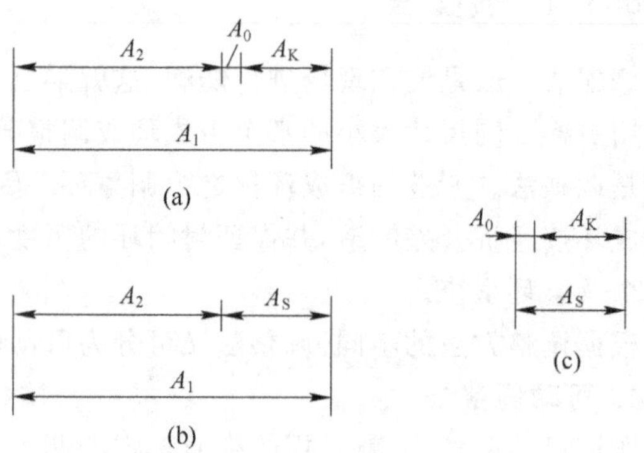

图 8-12　固定调整法尺寸链

在图 8-12(b)尺寸链中，A_1 和 A_2 是零件上的尺寸，在装配前已加工好，是尺寸链的组成环；A_S 是在装配过程中获得的，是尺寸链的封闭环。根据已知条件，并按入体原则确定公差带的位置，有 $A_1=50_{0}^{+0.15}$ mm，$A_2=45_{-0.1}^{0}$ mm，由此可求出 $A_S=5_{0}^{+0.25}$ mm。

在图 8-12(c)尺寸链中，A_0 是最后保证的，因而是尺寸链的封闭环。A_S 已由 A_1 和 A_2 确定，是组成环；A_K 是加工保证的，也是组成环，为待求值。在这个尺寸链中，封闭环 A_0 的公差小于组成环 A_S 的公差，因此无论 A_K 为何值，均无法满足尺寸链公差关系式。为使 A_0 能够获得规定的公差，可将空位尺寸 A_S 分为若干级，并使每一级空位尺寸公差小于或等于轴向间隙公差与调节垫厚度公差之差值，由此可确定分级级数

$$n=\frac{T_S}{T_0-T_K}$$

式中，T_S、T_0 和 T_K 为空位尺寸、封闭环尺寸和调整垫厚度尺寸公差。

在本例中已知：$T_0=0.1$ mm，已求出 $T_S=0.25$ mm，并假定 $T_K=0.03$ mm，代入上式有

$$n=\frac{0.25}{0.1-0.03}\approx 3.6$$

取 $n=4$。按计算所得的分级级数，将空位尺寸适当的分级，即可确定调整件各级尺寸。在本例中将空位尺寸 $A_S=5_{0}^{+0.25}$ mm 分成 4 级，各级尺寸分别为

$$A_{S1}=5_{+0.18}^{+0.25}\text{ mm},\ A_{S2}=5_{+0.12}^{+0.18}\text{ mm},\ A_{S3}=5_{+0.06}^{+0.12}\text{ mm},\ A_{S4}=5_{0}^{+0.06}\text{ mm}$$

再根据图 8-11(c)尺寸链，可求出各级调整垫片厚度尺寸分别为

$$A_{K1}=5_{+0.1}^{+0.13}\text{ mm},\ A_{K2}=5_{+0.03}^{+0.07}\text{ mm},\ A_{K3}=5_{-0.03}^{+0.01}\text{ mm},\ A_{K4}=5_{-0.09}^{-0.05}\text{ mm}$$

按上述尺寸准备好调整垫片，在装配时根据空位尺寸大小选择合适的调整垫片，即可保证装配精度要求。在产量大、精度高的装配中，调整件的分级级数可能很多，不便于管理。此时可采用一定厚度的垫片(如 1 mm、2 mm 等等)与不同厚度的薄金属片(如 0.01 mm、0.02 mm、0.05 mm、0.1 mm 等等)组合的方法，构成不同的尺寸，使调节工作更加方便。这种方法在汽车、拖拉机等生产中应用很广。

3. 误差抵消调节法

这种装配方法又称为定向或角度调节法。它是在装配时，根据尺寸链中某些组成环误差

的方向作定向装配，使各组成环误差方向合理配置，以达到互相抵消的目的。下面以车床主轴装配为例加以说明。

车床检验标准中规定了主轴锥孔中心线在距主轴端 300 mm 处的径向跳动量，如图 8-13(a)所示。这项误差实际上包括了两个方面的误差，即主轴回转误差和主轴锥孔中心线对主轴回转轴线的同轴度误差。而后者又包括三项误差，即主轴锥孔轴心线与主轴轴颈几何轴心线的同轴度误差 e_1，前后轴承内环内孔对内环外滚道的同轴度误差 e_2 和 e_3。

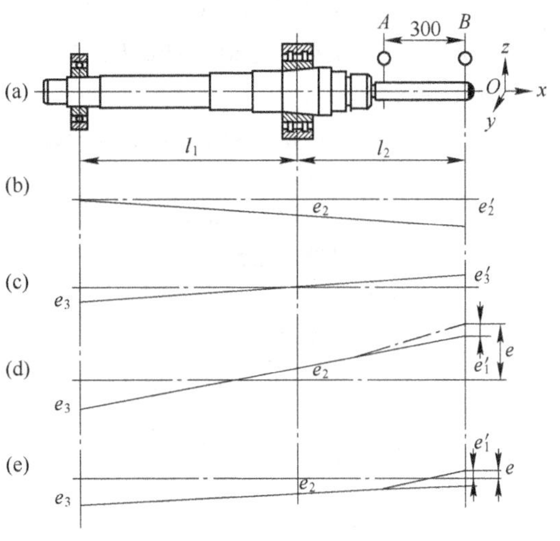

图 8-13　误差抵消调整装配法

如图 8-13(b)所示，只考虑前轴承的误差 e_2，反映到点 B 处的误差 $e_2'=e_2(l_1+l_2)/l_1$，误差传递比为$(l_1+l_2)/l_1$；如图(c)所示，只考虑后轴承的偏移 e_3，反映到点 B 处的误差为$e'_3=e_3l_2/l_1$，误差传递比为 l_2/l_1。显然这个传递比小于前者，即前轴承的精度对装配精度影响比后轴承的影响要大，因此机床上选用前轴承精度比后轴承要高。

如图 8-13(d)所示，若 e_2、e_3 方向刚好相反，再加上锥孔偏移量 e_1 的影响 e'_1，将使测得的径向跳动量最大，其值为 $e=e_2(l_1+l_2)/l_1+e_3l_2/l_1+e'_1$。若如图(e)所示，$e_2$、$e_3$ 方向相同，再加上 e_1 的影响 e'_1，得到的跳动量大为减少，其值为 $e=e_2(l_1+l_2)/l_1-e_3l_2/l_1-e'_1$。显然图(e)的情况要比图(d)好得多。

上面的分析是假定三个误差向量均处于同一平面内，实际上它们不一定处于一个平面，此时点 B 处的误差合成如图 8-14(a)所示。若将各误差向量方向调整到适当的位置，其合成误差值可能趋近于零，如图(b)所示。各误差向量的方向可用下面的方法确定：分别以点 O 和点 P 为圆心，以 e'_2 和 e'_3 为半径作圆交于点 Q。测量轴承偏心方向，并按图(b)所示方向进行定向装配，可使刀点的跳动量减小到最小的程度。

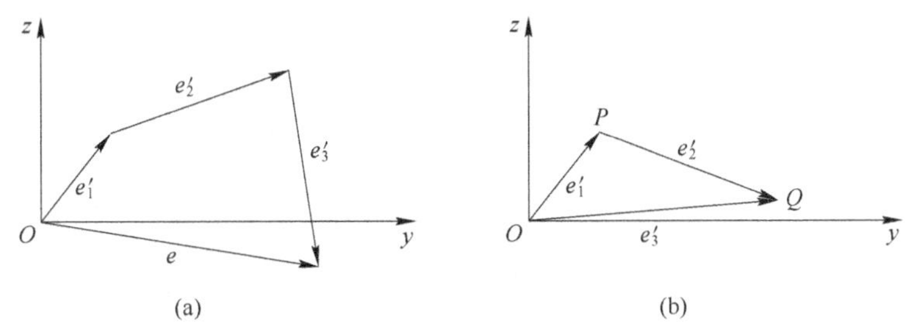

图 8-14　误差向量合成

思考题与习题

1. 在机器装配过程中，什么是套装、组装、部装和总装？套装与组装的区别是什么？

2. 机器的装配精度包含哪些内容？

3. 保证装配精度的方法有哪些？各用于什么场合？

4. 建立装配尺寸链的原则是什么？

5. 题图 8-1 为某齿轮箱部件简图，装配间隙为 A_0，试按最短环原则画出影响 A_0 的尺寸链图，并确定增、减环。

6. 题图 8-2 为传动部件简图，试用等精度法确定各组成环的公差与偏差。

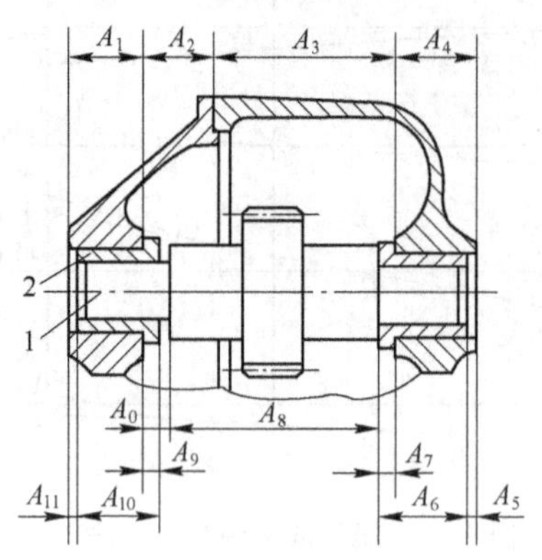

题图 8-1　某变速箱装配

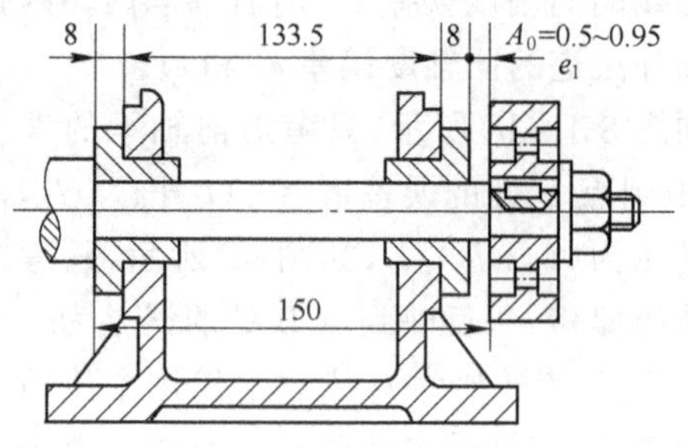

题图 8-2　某传动部件装配简图

第九章　机床夹具设计原理

机床夹具是机械制造中一项非常重要的工艺装备,也是机械加工工艺系统的一个重要组成部分。工件在机床上加工时,为了保证加工精度和提高生产率,必须使工件在机床上相对刀具占有正确的位置,这个过程称为定位。在切削过程中,为了克服工件受外力(惯性力、切削力、重力等)的作用而破坏定位,还必须对工件施加夹紧力,这个过程称为夹紧。定位和夹紧两个过程的综合称为装夹,完成工件装夹的工艺装备称为机床夹具。机床夹具作用的实现必须满足三个条件:①夹具在机床上的准确装夹;②工件在夹具中占有正确的加工位置;③刀具相对夹具具有准确位置。工件的最终精度是由零件相对于机床获得的。

9.1　机床夹具概述

9.1.1　机床夹具的分类

按通用化程度机床夹具可分为两大类,即通用夹具和专用夹具。

通用夹具是由机床附件厂或专门的工具制造厂制造的,如三爪卡盘、四爪卡盘、顶尖、平口钳、分度头等。因为它们具有通用性,对它们只需要稍加调整或更换少量零件就可以用于装夹不同的工件,所以一般称为通用夹具。为了适应不同工件的需要,通用夹具的结构通常要复杂一些。它既可以用于大批量流水生产,又可以用于单件、小批生产,是使用最广泛的一类夹具。

专用夹具是指为某工件的某工序专门设计和制造的夹具;或在小批生产及新产品试制时,由一套预先制造好的标准元件,根据被加工工件的需要组装成的组合夹具;或在多品种小批量生产时,夹具零件可以更换的成组专用夹具。专用夹具结构要比同样性能的通用夹具简单、紧凑、操作迅速且方便,通常由使用厂自行设计和制造,因此设计和制造的周期较长。当产品变更时,往往因无法重复利用而报废,因此专用夹具一般适用于产品固定的成批或流水线作业生产中。

9.1.2　夹具的作用和组成

夹具的作用和组成可以通过下述两个实例来说明。

图 9-1 为钻床夹具,用于钻、铰套筒工件上 ϕ6H7 孔,并保证轴向尺寸 37.5±0.02。工件以内孔和端面在定位销 6 上定位,旋紧螺母 5,通过开口垫圈 4 可将工件夹紧,然后由装在钻模板 3 上的快换钻套或铰套 1 引导钻头或铰刀进行钻孔或铰孔。图中 2 为导向套,7 为夹具体。

图 9-2 所示为加工壳体侧面棱边所用的铣床夹具。工件以端面、大孔和小孔作定位基面,定位件为支撑板 2 和装夹在其上的大圆销 3 及菱形销 4。夹紧装置是采用螺旋压板的联动夹紧机构(由压板 5、夹紧螺母 6、销轴 7、摆块 8、支柱 9 构成)。操作时,只需拧动螺母 6,就可使

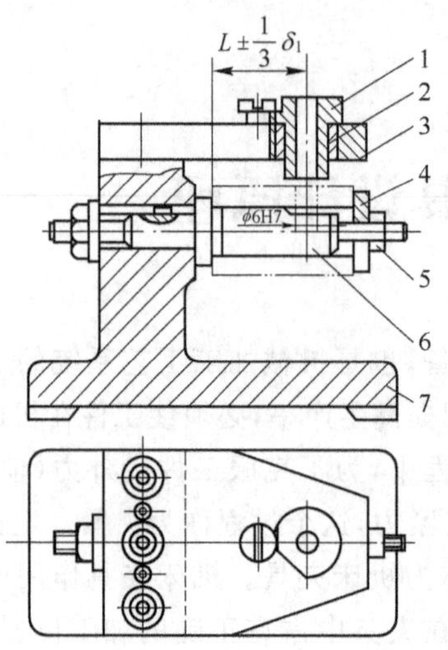

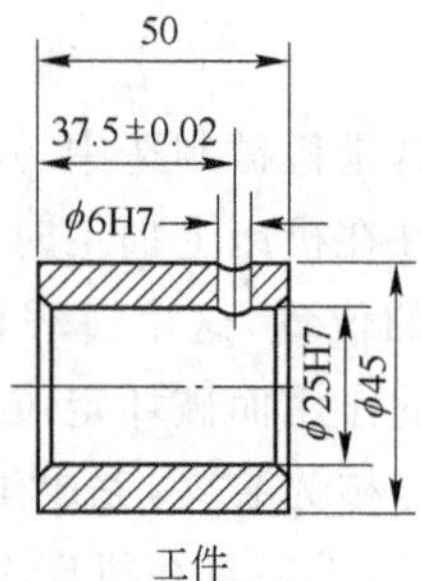

图 9-1　钻床夹具

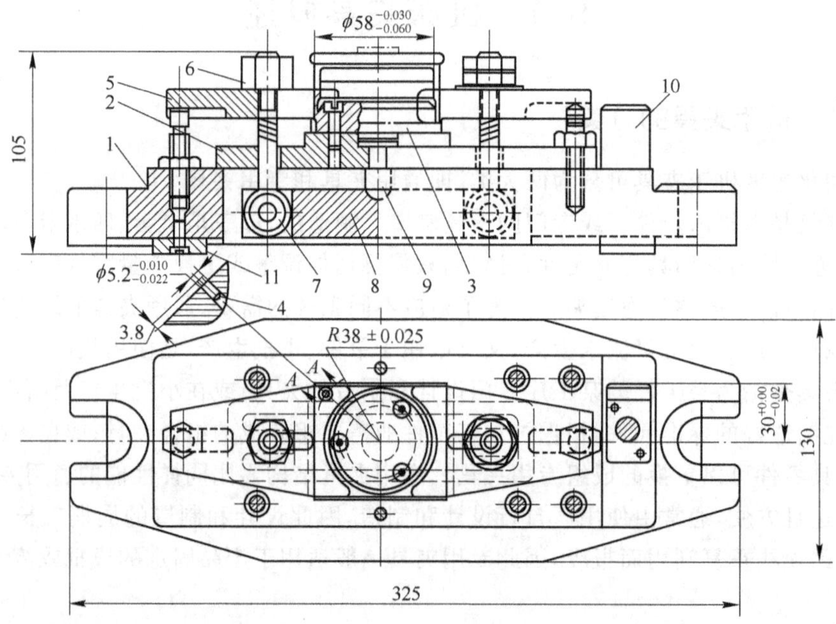

图 9-2　铣床夹具

左右两个压板同时夹紧工件。夹具上还设有对刀块 10,用来确定铣刀的位置。两个定向键 11 用来确定夹具体在机床工作台上的位置。图中 1 为夹具体。

1. 夹具的作用

(1) 保证加工精度的稳定:由于夹具在机床上的装夹位置及工件在夹具中的装夹位置均已确定,对加工一批工件来说是固定不变的,因此在加工过程中工件和刀具始终能保持正确的相对工作位置,为稳定地保证加工精度创造了条件。

(2) 缩短辅助时间,提高劳动生产率:通过上述两个例子可以看出,由于采用了专门的元件(如定位销、定位平面等)使工件能迅速地装夹在夹具中,而夹具则通过定位键、对刀块、导向套等专门装置也能很快地装夹在机床上并调整好位置。此外，还可以采用多件、多位、快速、增力、机动等夹紧装置。

(3) 可扩大机床的使用范围：采用专门夹具可以取代某种机床的作用，如无靠模铣床，可采用专门夹具在普通铣床上铣削成形表面，因而扩大了普通铣床的使用范围。

(4) 可以减轻劳动强度，保证安全生产。采用夹具后可以降低对工人技术水平的要求，给工人操作带来很大的便利，保证了生产安全，减轻了体力劳动(如采用机动夹紧等)。

2. 夹具的组成

通过上述两个例子也可以看出，夹具一般来说应由以下几个部分组成：

(1) 定位元件：它与工件的定位基准相接触，用于确定工件在夹具中的正确位置，如图 9-1 中的定位销 6；图 9-2 中的支撑板 2 及安装在其上的大圆销 3 和菱形销 4。

(2) 夹紧装置：这是用于夹紧工件的装置，在切削时使工件在夹具中保持既定位置，如图 9-1中的螺母 5、开口垫圈 4；图 9-2 中的压板 5、螺母 6 和销轴 7。

(3) 对刀元件：这种元件用于确定夹具与刀具的相对位置，如图 9-1 中的钻套 1；图 9-2 中的对刀块 10。

(4) 夹具体：这是用于联接夹具各元件及装置，使其成为一个整体的基础件。它与机床相结合，使夹具相对机床具有确定的位置。

(5) 其他元件及装置：根据工件的加工要求，有些夹具要有分度机构，铣床夹具还要有定位键等。

以上这些组成部分，并不是对每种机床夹具都是缺一不可的，但是任何夹具都必须有定位元件和夹紧装置，它们是保证工件加工精度的关键，目的是使工件“定准、夹牢”。

9.2　工件的定位原理

任何一个自由刚体(工件)，在空间直角坐标系中均有六个自由度，即沿三个互相垂直坐标轴的移动(用 $\vec{X}$、$\vec{Y}$、$\vec{Z}$ 表示)和绕三个坐标轴的转动(用 $\hat{X}$、$\hat{Y}$、$\hat{Z}$ 表示)，如图 9-3 所示。要定位，就必须限制这六个自由度。限制自由度的办法是采用定位支承。

例如图 9-4 所示的长方体工件的定位，可在其底面布置三个不共线的支承 1、2、3，限制 $\vec{Z}$、$\hat{X}$、$\hat{Y}$ 三个自由度；侧面沿 y 轴布置两个支承点 4、5，限制 $\vec{X}$、$\hat{Z}$ 两个自由度；端面布置一个支承点 6，限制 $\vec{Y}$ 一个自由度。由此可见，采用六个按一定规则布置的支承点，限制工件的六个自由度，

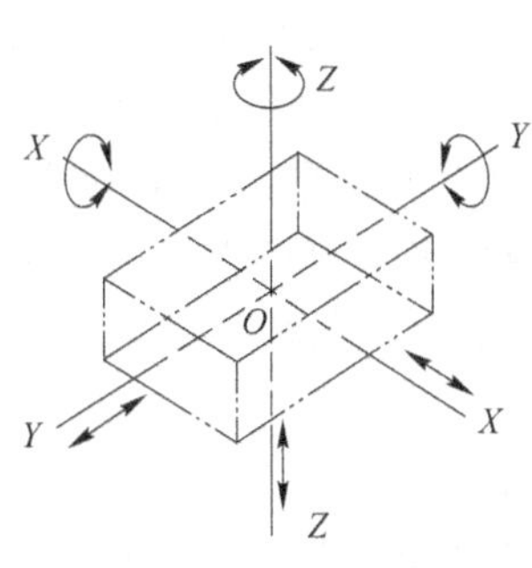

图 9-3　刚体在空间具有六个自由度

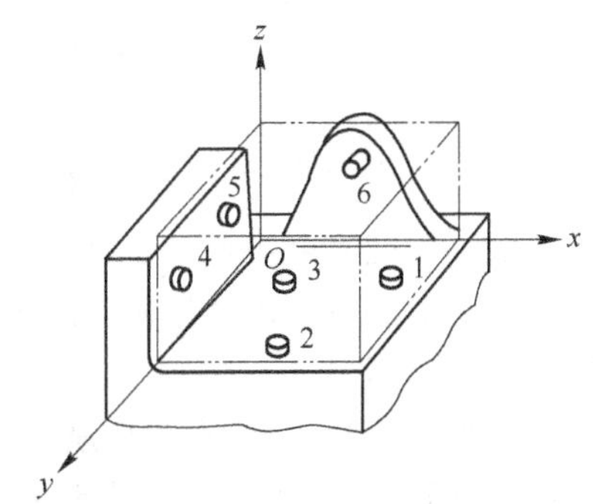

图 9-4　工件在空间的六点定位

使工件在机床或夹具中占有正确的位置，这即是通常所说的“六点定位原理”。实际上，工件加工时并不一定要求限制其全部自由度。工件需要限制的自由度数由工件形状和在该工序中的加工要求而定。一般在定位中可能出现的情况有下述四种。

1. 完全定位

如图 9-5(a)所示，在铣床上铣削一批长方体工件的沟槽。为了保证每次装夹的工件都具有正确的位置，使三个工序尺寸 a、b、c 符合工序要求，就必须限制工件的六个自由度。这种将工件六个自由度完全限制的定位，叫做完全定位。

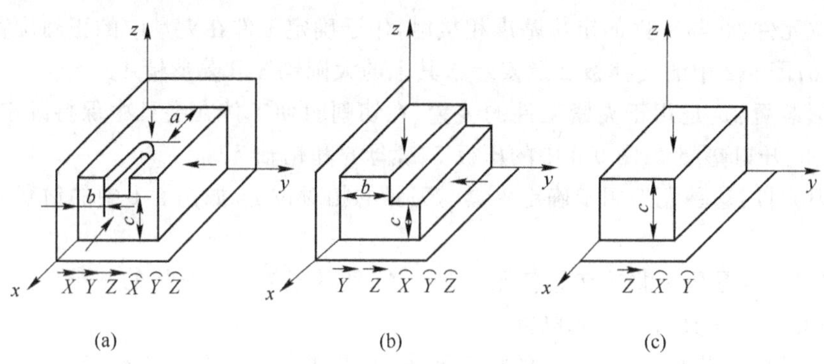

图 9-5　工件应限制自由度的确定

2. 不完全定位

图 9-5(b)所示为铣削一批工件的台阶面，在轴向无尺寸要求，故只限制五个自由度 $\vec{Y}$、$\vec{Z}$、$\widehat{X}$、$\widehat{Y}$、$\widehat{Z}$ 就够了。这种没有完全限制工件自由度的定位，叫做不完全定位。图 9-5(c)所示为铣削工件平面，它只需要保证 z 轴方向的高度尺寸 c 即可，因此只要限制 $\vec{Z}$、$\widehat{X}$、$\widehat{Y}$ 三个自由度，就可以保证工件的加工要求，这就是不完全定位。

3. 欠定位

应该限制的自由度没有被限制，这种定位叫做欠定位。图 9-5(a)中，若沿 x 轴移动自由度未加限制，尺寸 a 无法保证，所以欠定位是不允许的。

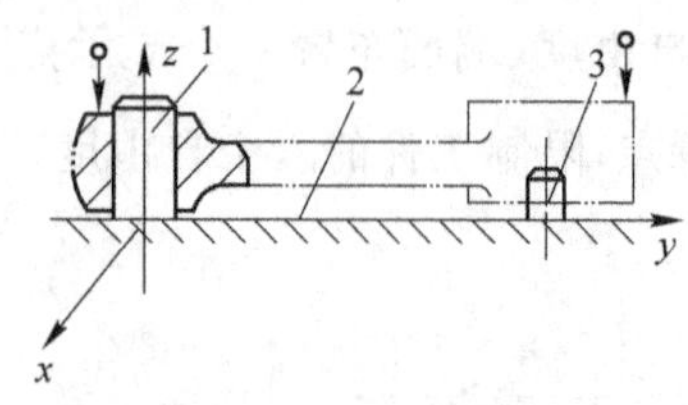

图 9-6　连杆的过定位

4. 过定位

多个支承点重复限制同一个自由度的情况称为过定位。如图 9-6 所示的连杆定位情况，长销 1 限制了 $\vec{X}$、$\vec{Y}$、$\widehat{X}$、$\widehat{Y}$ 四个自由度，而支承板 2 限制了 $\vec{Z}$、$\widehat{X}$、$\widehat{Y}$ 三个自由度，其中，$\widehat{X}$、$\widehat{Y}$ 被两个定位元件重复限制，这就产生了过定位。由于工件孔与端面、长销与支承板平面均有垂直度误差，当工件装夹以后，工件端面与支承板不可能完全接触。在对工件进行夹紧时，会因为夹紧力造成长销及连杆弯曲变形，所以，在通常情况下应该尽量避免产生过定位。但过定位若使用得当，则可起到增加刚性和定位稳定性的作用。

消除过定位的干涉，一般有两种途径：一是提高定位基面之间以及定位元件工作表面之间的位置精度（如图 9-7(a)所示）；二是改变定位元件的结构（如图 9-7(b)、(c)所示）。

各种典型定位元件的定位分析如表 9-1 所示。

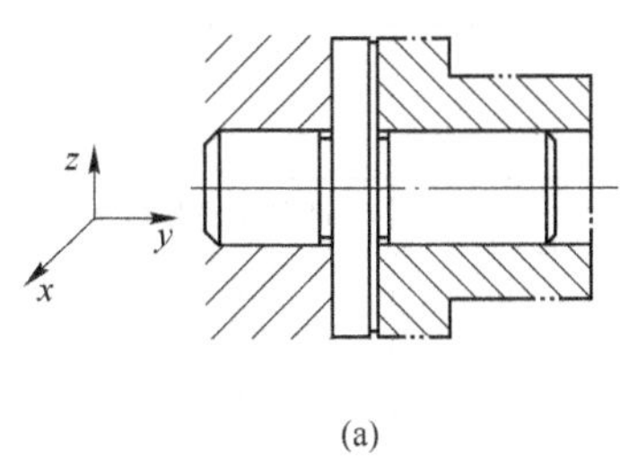

(a)

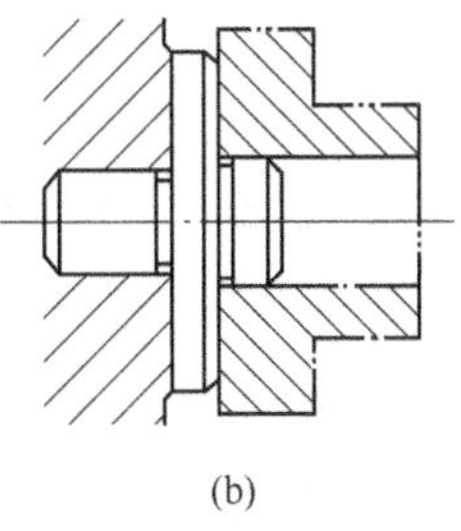
(b)

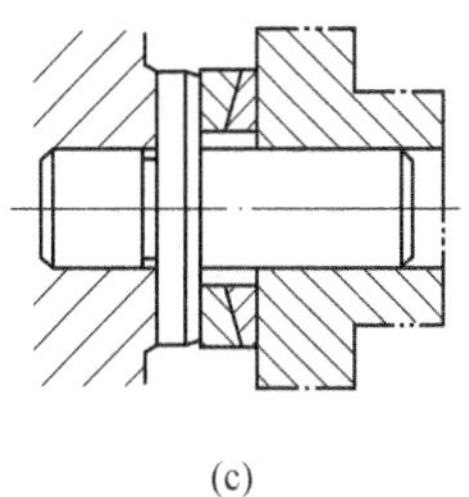
(c)

图 9-7　改善过定位的措施

表 9-1　典型定位元件的定位分析

工件的定位面	夹具的定位元件				
平面	支承钉	定位情况	一个支承钉	二个支承钉	三个支承钉
		图　示			
		限制的自由度	$\vec{X}$	$\vec{Y}\ \widehat{Z}$	$\vec{Z}\ \widehat{X}\ \widehat{Y}$
平面	支承板	定位情况	一块条形支承板	二块条形支承板	一块矩形支承板
		图　示			
		限制的自由度	$\vec{Y}\ \widehat{Z}$	$\vec{Z}\ \widehat{X}\ \widehat{Y}$	$\vec{Z}\ \widehat{X}\ \widehat{Y}$
圆	圆柱销	定位情况	短圆柱销	长圆柱销	两段短圆柱销
		图　示			
		限制的自由度	$\vec{Y}\ \vec{Z}$	$\vec{Y}\ \vec{Z}\ \widehat{Y}\ \widehat{Z}$	$\vec{Y}\ \vec{Z}\ \widehat{Y}\ \widehat{Z}$
		定位情况	菱形销	长销小平面组合	短销大平面组合
		图　示			
		限制的自由度	$\vec{Z}$	$\vec{X}\ \vec{Y}\ \vec{Z}\ \widehat{Y}\ \widehat{Z}$	$\vec{X}\ \vec{Y}\ \vec{Z}\ \widehat{Y}\ \widehat{Z}$

续表

工件的定位面	夹具的定位元件				
孔	圆锥销	定位情况	固定锥销	浮动锥销	固定锥销和浮动锥销组合
		图　　示			
		限制的自由度	$\vec{X}\ \vec{Y}\ \vec{Z}$	$\vec{Y}\ \vec{Z}$	$\vec{X}\ \vec{Y}\ \vec{Z}\ \widehat{Y}\ \widehat{Z}$
外圆柱面	V形块	定位情况	一块短V形块	两块短V形块	一块长V形块
		图　　示			
		限制的自由度	$\vec{X}\ \vec{Z}$	$\vec{X}\ \vec{Z}\ \widehat{X}\ \widehat{Z}$	$\vec{X}\ \vec{Z}\ \widehat{X}\ \widehat{Z}$
	定位套	定位情况	一个短定位套	两个短定位套	一个长定位套
		图　　示			
		限制的自由度	$\vec{X}\ \vec{Z}$	$\vec{X}\ \vec{Z}\ \widehat{X}\ \widehat{Z}$	$\vec{X}\ \vec{Z}\ \widehat{X}\ \widehat{Z}$
圆锥孔	锥顶尖和锥度心轴	定位情况	固定顶尖	浮动顶尖	锥度心轴
		图　　示			
		限制的自由度	$\vec{X}\ \vec{Y}\ \vec{Z}$	$\vec{Y}\ \vec{Z}$	$\vec{X}\ \vec{Y}\ \vec{Z}\ \widehat{Y}\ \widehat{Z}$

9.3　工件用夹具定位装夹时的基准位置误差

设计夹具时，必须根据工件的加工要求和已确定的定位基面，选择定位方法及定位元件并分析定位精度。

9.3.1　工件以平面定位

1. 定位元件的布置

在机械加工中，对于箱体、床身、机座等零件，常选择平面作为定位基面。图 9-8 所示为以平面作定位基面的定位示意图。图(a)所示的是粗基准定位的情况，由于定位基面误差大，故定位元件选用支承钉。图(b)所示的是精基准定位的情况，此时基面精度较高，一般采用的定位元件为支承板。在用一组基面定位时，习惯上把限制自由度最多的定位基面称为第一定位基面，依次就是第二、第三定位基面；或者分别称为主要定位基面、导向基面和止推基面。这三个基面的选择及其定位元件的布置，一般应遵守下述原则。

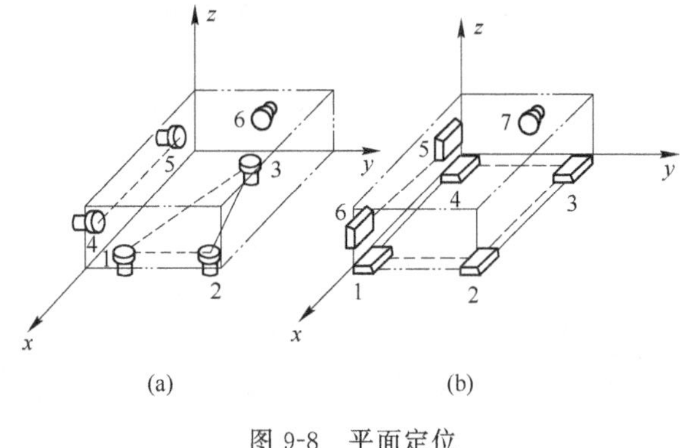

图 9-8　平面定位

(1) 主要定位基面(第一定位基面)应是工件上最大且较精确的平面。在主要定位基面范围内布置的支承钉或支承板等定位元件，应能限制三个自由度。由各支承元件构成的支承面，其面积应尽可能大，以利于提高定位精度，增加定位稳定性。粗基准不选用支承平板作定位元件，原因就在于它与粗糙不平的基面所接触的三点很可能彼此靠近，构成的支承面积很小，导致定位不稳定，故常用彼此相距较远的三个支承钉定位(如图 9-8(a)所示)。但在工件较大的特殊情况下，用支承板代替支承钉也是允许的。

(2) 导向基面(第二定位基面)应选择工件上窄长的平面，一般布置两个定位支承，限制二个自由度。为了提高导向精度，两个定位支承相距应尽量远，如图 9-8(a)中的定位支承 4 和 5 及图(b)中的 5 和 6。

(3) 止推基面(第三定位基面)一般选面积较小的面，布置一个定位支承，限制一个自由度。

2. 支承元件的结构形式

一般常用的支承元件，已有国家标准，可在机床夹具手册中查找，或参阅国家标准汇编中的有关部分(GB 2148～GB 2258)。

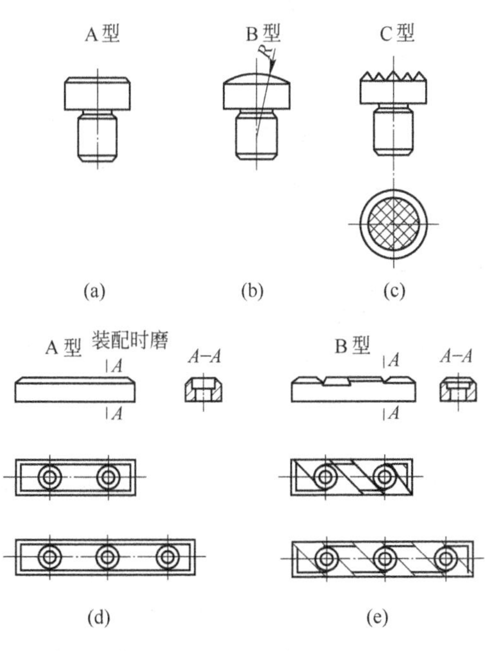

图 9-9　支承钉与支承板

(1) 主要支承

主要支承是指能起限制工件自由度作用的支承，它可分为：

① 固定支承。属于固定支承的定元件有支承钉和支承板。如图 9-9 所示，图(a)为平头支承钉，它与工件接触面较大，适用于精基准定位。图(b)、(c)分别为圆头和网纹支承钉。圆头支承钉与定位基面之间为点接触，因此容易保证接触点位置的相对稳定，但容易磨损，多用于粗基准定位。网纹支承钉与定位基面间的摩擦力大，夹紧力可以较小，但其上的切屑不易清除，常用在要求摩擦力较大的侧面定位。支承板多用于精基准定位，其优点是与工件定位基面的接触面积大，可以减少它们之间的压强，避免压坏定位基面。图(d)为常用的一种支承板，

但沉头螺钉处积存的切屑不易清除，影响定位精度。图(e)所示支承板，其上开有排屑槽，可以避免上述缺点。

支承板在装配到夹具体上后，为保证各支承板工作面的等高性，一般应进行一次最终磨削。

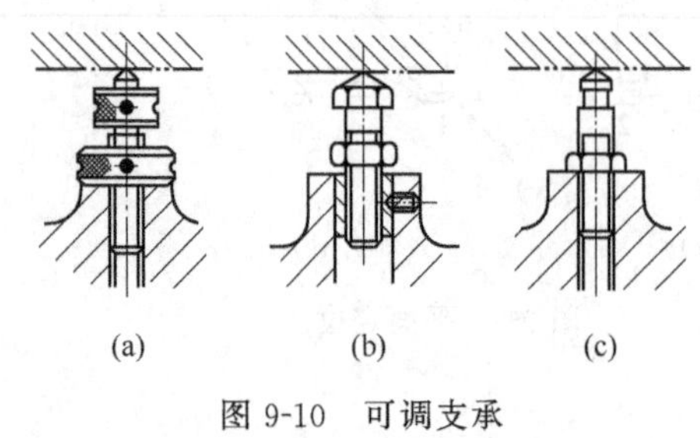

图 9-10　可调支承

② 可调支承。即支承的高度尺寸在一定范围内可以进行调整。这种支承主要用于下列情况：当毛坯质量不高，特别是不同批的毛坯尺寸差别较大时，往往在加工每批毛坯的最初几件时，需要按划线来找正工件的位置；或者在产品系列化的情况下，可用同一夹具加工结构相同而尺寸规格不同的零件，这时在夹具上常采用可调支承。可调支承结构如图 9-10 所示。图(a)所示结构中，用手拧动滚花螺母以调节支承的高低位置，适用于轻型工件；图(b)、(c)结构中，需用扳手调节，适用于较重的工件。支承调到合适的高度后，应用锁紧螺母锁紧，防止松动。

③ 自位支承(浮动支承)。自位支承是指支承本身的角向位置在工件定位过程中能随工件定位基面位置变化而自动与之适应。这种支承一般具有两个以上的支承点，各点间互有联系，其上放置工件后，若压下其中一点，就迫使其余的点上升，直至各点全部与工件接触为止，其定位作用只限一个自由度，相当于一个固定支承钉。如图 9-11 所示，图(a)所示为球面式，与工件有三点接触；图(b)所示为杠杆式，与工件作二点接触；图(c)与图(b)相同，适用于基准为阶梯定位。由于与工件接触点数目增加，有利于提高工件的定位稳定性和支承刚性。自位支承通常用于毛坯平面、断续平面以及阶梯平面的定位。

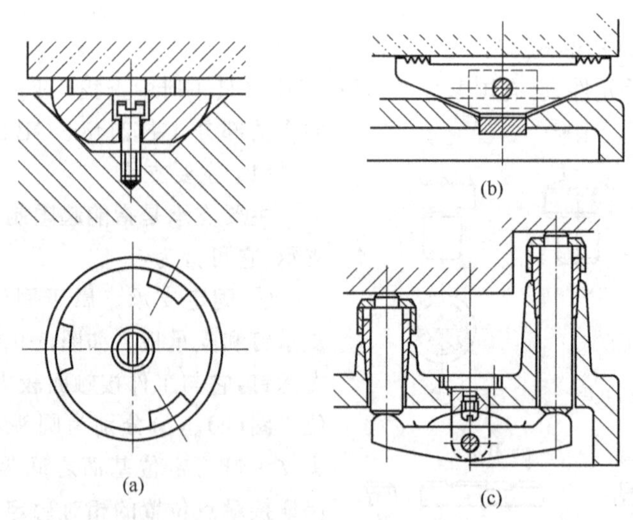

图 9-11　自位支承

采用自位支承时，夹支力和切削力不要正好作用在支承点上，应尽可能位于活动工作点的中心。

(2) 辅助支承

辅助支承是在夹具中对工件不起限制自由度作用的支承。它主要用于提高工件的支承刚性，防止工件因受力产生变形。如图 9-12 所示，工件 4 以平面 A 为定位基准，由于被加工表面离主要基面较远的部分在切削力作用下会产生变形和振动，因此增设辅助支承3，可提高工件的支承刚性。

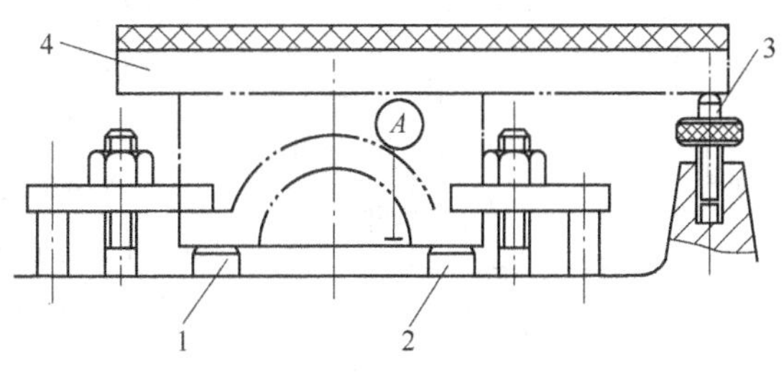

图 9-12　辅助支承的应用

辅助支承不应确定工件在夹具中的位置，因此只有当工件按定位元件1、2定好位以后，再调节辅助支承的位置使其与工件接触。这样每装卸工件一次，必须重新调节辅助支承。

辅助支承结构形式很多，图9-13是其中的三种结构。图(a)所示的结构最简单，但在转动支承1时，有可能因摩擦力矩带动工件而破坏定位。图(b)所示结构避免了上述缺点，调节时转动螺母2，支承1只做上下直线移动。这两种结构动作较慢，转动支承时用力不当会破坏工件的既定位置。图(c)所示为自位式辅助支承，靠弹簧3的弹力使支承1与工件接触，转动手柄4将支承1锁紧。因为弹簧力可以调整，作用力适当而稳定，所以避免了由于操作上的失误而将工件顶起。为了防止锁紧时将支承1顶出，α角不应太大，以保证有一定的自锁性，一般α取7°～10°。

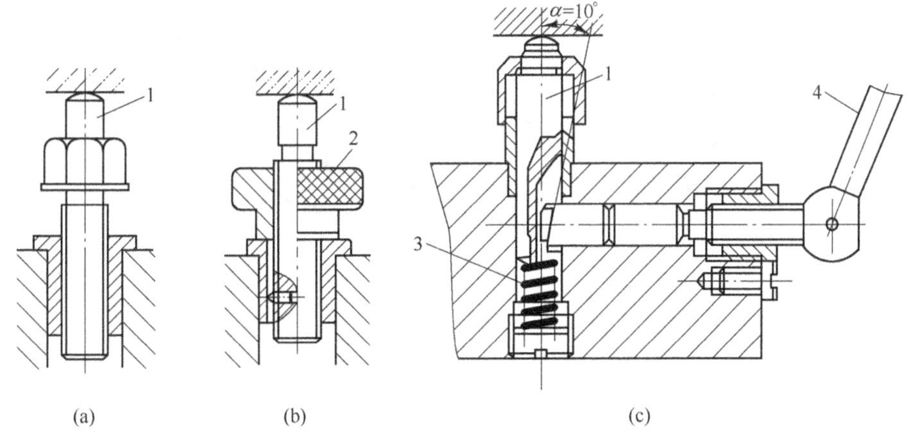

图 9-13　辅助支承

3. 平面定位时的基准位置误差

由于定位副(工件的定位基准和定位元件工作表面)的制造误差或定位方式，引起同批工件中的定位基准在夹具中的位置的最大变动量，称为基准位置误差(用Δ_{jw}表示)。在工件以平面作为主要定位基准时，只要定位基面为精基面，夹具上的定位元件工作面又处在同一平面上，则定位基面与定位平面接触较好，同批工件中的定位基准的位置基本上是一致的，所以基准位置误差很小，可以忽略不计，即$\Delta_{jw}=0$。当工件以粗基准定位时，由于通常都不以严格的要求来规定此平面的精度，在这种情况下也就没有必要计算基准位置误差。

9.3.2　工件以圆孔定位

工件以圆孔为定位基准时，常用的定位元件是各种心轴和定位销。

1. 间隙配合圆柱心轴

为便于工件的装卸，孔与心轴采用间隙配合。图9-14为采用圆柱心轴装夹工件示意图。

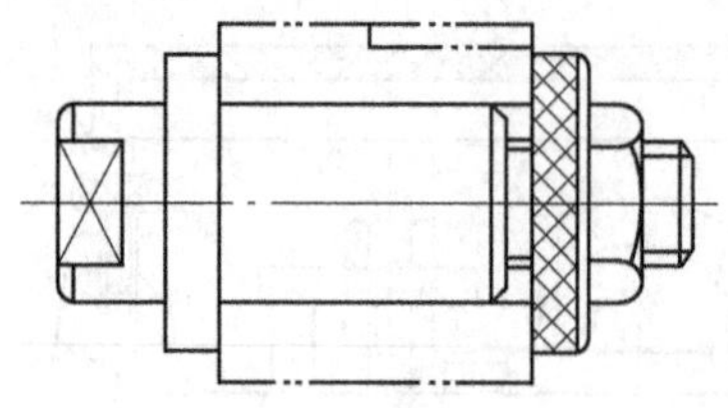

图 9-14 间隙配合

因孔、轴之间存在间隙，会产生基准位置误差，其值可按两种情况考虑。

(1) 定位基准孔与心轴任意接触

当心轴垂直放置，定位孔与心轴可以在任意方向接触时(如图 9-15(a)所示)，且当孔径最大而轴径最小时，则定位孔的几何中心(即定位基准)在夹具中位置的变动量为 O_1O_2，即这种情况下所产生的基准位置误差为

$$\Delta_{jw}=O_1O_2=D_{max}-d_{min}=(D_{min}+T_D)-(d_{max}-T_d)=T_D+T_d+x_{min} \tag{9-1}$$

式中：D_{max}——工件定位孔最大直径；

D_{min}——工件定位孔最小直径；

d_{max}——定位心轴最大直径；

d_{min}——定位心轴最小直径；

T_D——工件定位孔直径公差；

T_d——定位心轴直径公差；

x_{min}——孔与轴之间的最小配合间隙。

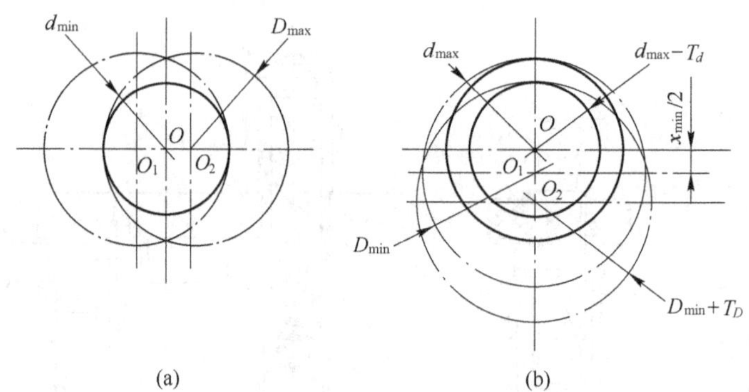

图 9-15 用间隙配合心轴定位时的基准位置误差

(2) 定位基准孔与心轴固定边接触

当心轴水平放置时，且因受重力影响或在夹紧力作用下定位孔只能单向位移而与心轴固定边接触时(如图 9-15(b)所示)，在孔径最大($D_{min}+T_D$)、轴径最小($d_{max}-T_d$)的情况下，孔的中心(即定位基准)会下移到 O_2 处；而当孔径最小为 D_{min}、轴径最大为 d_{max}时，则上移到 O_1 处。在两种可能的极限情况下，孔中心位置的最大变动量，即基准位置误差为

$$\Delta_{jw}=O_1O_2=OO_2-OO_1=\frac{T_D+T_d+x_{min}}{2}-\frac{x_{min}}{2}=\frac{T_D+T_d}{2} \tag{9-2}$$

由上可见，由于定位副(定位孔与定位轴)的制造误差和配合方式导致产生了基准位置误差，因而降低了定心精度。

2. 过盈配合圆柱心轴

圆柱心轴中间的定位部分与工件孔用过盈配合(如图 9-16 所示)。心轴前端有一导向部分 1，与工件作间隙配合，其作用是使工件易于套上心轴，并在压入定位部分时起导向作用。心轴末端是传动部分 2。心轴两端都打有中心孔，加工时安装在机床前后顶尖上。

采用过盈心轴装卸工件比较费时，但由于孔与轴间无间隙，基准位置误差为零，所以定心

精度较高。

3. 圆锥心轴

圆锥心轴(如图 9-17 所示)一般具有很小的锥度 K,通常 K 为 1∶5 000～1∶1 000。对于磨床用的圆锥心轴,其锥度可以更小,一般 K=1∶10 000～1∶5 000。装夹时以轴向力将工件均衡推入,靠孔与心轴接触表面的均匀弹性变形,使工件楔紧在心轴的锥面上。加工时靠摩擦力带动工件。

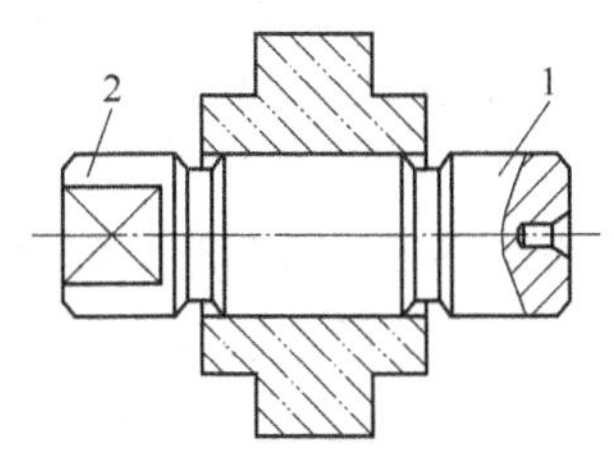

图 9-16　过盈配合心轴

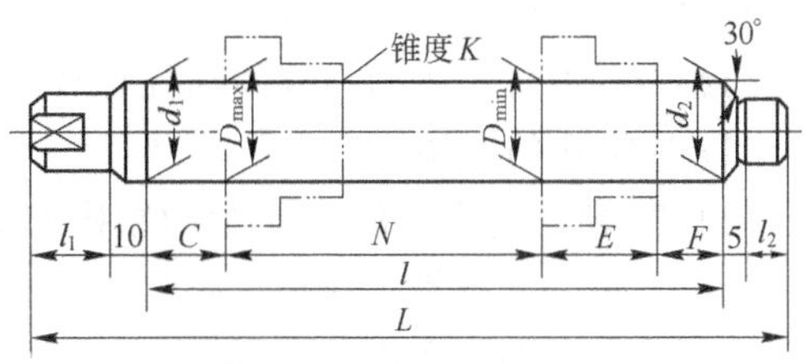

图 9-17　圆锥心轴

采用圆锥心轴,孔、轴间的间隙得以消除,定心精度较高,可达 0.005～0.01 mm。但在采用圆锥心轴时,一般要求工件定位孔的精度不应低于 IT7 级,否则定位孔径由 D_{max}变到 D_{min}时,将使轴向位置变化较大,如图 9-17 所示的尺寸 N。这样会使心轴总长 L 增大,造成心轴刚性降低,同时也使加工调整都不方便。

4. 定位销

图 9-18 为常用的定位销结构,其中图(a)、(b)、(c)定位销大多采用过盈配合直接压入夹具体孔中,定位销头部均有 15°倒角,以便引导工件套入。当定位销的工作部分直径 $d \leqslant 10$ mm 时,为增加刚性,通常在工作部分的根部倒成大圆角 R(如图 9-18(a)所示),这时在夹具体上锪出沉孔,使圆角部分埋入孔内,不致妨碍定位。

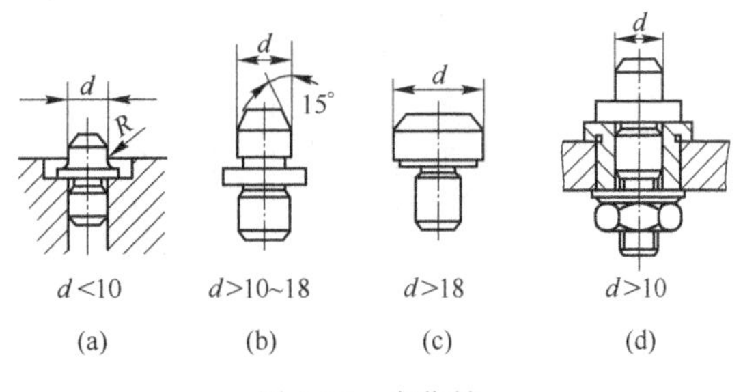

图 9-18　定位销

在大批量生产条件下,由于工件装卸次数频繁,定位销较容易磨损而降低定位精度。为便于更换,常常采用图 9-18(d)所示的可换式定位销,其中衬套与夹具体为过渡配合,衬套孔与定位销为间隙配合,尾部用螺母拉紧。定位销工作部分直径可按工件的加工要求,选用 g5、g6、f6、f7 等配合精度。

5. 圆锥销

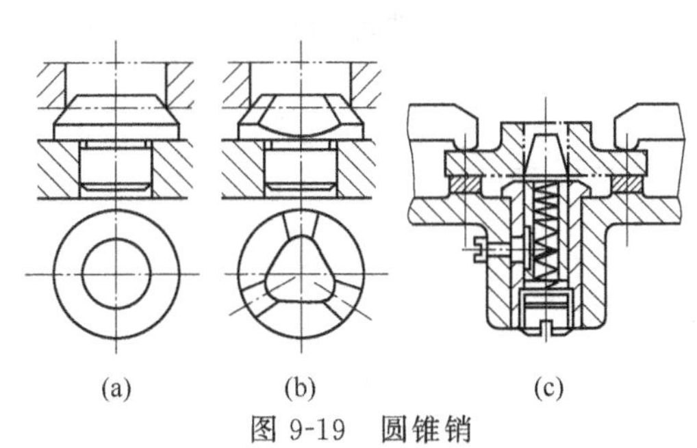

图 9-19　圆锥销

图 9-19 所示为工件以孔在圆锥销上的定位情况。图(a)用于精基准;图(b)用于粗基准。由于孔与锥销只能在圆周上作线接触,工件容易倾斜,为避免这种现象产生。常和其他元件组合定位,如图(c)所示。图中的工件底面搁置在支承平板上,圆锥销依靠弹簧力插入定位孔中,这样既避免了沿轴向的过定位,又消除了孔和圆锥销的间隙,使圆锥销起到较好的定心作用。

9.3.3 工件以外圆柱面定位

工件以外圆作为定位基准时，可以在V形块、圆孔、半圆孔、定心夹紧装置中定位，其中常用的是在V形块中定位。

1. 在V形块中定位

定位基准不论是完整的圆柱表面还是局部圆弧面，都可以采用V形块定位，它的最大特点是对中性好，即工件定位圆的轴线与V形块两斜面对称轴线保证重合，不受定位外圆直径误差的影响。对加工表面与外圆轴线有对称度要求的工件，常采用V形块定位。

(1) V形块的结构

图9-20所示为常用的V形块的结构形式。图(a)为标准的V形块，用于对精基面长度较短的工件定位。当用较长的圆柱面定位时，应将V形块做成间断的形式(如图(b)所示)，使它与基准外圆的中部不致接触，以保证定位稳定；或者用二个图(a)所示的V形块，安装在夹具体上，但两个V形块的工作面应在装配后同时磨出，以求一致。图(c)所示的V形块，其工作面较窄，主要用作粗基准定位，这与粗基准平面应用支承钉而不用整块支承板定位是类似的。

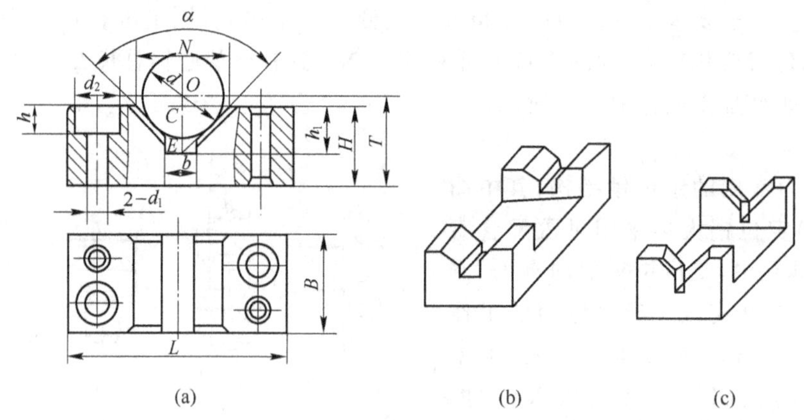

图9-20 V形块的结构

(2) V形块在夹具中的安装尺寸

V形块已标准化，有关结构尺寸可参照标准选用。在设计V形块时，主要由设计者确定安装尺寸T。如图9-20(a)所示，在V形块上放置有一个直径为d的检验心轴，d的大小等于工件定位外圆直径的平均尺寸，T是检验心轴的中心O到V形块底面的高度尺寸。由于生产中常以检验心轴的中心O(也即工件定位外圆中心)来调整刀具的位置，因此工件外圆几何中心实际上是工件以外圆柱面在V形块上定位时的定位基准，而尺寸T就是表示定位基准的高度尺寸，它必须标注在V形块的工作图上，用作综合检验V形块制造和调整精度的依据。

由图9-20(a)所示的几何关系，尺寸T可用下式计算：

$$T=H+\frac{1}{2}\left[\frac{d}{\sin(\alpha/2)}-\frac{N}{\tan(\alpha/2)}\right] \tag{9-3}$$

当$\alpha=90°$时，则

$$T=H+0.707d-0.5N \tag{9-4}$$

式中：H、N——由选用的标准V形块的结构确定；

d——工件定位外圆直径的平均尺寸。

(3) 工件以外圆在V形块上定位时的基准位置误差

如前所述,工件定位外圆的几何中心即是定位基准。因此计算定位基准位置误差,就是计算同批工件中该几何中心位置的最大变动量。

如图9-21所示,当工件直径最大为 d 时,外圆中心在 O 处;当直径最小为 $d-T_d$ 时,显然工件要下移,直至与V形块接触为止。此时圆周上的点 A 下移到点 A_1 处,相应地外圆中心 O 移到 O_1 处,因此定位基准位置的变动量,即为定位基准位置误差 Δ_{jw}。由图示几何关系得到

$$\Delta_{jw}=OO_1=AA_1=\frac{T_d}{2\sin\ (\alpha/2)} \tag{9-5}$$

在标准V形块中,夹角 α 规定有60°、90°、120°三种。从减小基准位置误差考虑 α 角应选用最大的,但此时工件外圆与V形块接触的两条母线相距较近,使定位稳定性变差,为兼顾定位稳定性及使 Δ_{jw} 较小,一般常选夹角 $\alpha=90°$ 的V形块。

2. 在圆轴孔中定位

工件以外圆在圆柱孔中定位,与前述的孔在心轴或定位销上定位情况相似,只是外圆与孔的作用正好对换。

3. 在半圆孔中定位

对于工件尺寸较大或定位外圆不便于直接插入定位圆孔时,可用半圆孔定位。采用这种定位方法时,定位元件为切成两半的定位套,其下半部(图9-22中的件1)固定在夹具体上,上半部(件2)装在铰链盖板上,前者起定位作用,后者起夹紧作用。

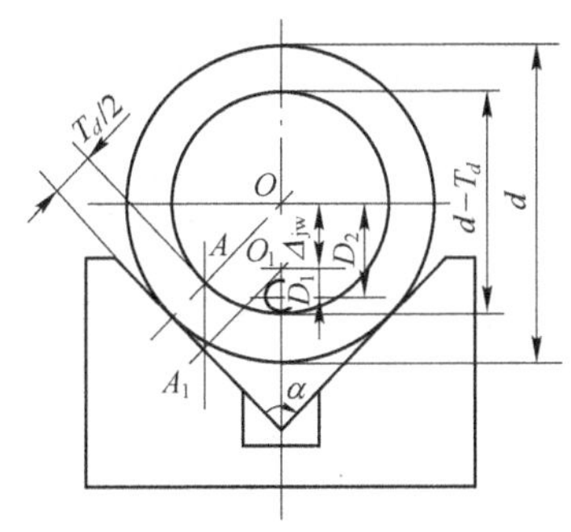

图9-21　V形块定位的基准位置误差

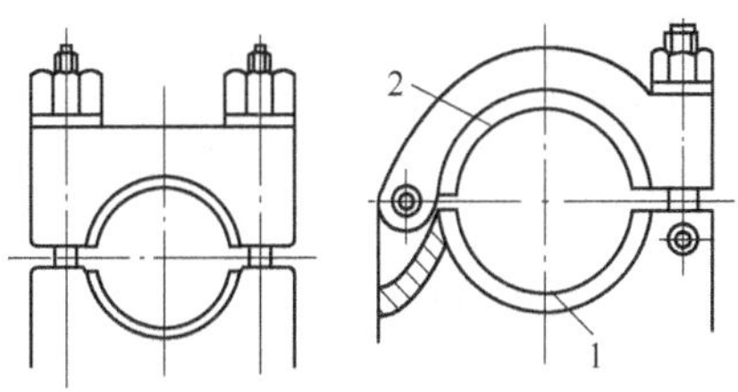

图9-22　半圆孔定位装置

半圆孔的定位情况与V形块的基本相同,但工件与V形块只有两条母线接触,当夹紧力大时,接触应力很大,容易损坏工件表面。而工件与半圆孔的接触面积较大,避免了上述缺点。但应注意,工件定位直径精度不应低于IT8~IT9级,否则与定位半圆接触不良,以致实际上只有一条母线接触。

9.3.4　工件以一面两孔定位

在实际生产中,仅用前述的一个基准(平面、孔、外圆柱面)定位并不能满足工艺上的要求,通常要求用一组基准来进行定位,或者说是用几个基准加以组合来定位。采用一组基准定位时,最容易出现的问题是过定位,如何正确处理,就成为采用一组基准定位时需要特别注意的问题。现以一面两孔定位为例加以说明。

在加工箱体、壳体等类零件时,常用一个平面和两个圆柱孔定位。两个圆柱孔可以是工件

结构上原有的，也可以是为满足定位需要而专门加工的工艺孔。

图 9-23 所示为一箱体用一面二孔定位的示意图。支承板 3 限制 $\vec{Z}$、$\hat{X}$、$\hat{Y}$ 三个自由度；定位销 1 限制 $\vec{X}$、$\vec{Y}$ 二个自由度，定位销 2 限制 $\vec{Y}$、$\hat{Z}$ 二个自由度，$\vec{Y}$ 被重复限制产生了过定位。由于一批工件中两孔及两销之间的中心距都在一定公差范围内变动，在极限情况下，就有可能使工件两孔无法套入两个定位销中。为解决此问题，可采用下述两种办法。

1. 减小第二定位销的直径

采用这种方法可使孔与销之间的间隙增大，用以补偿中心距的误差。为此，第二定位销的直径可按下述方法计算。

假定工件两个孔径最小极限尺寸分别为 D_1、D_2；两定位销最大直径分别为 d_1、d_2；销与孔间最小间隙为 $x_{1\min}=D_1-d_1$，$x_{2\min}=D_2-d_2$；两定位孔中心距及偏差为 $L\pm\Delta L_D$；两定位销中心距及偏差为 $L\pm\Delta L_d$。当在一种极端情况下，即两定位孔的孔径及孔心距都是最小极限尺寸，而两定位销的直径及销心距都是最大极限尺寸时，仍能保证工件顺利装卸，则由图 9-24 所示的几何关系得

$$L-\Delta L_D+\frac{D_2}{2}=L+\Delta L_d+\frac{d_2}{2}$$

即
$$d_2=D_2-2(\Delta L_D+\Delta L_d)$$

设
$$a=\Delta L_D+\Delta L_d$$

则
$$d_2=D_2-2a$$

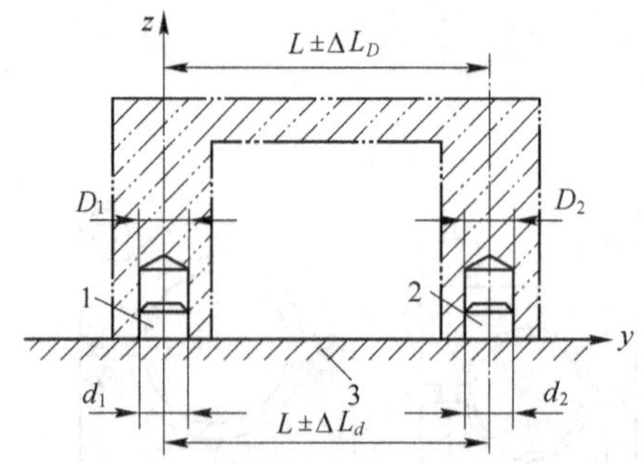

图 9-23 一面二孔定位

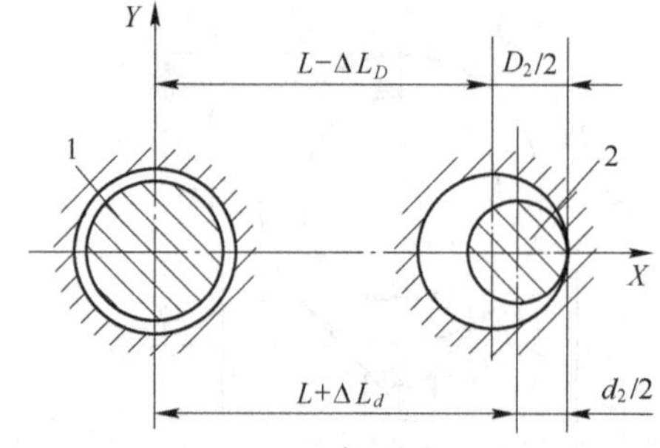

图 9-24 求第二定位销直径尺寸原理图

由上式可知，第二定位销与孔之间的最小间隙为

$$x_{2\min}=D_2-d_2=2a \tag{9-6}$$

显然，d_2 减小后，$x_{2\min}$ 值增大，这样沿 x 轴移动自由度($\vec{X}$)仅由第一定位销限制，第二定位销此时只起限制一个自由度($\hat{Z}$)的作用。

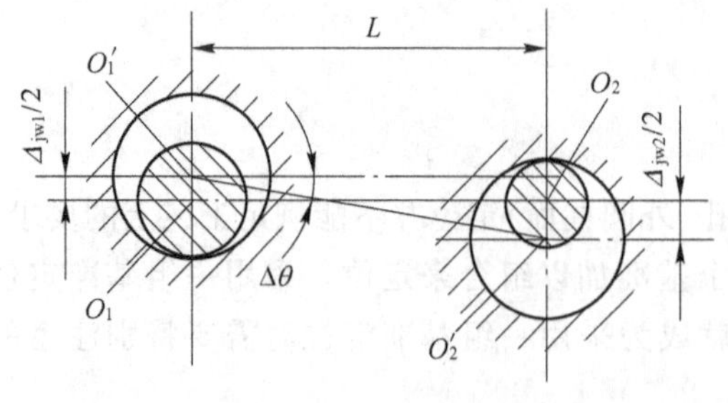

图 9-25 定位时的转角误差 $\Delta\theta$

这种定位方法产生的基准位置误差如下：

由于孔与销是属间隙配合，对单个孔来说，基准位置误差即为孔的中心位置变动量，由式(9-1)计算；对两孔来说，基准位置误差为两孔连心线相对两销连心线偏转时所造成的转角误差。如图 9-25 所示，当定位孔对定位销分别作上、下错移时，产生的转角误差为

$$\Delta\theta=\arctan\frac{O_1O'_1+O_2O'_2}{L}$$

因为

$$O_1O'_1=\frac{\Delta_{jw1}}{2}=\frac{T_{D1}+T_{d1}+x_{1\min}}{2}$$

$$O_2O'_2=\frac{\Delta_{jw2}}{2}=\frac{T_{D2}+T_{d2}+x_{2\min}}{2}$$

所以

$$\Delta\theta=\arctan\frac{T_{D1}+T_{d1}+x_{1\min}+T_{D2}+T_{d2}+x_{2\min}}{2L} \tag{9-7}$$

上式的 $\Delta\theta$ 是由一种极端情况产生的，工件还可以向另一个极端情况偏转 $\Delta\theta$，所以最大的转角误差是 $2\Delta\theta$。

采用缩小第二定位销直径的方法，由于 $x_{2\min}$ 增大，使转角误差 $\Delta\theta$ 增大，影响定位精度，因此只有在工件加工精度不高时才使用这种方法。

2. 将第二定位销做成菱形销

将第二定位销做成菱形销（削边销），这是经常采用的一种办法。如图 9-26(a)所示，将第二定位销做成菱形，只在垂直于连心线 O_1O_2 方向上保留局部圆柱面，其直径的基本尺寸与孔径的相同，公差带按 f7 或 g6 选取，这样使得孔与销间的最小间隙减小，从而减小转角误差 $\Delta\theta$。第二定位销削边后，孔边缘 M 到定位销 B' 处的间隙，应按式(9-6)的要求保证 $B'M=a$，这样就达到了与前述方法一样的效果，能够补偿中心距的误差，避免产生过定位而使工件无法装卸的缺点。

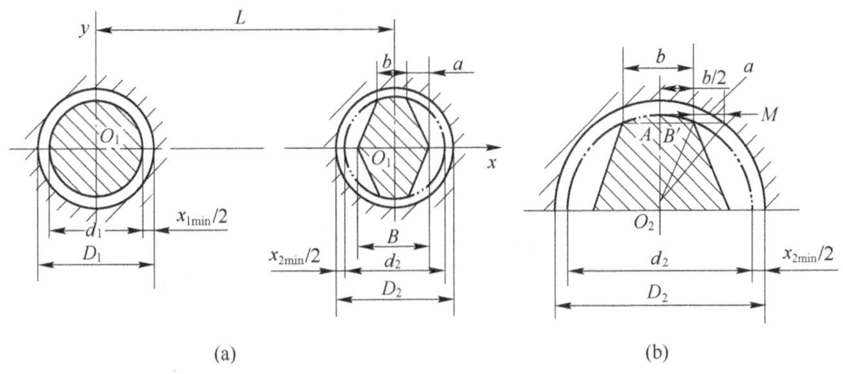

图 9-26　菱形销结构尺寸计算图

菱形销的圆柱部分，只起限制一个自由度($\widehat{Z}$)的作用，其宽度 b 的计算式，可由图 9-26(b)所示的几何关系近似地得到，即

$$b=\frac{D_2x_{2\min}}{2a}$$

或

$$x_{2\min}=\frac{2ab}{D_2} \tag{9-8}$$

由于菱形销结构尺寸已标准化（见表 9-2），尺寸 b 可参照标准选取，由式(9-8)计算 $x_{2\min}$；然后按 $d_2=D_2-x_{2\min}$ 确定定位销的最大直径，并由 h7 或 h6 确定 d_2 的公差；最后计算最大转角误差 $2\Delta\theta$，以判断上述设计是否满足加工要求，否则就需要对有关参数作适当调整。

表 9-2　菱形定位销的尺寸

d	>3～6	>6～8	>8～20	>20～25	>25～32	>32～40	>40～50	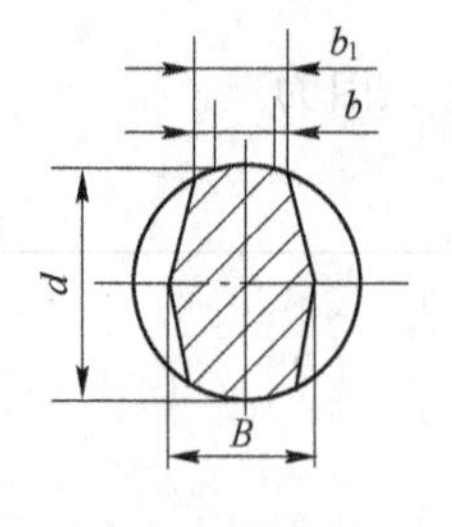
B	d－0.5	d－1	d－2	d－3	d－4	d－5	d－5	
b	1	2	3	3	3	4	5	
b_1	2	3	4	5	5	6	8	

注：b_1 为削边部分宽度；b 为削边后留下圆柱部分宽度。

作为一面两孔定位的特例是一面一孔定位，但定位方案应依工序要求不同而有所区别。

图 9-27(a)、(b)所示工件均要求以一个大孔和一个底面定位，要求加工其上的两个小孔，除图中所标注的尺寸外，还要求两孔中心连线与底面平行。选择的定位方案有如图(c)、(d)所示的两种。根据基准重合原则，对图(a)的工件选用图(c)的定位方案，此时底面用宽支承板，而大孔用菱形销定位。采用菱形销是防止对 $\vec{Z}$ 自由度重复限制。如果把图(c)定位方案用于图(b)所示工件，虽无过定位产生，但定位基准与工序基准不重合，不易保证工序尺寸 A_1 的要求，所以采用图(d)方案就较合理。即大孔用圆柱销，底面用能沿 y 方向移动的楔形块定位，由于活动楔形块仅限制一个自由度 $\vec{X}$，同样避免了过定位。

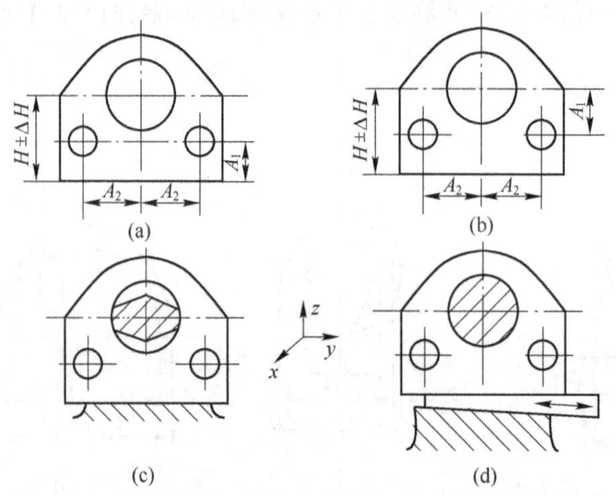

图 9-27　工件以一面一孔定位

由上可知，采用一组基面定位，在注意防止不发生过定位的同时，还应根据工件的加工要求合理选择定位元件的结构形式及其布置方式。

9.3.5　其他

如图 9-28 所示，图(a)是以轮齿表面代表分度圆作为定位基准的定位原理图。用三个精度很高的定心圆柱，在圆周上均布地嵌入齿间内而实现按分度圆定位，这样可保证分度圆与被加工的孔同轴。当再以齿轮孔定位磨齿面时，可保证齿侧余量均匀，从而提高磨齿精度。图(b)是实际的夹具结构。

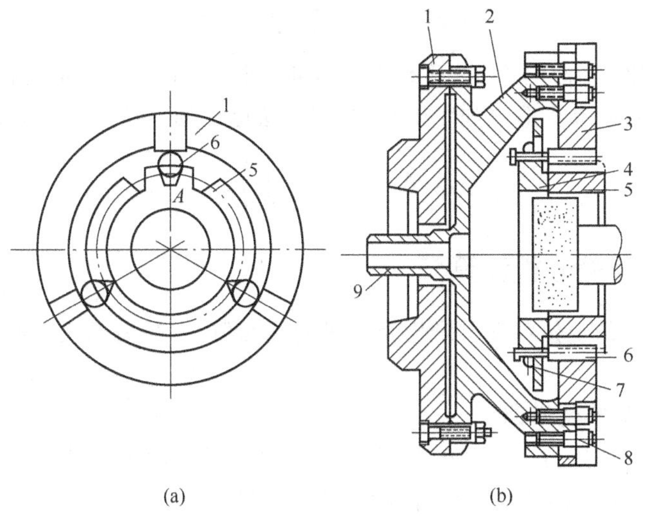

图 9-28　按齿轮分度圆定位用的膜片卡盘

1—夹具体；2—膜片；3—卡爪；4—保持架；5—齿轮；
6—定心圆柱；7—弹簧；8—螺钉；9—推杆

9.4　工件用夹具装夹时的加工误差分析

9.4.1　工件用夹具装夹时加工误差的组成

在调整好的机床上加工一批工件时，造成工件加工误差的因素很多，如夹具在机床上的装夹误差、工件在夹具中的装夹误差、机床的调整误差、刀具的制造和磨损误差，以及工艺系统的受力变形和受热变形的影响、机床的制造误差和磨损等。因此，为了保证加工中不出废品，就必须满足下列不等式：

$$\Delta_{jz}+\Delta_{dd}+\Delta_{jg}<T \tag{9-9}$$

式中：Δ_{jz}——工件在夹具中装夹时所引起的误差，$\Delta_{jz}=\Delta_{dw}+\Delta_{jj}$；

Δ_{dw}——工件在夹具中装夹时所引起的定位误差；

Δ_{jj}——工件在夹具中装夹时所引起的夹紧误差，Δ_{jj}常可以补偿或忽略不计；

Δ_{dd}——由对刀误差与夹具在机床上的定位误差合成的对定误差；

Δ_{jg}——除Δ_{jz}和Δ_{dd}外，其他所有与加工有关因素引起的误差总和，又称为过程误差。

在夹具设计中，Δ_{jg}的数值可以近似地按加工方法的“经济加工精度”的数值选取；Δ_{dd}的大小可以按经验确定；Δ_{dw}（忽略Δ_{jj}）可按选择的定位方案进行计算。由此就可以根据式(9-9)判定这种定位方法能否保证加工精度。

由于各项误差因素不仅有大小，而且还有方向，因而当两误差方向相反时，它们要互相抵消。因此，按上述极大极小法建立的不等式来判定这种定位方案能否保证加工精度，往往偏严。

设Δ_{dw}、Δ_{dd}和Δ_{jg}的大小和方向都具有随机性时，则合成后的总误差应为Δ_z。

$$\Delta_z=\sqrt{\Delta_{dw}^2+\Delta_{dd}^2+\Delta_{jg}^2}$$

此时，加工精度判定式(9-9)应改为

$$\sqrt{\Delta_{dw}^2+\Delta_{dd}^2+\Delta_{jg}^2}<T \tag{9-10}$$

从式(9-10)可知，当某工序尺寸工差 T 一定时，若 Δ_{dw} 在 T 中占的比例过大时，则留给 Δ_{jz} 和 Δ_{jg} 的比例就很小，结果将造成加工困难，甚至无法保证加工精度。一般按经验取

$$\Delta_{dw}\leqslant\left(\frac{1}{3}\sim\frac{1}{5}\right)T \tag{9-11}$$

9.4.2 定位误差分析计算

为了对定位方案的定位精度有定性及定量的确切概念，需着重对定位的误差进行分析和计算。

1. 定位误差及其产生原因

同批工件在夹具中定位时，工序基准位置在工序尺寸方向上的最大变动量，称为定位误差(以 Δ_{dw} 表示)。引起定位误差的原因有两个，如下所述。

(1) 由基准不重合误差 Δ_{bc} 引起的定位误差

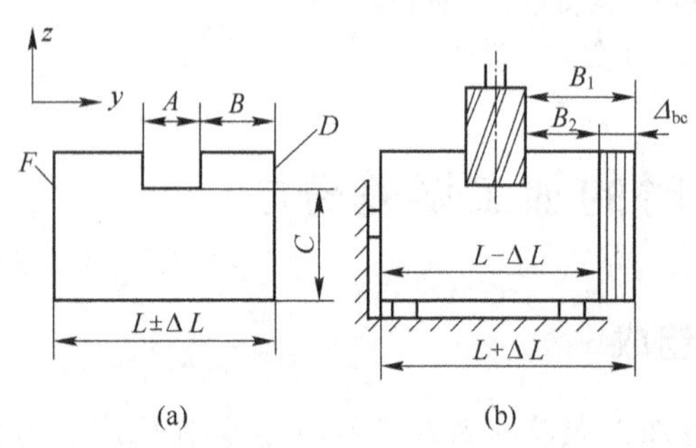

图 9-29　基准不重合引起的定位误差

在研究夹具的定位方案中，若工件的工序基准与定位基准不重合，就会导致工序基准相对定位基准的位置产生变动，即产生了基准不重合误差 Δ_{bc}，它对定位误差有直接的影响。如图 9-29 所示，图(a)中工件各面在前工序中都已加工好，现要求铣一通槽，要求保证工序尺寸 A、B、C，其定位方案如图(b)所示。下面分析尺寸 B 加工时的有关误差。

由于图(b)所示的前工序尺寸 L 在公差范围内变化，使获得的工序尺寸 B 在 B_1 和 B_2 之间变动，这是由于工序基准与定位基准不重合所引起的基准不重合误差造成的。

基准不重合误差 Δ_{bc} 的数值一般等于定位基准到工序基准间的尺寸(简称定位尺寸)的公差。本例中该定位尺寸为 L，所以

$$\Delta_{bc}=2\Delta L=T_L$$

式中：ΔL——尺寸 L 的偏差；

T_L——尺寸 L 的公差。

由 Δ_{bc} 引起的定位误差 Δ_{dw} 应注意取其在工序尺寸方向上的分量(投影)，即

$$\Delta_{dw}=\Delta_{bc}\cos\beta \tag{9-12}$$

式中，β——定位尺寸与工序尺寸方向间的夹角。

本例中尺寸 L 和 B 的方向相同，因此 $\beta=0$。

(2) 由基准位置误差 Δ_{jw} 引起的定位误差

如图 9-21 所示的 V 形块定位，若在工件轴端钻孔，其工序基准为外圆几何中心，此时工序基准与定位基准重合，$\Delta_{bc}=0$，但由于外圆在 V 形块上定位时，如前所述会产生基准位置误差，故使工序基准在 O 和 O_1 间变动，与此相应地获得工序尺寸为 D_1 和 D_2。造成工序基准变动的原因显然来自基准位置误差 Δ_{jw}。同样，Δ_{jw} 在加工工序尺寸方向上的分量(投影)就是 Δ_{jw} 引起的定位误差，即

$$\Delta_{dw}=\Delta_{jw}\cos\gamma \tag{9-13}$$

式中：γ 为基准位移方向与工序尺寸方向间的夹角。图 9-21 中，$\gamma=0$。

2. 定位误差的分析计算

定位误差的计算，一般有下述两种方法。

(1) 用 Δ_{bc} 和 Δ_{jw} 两项误差合成法计算定位误差

由于定位误差是由 Δ_{bc} 和 Δ_{jw} 所引起，因此首先求出 Δ_{bc} 和 Δ_{jw} 的大小，然后取它们在工序尺寸方向上的分量的代数和，即为所求定位误差。将式(9-12)和(9-13)综合可得出其一般计算式，即

$$\Delta_{dw}=\Delta_{bc}\cos\beta\pm\Delta_{jw}\cos\gamma \tag{9-14}$$

当 Δ_{bc} 和 Δ_{jw} 的方向相同时取"＋"号，相反时取"－"号。下面举例说明。

例 9-1　如图 9-30 所示，一圆盘形工件在 V 形块上定位钻孔，孔的位置尺寸的标注方法假定有三种，其相应工序尺寸为 A、B、C(如图(a)所示)，显然此时工序基准分别是外圆中心、上母线和下母线，定位基准是外圆中心。如图(b)所示，当外圆直径最大为 d 时，其上、下母线和外圆中心分别在 D_1、E_1 和 O_1 处；当外圆直径变小到 $d-T_d$ 时，假定此时外圆中心仍保持在 O_1 处，但上母线由 D_1 变到 D_2、下母线由 E_1 变到 E_2，工序基准位置变动量 $\Delta_{bc}=D_1D_2=E_1E_2$，其位移方向前者向下，后者向上。由于变小的外圆要下移到与 V 形块接触，此时外圆中心由 O_1 下移到 O_2，相应地 D_2 变到 D_3、E_2 变到 E_3，因圆盘上各点下移距离相同，所以

$$\Delta_{jw}=O_1O_2=D_2D_3=E_2E_3=\frac{T_d}{2\sin(\alpha/2)}$$

它们的方向都是向下。因此对三种不同的尺寸标注方法，其定位误差分别如下：

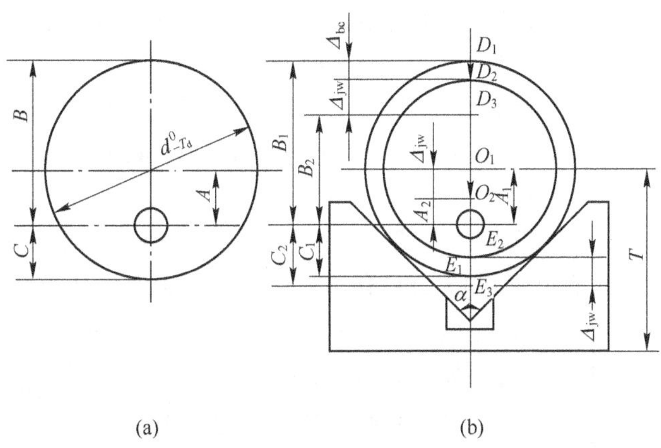

图 9-30　在 V 形块上定位的定位误差分析

• 对工序尺寸 A，因工序基准与定位基准重合，$\Delta_{bc}=0$；又因 Δ_{jw} 方向与工序尺寸方向一致，即两者间的夹角 $\gamma=0$，所以有

$$\Delta_{dw(A)}=A_1-A_2=\Delta_{jw}=\frac{T_d}{2\sin(\alpha/2)}$$

• 对工序尺寸 B，因工序基准是外圆上母线，与定位基准不重合，因而 Δ_{bc} 和 Δ_{jw} 同时存在，且两者方向相同，并与工序尺寸方向一致，因此有

$$\Delta_{dw(B)}=B_1-B_2=D_1D_2+D_2D_3=\Delta_{bc}+\Delta_{jw}=\frac{T_d}{2}\left[\frac{1}{\sin(\alpha/2)}+1\right]$$

• 对工序尺寸 C，工序基准为下母线，Δ_{bc} 和 Δ_{jw} 同时存在，但两者方向正好相反，所以有

$$\Delta_{dw(C)}=C_2-C_1=E_2E_3-E_1E_2=\Delta_{jw}-\Delta_{bc}=\frac{T_d}{2}\left[\frac{1}{2\sin(\alpha/2)}-1\right]$$

综合上述三种情况，在 α 与 T_d 相同的条件下，有 $\Delta_{dw(C)}<\Delta_{dw(A)}<\Delta_{dw(B)}$。

例 9-2 如图 9-31 所示，工件以 E、D 两平面为定位基准铣平面 F，要求保证工序尺寸 A。工序基准是孔中心 O，假定 E、D 两平面已经精加工，与定位元件接触良好，可以认为只存在基准不重合误差。

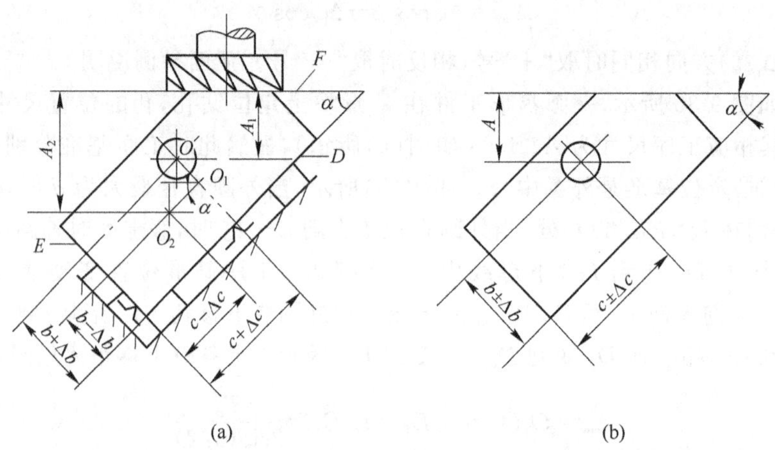

图 9-31 工序基准与多个定位基准有关时定位误差分析

在极端情况下，即当定位尺寸 b、c 都为最大（$b+\Delta b$、$c+\Delta c$）时，工序基准在 O 处，获得工序尺寸 A_1；若尺寸 b 变到最小（$b-\Delta b$），工序基准则由孔中心 O 移到 O_1，再因尺寸 c 变到最小（$c-\Delta c$），孔中心 O_1 又移至 O_2，此时得到工序尺寸 A_2。显然，因位移方向与工序尺寸方向都不一致，故计算定位误差时，必须求它们在加工尺寸方向上的分量的代数和。由图示关系得到

$$\begin{aligned}\Delta_{dw}&=A_2-A_1=OO_1\cos\alpha+O_1O_2\cos(90°-\alpha)\\&=T_b\cos\alpha+T_c\cos(90°-\alpha)=T_b\cos\alpha+T_c\sin\alpha\end{aligned}$$

本例工序基准与两个定位基准（E、D）有关，因此联系这两个基准间的定位尺寸为 b、c。此处两个定位尺寸为独立的随机变量，在求定位误差时，应考虑两定位尺寸的变化而使 Δ_{dw} 为最大的情况。

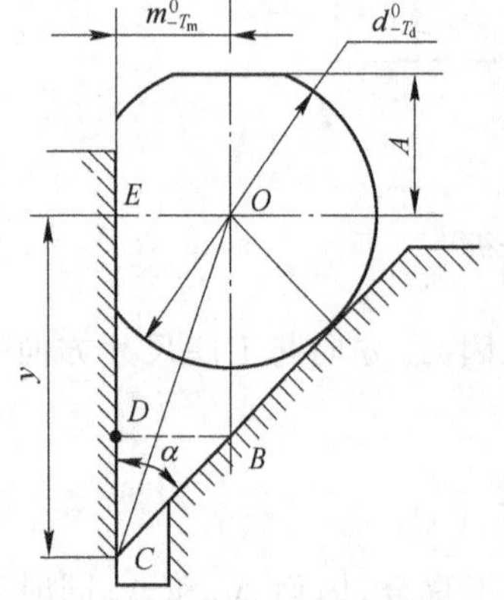

图 9-32 用微分方法计算定位误差

(2) 用微分法计算定位误差

例如，在一轴上铣平面，要求保证的工序尺寸为 A，与定位有关的尺寸及定位方案如图 9-32 所示，求对尺寸 A 的定位误差。

由于定位误差是工序基准位置在工序尺寸方向上的变动量，因此首先把工序基准孔中心 O 与夹具上的点 C 相连，并找出 OC 在工序尺寸方向上的分量 y，然后由图示几何关系得 y 的函数式

$$y=\frac{m}{\tan\alpha}+\frac{d}{2\sin\alpha}$$

对上式微分，得到

$$dy=\frac{\partial y}{\partial m}dm+\frac{\partial y}{\partial d}dd+\frac{\partial y}{\partial \alpha}d\alpha=\frac{1}{\tan\alpha}dm+\frac{1}{2\sin\alpha}dd-\frac{1}{\sin^2\alpha}\left(m+\frac{d}{2}\cos\alpha\right)d\alpha$$

由此可写出可能的最大定位误差的计算公式，即最后所求定位误差为 α

$$\Delta_{dw}=\frac{T_m}{\tan\alpha}+\frac{T_d}{2\sin\alpha}-\frac{T_\alpha}{\sin^2\alpha}\left(m+\frac{d}{2}\cos\alpha\right)$$

采用微分法计算定位误差，省略了对 Δ_{bc} 和 Δ_{jw} 的逐项计算及方向的判别，故在某些情况下，要比逐项求解计算方法简明，但其前提是能建立各有关参数的函数式。当夹具结构很复杂时，有时不一定能做到这一点。

分析计算定位误差的目的，是为了在夹具设计阶段对定位方案能否保证加工要求有一个明确的概念。而计算出的定位误差只能占相应工序尺寸公差的一定比例，如果占的比例过大，以致不能保证加工精度时，就必须采取相应措施提高定位精度，例如提高定位副的加工精度，采用基准重合原则，或改用其他定位误差较小的定位方案等。

9.5　工件的夹紧装置设计

9.5.1　夹紧装置的组成及设计要求

夹紧装置的功能，是保证工件在定位过程中取得的正确位置，不因受切削力、重力或惯性力的作用而发生变化。

夹紧装置一般由以下几部分组成：

(1) 力源装置：用以产生夹紧力。通常有液压、气动、电动等类(统称机动)装置。当采用手动夹紧机构时，不需要力源装置。

(2) 中间传力机构：它将力源装置产生的力传给夹紧元件，如常用的杠杆、拉杆、斜楔等机构。由力源直接控制夹紧元件时无中间传力机构。

(3) 夹紧元件：它是夹紧装置的最终执行元件，一般与工件的夹压表面直接接触。

设计夹紧装置时应满足以下基本要求：

(1) 保证加工质量：夹紧力的大小应适当，既要保证工件夹紧的可靠性，又要使夹紧时不破坏工件的定位或使工件和夹具上的元件产生不允许的变形。

(2) 保证生产率：要求夹紧动作迅速，与生产率的要求相适应。

(3) 操作方便、省力、安全。

(4) 具有良好的结构工艺性。

上述要求中的核心问题是如何正确地施加夹紧力。即先要合理确定夹紧力的方向、着力点和大小，然后再选用或设计合适的夹紧机构。

9.5.2　正确施加夹紧力

1. 夹紧力的方向

确定夹紧力的方向时，一般应注意以下准则：

(1) 夹紧力的方向应不破坏工件的准确定位。如图 9-33 所示，若从工件点 M 上施加夹紧力，其方向是向左向下，这时夹紧力在阴影线所示的 α 角范围内是正确的。此时，垂直分力 F_1 和

水平分力 F_2 可保证定位基面与定位支承1、2和3接触良好。若从点 N 处施力，其方向是向右向下，则处在 β 区域内的夹紧力，其水平分力向右，会使工件脱离定位支承3，破坏工件定位。正确的方向，是使夹紧力处在 α 角范围内，方向是向左向下。

(2) 夹紧力作用方向应指向主要定位基准。如图9-34所示，工件以 A、B 面定位镗孔 K，要求保证轴线与 B 面垂直，显然 B 面是主要定位基准，主要夹紧力应朝向该面。如果压向 A 面，则因 A、B 两面的夹角 α 有误差(如图(b)和(c)所示)，会使镗孔后的孔 K 不能保证加工要求。

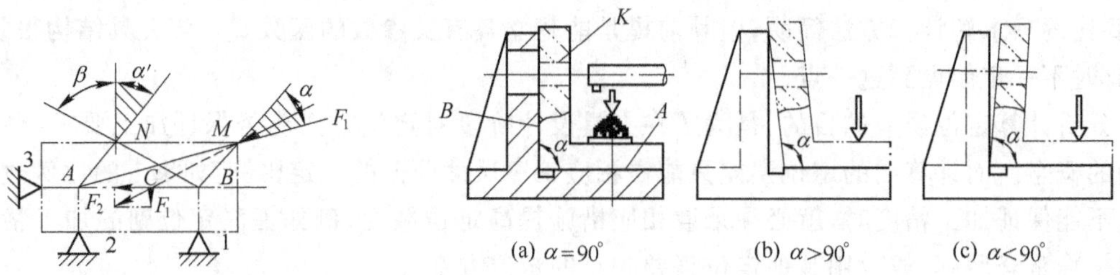

图9-33　夹紧力作用方向对准确定位的影响

图9-34　夹紧力作用方向与主要定位基准的关系

(3) 夹紧力的方向应与工件刚度最大的方向一致，以减小工件变形。如图9-35所示，若用三爪卡盘(图(a))将薄壁套筒径向夹紧，则因工件在此方向刚度差易引起大的变形，所以采用图(b)的方法较好。

(4) 夹紧力的方向尽量与切削力、工件重力的方向一致，以减小夹紧力。这样可使夹紧装置结构紧凑，操作省力。假如夹紧力与重力、切削力的方向相反，就需要较大的夹紧力。

2. 夹紧力的作用点

确定夹紧元件与工件接触处(即作用点)的位置，一般应注意以下几点：

(1) 夹紧点应正对支承元件或位于支承元件所形成的支承面内，避免使工件遭受翻转力矩。如图9-36所示，夹紧力作用点位于定位支承之外，产生了使工件翻转的力矩，破坏了工件定位的关系。正确的夹紧力的作用点应位于图中双点划线箭头所示位置。

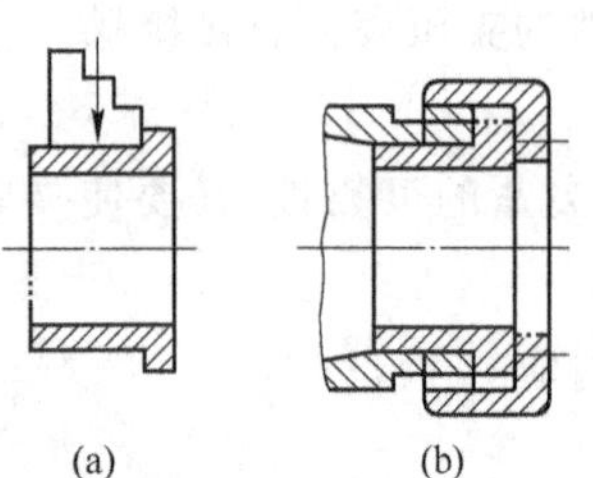

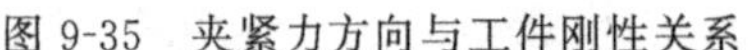

图9-35　夹紧力方向与工件刚性关系

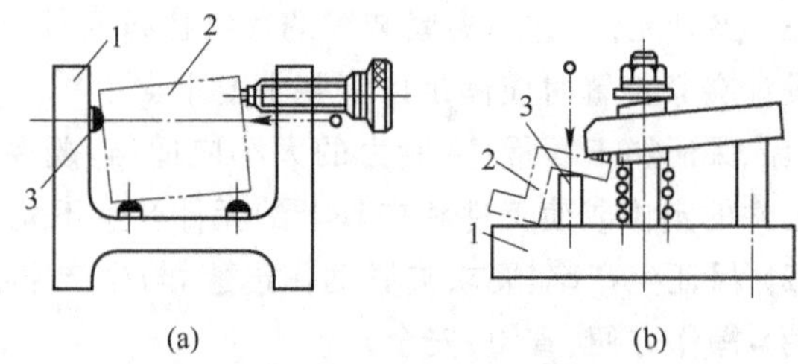

图9-36　夹紧力作用点的选择

1—夹具体；2—工件；3—定位支承

(2) 夹紧力作用点应位于工件刚性最好的部位，以防工件变形。如图9-37所示，图(a)作用点选择不当，工件受夹紧力时易产生变形。正确的方法如图(b)所示，可使变形最小。对于一些薄壁件，如果必须夹在刚性较差的部位，则采取防止变形措施。如图(c)所示，可在压板下面加一厚度较大的锥面垫圈，使夹紧力均匀地分布在薄壁上。

(3) 夹紧点应尽量靠近加工部位，防止或减小工件的振动。如图9-38所示，图(a)中的压板直径若再小，则对滚齿时防振不利；图(b)中因工件结构特殊，使主夹紧力 F_{j1} 的作用点远离加工部位，为此应增加辅助支承，以便施加附加夹紧力 F_{j2}，使夹紧点靠近加工部位，提高工件

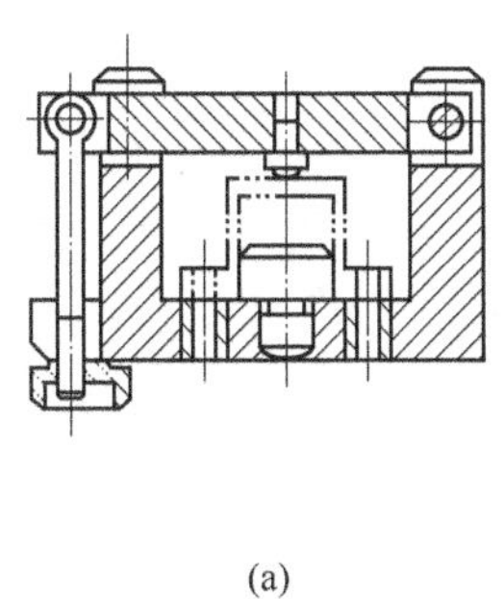
(a)

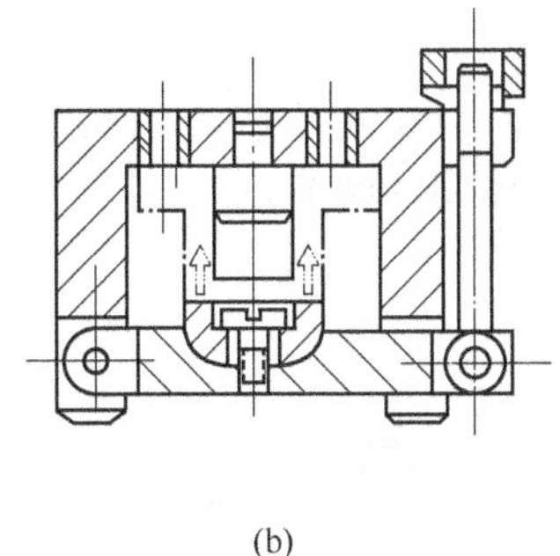
(b)

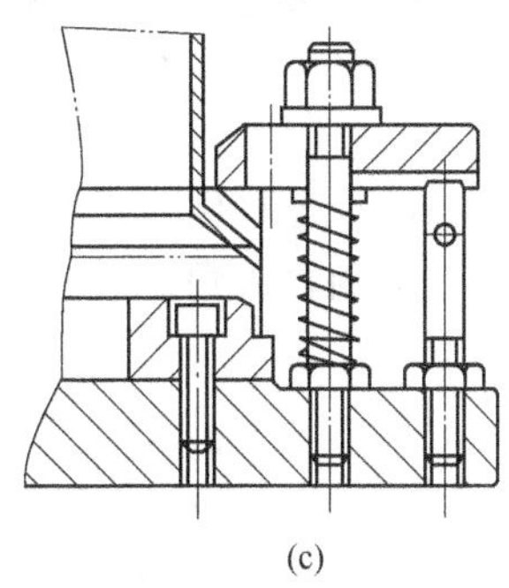
(c)

图 9-37　夹紧力作用点与变形的关系

刚性，防止切削时的振动以及工件的弯曲变形。

3. 夹紧力的大小

为了保证夹紧的可靠性，选择合适的夹紧装置以及确定机动（如气动、液压等）夹紧装置的动力部件尺寸（如缸孔直径）时，一般需要确定夹紧力的大小。在确定夹紧力时，通常将夹具和工件看成一个刚性系统，并视工件在切削力、夹紧力、重力和惯性力作用下，出现最不利情况仍处于静力平衡，然后列出平衡方程式，即可求出理论夹紧力 F_{jo}；为使夹紧可靠，理论夹紧力 F_{jo} 应再乘以安全系数 K 后作为实际所需的夹紧力 F_j，即 $F_j=KF_{jo}$。K 值在粗加工时取 2.5～3.5，精加工时取 1.5～2。

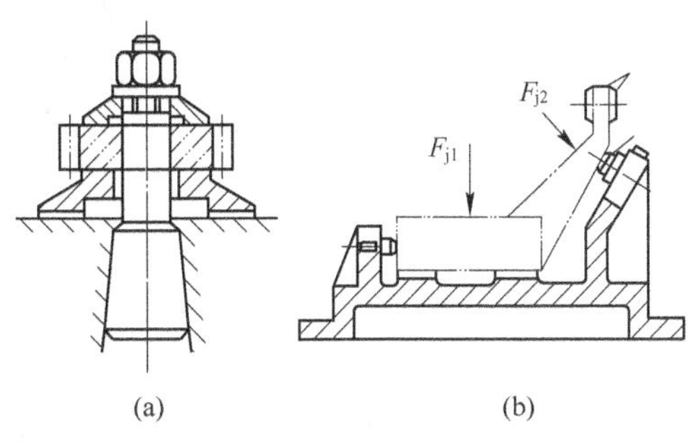

(a)　(b)

图 9-38　夹紧点靠近加工表面

在实际的夹具设计中，并非所有的情况都需要计算夹紧力。对于手动夹紧机构，常根据经验或类比法进行设计。当需要准确计算夹紧力时，常常通过工艺试验来实测切削力的大小，然后计算夹紧力。

9.5.3　典型夹紧机构

1. 斜楔夹紧机构

(1) 夹紧作用原理

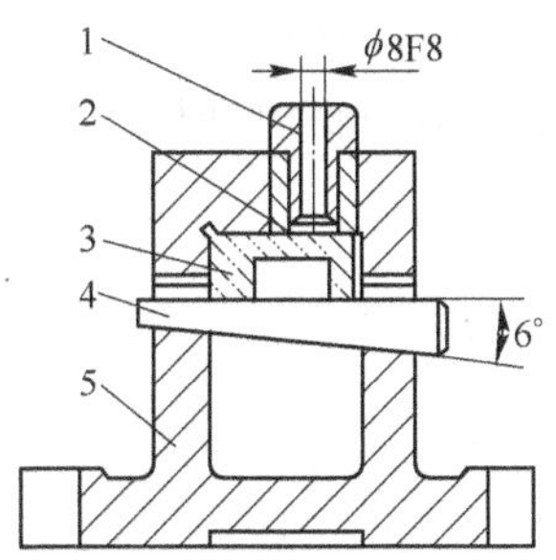

图 9-39　斜楔夹紧机构
1—钻套；2—衬套；
3—工件；4—斜楔块；
5—夹具体

如图 9-39 所示，在工件上钻一个 $\phi8$ 的孔。夹紧工件 3 时，敲击斜楔 4 的大端，斜面左移的同时平面上行，从而实施夹紧。加工完后，敲击斜楔小头即可松开工件。在生产中单独用斜楔夹紧工件的情况很少，但利用斜面楔紧作用原理和采用斜楔与其他机构组合使用来夹紧工件的就比较普遍。

(2) 斜楔夹紧力的计算

取图 9-39 所示的斜楔 4 为脱离体，其受力情况如图 9-40(a)所示。原始力为 F_s，与工件接触的一面受到工件对它的反作用力 F_j（即夹紧力）和摩擦力 F_{M1}；与夹具体接触的斜面受到夹具体对它的反作用力 F_N 和摩擦力 F_{M2}。F_j 与 F_{M1} 的合力为 F_{R1}；F_N 与 F_{M2} 的合力为 F_{R2}；F_{R2} 的水平分力为 F_{Rx}，垂直分力为 F_{Ry}。根据静力平

衡条件$\sum x=0$和$\sum y=0$可得

$$F_j=\frac{F_s}{\tan\varphi_1+\tan(\alpha+\varphi_2)} \tag{9-15}$$

式中：φ_1、φ_2——斜楔与工件及夹具体间的摩擦角；

α——斜楔升角。

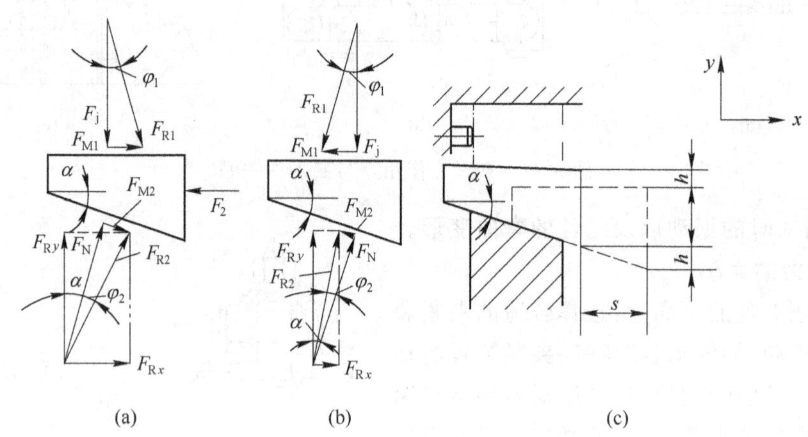

图 9-40 斜楔受力分析

一般取$\varphi_1=\varphi_2=6°$,$\alpha=6°\sim10°$。由此,可将式(9-15)变换以后得到斜楔的扩力比(放大倍数),即

$$i=\frac{F_j}{F_s}=\frac{1}{\tan\varphi_1+\tan(\alpha+\varphi_2)}>2$$

(3) 斜楔的自锁条件

夹紧机构一般都要求能自锁,即当原始力F_s撤除后,夹紧机构在摩擦力作用下仍能保持其夹紧状态而不松开。如图 9-40(b)所示,要实现自锁,必须满足条件$F_{M1}\geqslant F_{Rx}$,即

$$F_j\tan\varphi_1\geqslant F_j\tan(\alpha-\varphi_2)$$

因为α、φ_1、φ_2都很小,所以正切函数具有线性单调增的性质。由此得自锁条件为

$$\alpha\leqslant\varphi_1+\varphi_2 \tag{9-16}$$

(4) 斜楔夹紧机构的特点

① 由于扩力比$i>F_j/F_s$,故斜楔具有明显的增力特性。α越小,增力效果越好。

② 夹紧行程小。如图 9-40(c)所示,工件要求的夹紧行程h和斜楔移动距离s的关系为:$h=s\tan\alpha$。增大α角可增加夹紧行程,但影响自锁性能。可以采用双升角的斜楔,即大升角α使h增大,实现夹紧元件迅速进退;小升角α保证夹紧自锁。

③ 自锁性。自锁条件为$\alpha\leqslant\varphi_1+\varphi_2$。

④ 其主要作为增力自锁机构与气动、液压夹紧装置组合使用。

2. 螺旋夹紧机构

(1) 作用原理

螺旋就像绕在圆柱体上的一个斜楔。转动螺旋,使绕在圆柱体上的斜楔高度发生变化从而达到夹紧或放松工件的目的。常见的螺旋夹紧机构如图 9-41 所示。图(a)所示是用螺钉头部直接压紧工件,容易压伤工件表面。图(b)所示是在螺杆末端装有摆动压块 5,避免螺钉与工件直接接触,既保护了工件,也防止了工件因螺杆的转动而发生偏转。图(c)所示是一种螺旋压板组合夹紧机构，它利用杠杆原理，根据力点、支点的位置不同，可以改变夹紧行程、力和方向的大小。压板 4 上开有长槽，使压板 8 能左右移动，便于装卸工件。压板用弹簧 2 支承，不会因卸下工件就下落。螺母 6 下面的球面垫圈 5，避免螺杆 3 因工件高度变化而导致压板 4 倾斜时受力弯曲。垫圈 7 防止弹簧末端弹入压板长槽而阻碍压板移动。

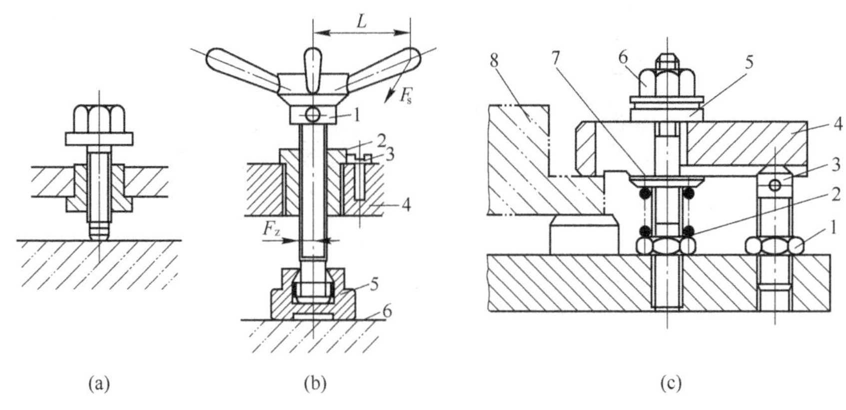

图 9-41　螺旋夹紧机构

(b) 1—手柄；2—螺母；3—螺钉；4—夹具体；5—压块；6—工件

(2) 夹紧力计算

螺旋可看成是一个绕在圆柱体上的斜面。当螺杆头部为圆弧面时(如图 9-41(a)所示)，与工件或压块的接触面积很小，它们之间的摩擦力矩可以略去不计，也就是斜楔夹紧力公式(9-15)略去了 $\tan\varphi_1$。此时，螺旋夹紧机构(如图 9-41(b))所示可以看成是力臂为 L 和 r_z(螺纹中径之半)的杠杆机构与斜楔夹紧机构的组合，其夹紧力计算公式为

$$F_j = \frac{F_s}{\tan(a+\varphi)} \cdot \frac{L}{r_z} \tag{9-17}$$

式中，φ 是螺旋副间的磨擦角；a 为螺旋升角，一般都在 4°以下。

(3) 螺旋夹紧的特点

螺旋夹紧的优点是结构简单、紧凑，增力效果突出，自锁性能好，夹紧行程较大，故在各类夹具中应用较广。缺点是每次夹紧和松开工件时间较长，效率低。提高效率的措施是使用各种快速螺旋夹紧机构，如图 9-41(c)所示的压板 4，只要旋松螺母，便可使压板 4 退出，即可装卸工件。

3. 偏心夹紧机构

偏心夹紧机构的基本元件为偏心轮，其形式通常有圆偏心和曲线偏心两种。曲线偏心实际上属于凸轮，制造比较复杂；而圆偏心轮因其结构简单，制造容易，因此应用较多。图 9-42 为几种偏心夹紧机构，图(a)所示的是用偏心轮直接夹紧；图(b)、(c)所示为偏心轮与其他元件组合使用。

(1) 夹紧作用原理

如图 9-43 所示，圆偏心轮直径为 D，几何中心为 O_1，回转中心为 O_2，偏心量为 e。如以 O_2 为圆心，以 $R-e$ 为半径画一虚线圆(称为基圆)，则图中的阴影线部分就相当于一个曲线楔绕在基圆盘上。因原始力使圆偏心回转时，其回转半径不断增大，相当于把曲线楔逐渐楔紧于基圆和工件之间而把工件压紧(如图 9-42(b)所示)。

(2) 几何特性

如图 9-44 所示，在偏心轮夹紧过程中，O_2 到工件受压面之间距离 h 的大小，可由图示的几何

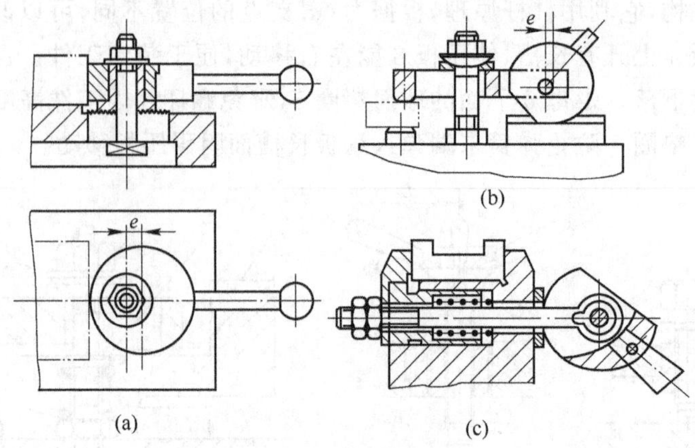

图 9-42　偏心夹紧

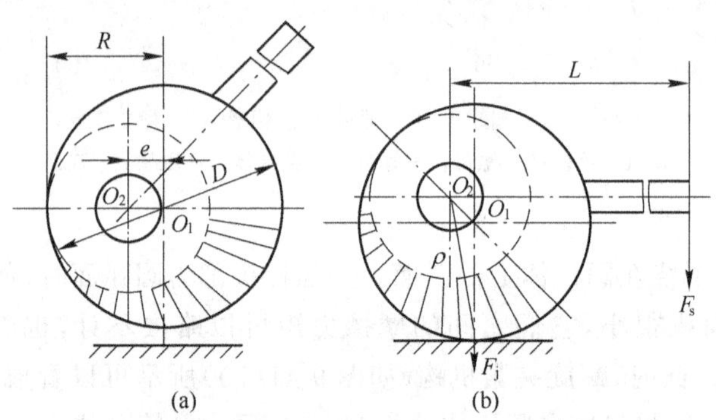

图 9-43　圆偏心作用原理

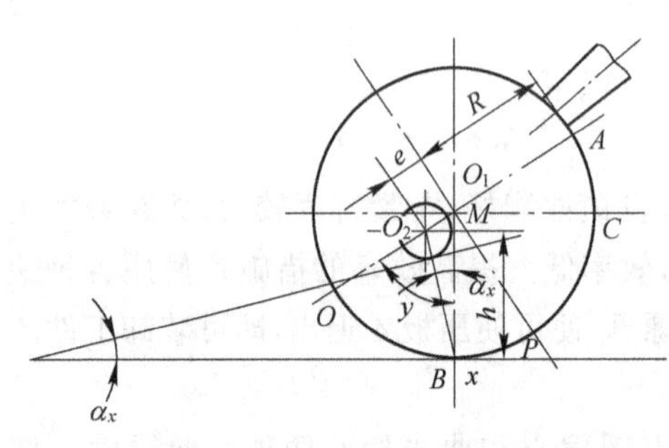

图 9-44　圆偏心几何关系

关系得

$$h = O_1X - O_1M = R - e\cos\gamma \tag{9-18}$$

式中：R——圆偏心轮半径；

γ——偏心轮回转角。

对于任意夹紧点 x 处的升角 α_x，亦由图 9-44 求得

$$\alpha_x = \arctan\frac{O_2M}{h} = \arctan\left(\frac{e\sin\gamma}{R - e\cos\gamma}\right) \tag{9-19}$$

显然，角 α_x 随转角 γ 而变化。在 $\gamma=0$ 或 π 时，$\alpha_x=0$；在 γ 接近 $\pi/2$ 时，α_x 有最大值。工程上近似认为 $\gamma=\pi/2$ 时，α_x 为最大，即

$$\alpha_{\max} = \arctan\frac{e}{R} \tag{9-20}$$

(3) 主要结构参数设计

偏心轮的设计主要是确定偏心量 e、偏心轮直径 D 及有效工作段的位置。

① 偏心量 e：偏心量 e 主要取决于所需的夹紧行程大小。如图 9-44 所示，如果取圆弧 $\overset{\frown}{BC}$ 为工作段，与点 B、C 对应的转角为 γ_B 和 γ_C。当偏心轮从点 B 转到点 C，所形成的 h 的差值 h_{BC} 即为偏心轮的夹紧行程。由式(9-18)得

$$h_{BC} = h_C - h_B = (R - e\cos\gamma_C) - (R - e\cos\gamma_B)$$

$$e=\frac{h_{BC}}{\cos\gamma_B-\cos\gamma_C}$$

通常取 $\gamma_B=45°$(或 $75°$),$\gamma_C=135°$(或 $165°$),则 $e=\frac{h_{BC}}{1.414}\left(或 e=\frac{h_{BC}}{1.225}\right)$。

确定 h_{BC} 的大小时,要考虑工件被夹紧处尺寸公差 T 的需要,装卸工件方便所需的间隙、行程储备量以及夹紧机构的变形等。一般取 $h_{BC}\geqslant T+(0.5\sim0.75)$ mm。

② 圆偏心轮直径 D:直径 D 主要取决于自锁条件。由斜楔夹紧原理可知,保证自锁的条件是 $\alpha\leqslant\varphi_1+\varphi_2$,因此只要能使 $\alpha_{\max}\leqslant\varphi_1+\varphi_2$,则偏心轮圆周上任何一点都满足自锁要求。为了夹紧可靠,通常忽略转角处的摩擦角 φ_2,因此由式(9-20)得满足自锁条件的关系式为

$$\tan\alpha_{\max}=\frac{e}{R}=\frac{2e}{D}\leqslant\tan\varphi_1=\mu_1$$

式中,μ_1——圆偏心轮与工件接触的摩擦系数。

③ 圆偏心轮有效工作段的选择:原则上圆偏心轮整个半圆圆弧 $\overset{\frown}{OA}$(如图 9-44 所示)都可用作工作段,但这要转动 $180°$,操作不方便。通常用得最多的是 $\gamma=45°\sim135°$ 所对应的圆弧工作段,在这段圆弧上 α_x 变化较小,夹紧力和自锁性能都较稳定。也有主张选择 $\gamma=75°\sim165°$ 所对应的圆弧工作段,理由是夹紧开始时 α_x 大,夹紧结束段 α_x 小,自锁性更好。

(4) 夹紧力计算

同单螺旋夹紧机构一样,圆偏心夹紧机构也可看成是斜楔与力臂为 L 和 ρ 的杠杆机构的组合。

如图 9-43(b)所示,斜楔楔入转轴和工件受压面间且两面都有摩擦。因此,由斜楔夹紧力计算式可得

$$F_{\mathrm{j}}=\frac{F_{\mathrm{s}}}{\tan\varphi_1+\tan(\alpha+\varphi_2)}\cdot\frac{L}{\rho}$$

式中:ρ——回转中心 O_2 至夹紧点间距离。

(5) 圆偏心夹紧机构的特点

圆偏心夹紧机构的主要优点是动作迅速。但升角在各夹紧点是不相同的,夹紧行程小,夹紧力不大,因此一般适用于切削负荷小,且无很大振动的场合。

4. 定心夹紧机构

定心夹紧机构是一种对工件同时实现定心定位和夹紧作用的夹紧机构。这种机构在夹紧过程中能使工件相对某一轴线或对称面保持对称性或对中性。

例如工件以外圆柱面在 V 形块上定位时,由于外圆直径的变化而产生基准位置误差。若采用如图 9-45(a)所示的方式,不论工件外圆尺寸在公差范围内如何变化,理论上都可以保证工件中心位于夹具中的理想位置。对于非回转零件也是一样,如加工面与工件上的某一对称面要求对称时,采用图 9-45(b)所示的方式亦可达到要求。定心夹紧的实质,在于定心—夹紧元件能够等速趋近或退离,从而使工件定位基面的尺寸偏差对称地平均分配在夹紧方向上,而不产生基准位置误差。

定心夹紧机构的结构形式虽然很多,但从工作原理上可以归纳为两种基本类型。

(1) 定心—夹紧元件以等速移动实现定心夹紧

图 9-46 是螺旋式定心夹紧机构,螺杆 3 两端分别有螺距相等的左右螺纹。转动螺杆时,通过左右螺纹带动 V 型块 1、2 同时向中心移动实现定心夹紧。叉形件 7 限制螺杆的轴向位移,其位置通过螺钉 5 和 9 来调节,调好后用螺钉 4、6、8、10 加以固定。

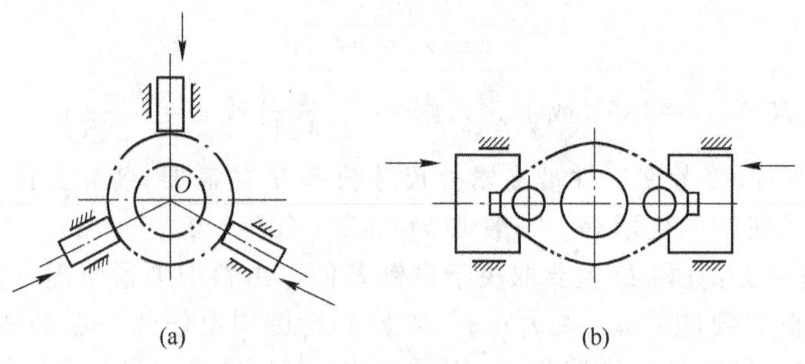

图 9-45 定心夹紧示意图

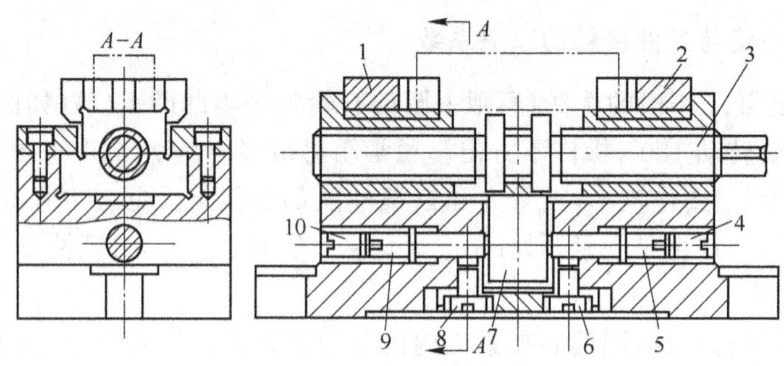

图 9-46 螺旋式定心夹紧机构

图 9-47 为斜楔式夹紧机构。拉杆 3 向左拉动时,三个滑柱 1 沿楔块 2 的斜槽张开,使工件按内孔定心夹紧。拉杆反向运动则松开工件。

图 9-48 为杠杆式定心夹紧机构。当拉杆 1 带动滑块 2 左移时,通过三个杠杆 3 同时收拢三个卡爪 4,使工件按外径定心并且夹紧。拉杆反向移动时,滑块上的三个斜面推动卡爪 4 张开。

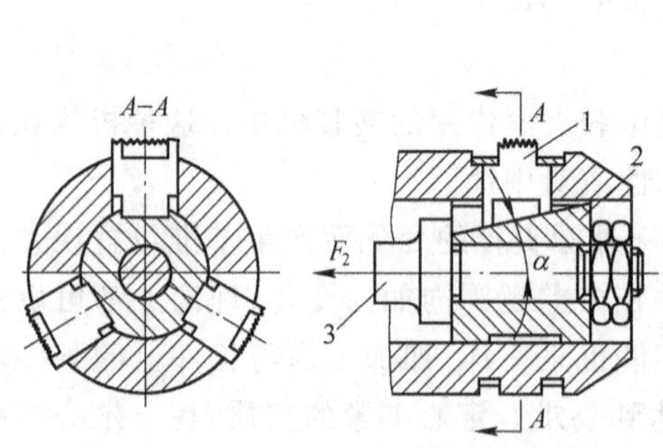

图 9-47 斜楔—滑柱定心夹紧机构

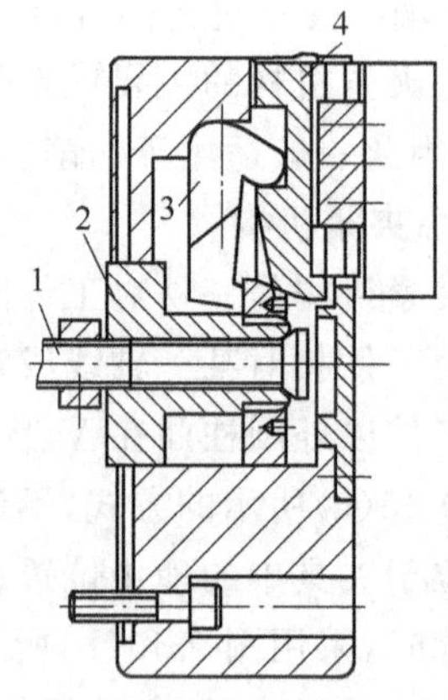

图 9-48 自动定心卡盘

这一类定心夹紧机构由于机构组成环节多,运动副间的配合间隙也不易控制,定心精度一般为 0.15～0.05 mm。但因能产生较大的夹紧力和夹紧行程,所以多用于粗加工和半精加工。

(2) 依靠定心—夹紧元件产生均匀弹性变形实现定心夹紧

图 9-49 为弹簧夹头和弹性心轴,分别夹紧按外圆和内孔定心的工件。它们都是利用圆锥

面间的相对移动使弹簧套筒2产生弹性张开或收缩来使工件5定心夹紧。其弹性套筒锥角为30°，为使弹簧套筒变形后与夹具体上的锥面接触良好，夹具体或心轴体1上圆锥角对于拉式（如图(a)所示）取29°、推式（如图(b)所示）取31°。对弹性心轴（如图(b)所示），有时为了增加夹紧刚性和夹紧力，圆锥角可取得小些，例如可取为15°，此角度已接近斜面的自锁角，因此设计时要考虑设置松开套筒的机构。图(b)中的锥套3带有钩形环，其作用就是松开螺母4时将锥套3退出，使弹簧套筒2松开。

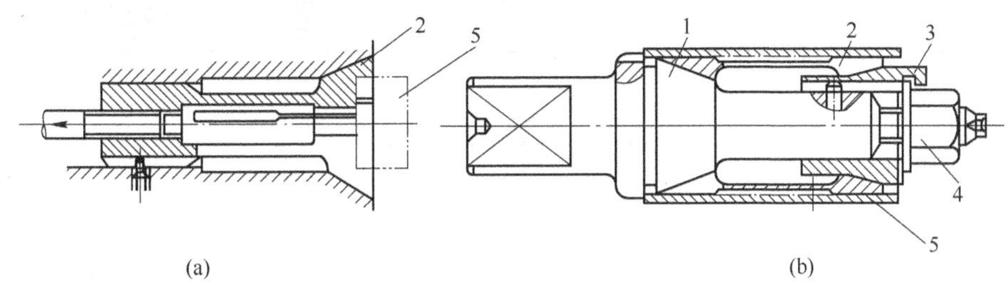

图 9-49　弹簧夹头和弹性心轴

弹簧夹头和弹性心轴结构简单，定心精度达0.04～0.1 mm。因弹簧套筒变形量不宜过大，故对工件定位面精度要求高，公差应在0.1～0.5 mm以内。通常用在精加工和半精加工场合。

图9-50为液性塑料夹具，它是在薄壁套筒2中注入了一种常温下呈冻胶状（介于固体与液体之间）的液性塑料3。因液性塑料具有液体的不可压缩性，当旋入螺钉1时，塑料在密封的套筒内将压力同时传递到薄壁套筒的四周，使之产生均匀变形将工件定心夹紧。

液性塑料夹具的特点是：结构简单，定心精度高，可达0.01～0.02 mm。但由于薄壁套筒变形量小，因而夹紧行程和夹紧力都较小，故适用于精加工及工件定心尺寸精度等级不低于IT8的场合。目前因液性塑料本身易老化，使其应用范围受到限制。

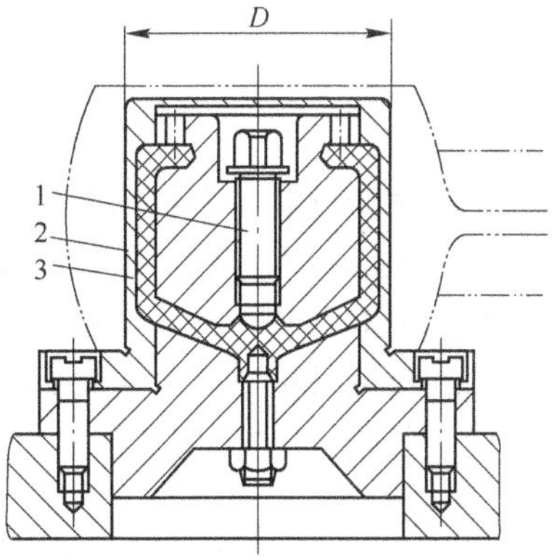

图 9-50　液性塑料夹具

5. 联动夹紧机构

当在夹具中需要对一个工件上的多个地方或对多个工件进行夹紧时，往往需要设置若干个夹紧元件或装置。为了简化操作，要求从一处施力，能同时从不同的地方和方向对一个工件或若干个工件进行夹紧。能实现这个要求的装置称为联动装置，或叫做多点多件夹紧机构。

如图9-51所示，图(a)为双联动夹紧机构。拧紧螺母2，能使夹紧力作用在两个垂直的方向上，从而使压板1从两个方向上夹紧工件3。两个方向上的夹紧力可通过杠杆臂L_1、L_2的长度比调整其大小。图(b)为平行式联动夹紧机构，各点夹紧力互相平行。

图9-52所示为多件串联式夹紧机构。夹紧力F_j依次从一个工件传至下一个工件，一次可夹紧多个工件。串联式夹紧的缺点是工件定位基准位置误差逐个积累，因而这种方法只适合工序尺寸方向与基准位移方向相垂直的场合。图9-53(b)所示为平行并联式夹紧。这种方法避免了串联式的缺点，但在同样夹紧力作用下，单个工件受的夹紧力比图9-52所示的小。

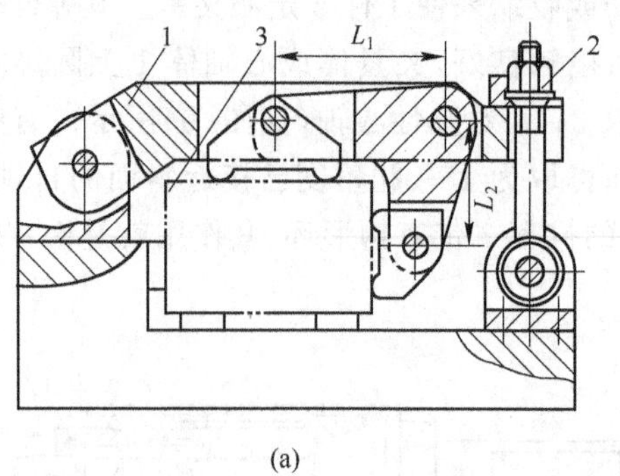

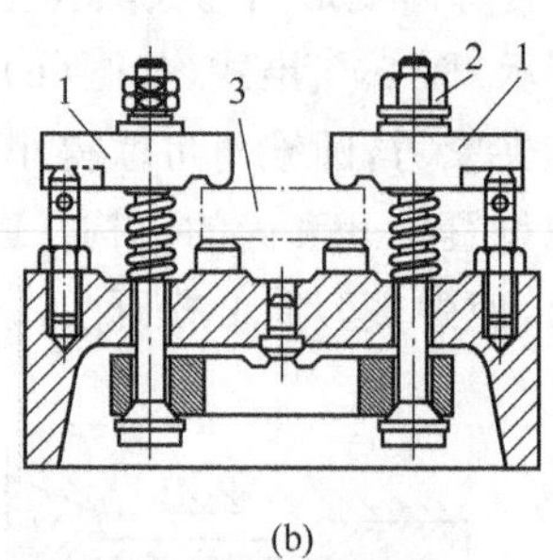

图 9-51 联动夹紧机构

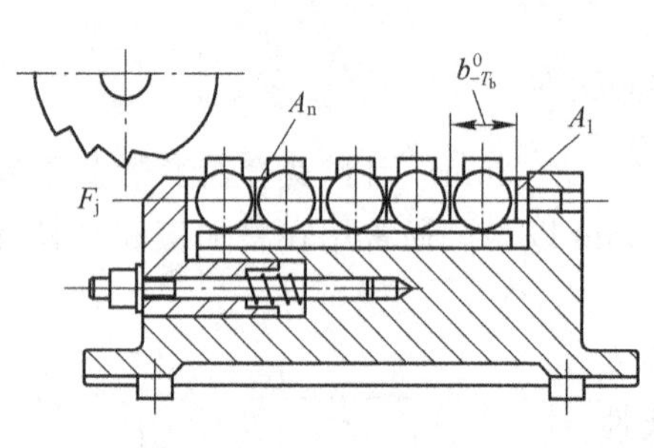

图 9-52 多件联动夹紧

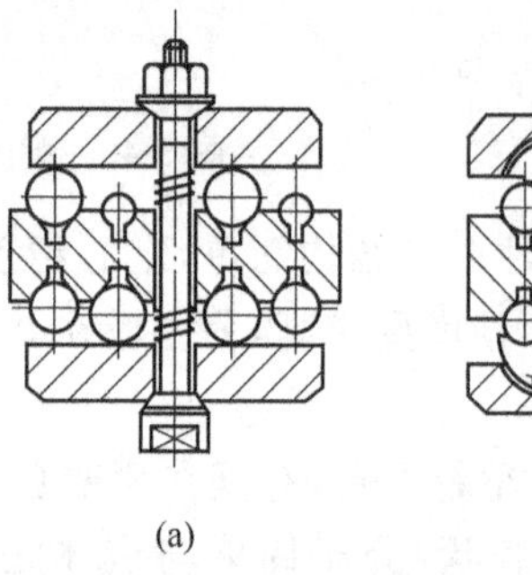

图 9-53 多件联动夹紧机构正误对比

在设计平行联动夹紧机构时，必须注意在机构中设置浮动环节，避免因工件尺寸误差造成夹紧元件不能与工件很好接触而难以将工件夹紧，如图 9-53(a)所示。改进办法是采用浮动压块和球面垫圈，如图 9-53(b)所示的方式可同时夹紧各个工件。

联动夹紧机构不仅操作简便，而且可以按需要比例来分配夹紧力的大小。设计时不能使机构过于复杂，导致因刚性不足而降低夹紧的可靠性。

9.6 典型机床夹具的应用

9.6.1 车床夹具

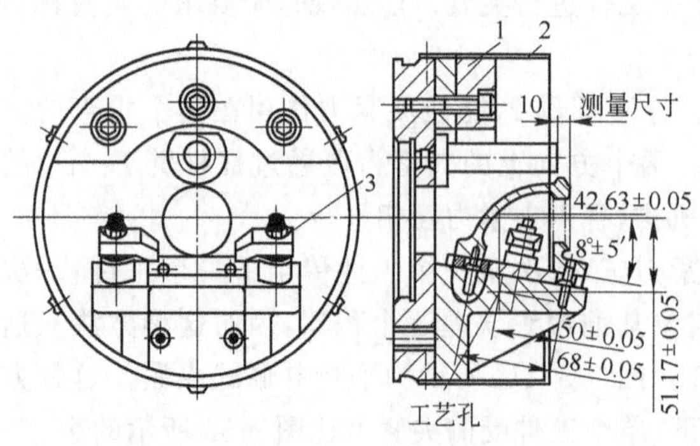

图 9-54 车床夹具

图 9-54 所示为壳体零件镗孔及车端面用的专用车床夹具。工件以底面及两孔定位，用两个钩形压板 3 夹紧。由于工件形状特殊，所以镗孔的中心线和零件底面之间的夹角为 8°±5′，而且所镗孔的右端面的位置与定位孔之间又有一定的要求，因此夹具底座上专门设置了一个供检验和校正夹具用的工艺孔及供调整刀具保证尺寸 10 mm 用的测量基准(圆柱端面)。

设计车床类夹具时，除了正确解决定位、夹紧问题外，还应注意以下特点和要求：

(1) 因为夹具随机床主轴一起回转，所以要求结构紧凑，重量轻且重心尽可能靠近回转轴线，以减小惯性力和回转力矩。

(2) 应有平衡措施消除回转不平衡引起的振动现象。图 9-54 中平衡块 1 的位置最好能调节，以便按实际情况作适当调整。

(3) 夹具上应避免有尖角或突出部分，必要时回转部分外面应加护罩 2。

(4) 注意夹具在车床主轴上的定位与连接。夹具与主轴的定位表面之间必须有良好的配合和可靠的联接，特别是夹紧装置的自锁应可靠。

在主轴上装夹的夹具一般分为心轴式及卡盘式两种(如图 9-55 所示)。图(a)所示为用心轴 2 的莫氏锥柄装在主轴莫氏锥孔内，并用拉杆 1 从主轴尾部将锥柄拉紧。这种装夹型式迅速方便，定位精度高，但刚性低，适用于 $D<140$ mm 或 $D<(2\sim3)d$的小型夹具。对于径向尺寸较大的夹具可用图(b)的装夹方法。专用夹具通过过渡盘 2 装在主轴上。过渡盘的一面与机床主轴联接，其配合表面的形状取决于车床主轴的端部结构；过渡盘的另一面通常有与专用夹具定位用的凸缘。图中过渡盘按主轴前端结构以圆锥面定心，用活套在主轴上的螺母 1 锁紧，扭矩则由键 3 传递。

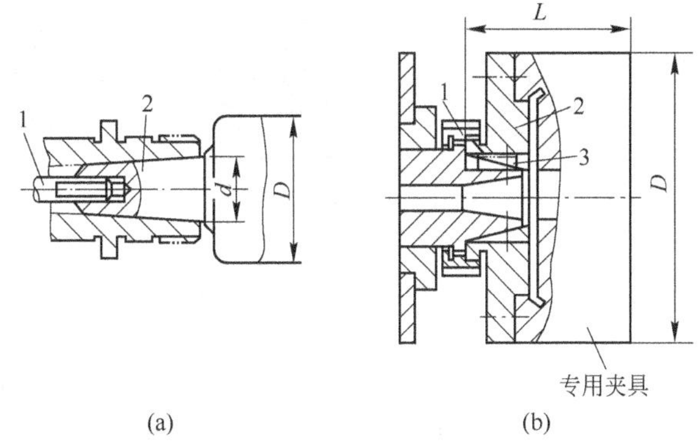

图 9-55　夹具在车床主轴上的装夹

通过过渡盘在主轴上安装夹具，当凸缘结构尺寸规格统一时，可简化夹具体设计，使专用车床夹具能在不同主轴结构的机床上使用。也可不用过渡盘而将夹具直接装夹在机床主轴上，只是夹具体与机床主轴联接的一面，必须与车床主轴前端的结构形状相适应。

9.6.2　铣床夹具

图 9-56 为铣杠杆类零件叉形缺口及其两外侧平面的夹具。工件分别以大孔和小孔装在料仓的长圆柱心轴 12 和削边长心轴 10 上，一次装 4 件。将料仓连同工件装入夹具时，圆柱端

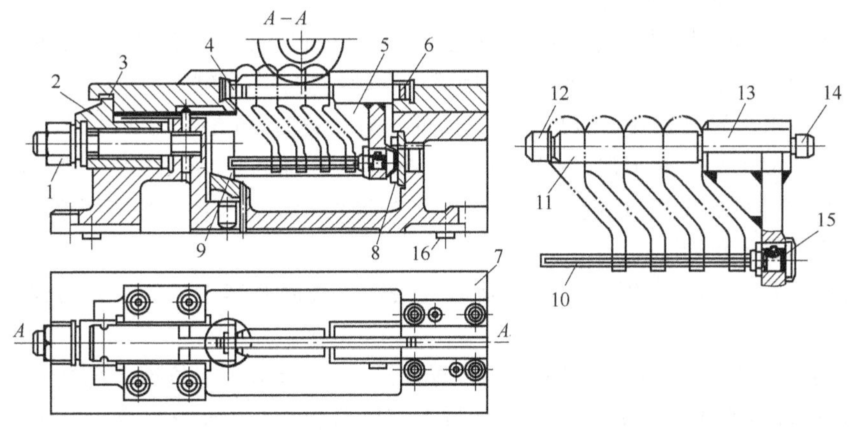

图 9-56　料仓式铣床夹具

14 对准夹具体上安装孔 6，削边长心轴的 10 和 15 分别对准夹具体 7 上对应的缺口槽 8 和 9 放入。然后转动螺母 1，钩形压板 2 推动压块 3 前进，并使压块上的安装孔 4 套住圆柱端 11，压块继续前进直至将工件夹紧。刀具的位置由样件确定(图 9-57 中刀具的位置由对刀块 1 和一个 3 mm 的塞尺确定)，夹具和机床的联接由夹具体 7 的底面和定位键 16 实现。

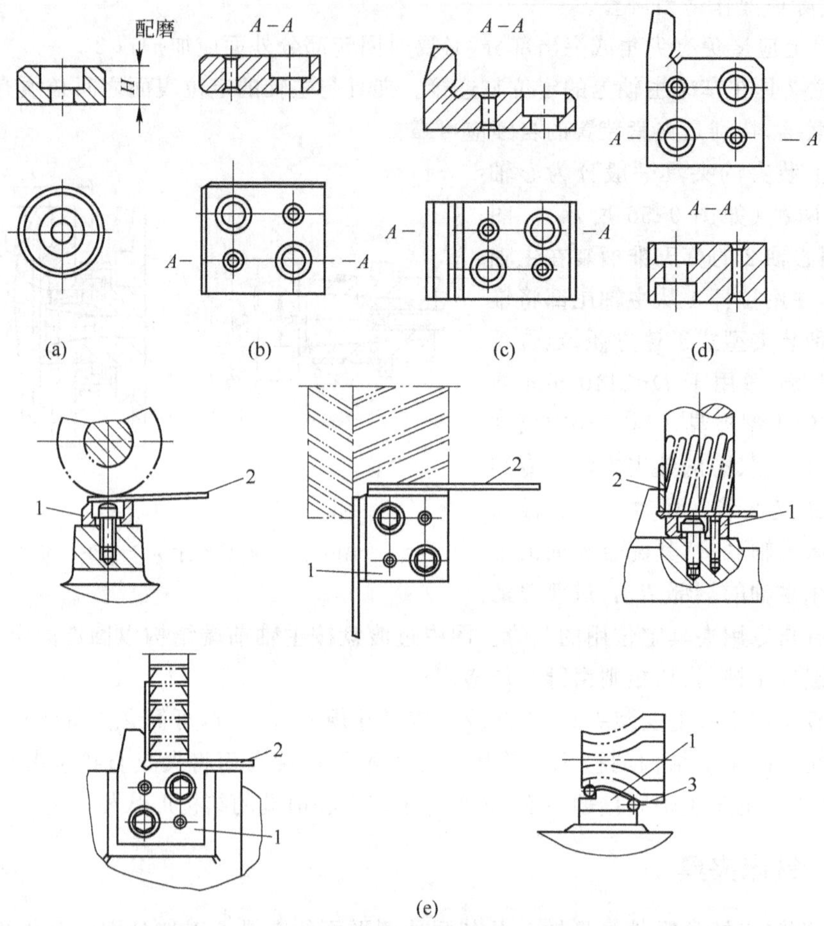

图 9-57　对刀块的结构及对刀装置

设计铣床夹具时应特别注意下列问题：

(1) 铣削是断续切削，当余量大时易引起振动，因此铣床夹具的受力元件要有足够的强度和刚度；夹紧机构提供的夹紧力应足够大，且要求有较好的自锁性能。

(2) 当需要用对刀块来确定刀具和夹具间的正确位置时，可参照图 9-57(e)所示的对刀块使用示例来选用对刀块。对刀时，对刀块和刀具间要放入对刀塞尺(图 9-57 中的 2、3)，防止刀具和对刀块直接接触而损坏刀具和对刀块。对刀精度由抽动塞尺时的松紧程度来控制。平塞尺和圆塞尺均有国家标准。

(3) 铣床夹具在机床上的定位，一般是通过夹具体底面及其上的两个定位键(图 9-56 中的件 16)来实现的。

定位键的结构及其在机床 T 型槽中的位置如图 9-58 所示。定位键上部嵌入夹具体的槽中，一般采用的配合为 H7/h6，用 B 型键时，其下部留磨量 0.5 mm，按工作台 T 型槽配磨。良好的配合精度，可保证夹具相对机床铣削成形运动方向的正确位置关系。

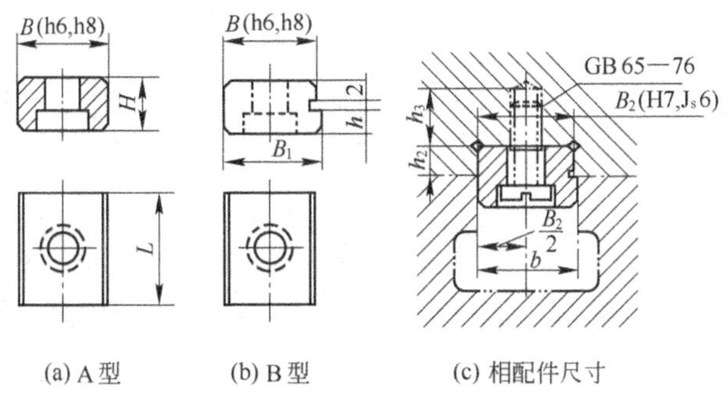

图 9-58　标准定位键的结构

采用上述方法实现夹具在铣床工作台上定位，其优点是简单方便，特别适用于在通用机床上需要更换不同夹具的场合。但当加工精度要求高时，上述的办法(采用 A 型定向键精度更低)因影响精度的环节增多而不易达到精度要求。这时可在机床上按定位元件工作表面直接找正夹具；或者在夹具体上设置一个找正基面，用以代替对定位元件工作面的测量。但定位元件工作面与找正基面间应有严格的相对应位置精度。按找正基面校正夹具在机床上的位置，通常可以获得较高的精度。

9.6.3　钻床夹具

钻床夹具，也称钻模，它是在钻床上用来钻孔、扩孔、铰孔时所使用的一种装置。

图 9-59 所示为一种回转式钻模，加工扇形工件 1 上三个彼此相距 20°±10′的小孔。工件以大孔、端面在定位销 2 及其台阶面上定位；并以侧面靠紧在插销 13 上，实现完全定位。拧紧螺母 3，通过开口垫圈 4 将工件夹紧。钻头由钻套 12 导引着钻孔，因而能保证钻头与工件的相对位置。加工完一个孔后，转动手柄 10，可将分度盘 11 松开，利用捏手 8 将对定销 6 从定位套 5 中拔出，使分度盘与工件一起回转 20°后，将对定销 6 插入套 5′或 5″中，实现了分度。转动手柄 10 将分度盘锁紧，便可进行相应孔的加工，从而保证了孔与孔相互位置精度的要求。图中 7 为夹具体，支承所有零部件，9 为衬套。

设计钻床夹具时，有别于其他夹具的是钻套(图 9-59 中件 12)结构的选择与设计。图 9-60 为各种标准结构的钻套，其中有下面几种：

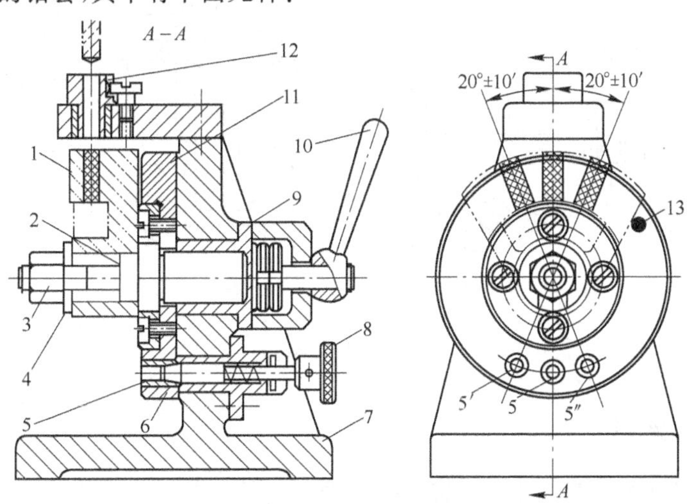

图 9-59　回转式钻模

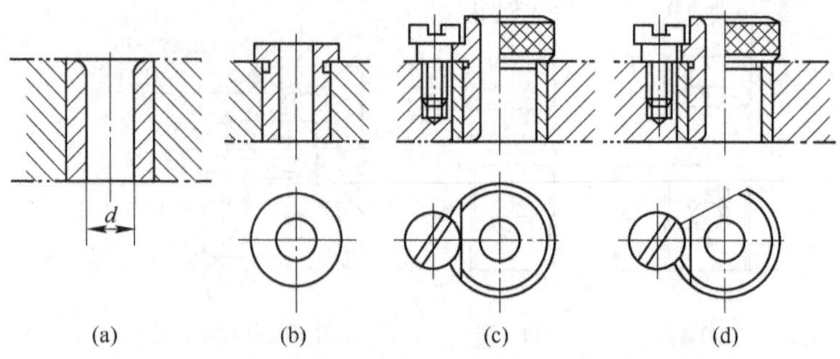

图 9-60　标准钻套

(1) 固定式钻套：图 9-60(a)和(b)所示为固定式钻套，钻套外圆以$\frac{H7}{n6}$配合，直接压入钻模板或夹具体孔中。这种钻套结构简单，位置精度较高，但磨损后不能更换。主要用在小批生产条件下单纯用钻头钻孔的工序。

(2) 可换钻套：图 9-60(c)所示为可换式钻套，钻模板和钻套之间有一个衬套。衬套和钻模板之间常用$\frac{H7}{n6}$配合，衬套与可换钻套间用$\frac{F7}{m5}$或$\frac{F7}{k6}$配合。这样当钻套磨损后，拧出螺钉即可取出更换。这种钻套多用在工件批量较大的场合。

(3) 快换钻套：图 9-60(d)所示为快换钻套，更换时不必拧出螺钉，只须将钻套逆时针转过一定角度，使削边处正对螺钉头部，即可取出钻套。当同一个孔需连续经钻、扩、铰等多种工步加工时，因刀具直径逐渐增大，需要不断更换相应孔径的钻套。这时采用快换钻套(与可换钻套相比)，可以大大减少更换钻套的辅助时间。

(4) 特殊钻套：特殊钻套是在特殊情况下加工孔用的，它只能结合具体情况自行设计。图 9-61 所示是根据不同的加工条件专门设计的几种特殊钻套。图(a)所示是在斜面上钻孔；图(b)和(d)所示是加工孔距很近的钻套；图(c)所示是在凹形表面上钻孔，为了减小导引长度，可将钻套做成阶梯孔。

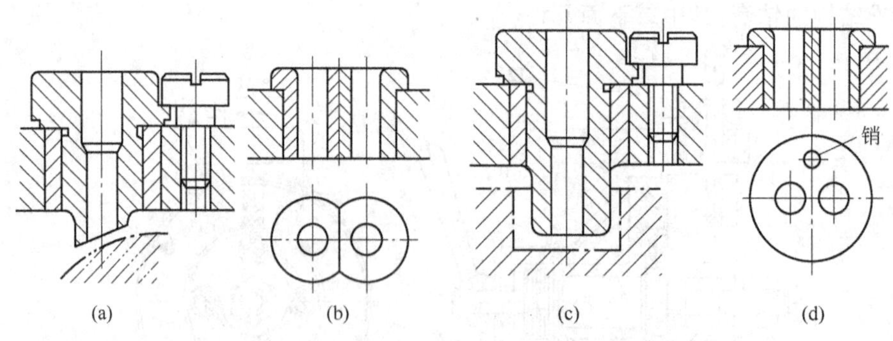

图 9-61　特殊钻套

9.6.4　镗床夹具

图 9-62 为镗削泵体上两个相互垂直的孔及端面用的夹具。工件以 A、B 面在支承板 2、3

上定位，C 面在挡块 4 上定位，1 起预定位作用。先用螺钉 8 将工件预定后，再用四个钩形压板 5 压紧。两镗杆的两端均有镗套 6 支承导引。镗好一个孔后，镗床工作台回转 90°，再镗第二个孔。镗刀块的装卸在镗套和工件间的空档进行。夹具上设置的起吊螺栓 9，便于夹具的吊装和搬运。

镗床夹具（简称镗模）设计的关键问题，是必须很好地解决镗杆的导向，即有关镗套的布置方式和镗套结构型式的选择和设计，现分述如下。

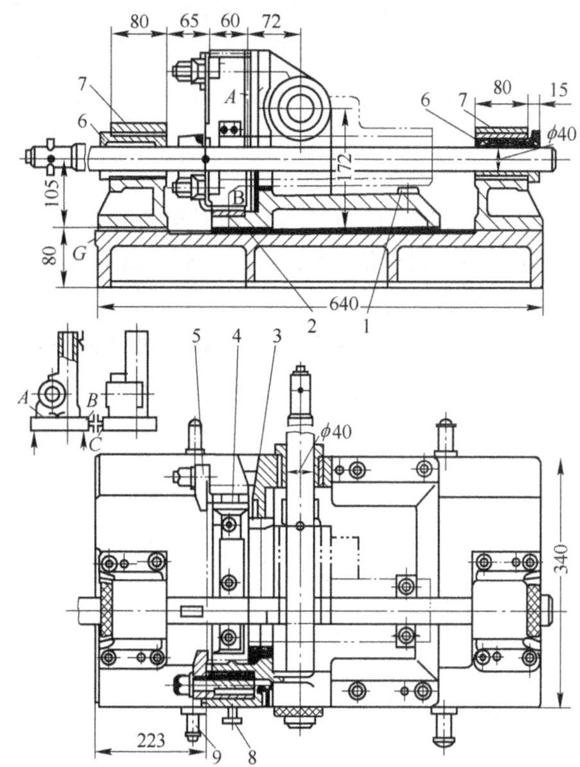

图 9-62　镗床夹具

1．镗套的布置方式

按镗套的位置分布，可分为下列几种：

（1）单支承前导引

如图 9-63(a)所示，镗套布置在被加工孔的前方，主要适用于加工 $D>60$ mm，$L<D$的通孔。这种布置方式的特点是：

① 可以镗削孔间距离较小的孔系。这是由于 $d<D$，故相应的镗套尺寸可以做得较小。

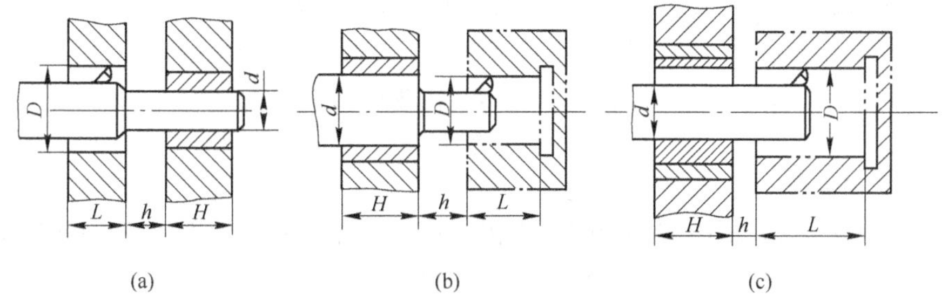

图 9-63　单面导向镗模支架

② 便于在加工中进行观察和测量，且适合需要锪平面或攻丝的工步。

③ 由于镗杆的导引部分在前方，当装卸工件时刀具退出和引进的行程较长。

④ 用于立镗时，切屑易落入镗套，容易引起导柱和镗套的磨损或咬死。

（2）单支承后导引

如图 9-63(b)和(c)所示，镗套布置在被加工孔的后方，主要用于加工 $D<60$ mm 的孔。按 L/D 比值的大小，有下面两种情况：

① 图 9-63(b)所示用于镗 $L<D$ 的短孔。此时 $d>D$，镗杆的刚性好，加工精度也高，而且克服了上述单支承前导引中的缺点。但为了保证镗削终了时镗杆不与工件碰撞，h 值应大于 L。

② 图 9-63(c)所示用于镗削 $L/D>1\sim1.5$ 的长孔。此时 h 值可以小于 L，从而提高了镗

杆刚性,有利于保证镗孔质量。镗套上开有引刀槽,使单刃镗刀进退方便,h 值更小。但 h 的最小值必须保证更换和调整刀头的方便和排屑的需要。

上述两种单支承导引的镗杆,应与机床主轴作刚性联接,机床主轴的回转精度将直接影响加工质量。

(3) 前后双支承导引

如图 9-64 所示,在工件两侧都布置有镗套,主要用于镗削 $L_1>1.5D$ 的通孔或同一轴线上一组孔,且对同轴度或孔间距要求较高的场合。

(4) 双支承后导引

如图 9-65 所示,此种方式可使工件装卸方便,更换镗杆和刀具容易。但由于加工时镗杆单边悬伸,为保证镗杆的一定刚性,一般 $L_2<5d$、$H_1=H_2=(1\sim2)d$、$L_1=(1.25\sim1.5)L_2$。

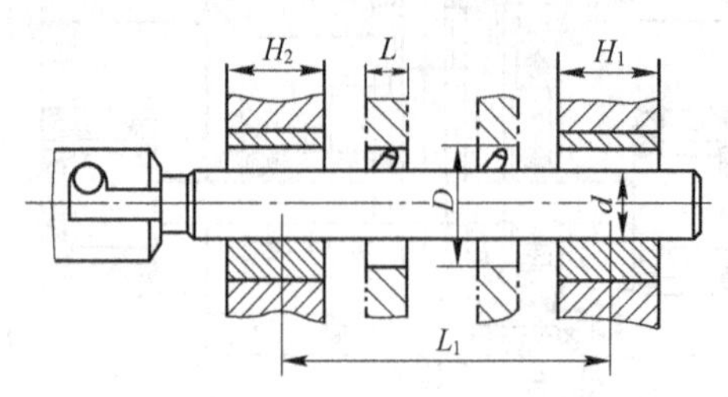

图 9-64　前后双单支承导引

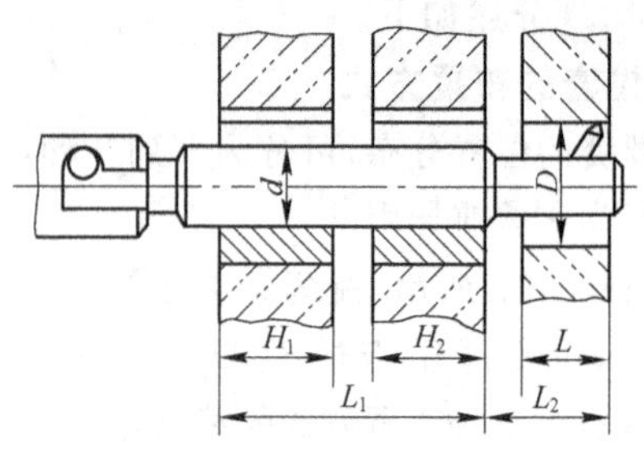

图 9-65　双支承后导引

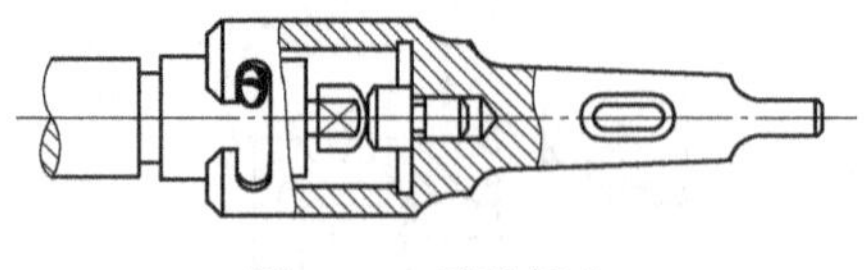

图 9-66　浮动接头

采用双支承导引时,镗杆和机床主轴应采用浮动联接,图 9-66 所示为一简单的浮动接头。这时镗孔的精度取决于镗模,与机床精度无关。

2. 镗套的结构型式

镗套主要有固定式和回转式两种。

(1) 固定式镗套

如图 9-67 所示,其结构与钻套相似,它固定在镗模支架上,不能随镗杆一起转动。优点是结构简单、紧凑,轴线位置准确。但镗杆与镗套之间既有相对转动,又有相对移动,故易因摩擦发热而咬死,或因镗套镗杆的磨损失去导向精度,故只适用于低速镗孔。使用时需要充分润滑,图(b)所示的镗套开有油槽,可用油枪从油杯注入润滑油。

(2) 回转式镗套

当采用高速镗孔或镗杆直径较大、线速度超过 20 m/min 时,一般采用回转式镗套。这种镗套的特点是导向表面和回转部分分离,既保证了高的导向精度,又避免了两者之间因摩擦发热而生产的咬死现象。

回转式镗套分为滑动式、外滚式和内滚式三种。

图 9-68(a)为滑动式镗套。镗套 2 支承在固定支承套 1 上,镗模支架 4 上设有油环,用于对固定支承套 1 和镗套 2 形成的滑动轴承副进行润滑。镗套 2 中开有键槽 3,镗杆上的键通过键槽带动镗套一起回转,镗套孔完成镗杆的导引。滑动镗套具有结构紧凑,承载能力大,减振性能较好等优点。但必须充分润滑,工作速度也不宜过高。

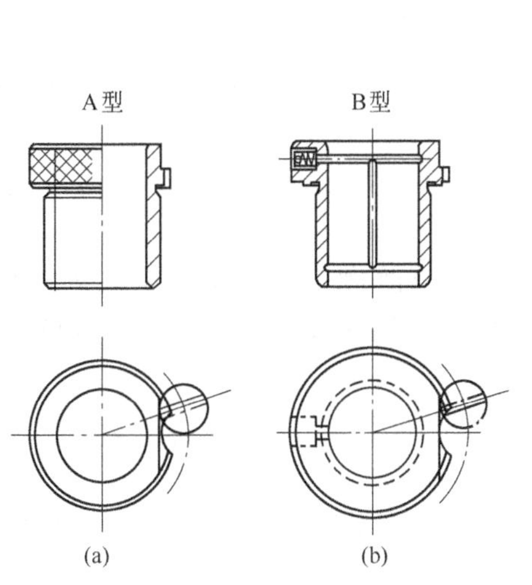

图 9-67 固定式镗套

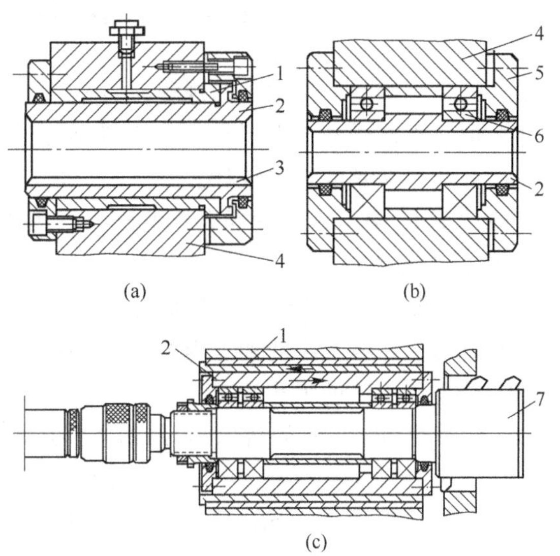

图 9-68 回转式镗套

图 9-68(b)为外滚式镗套。镗套 2 由滚动轴承 6 支承。滚动轴承也可以根据加工需要选用滚锥轴承或滚针轴承。外滚式镗套具有设计、制造和维修方便，润滑要求比滑动镗套低，转速范围广等优点。

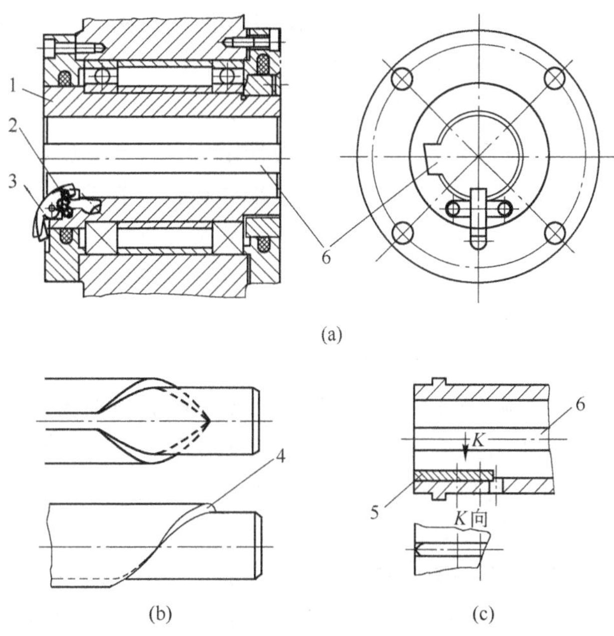

图 9-69 镗杆的螺旋导向

采用上述两种回转式镗套时，如果镗孔直径大于镗套内径，为让预先调好的镗刀通过镗套，在镗套 1 上开有引刀槽 6。为保证镗刀每次准确通过引刀槽，一般应有相应的定向机构，使镗刀和引刀槽的相对位置始终保持不变。图 9-69(a)所示为带键的外滚式镗套，将镗杆端部做成双螺旋面(如图 9-69(b)所示)，当镗杆进入镗套时，尖头键 5 或勾头键 3 在弹簧 2 的作用下，就会沿着双螺旋面 4 自动滑入镗杆的键槽内，从而保证镗杆上的镗刀与镗套上的引刀槽 6 对准。

图 9-68(c)所示为内滚式镗套。镗套 2 与固定支承套 1 配合，两者只有相对移动而无相对转动。镗杆上装有滚动轴承，可以在镗套 2 导引表面的内部作相对回转运动。这种镗套结构尺寸较大，能使刀具顺利通过固定支承套，而无须设置引刀槽。

9.7 专用夹具设计方法

工艺人员在编制零件的工艺规程时，提出了相应的夹具设计任务书，经批准后，下达给夹具设计人员。设计任务书中规定了定位基准、夹紧方案及有关要求与说明，夹具设计人员根据提出的任务进行夹具的结构设计。

一般情况下，夹具设计过程大致可分为下述几个阶段。

1. 设计前的调查研究

(1) 夹具设计和零件加工工艺是密切相关的，在设计夹具前，要仔细了解零件图及零件的加工工艺过程。如各工序的加工内容、定位夹紧、切削用量、选用的机床、刀具等。特别应仔细了解需设计夹具工序的工艺情况。

(2) 了解使用该夹具的机床、刀具的主要技术规格，机床运动情况以及机床上安装夹具部分的结构及配合尺寸。

(3) 收集夹具零部件标准、典型夹具结构、机床夹具设计原理以及同类型夹具的有关资料。

(4) 了解零件的生产类型以及本厂制造夹具的经验和能力，了解同类夹具的使用情况，及时吸收先进经验。

2. 确定夹具的结构方案，绘制结构草图

在做广泛调查研究的基础上，可着手拟定夹具设计的初步方案，其中主要解决下列问题：

(1) 确定工件的定位方案，选择和设计定位元件，计算定位误差；定位基准在工艺规程中已确定，确定定位方案时，除考虑定位精度外，还应考虑整个夹具的布局，夹紧机构的布置及操作方便等。以此来考查定位基准的选择是否合理。

(2) 确定刀具的对刀或导引方式，选择或设计对刀元件或导引元件。

(3) 确定夹紧方案，选择或设计夹紧机构，计算夹紧力；如果夹紧力过大，还应计算有关元件的强度或刚度。

(4) 确定其他装置的结构型式，如定位键、操作件、分度装置等。

(5) 确定夹具体和绘制结构方案的总体草图。

由于夹具结构是综合考虑各种因素后的结果，考虑问题的侧重点不同，结构方案便有差异。对于夹具各部分的结构，最好能拟订出几个不同的方案，分别画出草图，经过分析比较，从中选出最佳方案。

3. 绘制夹具结构草图

总图一般应尽量采用1∶1的比例，以保持良好的直观性。主视图一般应选取最能表示夹具的主要部分的视图，并尽可能选取与操作者正对的位置。视图应尽量少，可用局部视图表示各元件的连接关系，需要时将刀具的最终位置和与机床的连接部分用双点划线画出。夹具总图一般是画出夹紧时的状态，以便看出能否夹紧，松开时的位置可以用双点划线全部或局部画出。

绘制夹具总图时，首先用双点划线画出工件的三面投影，表示出工件的定位基面、夹紧表面和被加工表面。工件在此是一个假想的透明体，它不影响其他元件和装置的绘制。然后，围绕工件按定位元件、导引元件、夹紧装置及其他装置的顺序依次绘制。最后绘制夹具体，完成总装配图。

下面设计如图 9-70 所示工件铣槽工序的专用夹具。该工件加工工艺过程如下：

（1）铣前后两端面　　X61 卧铣；

（2）铣底面、顶面　　X61 卧铣；

（3）铣两侧面　　X61 卧铣；

（4）铣两台肩面　　X61 卧铣；

（5）钻铰 $\phi14_{0}^{+0.043}$ 孔　Z535 立钻；

（6）铣槽　　X61 卧铣。

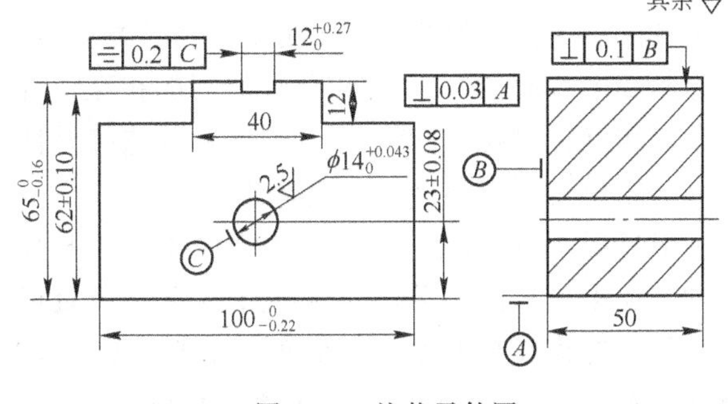

图 9-70　块状零件图

铣槽工序的工序简图如图 9-71 所示。由工序简图可知，本工序工件的定位面是后平面 B、底面 A 和 $\phi14_{0}^{+0.043}$ mm 孔，夹具上相应的定位元件选为支承板、支承钉和菱形定位销。考虑到装卸工件及清理切屑方便，采用了铰链压板机构。根据工件加工表面的形状，对刀块选用直角对刀块。夹具体选用灰铸铁铸造。图 9-72中从图(a)→(d)的顺序便是铣槽夹具总图的绘制过程。

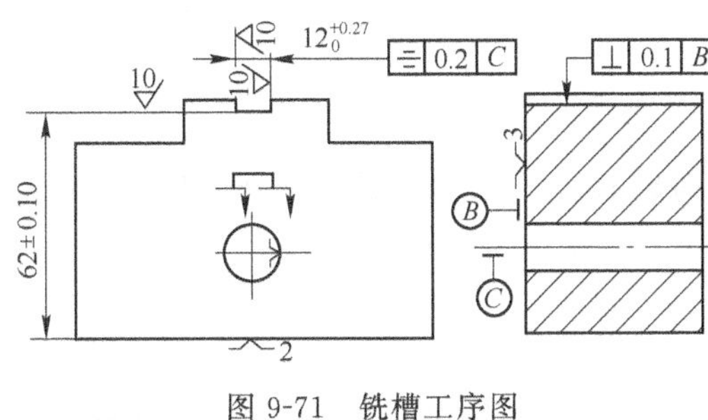

图 9-71　铣槽工序图

4. 标注总图上各部分尺寸及技术要求

（1）夹具总图上应标注的尺寸

① 夹具外形轮廓尺寸：指夹具在长、宽、高三个方向上的外形最大极限尺寸。对有运动的零件可局部用双点划线画出运动的极限位置，包括在最大轮廓尺寸内。

② 工件与定位元件间的联系尺寸：主要指工件定位面与定位元件定位工作面的配合尺寸和各定位元件间的位置尺寸。如图 9-72(d)中，菱形定位销轴线的位置尺寸为 23±0.02 mm，菱形定位销圆柱部分直径尺寸为 $\phi14_{-0.054}^{-0.043}$ mm。

③ 夹具与刀具的联系尺寸：主要指对刀元件、导引元件与定位元件间的位置尺寸，导引元件之间的位置尺寸及导引元件与刀具导向部分的配合尺寸。对钻模而言，指钻套中心与定位元件间的距离、钻套之间的距离、钻套导引孔与刀具的配合尺寸。对铣床夹具而言，指对刀块表面与定位元件间的距离，如图 9-72(d)中的对刀尺寸为 9.045±0.02 mm 和 59±0.02 mm。

④ 夹具与机床连接部分的联系尺寸：主要指夹具与机床主轴端的连接尺寸或夹具定位键、U 形槽与机床工作台 T 型槽的连接尺寸。如图 9-72(d)中 $\phi14\,\frac{H7}{h6}$。

⑤ 夹具内部的配合尺寸：凡属夹具内部有配合要求的表面，都必须按配合性质和配合精度标注尺寸，以保证装配后能满足规定的要求。如图 9-72(d)中 $\phi12\,\frac{H7}{n6}$、$\phi10\,\frac{F8}{h7}$、$\phi10\,\frac{H7}{n6}$、$\phi6\,\frac{F8}{h7}$、$\phi6\,\frac{M8}{h7}$、$\phi5\,\frac{H7}{n6}$等。

上述要标注的尺寸若与工件加工要求直接相关时，则该尺寸公差直接按工件相应尺寸公差的 1/2～1/5 来选取。如图 9-72(d)中，夹具上定位元件 P 面至对刀元件 S 面之间的位置尺寸是根据工件上相应尺寸 62±0.10 mm，减去 3 mm 的塞尺厚度，取相应工件尺寸公差的 1/5 得到 59±0.02 mm。

(2) 夹具总图上的技术要求

夹具总图上标注的技术要求是指夹具装配后应满足的各有关表面的相互位置精度要求。主要包括四个方面：首先是定位元件之间的相互位置要求；其次是定位元件与连接元件或夹具体底面的相互位置要求；第三是导引元件与连接元件或夹具体底面的相互位置要求；第四是导引元件与定位元件间的相互位置要求。

一般情况下，这些相互位置精度要求按工件相应公差的1/2～1/5来确定；若该项要求与工件加工要求无直接关系时，可参阅有关手册及资料来确定。图9-72(d)所示的铣槽夹具中，由于工件上有槽底至工件 B 面的垂直度要求0.10，夹具上应标注定位表面 Q 对夹具体底面的垂直度允差100：0.02；由于工件上槽子两侧面对 $\phi14$ 孔轴线有对称度的要求，夹具上应标注定位表面 Q 对定位键侧面的垂直度允差100：0.02；同时还要制订两支承钉的等高允差0.02。

5. 标注零件号，绘制明细表

编排零件号最好将标准件与自制件分开。

6. 拆绘夹具零件图

夹具各元件都有标准，根据有关手册选用。如满足不了要求，再设计非标准零件。非标准零件的公差与技术要求可参考同类标准件，并考虑夹具的生产条件来制定。

7. 定位元件的设计及定位误差的计算

(1) 定位元件的设计

定位后平面B所用的定位支承板，参考国标中的定位支承板进行设计；定位底平面的定位支承钉以及菱形销，按实际需要在国标中选取。

确定支承钉定位表面到菱形定位销中心的尺寸及其偏差，即 $L_d \pm [\mathrm{T}(L_d)/2]$。其中，$L_d$ 取工件相应尺寸23±0.08 mm的平均尺寸，公差取23±0.08 mm公差的1/4，极限偏差双向对称标注，就有 $L_d \pm [T(L_d)/2] = 23 \pm 0.02$ mm。

最后确定菱形定位销圆柱部分的直径及其极限偏差。根据 $D_2 = 14$ 由表9-2查得 $b=3$，可计算出菱形定位销和定位孔配合的最小间隙 Δ_2 为

$$\Delta_2 = \frac{b}{D_2}[T(L_D) + T(L_d)] = \frac{3 \times (0.16 + 0.04)}{14} \approx 0.043 \text{ mm}$$

菱形定位销圆柱部分的直径

$$d = D_2 - \Delta_2 = 14 - 0.043 = 13.957 \text{ mm}$$

公差按h7选取，则有 $\phi13.957^{0}_{-0.018}$ mm，改写为 $\phi14^{-0.043}_{-0.061}$ mm。

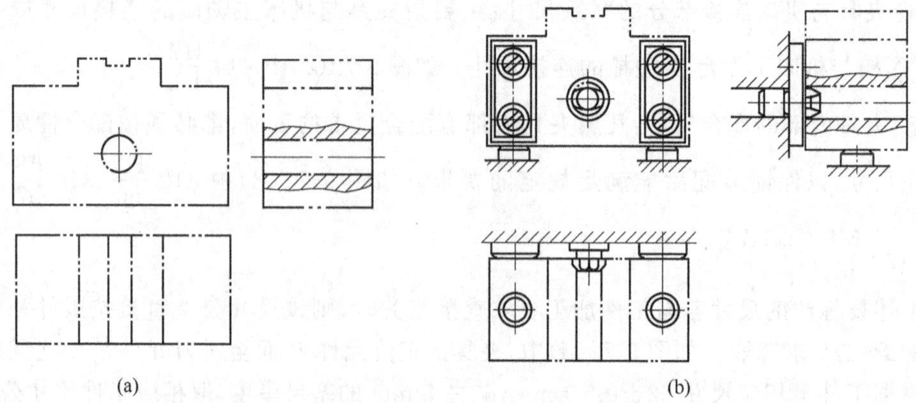

(a) (b)

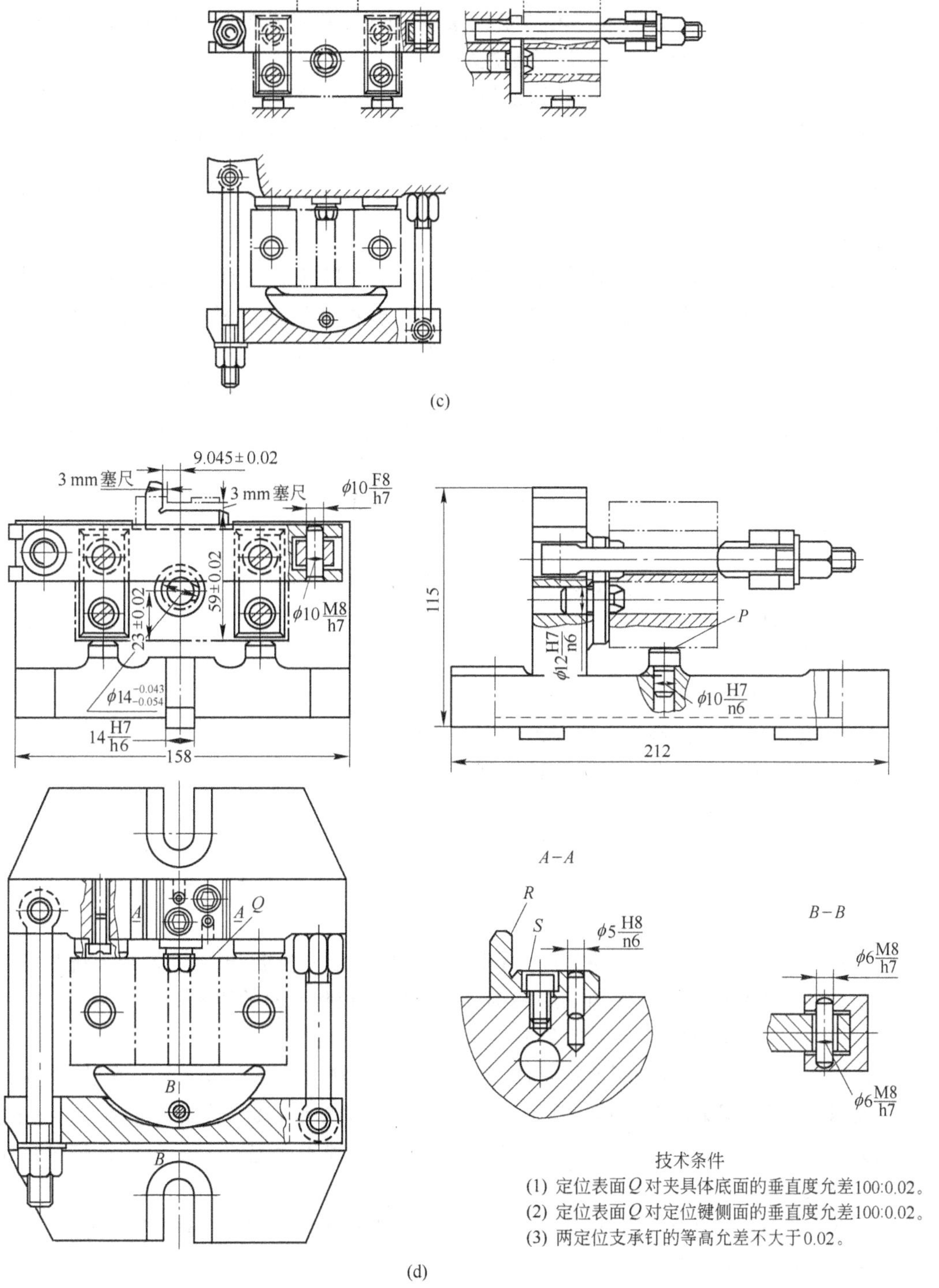

图 9-72　铣槽夹具总图及绘制过程

(2) 分析计算定位误差

① 槽宽 $12_{0}^{+0.27}$ 的定位误差：该尺寸由铣刀直接保证，不存在定位误差。

② 槽底至工件底面位置尺寸 62±0.10 mm 的定位误差：平面定位时，基准位移误差忽略不

计，即 $\Delta_{jw}=0$。定位基准与工序基准重合，$\Delta_{bc}=0$。$\Delta_{dw}(62)=(\Delta_{jw}+\Delta_{bc})=0$，满足精度要求。

③ 槽子底面对工件刀面的垂直度的定位误差：此时，定位基准与工序基准重合，$\Delta_{bc}=0$。平面定位时，$\Delta_{jw}=0$。$\Delta_{dw}(0.1)=0$，满足精度要求。

④ 槽子两侧面对 $\phi 14_{0}^{+0.043}$ mm 孔轴线的对称度 0.2 mm 的定位误差：工件以 $\phi 14$ 孔定位，定位基准与工序基准重合，$\Delta_{bc}=0$。但菱形销圆柱部分与定位孔有配合间隙，故 $\Delta_{jw}=0.043+0.018+0.043=0.104$ mm。$\Delta_{dw}(0.2)=(\Delta_{jw}+\Delta_{bc})=0.104>\frac{1}{3}\cdot T(K)=0.067$。应当采取措施减小该项定位误差。

减小对称度定位误差可以从改变定位方案着手，也可以从提高原方案定位精度着手。如采用第一种方法，将使夹具结构复杂。现采用第二种方法，将菱形销圆柱部分精度提高到 IT6 级，即 $\phi 14_{-0.054}^{-0.043}$ mm、公差为 0.011 mm；同时将前道工序 $\phi 14$ 孔精度提高到 IT8 级，即 $\phi 14_{0}^{+0.027}$ mm，公差为 0.027 mm。$\Delta_{dw}=0.027+0.011+0.043=0.081$，有约 0.12 的加工精度预留量，可以保证对称度的加工要求。而通过钻铰加工仍能保证 $\phi 14_{0}^{+0.027}$ mm 孔的加工要求。

思考题与习题

1. 简述机床夹具的定义、组成及各个部分所起的作用。

2. 定位的目的是什么？简述六点定位的基本原理。

3. 简述夹紧和定位的区别。

4. 简述定位元件的基本类型及各自的特点。

5. 什么是定位误差？导致定位误差的因素有哪些？

6. 简述正确施加夹紧力的基本设计原则？

7. 常用的夹紧装置有哪些？各有什么特性？

8. 试述一面两孔组合时，需要解决的主要问题，定位元件设计及定位误差的计算。

9. 根据六点定位原理，分析题图 9-1 中所示的各定位方案中各定位元件所限制的自由度。

10. 有一批如题图 9-2 所示的零件，圆孔和平面均已加工合格，现需在铣床上铣削宽度为 $b_{-\Delta b}^{0}$ 的槽子。要求保证槽底到底面的距离为 $h_{-\Delta h}^{0}$；槽侧面到 A 面的距离为 $a+\Delta a$，且与 A 面平行，图示定位方案是否合理？有无改进之处？试分析之。

11. 有一批如题图 9-3(a)所示的工件，采用钻模夹具钻削工件上 O_1 和 O_2 两孔，除保证图纸尺寸要求外，还须保证两孔的连心线通过 $\phi 60_{-0.1}^{0}$ mm 的轴线，其偏移量公差为0.08 mm。现可采用如题图 9-3(b)、(c)、(d)三种方案，若定位误差大于加工允差的 1/2，试问这三种定位方案是否可行($\alpha=90°$)？

12. 有一批套类零件如题图 9-4(a)所示，现需在其上铣一键槽，试分析下述定位方案中，尺寸 H_1、H_2、H_3 的定位误差。

(1) 在可涨心轴上定位(如图(b)所示)；

(2) 在处于水平位置的刚性心轴上具有间隙的定位(如图(c)所示)，定位心轴直径 d_{EId}^{ESd}。

13. 如题图 9-5 所示的阶梯形工件，B 面和 C 面已加工合格。现采用图(a)、(b)两种定位方案加工 A 面，要求 A 面对 B 面的平行度误差小于 20′。已知 $L=100$ mm，B、C 面之间的高度 $h=15_{0}^{+0.5}$ mm，试分析这两种定位方案的定位误差，并比较其优劣。

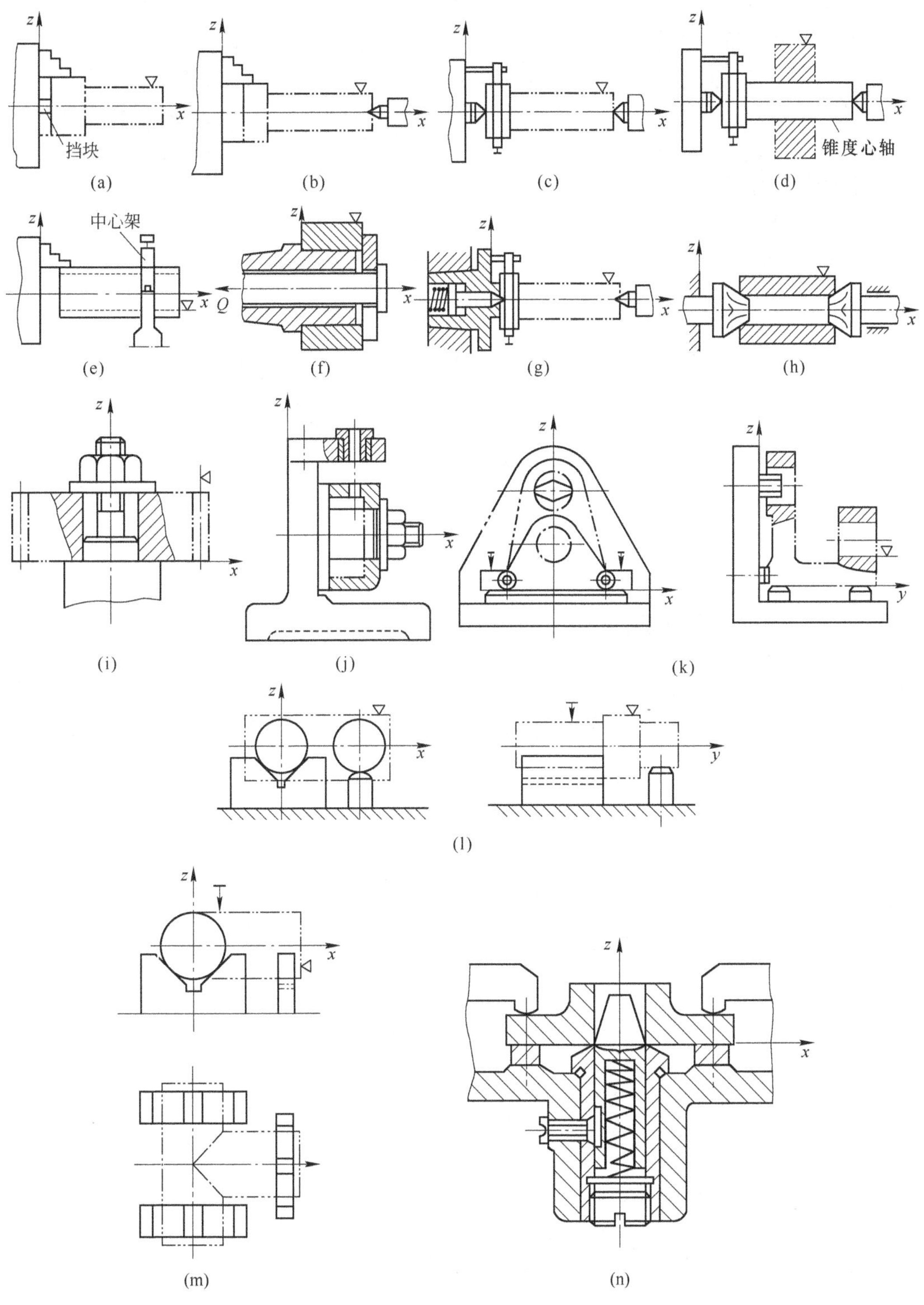

题图 9-1　习题 9 用图

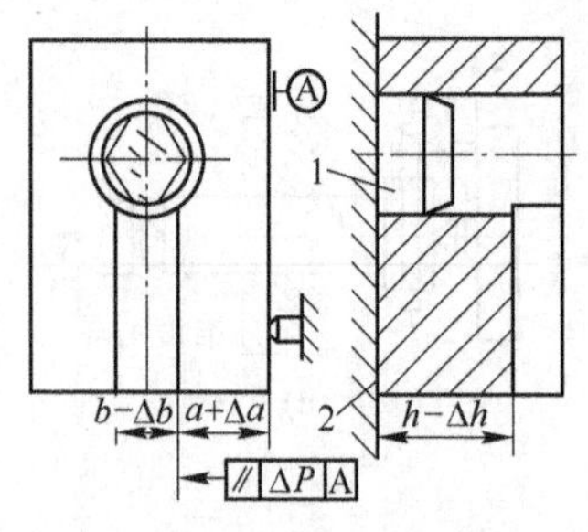

题图 9-2 习题 10 用图

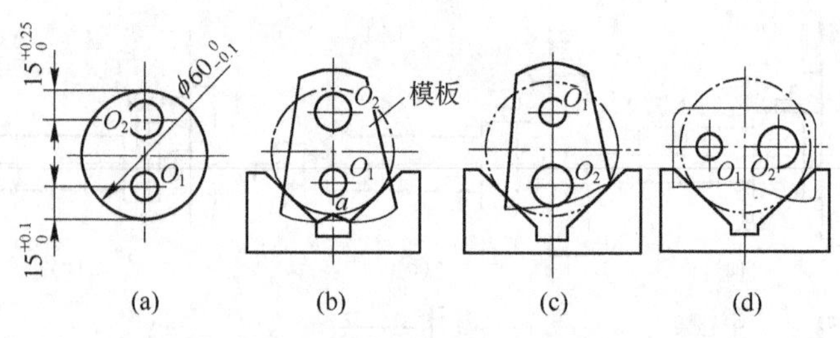

题图 9-3 习题 11 用图

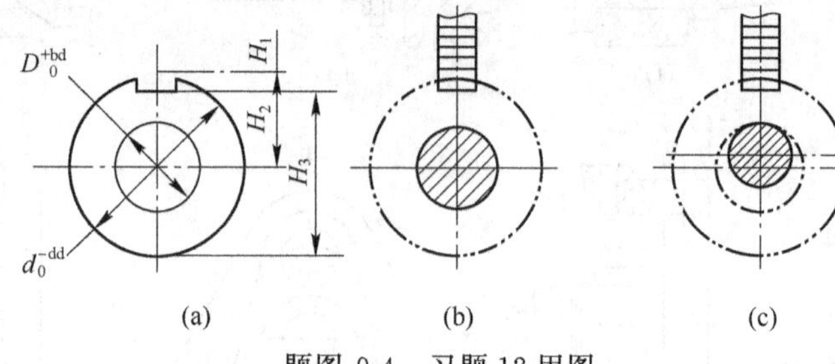

题图 9-4 习题 12 用图

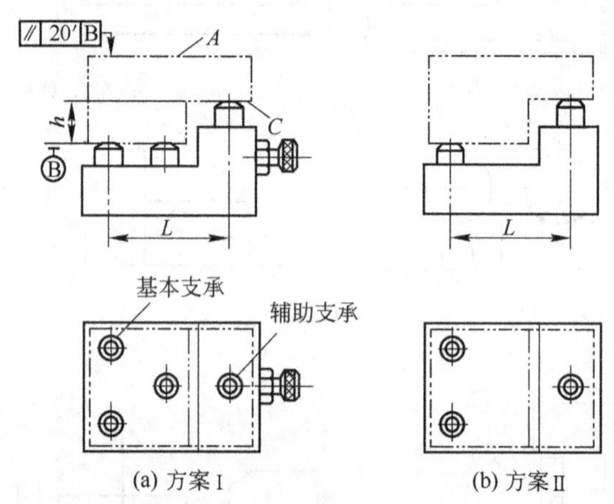

(a) 方案Ⅰ (b) 方案Ⅱ

题图 9-5 习题 13 用图

参考文献

1 陈日曜.金属切削原理(第二版).北京:机械工业出版社,1993

2 周泽华.金属切削原理(第二版).上海:上海科学技术出版社,1993

3 王贵成.机械制造学.北京:机械工业出版社,2001

4 臼井英治.切削磨削加工学.高希正,刘德忠译.北京:机械工业出版社,1983

5 中山一雄.金属切削加工理论.李云芳译.北京:机械工业出版社,1985

6 张幼桢.金属切削理论.北京:航空工业出版社,1988

7 庞爱芳.断屑技术.北京:国防工业出版社,1991

8 乐兑谦.金属切削刀具(第二版).北京:机械工业出版社,1983

9 袁哲俊.金属切削刀具(第二版).上海:上海科学技术出版社,1992

10 朱明臣.金属切削原理与刀具.北京:机械工业出版社,1995

11 黄鹤汀,吴善元.机械制造技术.北京:机械工业出版社,1997

12 梁新德,陈必清,杨治国.机械制造工程学.成都:成都科技大学出版社,1997

13 杜君文.机械制造技术装备及设计.天津:天津大学出版社,1998

14 冯辛安.机械制造装备设计.大连:大连理工大学出版社,1998

15 庞怀玉.机械制造工程学.北京:机械工业出版社,1997

16 冯之敬.机械制造工程原理.北京:清华大学出版社,1998

17 秦宝荣.机床夹具设计.北京:中国建材工业出版社,1997

18 王启义.金属切削机床.北京:冶金工业出版社,1993

19 朱绍华,黄海滨,李清旭,等.机械加工工艺.北京:机械工业出版社,1996

20 郭宗连,秦宝荣.机械制造工艺学.北京:中国建材工业出版社,1997

参考文献